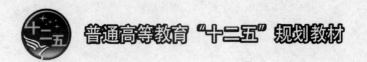
普通高等教育"十二五"规划教材

Visual FoxPro 数据库教程

主　编　侯荣涛

副主编　林美华　刘　生　耿学华

参　编　李振宏　吕　巍

　　　　潘锦基　黄　群

U0248549

中国电力出版社

CHINA ELECTRIC POWER PRESS

内 容 提 要

本书为普通高等教育"十二五"规划教材。

本书主要依据大学本科相关课程的教学大纲和国家二级 VFP 等级考试大纲编写。全书共 10 章，主要讲述了数据库的基本理论，关系型数据库的创建、维护、更新技术方法以及实践，基于 VFP 的 SQL 语言数据定义、操作和查询功能，数据库应用系统开发技术等内容。

本书侧重于理论联系实际，学练结合，适合本科学生相关课程的选用，也适合大专、高职和成人教育以及数据库应用开发人员的使用和参考，对二级 VFP 等级考试很有帮助。

图书在版编目（CIP）数据

Visual FoxPro 数据库教程 / 侯荣涛主编. —北京：中国电力出版社，2013.5（2016.8 重印）

普通高等教育"十二五"规划教材

ISBN 978-7-5123-4397-9

Ⅰ. ①V… Ⅱ. ①侯… Ⅲ. ①关系数据库系统－高等学校－教材 Ⅳ. ①TP311.138

中国版本图书馆 CIP 数据核字（2013）第 090039 号

中国电力出版社出版、发行

（北京市东城区北京站西街 19 号 100005 http://www.cepp.sgcc.com.cn）

北京雁林吉兆印刷有限公司印刷

各地新华书店经售

*

2013 年 6 月第一版 2016 年 8 月北京第四次印刷

787 毫米×1092 毫米 16 开本 25.5 印张 624 千字

定价 42.00 元

前　言

本书为学习 Visual FoxPro 数据库编程技术的广大读者提供了一个更加简便、通俗和实用的途径。书中简单介绍了数据库的基本知识和基本原理，着重讲述了 Visual FoxPro 创建数据库，建立、更新与修改数据表，程序编写、运行与调试，SQL 的基本知识与应用，面向对象的可视化系统设计，面向应用的系统开发与实践等内容。

本书概念介绍详细、清晰，作者精心选择和设计应用实例，为便于读者参加二级计算机等级考试，特增加了相应的知识点和实例的讲解，每章后面附有习题，并提供参考答案，便于读者自学。

全书共分 10 个章节。

第 1 章关系型数据库管理系统概述，主要从数据库理论的基本概念出发，着重介绍了数据库系统的组成与结构，数据模型，数据库管理系统，关系型数据库的基本概念，还介绍了 Visual FoxPro 数据库管理系统的基本特点。

第 2 章 Visual FoxPro 语言基础，主要介绍 Visual FoxPro 语言的基本成分，Visual FoxPro 的数据类型，常量和变量的概念，以及与数据量相关的表达式和函数运算。这些知识是学习数据库设计和程序设计的基础。

第 3 章表与数据库的创建和使用，主要讲述数据库的创建和使用，数据库表的创建和使用，表的扩展属性，数据库表之间的关系的创建、参照完整性的概念、自由表的创建和使用、有关数据库和数据库表的函数。

第 4 章查询与视图，主要讲述查询向导的使用，查询设计器的使用，利用 SELECT-SQL 语句创建单表查询、多表查询，命令方式创建视图，视图向导的使用，视图设计器的使用等内容。

第 5 章 Visual FoxPro 程序设计基础，主要讲述程序设计的一些基础知识，包括程序设计的一些基本概念及程序设计的基本方法和步骤，并且对 Visual FoxPro 中三种基本控制结构的实现方法和使用方法进行了详细的介绍，同时也对自定义函数和过程进行了介绍。

第 6 章 Visual FoxPro 程序设计的面向对象方法，主要讲述面向对象程序设计有关概念，VFP 基类，对象的引用与处理，VFP 中常用的事件和方法，类的创建与应用。

第 7 章表单和控件，主要介绍表单的基本知识，利用表单向导和表单设计器设计表单的方法以及常用控件的属性设置及应用。

第 8 章报表和标签，主要介绍报表和标签的设计、预览与打印等内容。

第 9 章菜单程序设计，主要介绍菜单的设计和制作，包括不同类型菜单的创建方法和使用方法。

第 10 章应用程序开发。该章综合应用前面各章所讲述的内容，着重介绍利用 VFP 开发应用程序的一般步骤，建立应用程序的主程序，应用程序的调试与优化技术以及应用程序的连编，并进行实例开发。

为了指导学生上机实践，书中各章均提供了上机内容和操作指导。

本书主要依据大学本科教学大纲和二级计算机等级考试的考试大纲而编写,适宜本科学生相关课程的选用,也适宜大专、高职和成人教育以及数据库应用开发人员的使用和参考。本书面向实际,面向应用,由浅入深,循序渐进,通俗易懂,适合自学。书中提供了较多例题,有助于读者理解概念、巩固知识、掌握要点、攻克难点。本书出版得到了南京信息工程大学教材出版基金资助。

由于编者水平所限,难免出现不足之处,敬请广大读者指正。

编　者

2013 年 1 月

目　录

第1章　关系型数据库管理系统概述

　　计算机作为具有较高的运算速度、巨大的数据存储能力、可以准确地进行各种算术运算和逻辑运算的现代化计算工具，已被广泛地应用于各个领域。计算机技术的高速发展被认为是人类进入信息时代的标志。在信息时代，人们需要对大量的信息进行加工处理。在这一过程中应用数据库技术，一方面促进了计算机技术的高速发展，另一方面也形成了专门的信息处理理论及数据库管理系统。从某种意义上说，数据库管理系统正是计算机技术和信息时代相结合的产物，它是信息处理或数据处理的核心，是研究数据共享的一门科学，是计算机科学的一个重要分支。

　　本章从数据库理论的基本概念出发，着重介绍了数据库系统的组成与结构、数据模型、数据库管理系统、关系型数据库的基本概念，还介绍了 Visual FoxPro 数据库管理系统的基本特点。

　　本章重点：数据库管理技术发展的几个阶段及各个阶段的特点，数据模型中的基本术语和分类，关系型数据库的存储结构和几种基本的关系运算。

1.1　数据库基本概念和基本理论

1.1.1　数据、信息、数据处理

信息和数据是数据库管理的基本内容和对象，数据和信息在概念上是有区别的。

1. 数据

数据是自然的、未经过处理的事实，其本质是对信息的一种符号化表示。具体地说，数据是存储在某一媒体上的，能够识别的物理符号。数据的表现形式包括数字、文字、图形、图像、声音等。

2. 信息

信息是指现实世界事物存在方式或运动状态的反映。具体地说，信息是一种已经被加工过的具有使用价值的数据。

3. 数据处理

数据处理是指将数据转换成信息的过程。具体地说，是指对数据进行采集、存储、检索、加工、变换和传输的过程。其目的和意义在于获取和提炼出对人们有价值的数据。

4. 数据与信息的联系

信息与数据是两个既有联系又有区别的概念。数据是信息的载体，而信息是数据的内涵。同一信息可以有不同的数据表现形式；而同一数据也可能有不同的解释。信息和数据的关系是：信息＝数据＋处理。

1.1.2　数据管理的发展阶段

计算机数据管理技术的发展经历了人工管理、文件系统和数据库系统三个阶段。

1. 人工管理阶段

在 20 世纪 50 年代中期之前，计算机主要应用于科学计算，没有数据管理方面的系统，

数据处理是批处理方式。其特点主要是：

- 数据管理尚无统一的数据管理软件，主要依靠应用程序管理数据。程序设计人员不仅要规定数据的逻辑结构，而且要设计数据的物理存储结构和存取方式。
- 数据是面向应用程序的，一组数据只能对应一个应用程序，数据不能共享。
- 应用程序依赖于数据，不具有数据独立性，一旦数据的结构发生变化，应用程序往往要作相应的修改。

2. 文件系统阶段

计算机不仅应用于科学计算，还大量应用于管理。已有专门的管理数据的软件—文件系统，数据处理是批处理方式。其特点主要是：

- 数据可以文件的形式长期保存在辅助存储器中（磁盘）。
- 程序与数据之间具有相对的独立性，即数据不再属于某个特定的应用程序，数据可以重复使用，数据文件组织多样化，有索引文件、索引链接文件、直接存取文件等。数据不只是属于某个程序，可以反复使用。
- 数据文件之间相互独立、缺乏联系；数据冗余度大且易产生不一致性；数据无集中管理，其安全性得不到保证等。

3. 数据库系统阶段

数据库管理阶段已克服了文件系统的弱点，其特点主要是：

- 采用数据模型表示复杂的数据结构；数据模型不仅描述数据本身的特征，还描述数据之间的联系。
- 有较高的数据独立性，数据的结构分为物理结构和逻辑结构等不同的层次，用户以简单的逻辑结构操作数据而无需考虑数据的物理存储结构。
- 提供了数据安全性、完整性等控制功能，以及对数据操作的并发控制、数据的备份与恢复等功能。
- 有优良的用户接口，用户通过简单的终端查询语句或简单的命令就可操作数据库，也可以通过程序方式操作数据库。

1.1.3 数据库系统的组成与结构

数据库系统（Database System，DBS）是实现有组织地、动态地存储大量关联数据，方便用户访问的计算机软硬件资源组成的具有管理数据库功能的计算机系统。

数据库系统由数据库、支持数据库运行的软硬件、数据库管理系统、应用程序和人员等部分组成，如图 1-1 所示。

（1）数据库（DB）。

数据库是指以一定的组织形式存放在计算机存储介质上的相互关联的数据集合。

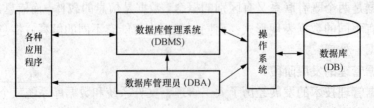

图 1-1　数据库系统

（2）硬件。

数据库系统对硬件资源提出了较高要求，数据库系统需要有足够大的内存和外存，用来运行操作系统、数据库管理系统核心模块和应用程序，以及存储数据库。

（3）数据库管理系统（DBMS）。

数据库管理系统是帮助用户创建、维护和使用数据库的系统软件，是数据库系统的核心。它对数据库进行统一的管理和控制，以保证数据库的安全性和完整性，较流行的微机数据库管理系统有 Visual FoxPro、SQL Server 等。

（4）相关软件。

相关软件包括操作系统、编译系统、应用开发工具软件和计算机网络软件等。

（5）应用程序。

数据库应用程序是为特定应用开发的数据库应用软件。数据库应用程序是对数据库中的数据进行处理和加工的软件，它面向特定应用。例如，基于数据库的各种管理软件：管理信息系统、决策支持系统等都属于数据库应用系统。

（6）人员。

在大型数据库系统中，需要有专人负责数据库系统的建立、维护和管理工作，承担该任务的人员称为数据库管理员（Data Base Administrator，DBA）。用户是另外一种人员，分为专业用户和最终用户。专业用户侧重设计数据库、开发应用系统程序，为最终用户提供友好的用户界面。最终用户侧重对数据库的使用，主要是通过数据库进行联机查询，或者通过数据库应用系统提供的界面使用数据库。

1.1.4　数据库系统的特点

现在数据库已经成为各种计算机应用系统的核心部分，之所以如此，是因为数据库有许多独特的特点，它们主要是：

（1）数据结构化。

数据库系统实现了整体数据的结构化，是数据库的主要特征之一。

（2）数据的共享性高，冗余度低，易扩充。

在数据库系统中，对数据的定义和描述已经从应用程序中分离出来，通过数据库管理系统来统一管理。建立数据库时，应当以面向全局的观点组织数据库中的数据，数据面向整个系统，因此数据可被多个用户的多个应用程序共享使用，数据共享可以减少数据冗余，数据共享还可以避免数据的不一致性，同时还易于扩充。

（3）数据独立性高。

在数据库系统中，数据库管理系统提供映像功能，实现了应用程序对数据的总体逻辑结构、物理存储结构之间较高的独立性。用户只以简单的逻辑结构来操作数据，无需考虑数据在存储器上的物理位置与结构。

（4）数据由 DBMS 统一管理和控制。

整个数据库的建立、运用和维护由 DBMS 统一管理和控制。DBMS 提供了安全保密机制，可防止对数据的非法存取。DBMS 可对数据的完整性进行检查。DBMS 对多用户的并发操作加以控制和协调，保证了数据的正确性。另外，DBMS 还实现了对数据库破坏后的恢复。

1.2 数 据 模 型

1.2.1 概念模型

数据库需要根据应用系统中数据的性质、内在联系，按照管理的要求来设计和组织。把客观存在的事物以数据的形式存储到计算机中，需要经历三个领域，分别是现实世界、信息世界和数据世界，如图1-2所示。

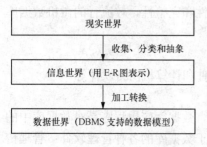

图 1-2　数据处理的三个世界

现实世界是指客观存在的世界中的事物及其相互联系。在目前的数据库方法中，把客观事物抽象成信息世界的实体，用概念模型来表示实体及其之间的联系，然后再将实体描述成计算机世界的记录。信息世界也称为概念世界。现实生活中的客观事物千姿百态，不同类的事物很容易区别开来。即使是同一类事物，如两个人，可以通过姓名、性别、年龄、身高等特征来加以区分。同时，客观世界中的事物总是息息相关的，如学生与课程之间的联系，学生与老师之间的联系等。要将这些事物以数据的形式存储在计算机中，人们必须经历对现实世界中事物特性的认识、概念化，然后到计算机数据库的过程，即把现实世界转化为信息世界。数据世界是信息世界中信息的数据化，现实世界中的事物及其相互联系在这里用数据模型来描述。

1. 基本术语

（1）实体（Entity）。

客观存在并可以相互区别的事物在信息世界中称之为实体。这些事物既可以是直观的，如一本书、一个学生；也可以是抽象的，如一门课程、一场考试。

（2）属性（Attribute）。

实体所具有的某一特性在信息世界中称为属性。一个实体可由若干属性来描述，如某学生的特征可由学号、姓名、性别、年龄、专业等属性来描述。

（3）实体集（Entity set）。

实体集是具有相同特性的实体的集合。如在一所学校中，所有教师组成一个教师实体集，所有学生组成一个学生实体集，所有的课程组成一个课程实体集。

（4）值域（Domain）。

值域是实体属性取值的范围。如课程成绩一般在 0～100 之间，性别的取值必须为"男"或"女"，年龄的取值应该从 0 开始且不应该超过某个固定的值（如 150）等。这种属性的取值范围称为值域。

（5）联系（Relationship）。

在现实世界中，事物内部以及事物之间是有联系的，这些联系必然在信息世界中加以反映，一般存在两类联系：一类是实体内部的联系，实体内部的联系通常是指各属性之间的联系；另一类是实体之间的联系。

2. 联系类型

如果将两个实体之间的联系类型进行划分，可以分为三类：

（1）一对一联系（1:1）。

如果对于实体集 R 中的每一个实体，实体集 S 中至多有一个实体与之联系，相反也是如此，则称实体集 R 与实体集 S 具有一对一联系，记为 1:1。例如，确定部门实体与经理实体之间存在一对一联系，意味着一个部门只能由一个经理管理，而一个经理只能管理一个部门。

（2）一对多联系（1:n）。

如果对于实体集 R 中的每一个实体，实体集 S 中有 n 个实体（$n \geq 0$）与之联系，相反，对于实体集 S 中的每一个实体，实体集 R 中至多只有一个实体与之联系，则称实体集 R 与实体集 S 有一对多联系，记为 1:n。例如，一个部门中有若干名职工，而每个职工只在一个部门中工作，部门与职工之间具有一对多联系。

（3）多对多联系（m:n）。

如果对于实体集 R 中的每一个实体，实体集 S 中有 n 个实体（$n \geq 0$）与之联系，相反，对于实体集 S 中的每一个实体，实体集 R 中也有 m 个实体（$m \geq 0$）与之联系，则称实体集 R 与实体集 S 具有多对多联系，记为 m:n。例如，一门课程同时有若干个学生选修，而一个学生可以同时选修多门课程，课程与学生之间具有多对多联系。以上联系可用如图 1-3 所示的实体联系图表示。

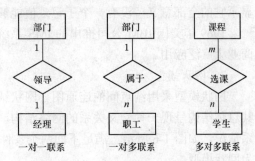

图 1-3　实体联系图

3．实体－联系模型

实体与实体之间的联系可以用实体联系图（简称 E-R 图）来表示。在 E-R 图中规定，实体用矩形表示，矩形框内写明实体名；属性用椭圆来表示，并用无向边将其与相应的实体连接起来；联系用菱形表示，菱形框内写明联系名，并用无向边将其与有关的实体连接起来，同时在无向边上注明联系的类型（1:1、1:n 或 m:n），如图 1-4 所示。

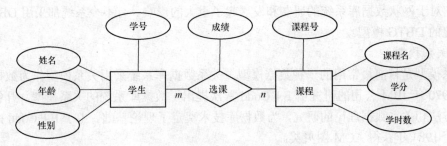

图 1-4　学生选课实体联系图

1.2.2　基本数据模型

数据库是以一定组织方式存储在计算机存储介质上，并能为多个用户共享且独立于应用程序的相关数据的集合。可以把它看成是数据的仓库，这个"仓库"中的数据彼此之间是有联系的、有规则的，而不是独立的、杂乱无章的。数据库的性质由数据模型决定。

数据模型是在数据库领域中定义数据及其操作的一种抽象表示，数据模型决定了数据及其相互间的联系方式，决定了数据库的设计方法。按照数据间不同的联系方式，可将数据模型分为三种：层次模型、网状模型和关系模型。满足层次模型特性的数据库为层次型数据库；

满足网状模型特性的数据库为网状型数据库；满足关系模型特性的数据库为关系型数据库。

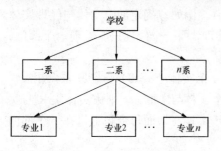

图 1-5   层次模型示例

1. 层次模型

层次模型表示数据间的从属关系结构，其总体结构像一棵倒置的树。根结点在上，层次最高；子结点在下，逐层排列，在不同的结点（数据）之间只允许存在单线联系，如一个学校的行政机构可以抽象成为一个层次模型，如图 1-5 所示。满足下面两个条件的基本层次联系的集合为层次模型：

（1）有且仅有一个结点无双亲，称此结点为根结点。

（2）除根结点外，其余结点均有且仅有一个双亲。

层次模型的另一个最基本的特点是，任何一个给定的记录值，只有按其路径查看时才能显示它的全部意义，没有一个子记录值能够脱离双亲记录值而独立存在。

1969 年美国 IBM 公司推出的 IMS 系统是最典型的层次模型系统，曾在 20 世纪 70 年代商业上广泛应用。

2. 网状模型

网状模型采用结点间的连通图（网状结构）表示实体及其联系，其总体结构呈现一种交叉关系的网络结构，能表示实体之间复杂的联系情况，如图 1-6 所示。满足下面两个条件的基本层次联系的集合称为网状模型：

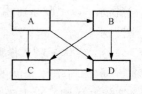

图 1-6   网状模型示例

（1）允许一个以上的结点无双亲。

（2）一个结点可以有多于一个的双亲。

网状数据库系统采用网状模型作为数据的组织方式。网状数据模型的典型代表是 DBTG 系统，DBTG 系统虽然不是实际的软件系统，但是它提出的基本概念、方法和技术具有普遍意义，它对于网状数据库系统的研制和发展起了重大的影响。有不少系统都采用 DBTG 模型或者简化的 DBTG 模型。

3. 关系模型

关系模型是目前最常用的一种数据模型。关系数据库系统采用关系模型作为数据的组织方式。1970 年 IBM 公司的研究员 E.F.Codd 首次提出了数据库系统的关系模型，开创了数据库关系方法和关系数据理论的研究，为数据库技术奠定了理论基础。由于 E.F.Codd 的杰出工作，他于 1981 年获得 ACM 图灵奖。

关系模型采用二维表结构表示实体类型以及实体间联系。关系模型比较简单，容易被初学者接受。关系在用户看来是一个二维表格，记录是表中的行，属性是表中的列。关系模型是数学化的模型，可把表格看成一个集合，因此集合论、数理逻辑等知识可引入到关系模型中来。关系模型已是一个成熟的模型，当前社会最为流行的数据库软件产品，大多数是在关系模型基础上发展起来的数据库管理系统，数据库领域当前的研究工作也都是以关系方法为基础。

1.3   关 系 数 据 库

关系数据库（Relational Database）是若干个依照关系模型设计的若干个关系的集合，即关系数据库是由按照关系模型设计的若干张二维表组成的。关系数据库是以关系模型为基础的数据库，自 20 世纪 80 年代以来，许多关系数据库已经问世，例如，Visual FoxPro 就是一种关系数据库管理系统。

1.3.1 关系模型

关系模型就是用表格数据表示实体和实体之间的联系，这种表格就是一张二维表，见表 1-1。在层次模型和网状模型中，数据结构中的各节点只保存实体的信息，实体间的联系是通过指针来实现的。而在关系模型中没有指针，表格中既存放实体的信息，也存放实体间的联系。

表 1-1 　　　　　　　　　　　　　　学 生 情 况 表　　　　　　　　　　　属性（列）

学号	姓名	性别	年龄	系名
20142330001	江涛	男	20	计算机系
20142330002	马明	女	19	信息系
20142330003	吴敏	女	18	信息系
20142330004	王新	男	19	计算机系

（关系）　　　　　　　　　　　　　　　　　　　　　　　　　　　　元组（行）

1. 关系术语

（1）关系：一个关系对应一个二维表，二维表名就是关系名。在 Visual FoxPro 中，一个关系存储为一个文件，文件扩展名为.dbf。

（2）关系模式：二维表中的行定义、记录的类型，即对关系的描述称为关系模式，一个关系模式对应着一个关系文件的结构。

关系模式的一般形式为：

关系名（属性名 1，属性名 2，...，属性名 n）

在 Visual FoxPro 中表示为表结构：

表名（字段名 1，字段名 2，...，字段名 n）

表 1-1～表 1-4 是四个表示关系模式的实例，其关系模式可以表示为：

学生（学号，姓名，性别，年龄，系名）

课程（课程号，课程名称，学时数，学分）

学生成绩（学号，课程号，成绩）

系（系名，系主任）

表 1-2 　　　　　　　　　　　　　　课 程 表

课程号	课 程 名	学时数	学分
1	计算机基础	32	2
2	数据库技术及应用	51	3
3	C 语言程序设计	51	3
4	管理信息系统	48	3
5	电子商务	51	3
6	高等数学	51	3

表 1-3　　　　学 生 成 绩 表

学　　号	课程号	成绩
20142330001	1	92
20142330001	2	85
20142330001	3	88
20142330002	1	90
20142330002	2	80

表 1-4　　系　　表

系名	系主任
计算机系	吴军
信息系	刘明
网络系	李刚

（3）元组：二维表的行在关系中称为元组。在 Visual FoxPro 中，一个元组对应表中一个记录。例如，学生情况表和成绩表两个关系中各包含多条记录（或多个元组）。

（4）属性：二维表中的列称为关系的属性，每个属性都有一个属性名，属性值则是各个元组属性的取值。例如，学生情况表的第 2 列属性，"姓名"是属性名，"江涛"则是第一个元组姓名属性的属性值。

在 Visual FoxPro 中，一个属性对应表中的一个字段，属性名对应字段名，属性值对应各个记录的字段值。

（5）域：属性的取值范围称为域。域作为属性值的集合，其类型与范围具体由属性的性质及其所表示的意义确定。同一属性只能在相同域中取值。表 1-1 中学生表的"性别"属性的域是｛男，女｝。

（6）主关键字：关系中能唯一区分、确定不同元组的属性或最小属性组合称为关系的一个主关键字，或简称为主键（Primary key），表 1-1 中"学号"属性可以作为关键字，表中的"学号"字段的值一旦确定，则姓名、性别、年龄、系名等同时也就确定了。而"年龄"则不能作为主关键字，因为"年龄"属性值不唯一。

（7）外部关键字（外键 Foreign key）：关系中某个属性或属性组合是非关键字，但却是另一个关系的主关键字，称此属性或属性组合为关系的外部关键字。关系之间的联系是通过外部关键字实现的。如学生情况表中的"系名"属性在学生情况表中不是主关键字，而在系表中它是主关键字，所以在学生情况表中"系名"属性应为该关系的外部关键字。它体现了系和学生这两个实体的关系是一对多的关系。

2. 表间关系

上面学生情况表、课程表、学生成绩表三个表实际上是将图 1-4 学生选课的实体联系图转化为关系模型所得到的表。一门课程同时有若干个学生选修，而一个学生可以同时选修多门课程。这是多对多的关系，对于这种多对多的关系，一般引入一个中间表，将多对多关系拆分为一对多的关系。

在本例中引入"学生成绩表"，将原来多对多关系拆分为两个一对多关系，即学生基本情况表（父表）—学生成绩表（子表），课程表（父表）—学生成绩表（子表）。在学生成绩表中，（学号，课程号）属性组合为主关键字。

由以上关系可知，两个数据表建立关联关系，其关系类型取决于主键和外键的取值是否重复。如果主键字段、外部关键字段的值都是唯一的，两表间的关联关系是一对一的关系；如果主键字段、外部关键字段的值一个是唯一的，另一个是重复的，两表间的关联关系是一对多或多对一的关系。一般情况下，把包含主键字段的数据表称为父表，把包含外部关键字段的数据表称为子表。

3. 关系的性质

在关系模型中，关系具有以下性质：

（1）规范化。所谓规范化是指关系模型中的每一个关系模式都必须满足一定的要求。最基本的要求是每个属性必须是不可分割的数据单元，即表中的每一列都是不可再分的。

（2）在同一个关系中不能出现相同的属性名。Visual FoxPro 不允许同一个表中有相同字段名。

（3）关系中不允许有完全相同的元组，即冗余。

（4）在一个关系中元组的次序无关紧要。也就是说，任意交换两行的位置并不影响数据的实际含义。

（5）在一个关系中列的次序无关紧要。任意交换两列的位置也不影响数据的实际含义。

1.3.2　关系运算

关系运算对应于 Visual FoxPro 中对表的操作，在对关系数据库进行查询时，为了找到用户感兴趣的数据，需要对关系进行一定的运算。这些运算以一个或两个关系作为输入，运算的结果是产生一个新的关系。关系的运算主要有选择、投影和连接三种运算。

1. 选择运算

选择运算是指从关系中找出满足给定条件的元组，又称为筛选运算。选择的条件以逻辑表达式给出，使得逻辑表达式的值为真的元组被选中。选择是从行的角度进行的运算，即选择部分行，经过选择运算可以得到一个新的关系，其关系模式不变，但其中的元组是原关系的一个子集。

例如，从表 1-1 的学生情况表中，按"查找信息系的全体学生"这个条件进行选择得到的结果见表 1-5。

表 1-5　　　　　　　　　　　选 择 运 算 的 结 果

学　号	姓名	性别	年龄	所在系
20142330002	马明	女	19	信息系
20142330003	吴敏	女	18	信息系

2. 投影运算

从关系模式中指定若干个属性组成新的关系称为投影。投影是从列的角度进行的运算，经过投影可以得到一个新关系，其关系模式所包含的属性个数往往比原关系少，或者属性的排列顺序不同。投影运算提供了垂直调整关系的手段，体现出关系中列的次序无关的特性。

选择运算和投影运算经常联合使用，从数据库文件中提取某些记录和某些数据项。

例如，对表 1-1 的学生信息进行投影运算，投影选择姓名、所在系，得到的结果见表 1-6。

表 1-6　投影运算的结果

姓名	所在系
江涛	计算机系
马明	信息系
吴敏	信息系
王新	计算机系

3. 连接运算

从两个关系中选取满足连接条件的元组组成新关系称为连接。连接是关系的横向结合，连接运算将两个关系模式的属性名拼接成一个更宽的关系模式，生成的新关系中包含满足连接条件的元组。连接过程是通过连接条件来控制的，连接条件中将出现两个关系中的公共属性名。

连接运算有多种类型，其中包括等值连接、自然连接和外连接等。本节简单介绍自然连接。自然连接是一种特殊的等值连接。它要求两个关系中进行比较的属性组必须相同，连接结果不能出现重复属性列。

例如，对学生情况表和成绩表两张表，按学号进行自然连接运算，连接结果如表 1-7 所示，得到一个新关系（表）。在这个新关系中，可以看出，学生情况表和成绩表中学号相等的元组进行了连接。然而，被连接的两个表都含有"学号"属性列，自然连接去除了重复的学号列，只保留了一个学号列。

自然连接产生的新关系还可再进行投影运算，如投影选择"姓名"、"所在系"、"课程号"和"成绩"信息，得到的结果如表 1-8 所示。

表 1-7　　　　　　　　自然连接运算的结果

学号	姓名	性别	年龄	所在系	课程号	成绩
20142330001	江涛	男	20	计算机系	1	92
20142330001	江涛	男	20	计算机系	2	85
20142330001	江涛	男	20	计算机系	3	88
20142330002	马明	女	19	信息系	1	90
20142330002	马明	女	19	信息系	2	80

表 1-8　　　　　　　　投影运算的结果

姓 名	所 在 系	课 程 号	成 绩
江涛	计算机系	1	92
江涛	计算机系	2	85
江涛	计算机系	3	88
马明	信息系	1	90
马明	信息系	2	80

选择和投影运算都是单目运算，它们的操作对象只是一个关系，相当于对一个二维表进行切割。连接运算是二目运算，需要两个关系作为操作对象，如果需要连接两个以上的关系，应当两两进行连接。

4. 集合运算

传统的集合运算是二目运算，分为并、交、差和笛卡尔积运算。本节简单介绍集合的并、交和差运算。两个关系进行并、交和差运算的前提条件是，必须满足具有相同的属性数，且相应的属性取自同一个域。

（1）并（Union）。

关系 R 与 S 均有 n 个属性，它们的"并"记为 R∪S，其结果为一个有 n 个属性的由属于 R 或属于 S 的元组组成。

（2）交（Intersection）。

关系 R 与 S 均有 n 个属性，它们的"交"记为 R∩S，其结果为一个有 n 个属性的既属于 R 又属于 S 的元组组成。

（3）差（Except）。

关系 R 与 S 均有 n 个属性，它们的"差"记为 R-S，其结果为一个有 n 个属性的由属于 R 而不属于 S 的元组组成。

1.3.3　完整性规则

数据完整性是指数据库中数据的准确性、正确性和有效性。数据库中的数据完整性是用户对数据存储和维护的一种需求，它可以指定某些属性或者字段的取值必须限制在一定的范围之内，也可以指定某些数据之间必须满足一定的约束条件。

作为关系的 DBMS，为了维护数据库的完整性，一般对关系模式提供以下三类完整性约束机制。

1. 域完整性规则

域完整性规则规定了属性的取值范围，如学生成绩不能为负数。

2. 实体完整性规则

实体完整性规则要求任何元组的主关键字的值不得为空值，并且必须在所属的关系中唯一。例如，表 1-1 学生情况表中的"学号"既不能为空，且必须唯一。

3. 参照完整性规则

参照完整性规则要求当一个外部关键字的值不为空时，以该外部关键字的值作为主主关键字的值的元组必须在相应的关系中存在。如在表 1-1 学生情况表中的"系名"字段的值可以为空值，表示这个学生还没有分配到某个系；如不为空值，则这个学生所在的系名必须是在"系"关系中出现的系名，如不是在"系"关系中出现的系名，则在设置了参照完整性规则后，系统会出现错误提示。如某个学生的"系名"字段的值为"建筑工程"系，而这个系名在"系"关系中的系名字段中是没有的，系统就会出现错误提示。

1.4　Visual FoxPro 系统概述

Visual FoxPro（简称 VFP）是由 Microsoft 公司推出的一种关系型数据库管理系统，是一个优秀的可视化数据库编程工具，主要用于 Windows 环境。通过它不仅可以创建和管理数据库，而且还可以创建各种应用程序。该系统属于面向对象的编程语言，提供了可视化的编程方式，大大简化了建立一个数据库应用系统的开发过程。

1.4.1　Visual FoxPro 的发展历史及其特点

1992 年，Microsoft 公司在收购了 Fox Software 公司之后，推出了 Visual FoxPro 2.5。1995 年 6 月，Microsoft 公司推出了 Visual FoxPro 3.0 数据库管理系统，这是一个在 Windows 环境下面向对象的可视化编程工具，它的出现使人们从长期的面向过程编程阶段过渡到面向对象编程的新阶段，在数据库的发展史上具有里程碑意义。Visual FoxPro 友好的图形界面、强大的功能、高效率的编程方法使用户能快速地建立和修改应用程序，使初学者也能设计出界面美观、功能齐全的具有商业价值的数据库应用系统。1998 年，Microsoft 公司在推出 Windows 98 操作系统的同时，又推出了 Visual FoxPro 6.0 版本。随后几年，又相继推出了 Visual FoxPro 7.0、8.0 和 9.0 版本。

现今 Visual FoxPro 的主要特点如下：

1. 支持面向对象的程序设计

Visual FoxPro 不仅支持传统的面向过程式程序设计，还支持面向对象的可视化程序设计，借助 Visual FoxPro 的对象模型，可以充分使用面向对象程序设计的所有功能，实现了面向对象程序设计的能力。

2. 可视化的程序设计方法

Visual FoxPro 中的 Visual 的意思是"可视化"。该技术使得在 Windows 环境下设计的应用程序达到即看即得的效果，就是在设计过程中可立即看到设计效果，如表单的样式、表单中控件的布局、字符的字体、大小和颜色等。而过去的面向过程的程序设计，是在程序设计结束后，通过运行程序才能看到设计效果。

3. 良好的用户界面

Visual FoxPro 利用了 Windows 平台下的图形用户界面的优势，借助系统提供的菜单、窗口界面，通过菜单、工具或命令方式，可在系统窗口或命令窗口完成对数据管理的各种操作。

4. 强大的查询与管理功能

Visual FoxPro 的系统命令和语言强大，拥有近 500 条命令和 200 余条函数，提供了标准的数据库语言——结构化查询语言（SQL 语言），允许用户通过语言或可视化设计工具来操作数据库，并可有效地访问索引文件中的数据，快速精确地从大批量的记录中检索数据，极大地提高了数据查询的效率。

5. 增加了数据类型和函数

在数据表文件中，Visual FoxPro 比 FoxBASE 增加了 8 种字段类型，如整型（Integer）、货币型（Currency）、浮动型（Float）、日期时间型（Date Time）、双精度型（Double）、二进制字符型[Character(binary)]、二进制备注型[Memo(binary)]、通用型（General），可以处理更多类型的数据。Visual FoxPro 新增了许多函数和命令，使其功能大大增强。

6. 采用了 OLE 技术

OLE（Object Linking and Embedding）即对象的链接和嵌入。Visual FoxPro 可使用该技术来共享其他 Windows 应用程序的数据，这些数据可以是文本、声音和图像等。

7. 开发与维护更加方便

Visual FoxPro 系统提供了向导、生成器、设计器等多种界面的操作工具，这些工具为数据的管理和程序设计提供了灵活简便的手段。

8. 客户机/服务器功能

在计算机网络技术广泛应用的今天，Visual FoxPro 开发的数据库系统也可运行在计算机网络中，使众多的用户共享数据资源。Visual FoxPro 数据库系统在网络中的运行模式通常是采用客户机/服务器模式。

1.4.2 集成环境

Visual FoxPro 提供了一个可视的集成操作环境，其操作界面的风格和常规操作完全遵循 Windows 设计规范。Visual FoxPro 启动后，系统进入其操作界面，如图 1-7 所示。

1. 标题栏

标题栏位于主界面的顶行，其中包含系统程序图标、主界面标题 Microsoft Visual FoxPro、最小化按钮、最大化按钮和关闭按钮。

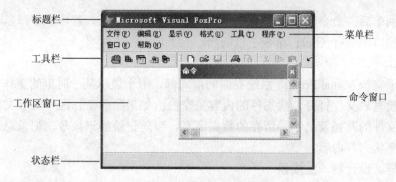

标题栏

工具栏

工作区窗口

状态栏

菜单栏

命令窗口

图 1-7　Visual FoxPro 操作界面

2. 菜单栏

标题栏下方是系统提供的条形菜单，也叫做系统菜单，它提供了 Visual FoxPro 的各种操作命令。Visual FoxPro 系统菜单的菜单项将随窗口操作内容不同而有所增加或减少。如对表文件进行浏览操作时，会在菜单栏中的"窗口"菜单左边的位置增加"表"菜单项，而减少了"格式"菜单。

3. 工具栏

工具栏位于系统菜单栏的下面，由若干个工具按钮组成，每一个按钮对应一个特定的功能。Visual FoxPro 提供了不同环境下的十几个工具栏。在工具栏的右边还有几个 Visual FoxPro 特有的工具按钮，如"表单"、"报表"等，可方便地创建表单和报表。

Visual FoxPro 还提供了许多其他工具栏，如报表控件工具栏、表单控件工具栏等。这些菜单在进行相应的设计时会自行显示出来，也可选择"显示"菜单的"工具栏"命令项，通过打开"工具栏"对话框来显示和隐藏它们。

用户可以通过菜单栏中"显示"菜单中的命令，将指定的工具栏显示在系统窗口中。Visual FoxPro 启动时，系统默认将"常用"工具栏显示在系统窗口中，其他的工具栏由用户决定是否显示。在工具栏按钮中也有一部分与菜单命令是相同的，但工具栏中的按钮操作往往比菜单栏中的命令操作更为简便快捷。

4. 命令窗口

命令窗口是一个标题为"命令"的窗口，它位于系统窗口之中。命令窗口的功能是：当用户选择命令操作方式时，用户可以从键盘上输入数据库建立、编辑、插入、删除等命令，还可以建立并运行程序文件。当用户选择的是菜单操作方式时，每当操作完成，系统自动把操作过的菜单对应命令显示在命令窗口。因此，不论用户采用的是哪一种操作方式，所有用过的命令都会呈现在命令窗口供用户查看或重复使用。

在命令窗口操作时，应注意以下几点：
- 每行只能写一条命令，每条命令均以"Enter"键结束。
- 将光标移到窗口中已执行的命令行的任意位置上，按"Enter"键将重新执行。
- 清除刚输入的命令，可以按"Esc"键。
- 在命令窗口中单击鼠标右键，显示一个快捷菜单，可完成命令窗口中相关的编辑操作。

5. 工作区窗口

工作区窗口也叫信息窗口，是用来显示 Visual FoxPro 各种操作信息的窗口。如在命令窗口输入命令回车后，命令的执行结果立即会在工作区窗口显示。若信息窗口显示的信息太多，可在命令窗口中执行 Clear 命令予以清除。

6. 状态栏

状态栏位于整个 Visual FoxPro 系统界面的最底部，用于显示某一时刻的工作状态。如果当前工作区中没有表文件打开，状态栏的内容是空白；如果当前工作区中有表文件打开，状态栏显示出表文件的路径及名字、所在的数据库名、当前记录的记录号、记录总数以及表中当前记录的共享状态等内容。

1.4.3 向导、设计器、生成器

Visual FoxPro 开发平台提供了许多工具，有效地使用这些工具一方面非常便于学习 Visual FoxPro 程序的开发，另一方面也将大大提高程序的开发效率。Visual FoxPro 提供的工具如下：

1. 向导

向导是一种交互式的实用程序，集简捷的操作和完善的功能于一体，能逐步帮助用户快速完成日常任务，例如创建表单、编排报表的格式，以及建立查询等。在用户创建某种类型的新文件时，可选择使用"向导"按钮来帮助创建该文件，也可从"工具"菜单的"向导"子菜单中直接选择某种向导。

2. 设计器

作为管理数据的工具，Visual FoxPro 中的设计器能够使用户轻松地创建高效的表、数据库、表单、查询、视图和报表等，也可把设计器创建的项加入到应用程序中。设计器在 Visual FoxPro 程序设计中应用非常广泛，在以后的章节中对主要的设计器会作详细的介绍。

3. 生成器

Visual FoxPro 生成器是一个方便易用的工具，它简化了创建和修改表单、控件及数据库完整性约束等工作。每一个生成器都由一系列选项页组成，它们允许用户访问并设置所选对象的属性。

综上所述，Visual FoxPro 提供的各种系统工具见表 1-9。

表 1-9   系统工具一览表

菜单	工具栏	窗口	设计器	生成器	向导
文件菜单	常用工具栏	命令窗口	数据库设计器	文本框生成器	表向导
编辑菜单	表单控制工具栏	浏览窗口	表设计器	组合框生成器	交叉表向导
显示菜单	布局工具栏	代码窗口	表单设计器	命令组生成器	查询向导
格式菜单	调色板工具栏	调试窗口	菜单设计器	编辑框生成器	本地视图向导
工具菜单	打印预览工具栏	编辑窗口	报表设计器	表达式生成器	表单向导
程序菜单	报表控制工具栏	查看窗口	标签设计器	表单生成器	一对多表单向导
窗口菜单	查询设计器工具栏	跟踪窗口	类设计器	表格生成器	报表向导
帮助菜单	表单设计器工具栏	属性窗口	连接设计器	列表框生成器	一对多报表向导
菜单菜单	报表设计器工具栏	通用字段窗口	查询和视图设计器	参照完整性生成器	标签向导
数据环境菜单	数据库设计器工具栏				远程视图向导

菜单	工具栏	窗口	设计器	生成器	向导
表单菜单	数据库设计器工具栏	项目管理器窗口	数据环境设计器	自动格式生成器	邮件合并向导
项目菜单					导入向导
查询菜单				选项组生成器	图形向导
报表菜单					数据透视表向导
表菜单					
数据库菜单					分组/总计报表向导
类菜单					

1.4.4 工作方式

为了方便用户操作，Visual FoxPro 提供了菜单操作、命令交互和程序执行三种工作方式。

1. 菜单操作方式

根据所需的操作从菜单中选择相应的命令。每执行一次菜单命令，命令窗口中一般都会显示出与菜单对应的命令内容。

利用工具菜单中的向导可以很方便地完成常规任务。

2. 命令交互方式

根据所要进行的各项操作，采用人机对话方式在命令窗口中按格式要求逐条输入所需命令，按回车后，机器逐条执行。

3. 程序执行方式

先在程序编辑窗口中编完程序，再从程序菜单中选择执行，或从命令窗口中输入 DO 命令，让机器执行。

1.4.5 常用文件类型

在用 Visual FoxPro 开发应用系统中，数据库、表主要是为了用来存储信息，而程序主要是用来处理信息，一般来说，需要有输入信息的程序、查询程序、统计计算的程序、输出打印程序、各种菜单程序、用户界面程序等。因此一个完整的应用系统开发需要建立的文件类型很多，用项目管理来组织和管理显然是一个好办法。不同应用目的的文件内部格式是不同的，它们主要通过文件的扩展名来加以区别，见表 1-10。

表 1-10   VFP 常用的文件扩展名及其关联

扩展名	文件类型	扩展名	文件类型
.app	生成的应用程序	.fpt	表备注
.exe	可执行程序	.cdx	复合索引
.pjx	项目	.idx	单索引
.pjt	项目备注	.qpr	生成的查询程序
.dbc	数据库	.qpx	编译后的查询程序
.dct	数据库备注	.scx	表单
.dcx	数据库索引	.sct	表单备注
.dbf	表	.frx	报表

扩展名	文件类型	扩展名	文件类型
.frt	报表备注	.mnt	菜单备注
.lbx	标签	.mpr	生成的菜单程序
.lbt	标签备注	.mpx	编译后的菜单程序
.prg	程序	.vcx	可视类库
.fxp	编译后的程序	.vct	可视类库备注
.err	编译错误	.txt	文本
.mnx	菜单	.bak	备份文件

1.4.6　常用命令

1.　"*" 和 "&&" 命令

功能：在程序文件中引导注释内容，通常用于说明程序或命令的功能。"*" 命令只能将整个命令行定义为注释内容，且 "*" 必须为命令行的第一个字符，而 "&&" 命令可以用在其他命令的后面，引导一个注释内容。

2.　"?" 和 "??" 命令

功能：在 VFP 窗口中显示表达式的值。使用 "?" 命令时，显示的值在上一次显示内容的下一行显示（即换行显示）；使用 "??" 命令时，显示的值接着上一次的内容显示，不换行。

格式：?/?? 表达式列表

例如：?4+3* 2　　　　　　&& 输出值 10

3.　clear 命令

功能：用于清除当前 VFP 主窗口中的信息。

4.　dir 命令

功能：在 VFP 主窗口中显示文件的目录。

格式：dir [[文件路径] [文件名]]

例如：DIR　　　　　　　　　　&&在 VFP 主窗口中显示当前目录中的表文件
　　　DIR D:\JXGL\ *.DOC　　　&&显示 D 盘 jxgl 文件夹中所有的.doc 文件

其中："*" 为通配符，表示任意长度的字符串。

5.　quit 命令

功能：关闭所有的文件，并结束当前 VFP 系统的运行。

1.5　项 目 管 理 器

项目管理器是 Visual FoxPro 中处理数据和对象的主要工具，也是系统的 "控制中心"，如图 1-8 所示。在使用 VFP 管理数据库或开发一个数据库应用系统时，即使是一个规模不大的应用系统，也会有几十个多种类型的文件，如通常的.PRG 命令文件、.DBF 表文件、.CDX 索引文件，以及菜单、表单、报表、位图等文件，如果没有一个有效的管理工具，将会对开发工作以及以后的系统维护带来很大困难。项目管理器是 VFP 中各种数据和对象的主要组织工具，一个项目是文件、数据、文档和对象的集合，项目文件以扩展名.PJX（项目文件）及.PJT

（项目备注文件）保存。

使用项目管理器具有以下优点：

（1）项目管理器提供了简便的、可视的方法来组织和处理表、数据库、表单、报表、查询和其他一切文件，在项目管理器中用户不必使用 Visual FoxPro 命令，通过单击鼠标就能实现数据库、表、表单等许多文件的创建、修改、删除等操作，快捷方便。

（2）双击应用程序组件（表单、菜单、程序等）就可以运行或进行修改。选取菜单"工具/选项…"，在"选项"对话框的"项目"选项卡中有一个"项目双击操作"选项

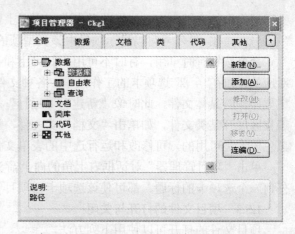

图 1-8 项目管理器

按钮组，用来设定双击鼠标是运行还是修改所选定的文件。

（3）通过项目管理器，直接将应用系统的大部分文件编译成一个扩展名为.APP 的应用文件，便于最终用户的管理，应用系统中所有在运行时不需改变的文件都可以包含在一个应用文件中。

（4）对于专业版本的用户，通过项目管理器将应用系统编译成扩展名为 EXE 的可执行文件，使得应用系统能够脱离 VFP 环境运行。

1.5.1 创建一个项目文件

创建一个项目文件的方法如下：

（1）在命令窗口中使用命令 CREATE PROJECT [项目文件名]（或 CREATE PROJECT）。

（2）使用"文件"菜单中"新建"菜单项。

（3）使用工具栏上的"新建"按钮。

1.5.2 用"项目管理器"组织数据和文档

项目管理器组织和管理所有与应用系统项目有关的各种类型的文件。我们可以通过项目管理器来对当前项目进行建立文件、打开设计器、打开向导或生成器等操作。

项目管理器中有 6 个选项卡，其功能介绍如下：

- 选择"全部"选项卡，可以查看或管理项目文件中的所有文件。
- 选择"数据"选项卡，可以查看或管理项目文件中数据库、表、视图及查询文件。
- 选择"文档"选项卡，可以查看或管理项目文件中表单、报表等文件。
- "类"、"代码"及"其他"选项卡主要用于为用户创建或管理应用程序。

项目管理器对话框中包含 6 个命令按钮，其功能介绍如下：

- "新建"按钮：创建新文件（可以是数据库、表、查询等）。
- "添加"按钮：添加已存在的文件到项目管理器。
- "修改"按钮：修改项目管理器中存在的文件。
- "运行"按钮：运行"文档"、"代码"和"其他"选项卡中的文件。
- "移去"按钮：将所选择的文件移出项目文件或从磁盘上删除。
- "连编"按钮：建立应用程序（.APP）或可执行程序（.EXE）。

项目管理器中的各项是以类似于大纲的结构来组织的，可以将其展开或折叠，以便查看

不同层次中的详细内容。如果项目中有一个以上同一类型的项，其类型符号旁边会出现一个"+"号，单击"+"号可以显示项目中该类型项的名称。

命令按钮有时可用，有时不可用。其可用和不可用状态是与在工作区的文件选择状态相对应的，如在"全部"选项卡的工作区中，各种文件类型都是"+"号没有展开，也就是没有选中要操作的具体文件，此时像"新建"、"运行"等按钮呈现灰色，表示是不可用的。如果在工作区展开某类文件，如单击"文档"类文件，选中了"表单"类文件，这些按钮就变成了黑色表示是可用的，可修改和运行选中的表单文件了。

单击"项目管理器"对话框右上角的向上箭头，可折叠"项目管理器"，此时用鼠标拖动任何一个选项卡的标题，都可使该选项卡与项目管理器分离。

1.5.3　项目文件的打开与关闭

项目文件的打开可以使用下列方法。

（1）选择"文件"菜单的"打开"命令，在弹出的"打开"对话框中选定要打开的项目文件，然后单击"确定"按钮打开项目文件。

（2）用命令打开项目文件。

命令格式：MODIFY　PROJECT <项目文件名>

单击"项目管理器"对话框右上角的关闭按钮×，关闭"项目管理器"对话框。

1.5.4　项目管理器中命令的操作

在项目管理器中管理文件，可进行新建、添加、运行、重命名等各种操作。在工作区窗口用鼠标单击展开各类文件和选择要操作的文件，可用以下方式进行操作：

（1）使用命令按钮。使用前面介绍的项目管理器界面右边的命令按钮，如单击按钮"新建"、"添加"、"运行"等。

（2）使用"项目"菜单。启动了项目管理器之后，会在 Visual FoxPro 的菜单栏自动添加"项目"菜单。"项目"菜单下的命令除了包括项目管理器的按钮命令外，还有不同的内容，可以用"项目"菜单下的命令对项目管理器管理的文件进行"重命名"和"设置主文件"等操作，这些操作是项目管理器的命令按钮没有提供的。

（3）使用快捷菜单。在项目管理器的工作区选择了某类文件后，单击鼠标右键，可弹出一个快捷菜单。快捷菜单的命令和命令按钮以及"项目"菜单下的命令也有所不同。选择其中的"生成器"命令，可使用一个"应用程序生成器"的辅助工具来把项目中设计的大部分文件生成一个应用程序。

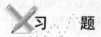

习　　题

一、选择题

1. 关于数据库系统的叙述正确的是（　　　）。

　　A. 数据库系统减少了数据冗余

　　B. 数据库系统避免了一切冗余

　　C. 数据库系统中数据的一致性是指数据类型的一致

　　D. 数据库系统比文件系统能管理更多的数据

2. 下列叙述中正确的是（　　　）。

A. 数据库系统是一个独立的系统，不需要操作系统的支持

B. 数据库设计是指设计数据库管理系统

C. 数据库技术的根本目标是要解决数据共享的问题

D. 数据库系统中，数据的物理结构必须与逻辑结构一致

3. 数据库系统与文件系统的最主要的区别是（   ）。

A. 数据库系统复杂，而文件系统简单

B. 文件系统不能解决数据冗余和数据独立性问题，而数据库系统可以解决

C. 文件系统只能管理程序文件，而数据库系统能够管理各种类型的文件

D. 文件系统管理的数据量较少，而数据库系统可以管理庞大的数据量

4. 数据库（DB）、数据库系统（DBS）、数据库管理系统（DBMS）三者之间的关系是（   ）。

A. DBS 包括 DB 和 DBMS   B. DBMS 包括 DB 和 DBS

C. DB 包括 DBS 和 DBMS   D. DBS 就是 DB，也就是 DBMS

5. 关系模式中指定若干个属性组成新的关系的运算称为（   ）。

A. 连接   B. 投影   C. 选择   D. 排序

6. 下列 4 个选项中，不属于基本关系运算的是（   ）。

A. 连接   B. 投影   C. 选择   D. 排序

7. E-R 模型转换为关系模型时，实体之间多对多关系在关系模型中是通过（   ）。

A. 建立新的属性来实现   B. 建立新的关键字来实现

C. 建立新的关系来实现   D. 建立新的实体来实现

8. 将 E-R 图转换为关系模式时，实体和联系都可以表示为（   ）。

A. 属性   B. 键   C. 关系   D. 域

9. 对于"关系"的描述，正确的是（   ）。

A. 同一个关系中允许有完全相同的元组

B. 在一个关系中元组必须按关键字升序存放

C. 在一个关系中必须将关键字作为该关系的第一个属性

D. 同一个关系中不能出现相同的属性名

10. 如果一个班只能有一个班长，而且一个班长不能同时担任其他班的班长，班级和班长两个实体之间的关系属于（   ）。

A. 一对一关系   B. 一对二关系   C. 多对多关系   D. 一对多关系

11. 设有部门和职员两个实体，每个职员只能属于一个部门，一个部门可以有多名职员，则部门与职员实体之间的关系类型是（   ）。

A. 多对多关系   B. 一对一关系   C. 一对多关系   D. 一对二关系

12. 在关系模型中，为了实现"关系中不允许出现相同元组"的约束，应使用（   ）。

A. 临时关键字   B. 主关键字   C. 外部关键字   D. 索引关键字

13. DBMS 的含义是（   ）。

A. 数据库系统   B. 数据库管理系统

C. 数据库管理员   D. 数据库

14．数据库系统的核心是（　　　）。
　　A．数据模型　　　　　　　　　　B．数据库管理系统
　　C．软件工具　　　　　　　　　　D．数据库

15．Visual FoxPro 支持的数据模型是（　　　）。
　　A．层次数据模型　　　　　　　　B．关系数据模型
　　C．网状数据模型　　　　　　　　D．树状数据模型

16．Visual FoxPro DBMS 是（　　　）。
　　A．操作系统的一部分　　　　　　B．操作系统支持下的系统软件
　　C．一种编译程序　　　　　　　　D．一种操作系统

17．关系运算中的选择运算是（　　　）。
　　A．从关系中找出满足给定条件的元组的操作
　　B．从关系中选择若干个属性组成新的关系的操作
　　C．从关系中选择满足给定条件的属性的操作
　　D．A 和 B 都对

18．由关系贷款和借款通过运算得到关系借贷，则所使用的运算为（　　　）。

贷款			借款		借贷			
贷款号	网点	贷款量	客户	贷款号	贷款号	网点	贷款量	客户
L01	张庄	5000	玛丽	L01	L01	张庄	5000	玛丽
L02	新街口	3000	杰克	L03	L03	豁口	2000	李杰
L03	豁口	2000	李杰	L04				

　　A．笛卡尔积　　　B．交　　　　　C．并　　　　　D．自然连接

19．设有如下关系表：

R			S			T		
A	B	C	A	B	C	A	B	C
1	1	2	3	1	3	1	1	2
2	2	3	1	2	3	2	2	3
			3	1	2			

则下列操作中正确的是（　　　）。
　　A．T=R∩S　　　B．T=R∪S　　　C．T=R×S　　　D．T=R−S

20．在创建关系型数据库的关系（表）时，为该关系指定了主键，这属于数据完整性约束中的（　　　）。
　　A．参照完整性　　B．实体完整性　　C．域完整性　　D．用户定义完整性

二、填空题

1．计算机数据管理的发展经历了人工管理、文件系统和＿＿＿＿＿＿三个阶段。

2．E-R 模型是对现实世界的一种抽象，其主要成分是实体、实体的属性和＿＿＿＿＿。

3．数据库要求有最小的冗余度，是指数据尽可能不重复。数据库的＿＿＿＿＿，是指数据库以最优的方式服务于一个或多个应用程序；数据库的独立性，是指数据的存储尽可能

独立于使用它的应用程序。

4．数据模型是数据库系统中用于数据表示和操作的一组概念和定义。数据模型通常由 3 部分组成，即数据结构、数据操作和数据的_____约束条件。

5．关系数据库中，从关系中选择某些（部分）属性列的关系运算称为_____运算。

6．数据库系统由数据库、数据库管理员和有关软件组成，最重要的软件是_____。

7．两个关系的并运算就是将两个关系按属性进行并和运算，形成一个新的关系。要保证两个关系能够完成并和运算，必须要求这两个关系是相容的，即两个关系的_____必须相等，_____必须相同。

8．_____用来将一个应用程序文件的所有文件集合成一个有机的整体，形成一个扩展名为.pjx 的项目文件。

9．项目管理器的_____选项卡用于显示和管理数据库、自由表和查询等。

10．清除命令窗口内的操作信息需要的操作是单击_____，在快捷菜单中点击_____命令。

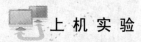 上 机 实 验

实验　项目管理器的基本操作

实验目的

1．掌握 VFP 启动和退出的方法。
2．熟悉 VFP 集成开发环境。
3．掌握项目管理器的基本操作。

实验内容

1．练习启动 Visual FoxPro 的方法。
2．练习退出 Visual FoxPro 的方法。
3．熟悉 Visual FoxPro 的使用环境。
4．练习 Visual FoxPro 中项目管理器的使用。

实验步骤

1．Visual FoxPro 的启动

方法 1：通过"开始"菜单启动 Visual FoxPro。

在 Windows 桌面上，依次选择"开始"菜单→"程序"→"Microsoft Visual FoxPro"，然后单击即可启动 Visual FoxPro 系统。

方法 2：通过桌面快捷方式启动 Visual FoxPro。

直接用鼠标双击桌面上 Visual FoxPro 的快捷图标即可。

2．Visual FoxPro 的退出

方法 1：在 Visual FoxPro 的"文件"菜单中，选择"退出"。

方法 2：在命令窗口中输入"quit"命令，并按下"Enter"键。

方法 3：单击 Visual FoxPro 标题栏右端的"关闭"按钮。

方法 4：单击打开 Visual FoxPro 标题栏左端的"控制"菜单，选择"关闭"项。

3. Visual FoxPro 的集成操作环境

（1）熟悉 Visual FoxPro 的使用界面。认识 Visual FoxPro 系统的标题栏、菜单栏、常用工具栏、命令窗口、主窗口、状态栏，如图 1-9 所示。

（2）菜单栏、工具栏的使用。学会菜单栏的打开，了解常用菜单命令的功能；了解常用工具栏上命令按钮的功能和相应菜单命令的关系。

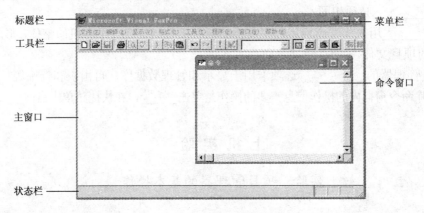

图 1-9   VFP 使用界面

（3）命令窗口的使用。

1）了解命令窗口的作用。

2）命令窗口的关闭。

方法 1：单击命令窗口的"关闭"按钮。

方法 2：按 Ctrl+F4 组合键。

方法 3：单击常用工具栏上的"命令窗口"按钮。

3）命令窗口的打开。

方法 1：单击常用工具栏上的"命令窗口"按钮。

方法 2：按 Ctrl+F2 组合键。

方法 3：打开菜单栏上的"窗口"菜单，单击选择其中的"命令窗口"命令。

4）使用命令窗口操作执行 Visual FoxPro 的命令。通过键盘输入如下命令，输入一条，按下"Enter"键执行该命令。

```
a=2
b =3
?a, b, a+b
?1+2+3+4
?  3.14*3.0*3.0
```

（4）了解主窗口的作用、状态栏的作用。通过命令窗口执行上述命令，观察主窗口的显示结果，另外了解状态栏的作用。

4. 项目管理器的基本操作

（1）建立项目文件。

1）单击"文件"菜单中的"新建"菜单项，弹出"新建"对话框，如图 1-10 所示。在弹出的窗口中选择文件类别为"项目"。

2）单击"新建文件"按钮，弹出"创建"对话框，如图 1-11 所示。

3）在弹出的创建窗口中输入项目文件名，例如输入：jxgl（注意项目文件的扩展名为.PJX）。

4）单击"保存"按钮，便建立了名为 jxgl 的项目文件，同时打开了项目管理器窗口。

创建项目文件后，在磁盘上建立了两个文件（项目文件和项目备注文件），项目文件以"项目管理器"窗口的形式显示，如图 1-12 所示。

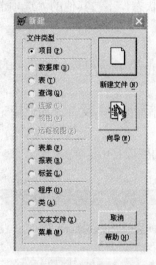

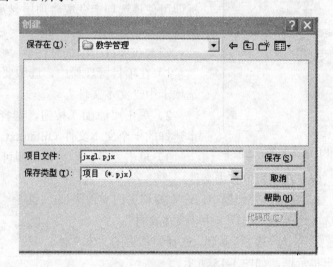

图 1-10　"新建"对话框　　　　　　　　　　图 1-11　"创建"对话框

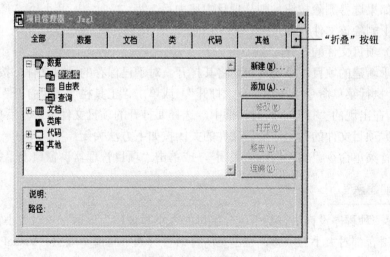

图 1-12　"项目管理器"窗口

（2）项目管理器展开与折叠、选项卡拖离和顶层显示操作。

1）展开与折叠：单击"其他"选项卡右边的"向上箭头"图标，即可折叠项目管理器窗口，同时"向上箭头"图标变成"向下箭头"图标；单击"其他"选项卡右边的"向下箭头"图标，如图 1-13 所示，即可展开"项目管理器"窗口。

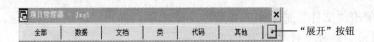

图 1-13　折叠的 "项目管理器" 窗口

2）选项卡的拖离：在 "折叠" 状态下，拖动相应的 "选项卡" 到新的位置松开鼠标即可，如图 1-14 所示。

图 1-14　拖离的选项卡

3）选项卡的顶层显示：单击拖离后的选项卡上的 "图钉" 图标即可使该选项卡变成 "顶层显示" 状态，不被其他的 "选项卡" 所遮盖。

（3）在项目中添加文件。

1）在项目管理器中，选中要添加的文件类型：如选中 "其他" 选项卡中 "文本文件"。

2）单击 "添加" 按钮，选择要添加的文本文件，如已用记事本建好的一个文本文件 vfpfaq.txt。

3）单击 "确定" 按钮，即可添加到项目中。

（4）在项目中移去文件。

1）在项目管理器中，选中要移去的文件类型，如选中 "其他" 选项卡中 "文本文件"。

2）单击 "移去" 按钮，选择要移去的文本文件。弹出提示框，如图 1-15 所示。

3）单击 "移去" 命令按钮，将该文件从项目中移去。如果选择删除按钮，则从项目中移去后，将从磁盘上删除该文件。

图 1-15　"移去" 提示框

（5）项目文件的打开。

对于新建的项目，系统将自动将其打开。对于已保存的项目文件，按如下步骤打开：

1）执行菜单命令 "文件" → "打开"，或单击 "工具栏" 上 "打开" 的按钮。

2）在出现的 "打开" 的对话框中，选择要打开的项目文件名，然后单击 "打开" 按钮。

（6）项目文件的关闭。项目文件的关闭按如下方法关闭：

执行菜单命令 "文件" → "关闭"，或单击 "项目管理器" 窗口上 "关闭" 的按钮。

实验思考

1．一种程序设计语言是否区分字母的大小写被称为该语言 "对大小写是否敏感"，不是所有的语言都对大小写敏感，也不是所有语言对大小写都不敏感。Visual FoxPro 对大小写敏感吗？在命令窗口中用函数名和变量名的大小写试一试。

2．如何清除 "命令" 窗口中以前执行的命令列表？如何改变 "命令" 窗口中文本的字体、字号？

3．是否可以同时打开多个项目文件？一个文件是否可以被添加到多个项目中？

第 2 章　Visual FoxPro 语言基础

Visual FoxPro 所提供的菜单和向导及相应的提示信息使用户操作起来很方便。尽管 Visual FoxPro 的可视化功能很强大，但仍有很多问题仅用 Visual FoxPro 提供的设计工具无法实现，尤其是对于一个应用系统来说，除了利用 Visual FoxPro 强大的可视化编程能力外，还需要程序设计人员根据具体情况编写部分程序代码。所以对于一个程序设计人员来说，为了设计出各种完整实用的应用程序，还必须掌握 Visual FoxPro 所提供的变量和函数。

本章主要介绍 Visual FoxPro 语言的基本成分，Visual FoxPro 的数据类型，常量和变量的概念，以及与数据量相关的表达式和函数运算。这些知识是学习数据库设计和程序设计的基础。

本章重点：VFP 中常量、变量、数组、函数以及 VFP 的各种表达式的用法。

2.1　基本数据类型

什么是数据类型？数据类型是指数据对象的取值集合，以及对它可施行的运算集合。数据类型规定了具有该类型的变量或表达式的取值范围，也规定了与其相联系的运算的集合。

数据类型的种类越多，该系统的处理范围和能力越强。Visual FoxPro 系统中数据类型主要有以下几种。

1. 字符型（Character）

字符型数据用字符 C 表示。它是由字母或汉字（一个汉字占两个英文字母宽度）、数字或其他符号的 ASCII 码组成的数据，其长度为 1～254 个英文字符长，每个英文字符占 1 个字节。

2. 数值型（Numeric）

数值型数据用字符 N 表示。它表示的数据为数值，由数字 0～9、正负号及小数点组成。每个数据在内存中的存储占 8 个字节空间，数字最大的书写长度为 20 位长。数值型数据可以采用科学计数法表示，其取值范围是$-0.999\,999\,999E+19$～$0.999\,999\,999E+20$。

3. 整型（Integer）

整型数据用字符 I 表示，它用于存储无小数点部分的数值，只能用于数据表中字段的定义。在数据表中，每个整型字段占 4 个字节空间。数据取值范围是$-2\,147\,483\,647$～$2\,147\,483\,647$。

4. 浮点型（Float）

浮点型数据用字符 F 表示。提供此类型是为了与数值型数据类型相兼容。

5. 双精度型（Double）

双精型数据用字符 B 表示。用于取代数值型，以便提供更高的数据精度（即有效数字位数，尤其是小数部分）。该精度采取浮点格式，在内存中存储也占 8 个字节，但是小数点的位置是由输入的数值决定的，取值范围是$+/-4.940\,656\,458\,421\,47E-34$～$+/-8.988\,465\,674\,311\,5E\,307$。

6. 货币型（Currency）

货币型数据用字符 Y 表示。在使用货币值时，可以用货币型数据来代替数值型数据表示。每个货币型数据在内存中占据 8 个字节空间，取值范围为−922 337 203 685 477.5807～922 337 203 685 447.5807，小数部分最多为 4 位，当小数位超过 4 位时，四舍五入。

7. 日期型（Date）

日期型数据用字符 D 表示。它用以保存不带时间的日期值。日期型数据的内存存储格式为"yyyymmdd"（y:year，m:month，d:day），但是表示方式却有多种，可以通过相应的设置方法对其重置。最常用的表现格式为 mm/dd/yyyy，日期型字段的宽度是 8 字节。

8. 日期时间型（Datetime）

日期时间型数据用字符 T 表示。该数据类型用来保存日期和时间，它在内存中的存储格式为"yyyymmddhhmmss"。在日期时间型数据表示中可以缺省日期或者时间。日期时间型字段的宽度也是 8 字节。

9. 逻辑型（Logical）

逻辑型数据用字符 L 表示。逻辑型数据只能存放两个量，用来表示两种相对的状态，存放的值只有真（.T.）和假（.F.）。逻辑型数据在内存中的存储占一个字节。

10. 备注型（Memo）

备注型数据用字符 M 表示。它是数据库中一个重要的数据类型，主要用来补充字符型数据的不足，存储字符型数据块，备注字段含有一个 4 字节的引用，相当于指针的作用，它指向真正的备注内容，实际存放的数据内容是存储在一个相对独立的文件中，该文件的扩展名为 .fpt，文件名与定义的数据表同名，存放内容的多少取决于用户输入的内容。

11. 通用型（General）

通用型数据用字符 G 表示。它用来存放对象链接和嵌入（Object Link Embedded，OLE）对象，通用字段包含一个 4 字节的引用，它指向该字段的真正内容：电子表格、字处理文档或图片等，这些都是由其他应用软件建立的，用来弥补 Visual FoxPro 的不足。

2.2 常量和变量

数据类型是不能直接参与运算的，只是决定了数据的存储方式和运算方式，因此每种数据类型只有定义出具体的数据量才能进行操作，即数据类型通过数据量表现。Visual FoxPro 系统中设定的数据量总体上分为两大类：常量和变量。

2.2.1 常量

常量是指在所有的操作过程中保持不变的数据。常量也分为不同类型，如 3.14159 是数值型常量，字母"A"是字符型常量，不同类型的常量所对应的书写格式是不一样的。Visual FoxPro 系统中的常量主要有 6 种：字符型常量、数值型常量、日期型常量、日期时间型常量、逻辑型常量和货币型常量。

1. 字符型常量

字符型常量也叫做字符串，表示的方法是用英文单引号（''）、双引号（" "）或方括号（[ ]）把字符串括起来。单引号、双引号或方括号叫做定界符，表示其所包含的内容是属于字符概念，但是定界符不属于字符串的内容，定界符必须成对出现。

例如：　　　　"12345.80"　　　　"计算机"　　　　"524640"
　　　　　　［VisualFoxPro］　［teacher'sbook］　［12/10/2001］
　　　　　　　　'.T.'　　　　　　　'.f.'　　　　　　'vfp'

特别注意的是如果字符常量的组成部分中包含某种定界符，则应该用另一种定界符来定界字符常量。

2．数值型常量

数值型常量由数字 0～9、正负号及小数点构成，表示一个具体的数据值。可以用普通的十进制小数格式表示，如 78.9、－475.23。也可以使用科学计数形式书写，如 5.78 E12 表示 $5.78×10^{12}$，数值型数据在内存中的存储占据 8 个字节。

3．日期型常量

日期型常量与字符型常量一样也需要使用定界符规则，使用一对花括号{ }。花括号中包含年、月、日三个部分，之间用分隔符隔开，系统默认分隔符号为斜杠（/），也可以使用其他的分隔符，如连字符（－）、点号（.）或空格等。日期型数据常量的表现有两种格式：严格的日期格式和传统的日期格式。

（1）严格的日期格式。

格式表示为 {^ yyyy-mm-dd}。用这种格式表示的日期是一个确定的日期，是不能更改其格式的，而且其表示具有严格的次序，不能颠倒，也不能缺省。在具体的输入中使用严格日期格式非常方便，如{^2007-09-01}、{^2008/08/8}和{^2013.5.11}。

（2）传统的日期格式。

Visual FoxPro 早期版本所使用的默认的日期格式，其默认的格式是美国日期格式{月/ 日/年}，月、日、年的位数各为两位，如{01-02-08}表示 2008 年 1 月 2 日。当然，这种格式要受到日期设置命令的影响。

（3）影响日期格式表达的设置命令。

SET CENTURY ON | OFF

用来设定年份的位数，选择 ON，表示使用 4 位数字表示年份；选择 OFF，则使用 2 位数字表示年份。默认情况下为 2 位。

SET STRICTDATE TO [0 | 1 | 2]

用于对输入的日期进行设置，确定是否需要对其进行严格检查。

0：表示不检查。

1：进行严格的日期检查，这也是系统默认的格式。

2：进行严格的日期检查，并且使用范围也扩展到了相关的日期转换函数，如 CTOD() 和 DTOC()等。

4．日期时间型常量

日期时间型常量中包含日期和时间两部分内容，表现形式为：{日期,时间}。日期部分与日期型常量的表现一致。

时间部分的格式是[hh [:mm [:ss]] [a|p]]。hh、mm、ss 分别代表时、分、秒，a 和 p 分别代表上午和下午，系统默认为上午格式。当然，如果指定的时间小时数大于 12，则自然表示为下午的时间。

日期时间型数据在内存中存储用 8 个字节表示，日期部分等同于日期型数据，时间部分的取值范围是 00：00：00 AM～11：59：59 PM。

例如，{^2007/12/12 11:50:00 }。

5. 逻辑型常量

逻辑型数据只有两种可取值，分别为逻辑真和逻辑假，表示两种确定且对立的状态。具体取值为 .T. 、.t. 、.Y. 、.y. 和 .F. 、.f. 、.N.、.n.。字母前后出现的两点也是定界符。

逻辑型数据在内存中存储只占一个字节大小。

6. 货币型数据常量

货币型数据表示货币值，书写格式类似于数值型数据，但是必须在前面加上一个货币符号（$），最多可以取 4 位小数，超过部分则自动进行四舍五入。

货币型数据没有科学计数法表示格式，在内存中的存储与数值型数据一样，也占据 8 个字节的空间。

例如，$100.35，$2104。

2.2.2 变量

如前所述，常量是不能发生变化的值，但是，大多数情况下给定的原始数据在执行中是需要变化的，因此除了常量以外，Visual FoxPro 引入了变量，变量是运算的主体。

变量是需要变化的，不能像常量那样直接给出具体的数据，所以变量要用一个特定的符号来表示。该特定符号称为变量名，所包含的数据值称为变量值。变量名是固定的，变量值是变动的。每一个变量都拥有一个变量名，用户通过变量名访问变量值，进行运算。不同时刻，变量名所对应的变量值也就不同，所以变量的值就是变量在当前时刻所保存的数据值。

Visual FoxPro 系统中对于变量有两种表现形式：其一称为内存变量，即设置于内存存储区域中，变量值就是存放于该区域中的数据。内存变量具有特殊性，内存变量中所存放的当前数据的类型决定了变量当前的类型。所以在 Visual FoxPro 系统中，变量名所对应的数据值的类型不同，变量的类型也就随之变化。内存变量随时使用，随时建立。其二就是字段变量，字段变量是隶属于数据表的，使用字段变量时必须先打开相关数据表，数据表中的字段名就是字段变量（一个字段名可以对应若干个记录值）。有关字段变量的内容在数据库设计中再具体说明，这里先讨论内存变量。

1. 变量名的命名规则

每个变量都是通过变量名来使用的。变量名的命名规则是变量名由字母、数字和下划线组成。以字母和下划线开头，长度为 1～128 个英文字符，但是不能使用 Visual FoxPro 中的保留字（Visual FoxPro 系统中已经定义过并出现的标识符号）。在中文 Visual FoxPro 中可以使用汉字，每个汉字占据两个英文字符长度。

2. 内存变量的类型

内存变量的取值类型有字符型（C）、数值型（N）、货币型（Y）、逻辑型（L）、日期型（D）和日期时间型（T）。

3. 内存变量的赋值

简单内存变量不需要事先定义，可随用随建，通过变量名访问变量值。对简单内存变量赋值可以直接进行，使用赋值命令有以下两种方式：

<内存变量名> = <表达式>

或

STORE <表达式> TO <内存变量名列表>

> 🎤 **说 明**
>
> 等号一次只能给一个内存变量赋值，如有多个变量，就需要书写多个等号赋值命令，而 STORE 命令可以给多个变量赋同一个初始值，各个内存变量名之间用 "," 隔开。
>
> 例如：`Score = 78`　　　　　　 && 将 78 赋值给数值型变量 Score
> 　　　`X =3.14`　　　　　　　 && 将 3.14 赋值给数值型变量 X
> 　　　`Ch ='abc'`　　　　　　 && 将字符串 'abc' 赋值给字符型变量 Ch
> 　　　`store 2*4 to a1,a2`　&& 将 8 同时赋值给数值型变量 a1 和 a2
>
> 内存变量使用之前不需要特别的声明和定义。对变量赋值时，如果变量名不存在，则建立该变量并赋值；如果变量名已经存在，则用新值替换原来的值。
>
> 对同一个变量可以通过重新赋值操作来改变其数据类型和当前的值。
>
> 例如：`Ch='abcd'`　　　　　　 && 将字符串 'abcd' 赋值给字符型变量 Ch
> 　　　`Ch=3.14159`　　　　　 && 将数值 3.14159 赋值给变量 Ch,同时字符型
> 　　　　　　　　　　　　　　　 变量 Ch 变为数值型

4．内存变量的常用命令

内存变量的命令操作一般出现于命令窗口中，在进行交互式操作或者在程序编制中出现。

（1）内存变量的显示。

格式：LIST (或 DISPLAY) MEMORY [LIKE Skeleton] [TO PRINTER|TO FILE <文件名>]

功能：选用 LIKE Skeleton，用于显示与指定模式相相匹配的所有内存变量。Skeletons 参数是含有通配符的模式，通配符包括 * 和 ？，* 表示若干个字符，?表示一个字符。选用 TO PRINTER，表示打印输出；选用 TO FILE <文件名>，表示输出到一个文件中。

选用 LIST MEMORY，表示一次性显示所有的内存变量，充满屏幕后自然滚动，直至最后显示；选用 DISPLAY MEMEORY，则表示分屏幕显示 ，显示满屏幕后则暂停，按任意键继续显示下一屏幕。

例如：`LIST MEMORY LIKE A?` &&显示字母 A 打头的只有两个字母组成的变量名

（2）内存变量的保存。

内存变量是系统在内存中设置的临时存储单元，当退出 VFP 时其数据自动丢失。若要保存内存变量以便以后使用，可使用 SAVE TO 命令将变量保存到文件中。

格式：SAVE　TO　文件名　[ALL　LIKE Skeleton |ALL EXCEPT　Skeleton]

功能：选用 LIKE Skeleton，用于保存与指定模式相匹配的所有内存变量。选用 EXCEPT Skeleton，用于保存不与指定模式相匹配的所有内存变量。

例如：要保存第 2-3 字符为 "an" 的所有内存变量到 MVAR 的内存变量的文件中

`SAVE TO MVAR ALL LIKE ?an*`

（3）内存变量的清除。

格式：CLEAR MEMORY，或 RELEASE <内存变量名表>

功能：CLEAR MEMORY 清除所有内存变量。

　　　RELEASE <内存变量名表> 清除指定的内存变量。

例如：RELEASE ALL　　　　　&& 清除所有的内存变量
　　　　RELEASE A1,A2　　　　&& 清除 A1,A2 两个内存变量

2.2.3　数组

数组是一组有序内存变量的集合，其中每一个内存变量是这个数组的一个元素。每一个数组元素在内存中独占一个内存单元。为了区分不同的数组元素，每一个数组元素都是通过数组名和下标来访问的。数组必须先定义后使用。

1. 定义数组

格式：Dimension |Declare| 数组名（行数 [，列数]）

功能：定义一维或二维数组，及其下标的上界。

例如：定义一个一维数组 SZ1 和一个二维数组 SZ2。格式如下：

```
DIMENSION  SZ1(10), SZ2(5,2)
```

 说　明

- 数组一旦定义，它的初始值为逻辑值.F.，下标的起始值是 1。
- 上面这一定义一旦完成，系统就允许使用 SZ1 和 SZ2 两个数组。
- SZ1 是一维数组，SZ1 下标的上界为 10，下界为 1。数组元素分别为 SZ1 (1)，SZ1 (2)，SZ1 (3)，…，SZ1 (10)。
- SZ2 是二维数组，SZ2 第一个下标为行标，上界为 5，下界为 1，第 2 个下标为列标，上界为 2，下界为 1。数组元素分别为 SZ2 (1, 1)，SZ2 (1, 2)，SZ2 (2, 1)，SZ2 (2, 2)，…，SZ2 (5, 1)，SZ2 (5, 2)。二维数组的元素还可用一维数组表示，如 SZ2 (2, 2)，可表示为 SZ2 (4)，SZ2 (5, 1)可表示为 SZ2 (9)。

2. 数组类型

数组类型是指数组元素的类型。每一个数组元素又是一个内存变量，因此它的类型同样由它接受的数据的类型所决定。

在 Visual FoxPro 系统环境下，同一个数组元素在不同时刻可以存放不同类型的数据，在同数组中，每个元素的值可以是不同的数据类型。

3. 数组赋值

给数组赋值，就是分别给每个数组元素赋值，与给内存变量赋值操作完全相同。

例如：定义一个一维数组 X，给所有数组元素赋值并输出其值。操作如下：

```
DIMENSION X(5)
STORE 1  TO X(1),X(2),X(3)
?X(1),X(2),X(3)                    &&显示的结果为 1 1 1
X(4)={^2012-07-01}
?X(4)                             &&显示的结果为 07/01/12
?X(5)                             &&显示的结果为.F.
```

2.3　表　达　式

表达式是由常数、变量、函数和运算符组成的一个有值的式子。运算符是处理数据运算

问题的符号，也叫操作符，它表示在操作数上的特定动作。

每个表达式都有唯一的值。表达式的类型由运算符的类型决定。在 Visual FoxPro 中常用的有 5 类运算符和表达式：算术运算符和算术表达式、字符串运算符和字符串表达式、日期时间运算符和日期时间表达式、关系运算符和关系表达式、逻辑运算符和逻辑表达式。

2.3.1　算术表达式

算术表达式由算术运算符将数值型数据连接起来形成，其结果仍然是数值型的。按运算符优先级高低排列，算术运算符见表 2-1。

表 2-1　　　　　　　　　　　　算术运算符及运算

运算符	名　　称	表达式	表达式值
**或 ^	乘方	2**3	8
*、/	乘、除	7*9/3	21
%	取余	13%3	1
+、−	加、减	3+50−5	48

```
例如：pi=3.1415926
      R=3.0
      S=pi*r*r              &&圆面积的表达式
      Cir=2*pi*r            &&圆周长的表达式
      ?s,cir                &&显示半径为 3.0 的圆的面积和周长
例如：store 1 to a          &&求一元二次方程 x²-3x+2=0 方程的根
      store -3 to b
      store 2 to c
      d=b*b-4*a-*c
      x1=(-b+sqrt(d))/(2*a)
      x2=(-b-sqrt(d))/(2*a)
      ?x1,x2
```

2.3.2　字符表达式

字符串表达式由字符串运算符号将字符串常量、字符串变量、字符串函数连接起来，其运算结果仍然是字符型数据或逻辑值，见表 2-2。

表 2-2　　　　　　　　　　　　字符运算符及运算

运算符	运算符	说　　　明
+	连接	将两个字符串连接起来
−	连接	将运算符左侧字符串尾部的空格移到右侧字符串尾部后再连接
$	比较	查看运算符的左侧字符串是否包含在右侧字符串中，结果为逻辑值

```
例如：? ' ABCD '+'EFGH'        && 显示结果为' ABCD EFGH'
      ? '同学们'-'大家好'+'！'   && 显示结果为:同学们大家好！
      ? "计算机"$"计算机时代"    && 显示结果为 .T.
```

2.3.3　日期时间表达式

日期时间型表达式中可以使用的运算符也是两个，即"+"和"−"。

日期时间型表达式的格式有一定的限制，不能任意组合，它们之间只能进行加"+"、减"−"运算，有以下 3 种情况。

- 两个日期型数据可以相减,结果是一个数值型数据(两个日期相差的天数)。

  例如:{^2009/12/19}-{^2009/11/16} && 结果为数值型数据:33
- 一个表示天数的数值型数据可加到日期型数据中,其结果仍然为一日期型数据(向后推算日期)。

  例如:{^2007/11/16}+ 33   && 结果为日期型数据:{^2007/12/19}
- 一个表示天数的数值型数据可从日期型数据中减掉它,其结果仍然为一日期型数据(向前推算日期)。

  例如:{^2007/12/19}- 33   && 结果为日期型数据:{^2007/11/16}

日期时间运算符中(+)运算结果,是把已给的日期时间再加多少秒;(-)运算结果,是计算已给的两个日期时间相差多少秒。

2.3.4 关系表达式

关系表达式通常也叫比较表达式,它由关系运算符号将两个运算对象连接起来形成,形式为:<表达式 1><关系运算符><表达式 2>。关系表达式的值为逻辑值,见表 2-3。

表 2-3   关系运算符和关系表达式

运算符	名　称	示　例	表达式值
>	大于	3>4	.f.
>=	大于等于	"ABC" >= "AD"	.f.
<	小于	3+5<10	.t.
<=	小于等于	4>=1	.t.
=	等于	"AB" = "A"	.t.
<> 或# 或! =	不等于	.t.<>.f.	.t.
==	字符串精确等于比较	"ABC" == "ABC" "ABC" == "AB"	.t. .f.

运算符号==只能用于字符型数据,其余可以适用于任何类型的比较,但要求两边运算的数据类型应一致。对于日期和日期时间型数据,却可以同时比较。

字符型数据的比较是按其对应的 ASCII 码值的大小进行的。比较时,先比较第一个字符的大小,若第一个字符大,则该串大,如果第一个字符相同,再比较第二个字符的大小,第二个字符大的,该字符串大,依此类推,直到比较出大小。

在进行两字符串匹配比较时,有两种比较运算,分别为粗略匹配"="和精确匹配"=="。

例如:当系统比较状态处于默认设置时,即粗略匹配状态时,会出现如下结果

```
? "ABCDEF"="ABC"        && 显示结果为 .T.
? "ABC"="ABCDEF"        && 显示结果为 .F.
? "ABCDEF"=="ABC"       && 显示结果为 .F.
```

当将匹配比较设置为精确匹配状态,即将 SET EXACT ON / OFF 设置为开状态时,"="和"=="的作用相同。

例如:

```
SET EXACT ON            && 设置字符比较为精确匹配
? "ABCDEF"="ABC"        && 显示结果为 .F.
```

```
    ? "ABCDEF"=="ABC"              && 显示结果为 .F.
```

2.3.5　逻辑表达式

逻辑表达式由逻辑运算符将逻辑型数据连接起来而形成，其结果仍然是逻辑型数据。

逻辑型运算符有三个：.NOT. 或 !(逻辑非)、.AND.(逻辑与)、.OR. (逻辑或)，也可以省略两边的点号：NOT、AND、OR。优先级为 NOT、AND 和 OR，见表 2-4。

表 2-4　　　　　　　　　　　　逻辑运算符和逻辑表达式

运算符	名　称	示　例	表达式值
not	逻辑非	not(1>0)	.f.
and	逻辑与	(4>5)and (5<9)	.f.
or	逻辑或	(4>5)or (5<9)	.t.

同一类运算符中的各个运算符有一定的运算优先级别，而不同类的运算符可能出现在同一个表达式中，因此在混合运算中的各运算符的执行次序为算术运算表达式、字符串表达式、日期时间表达式、关系表达式和逻辑表达式。

```
例如：? NOT (5>6)                && 显示结果为 .T.
      ? 3>2 .AND. 5+2>2          && 显示结果为 .T.
      ? 2>5 .OR. 3>20            && 显示结果为 .F.
```

2.3.6　名称表达式

由圆括号括起来的一个变量或数组，可以用来替换命令或表达式中的名称。名称表达式为 Visual FoxPro 的命令和函数提供了灵活性。

1．用名称表达式替换命令中的变量名

```
Var=100
var_name="Var"
STORE  123.4 TO (var_name)      && 用(var_name)名称表达式替换变量
? Var                           && 显示的结果为123.4
```

在使用名称表达式时，名称表达式不能出现在赋值语句的左边。

```
例如：var_name="VAR"
      (var_name)=100            && 该命令执行时会报错
```

2．用名称表达式替换命令中的文件名

```
dbf_name="JS"
use (dbf_name)                  && 打开 JS 表
```

3．用字符表达式来构成一个名称表达式

```
db_name= "JXGL "
dbf_name="JS"
use (db_name+"!"+dbf_name)      && 等价于 USE JXGL!JS 命令
```

2.3.7　宏替换

宏替换与名称表达式具有相似的作用，可使用宏替换的方法用内存变量替换名称。在使用宏替换时，将连字符（&）放在变量前，告诉 VFP 将此变量值当做名称使用，并使用一个点符号（.）来结束这个宏替换表达式。

```
例如：Var=100
      Varb=10
      var_name="VAR"
      store 123.4 to &var_name        && 等价于 store 123.4 to Var
      store 200 to &var_name.b         && 等价于 store 200 to Varb
```

宏替换与名称表达式都可以用变量或数组中的值来替换名称，但宏替换的使用范围要广一些，有些地方只能用宏替换而不能用名称表达式。

例如，宏替换可以构成表达式，而名称表达式不能作为其他表达式的组成部分。

```
例如：var_name="Cvar"
      &var_name="test2"            && 能正确赋值
      (var_name)="test3"           && 不能正确赋值
      store "test1" to (var_name)  && 能正确赋值
      ?&var_name                   && 显示的是变量 Cvar 的值"test1"
      ?(var_name)                  && 显示的是"Cvar",而非变量 Cvar 的值
```

2.3.8 表达式小结

一个表达式中可以包含不同类型的运算符和运算对象。每一种运算都有其执行的先后顺序，当一个表达式由不同类型的表达式组合而成，即有多种数据类型的运算符同时出现在同一个表达式中时，其运算符的优先级如下：

- 第一级：算术运算符和字符运算符。

  算术运算符：正负号 优先于 ** 或∧ 优先于 *,/ 优先于 +,-
  字符串运算符的级别相同： + ，-
- 第二级：关系运算符。

  关系运算符的级别相同： <， <=， =， >=， >， <>或#, $, ==
- 第三级：逻辑运算符。

  逻辑运算符：.NOT. 或! 优先于 .AND. 优先于 .OR.

所有同一级运算都是从左至右进行的。括号内的运算优先执行，嵌在最内层括号里的运算先进行，然后依次由内向外执行。

2.4 函　　数

函数是具有特定数据运算或者转换功能的一段指令序列。函数的出现使得用户在大多数情况下不必自行设计具体的操作，而只要通过简单的调用即可解决。

函数具有一个名称，叫函数名。往往函数还需要提供若干个原始数据（称为参数parameters），因此大多数函数的调用格式就是用函数名加一对小括号，所需的参数放置于括号内。

函数调用格式为：

　　　函数名（参数表）

这种函数称为有参函数，如 sqrt(x)。也有一部分函数不需要参数就可以运行，称为无参函数，其调用格式为：函数名()。括号是函数存在的标志，不能省略，执行函数后产生所需结果称为函数值或返回值。

函数分为两类，一类是 Visual FoxPro 系统给定的，称为系统函数，也叫内部函数，是函数中的主体；另一类是用户根据函数的组成要素进行自我设计，称为自定义函数。

2.4.1　数值型函数

数值型函数的运算结果为数值类型，一般情况下，它们的自变量和函数的返回值往往都是数值型数据。

1. 绝对值函数：ABS ()

格式：ABS(<数值表达式>)

功能：返回指定的数值表达式的绝对值。

例如：? ABS (- 23.4)

　　　显示结果：23.4

2. 三角函数：COS() 、SIN() 、TAN()

格式：COS(<数值表达式>)

　　　SIN(<数值表达式>)

　　　TAN(<数值表达式>)

功能：返回指定的数值表达式的三角函数的值。

注 意

三角函数的数值表达式的值必须是弧度值，不是普通的度数。

例如：? COS (1.00)

　　　显示结果：0.54

3. 指数函数：EXP ()

格式：EXP(<数值表达式>)

功能：返回以 e 为底的指数幂。

例如：? EXP (1.00)

　　　显示结果：2.72

4. 取整数函数：INT()

格式：INT(<数值表达式>)

功能：返回指定的数值表达式的整数部分。

注 意

对负数取整，遵循零接近方向。

此函数不四舍五入，仅做取整操作。

例如：? INT (4.5), INT (- 3.67)

　　　显示结果：4,-3

5. 自然对数函数：LOG ()

格式：LOG(<数值表达式>)

功能：返回指定的数值表达式值的自然对数。

例如：? LOG (54.60)

显示结果：4.00

6. 最大值函数最小值函数：MAX()、MIN()

格式：MAX(<数值表达式列表>)

　　　　MIN(<数值表达式列表>)

功能：返回指定的数值表达式列表中的最大值或最小值。

例如：? MAX (- 23.4, 34.78, 56.9)

　　　显示结果：56.9

　　　? MIN (- 254, 534.78, 156.9)

　　　显示结果：−254

7. 求余函数：MOD()

格式：MOD（<数值表达式 1>，<数值表达式 2>）

功能：求 <数值表达式 1>除以 <数值表达式 2>所得的余数。

🎤 说 明

- 余数的正负号与除数相同。
- 如果两个表达式同号，则函数值为两个表达式相除的余数。
- 如果两个表达式异号，则先将两表达式取绝对值后求余，并用除数的绝对值减去已求余数，所得结果即为所求。
- 需注意 MOD 的除法为小数的除法，如：?MOD（−23.5，5），则结果为−1.5。

例如：? MOD(23,5), MOD(23,-5), MOD(-23,-5)

　　　显示结果：3　−2　−3

　　　? MOD(-5,3), MOD(5,-3), MOD(3,-9), MOD(-3,9)

　　　显示结果：1　−1　−6　6

8. 四舍五入函数：ROUND ()

格式：ROUND(<数值表达式 1, 数值表达式 2>)

功能：返回指定的数值表达式1并按照数值表达式2的位数四舍五入后的值。

🎤 说 明

- 若数值表达式2大于0，表示保留小数的位数。
- 若数值表达式2等于0，表示取整数。
- 若数值表达式2小于0，表示小数点前的舍入位数。

例如：? ROUND (345.345 ,2), ROUND (345.345,1) , ROUND(345.345,0)

　　　显示结果：345.35　345.3　345

　　　? ROUND (355.345 ,-2), ROUND (345.345,-1)

　　　显示结果：400，350

9. 平方根函数：SQRT ()

格式：SQRT(<数值表达式>)

功能：返回指定的数值表达式的平方根值，自变量的值不能为负数。

例如：? SQRT (45.9)

显示结果：6.77

2.4.2　字符处理函数

1. 除字符串空格函数：ALLTRIM () 、TRIM()、LTRIM()

格式：ALLTRIM(<字符表达式>)

　　　TRIM(<字符表达式>)

　　　LTRIM(<字符表达式>)

功能：ALLTRIM()：返回指定的字符表达式去掉前导和尾部空格后形成的字符串，注意中间嵌入的空格不删除。

　　　LTRIM()：返回指定的字符表达式去掉前导空格后形成的字符串。

　　　TRIM()：返回指定的字符表达式去掉尾部空格后形成的字符串。

例如：?TRIM(" CHINA ")

　　　显示结果：CHINA

　　　?LTRIM (' JAPAN')

　　　显示结果：JAPAN

　　　?TRIM ([KOREA])

　　　显示结果：KOREA

2. 求子串位置函数：AT()、ATC()

格式：AT(<字符表达式 1>,<字符表达式 2>[,<数值表达式>])

　　　ATC(<字符表达式 1>,<字符表达式 2>[,<数值表达式>])

功能：AT() 返回数值型。如果字符表达式 1 是字符表达式 2 的子串，则返回字符表达式 1 在字符表达式 2 中出现的位置；如果不是子串，则返回为 0。ATC() 与 AT() 功能类似，但是不区分大小写。

可选的数值表达式用来表明在字符串表达式 2 中搜索表达式 1 时由左向右数第 n 次出现的起始位置，默认为第 1 次，其中 n 为<数值表达式>的值。

例如：?AT("fox", "visual")

　　　显示结果：0

　　　?AT("fox", "visual foxpro")

　　　显示结果：8

　　　?AT("fox", "foxpro foxbase", 2)

　　　显示结果：8

3. 取子串函数：LEFT() 、RIGHT() 、SUBSTR()

格式：LEFT(<字符串表达式>,<长度>)

　　　RIGHT(<字符串表达式>,<长度>)

　　　SUBSTR(<字符串表达式>,<起始位置>,[<长度>])

功能：LEFT()：从指定的字符串表达式的左数第一个字符开始取一个指定长度的子串作为函数值。

　　　RIGHT()：从指定的字符串表达式的右数第一个字符开始取一个指定长度的子串作为函数值。

　　　SUBSTR()：从指定的字符串表达式的左数第 n 个字符（<起始位置>）开始取一个指定长度的子串作为函数值，如果缺少第三个<长度>自变量，则一直取到字符串末尾结束。

例如：`?LEFT("visual foxpro", 6)`

　　　显示结果：**visual**

　　　`?RIGHT("visual foxpro", 6)`

　　　显示结果：**foxpro**

　　　`? SUBSTR("visual foxpro", 1, 6)`

　　　显示结果：**visual**

　　　`?SUBSTR("visual foxpro", 8, 6)`

　　　显示结果：**foxpro**

4. 求字符串函数长度：LEN()

格式：LEN(<字符串表达式>)

功能：返回指定的字符串表达式的长度，即所包含字符的个数，函数值为数值型。

例如：`?LEN("visual foxpro")`

　　　显示结果：**13**

5. 求大小写函数：LOWER() 、UPPER()

格式：LOWER(<字符串表达式>)

　　　UPPER(<字符串表达式>)

功能：LOWER() ：将指定的表达式中的大写字母转换为小写字母，其他字符不变。

　　　UPPER() ：将指定的表达式中的小写字母转换为大写字母，其他字符不变。

例如：`?LOWER("abcdFTG886")`

　　　显示结果：**abcdftg886**

　　　`?UPPER("Visual FoxPro#")`

　　　显示结果：**VISUAL FOXPRO#**

6. 生成空格函数 SPACE( )

格式：SPACE(<数字表达式>)

功能：返回由指定数目的空格构成的字符串。

例如：`?space(4)`　　　　　　&&生成 4 个空格的字符串

2.4.3　日期类函数

1. 日期、时间函数：DATE() 、TIME() 、DATETIME()

格式：DATE()

　　　TIME()

　　　DATETIME()

功能：DATE()：返回当前系统日期，函数的返回值为日期型。

　　　TIME()：返回当前系统时间，采用 24 小时制，函数的返回值为 hh:mm:ss 格式，返回值的类型为字符型。

　　　DATETIME() ：返回当前系统日期时间，函数的返回值为日期时间型。

2. 年份、月份、天数和星期函数：YEAR() 、MONTH() 、DAY() 、DOW()

格式：YEAR(<日期表达式>|<日期时间表达式>)

　　　MONTH(<日期表达式>|<日期时间表达式>)

　　DAY(<日期表达式>|<日期时间表达式>)

　　DOW(<日期表达式>|<日期时间表达式>)

功能：YEAR()：返回指定日期或日期时间表达式中的年份(4 位年份表示)。

　　　　MONTH()：返回指定日期或日期时间表达式中的月份。

　　　　DAY()：返回指定日期或日期时间表达式中的日号。

　　　　DOW()：从日期表达式或日期时间表达式返回该日期是一周的第几天

> **注　意**
>
> 这四个函数的返回值的类型都是数值型。

例如：? YEAR(DATE())　　　　&& 显示当前系统日期的年份

　　　　? DOW({^2012-07-12})　　&& 显示"5",即 2012 年 7 月 12 日是该周的第五天

2.4.4　数据转换类函数

1. 数值转换字符函数：STR()

格式：STR(<数值表达式>[, <长度>[, <小数位数>]])

功能：将数值表达式的值转换为字符串,转换时根据需要自动进行四舍五入。返回的字符串的长度是整数部分位数加上小数位数和小数点,如果设定的长度大于上述结果,则在字符串前导加上空格；如果设定的长度小于上述结果,则优先满足整数部分并调整小数；如果长度部分小于整数部分,则显示星号(*)。

> **注　意**
>
> 小数位数是可选项,默认值为 0。长度的默认值为 10,即首位一个空格加 9 位数字。

例如：?STR(314.15)　　　&&返回"　　　314",没有指定宽度和小数位数,默认宽度取 10

　　　　?STR(314.15,5)　　&&返回"　　314",长度 5,没有指定小数位

　　　　?STR(314.15,5,2)　&&返回"314.2",长度 5, 小数位数 2,长度不够,首先保证整数

　　　　?STR(314.15,2)　　&&返回"**",长度小于整数部分,则显示星号(*)

2. 字符转换数值函数：VAL()

格式：VAL(<字符表达式>)

功能：转换成数值(含正负号、小数点和数字)。如果出现非数字字符,则转换前面部分；如果首字符不是数字,则返回结果为 0。在转换中忽略前导空格。

例如：STORE'-123' TO x

　　　　STORE 45 TO y

　　　　STORE "A45" TO z

　　　　? VAL(x),VAL(Z),VAL(z)+y

　　　　显示结果：-123.00　0.00　45.00

3. 字符串转为日期、时间函数：CTOD()、CTOT()

格式：CTOD(<字符表达式>)

　　　　CTOT(<字符表达式>)

功能：CTOD()：将字符表达式的值转换成日期类型数据。

　　　　CTOT()：将字符表达式的值转换成日期时间类型数据。

注　意

字符串中的字符表达式的表现格式要与时间日期的设置格式一致，否则将转换为空日期。

例如：? CTOD("12/25/2009")

显示结果：12/25/09

4. 日期、时间转为字符串函数：DTOC()、TTOC()

格式：DTOC(<日期表达式>|<日期时间表达式>[，1])

TTOC(<日期时间表达式>[，1])

功能：DTOC()：将日期部分转换成字符串。

TTOC()：将日期时间类型数据转换成字符串。

注　意

对于日期类型，如果使用选项 1，则字符串的格式总是 YYYYMMDD，共 8 个字符；对于日期时间类型，如果使用选项 1，则字符串的格式总是 14 个字符，采用 24 时制，格式为 YYYYMMDDHHMMSS。

例如：?DTOC({^2009/12/15})

显示结果：12/15/09

5. 返回字符函数：CHR()

格式：CHR（ASCII 码值）

功能：返回与 ASCII 码值相对应的字符。

注　意

给定的 ASCII 码值不能超越 ASCII 码值域范畴。

例如：? CHR(68)

显示结果：D

6. 返回首字符 ASCII 码值函数：ASC()

格式：ASC(<字符串表达式>)

功能：返回指定的字符串表达式的最左边第一个字符的 ASCII 码值。

例如：?ASC("ABCDEF")

显示结果：65

2.4.5　测试函数

1. 条件测试函数

格式：IIF（<逻辑表达式>，<表达式 1>，<表达式 2>）

功能：测试逻辑表达式的值，如果为逻辑真(.T.)，则函数返回表达式 1 的值；如果为逻辑假(.F.)，则函数返回表达式 2 的值。

表达式 1 和表达式 2 的数据类型不一定要求一致。

例如，要判断学生的考试等级，可以采用该条件测试函数，如下所示：

```
x=70
? IIF(X>=60,IIF(X<70,"及格",IIF(X<80,"中等",IIF(X<90,"良好","优秀")))),"不及格")
```

显示结果：及格

2. 值域测试函数

格式：BETWEEN(<表达式 1>，<表达式 2>，<表达式 3>)

功能：判断表达式 1 是否在表达式 2（下界）和表达式 3（上界）所给定的值之间，若是，则返回逻辑真，否则返回逻辑假。

例如：将上例修改为如下格式，其运行结果同上。

```
x=70
? IIF(BETWEEN(x,60,100),"及格","不及格")
```

3. "空"值测试函数

格式：EMPTY(<表达式>)

功能：检查表达式的值是否为"空"，返回值为(.T.)或(.F.)。

4. NULL 测试函数

格式：ISNULL(<表达式>)

功能：判断一个表达式的结果是否为 NULL 值，如果是，则该函数返回真.T.,否则返回假.F.。

2.4.6 其他函数

1. 显示表达式类型函数

格式：TYPE（字符串表达式）

功能：显示表达式类型

说 明

表达式必须用引号。

例如：
```
? TYPE ( '12+4' )                  && 显示 N
? TYPE ( 'DATE() ' )               && 显示 D
? TYPE ( '.F.' )                       && 显示 L
```

2. 显示信息函数：MESSAGEBOX()

格式：MESSAGEBOX（信息文本，对话类型，对话框标题）

功能：以窗口形式显示信息。

说 明

- 该函数返回值是数字。
- "信息文本"是指要在对话框中输出的信息。
- "对话框标题"表示要显示在对话框标题栏的文字。
- "对话类型"有很多值可以使用，不同的值代表不同的含义，见表 2-5。使用不同的对话类型值，对话框中将显示不同的按钮、图标和默认按钮，而且类型值可以组合使用。是对话框按钮"值"+图标"值"+默认按钮"值"的和值。

表 2-5   **对 话 框 类 型 及 含 义**

数值	对话框按钮	数值	图标	数值	默认按钮
0	"确定"按钮	16	"终止"图标	0	第一个按钮
1	"确定"和"取消"按钮	32	"问号"图标	256	第二个按钮
2	"终止"、"重试"和"忽略"按钮	48	"惊叹号"图标	512	第三个按钮
3	"是"、"否"和"取消"按钮	64	"信息（i）图标		
4	"是"和"否"按钮				
5	"重试"和"取消"按钮				

例如：`messagetext="目前软驱中无软盘,是否重试?"`   &&对话框的信息文本
         `messagetitle="我的应用程序"`   &&对话框的标题
         `mtype=4+32+256`   &&"是""否"按钮，"问号"图标，第二个按钮为默认按钮
         `? messagebox(messagetext,mtype,messagetitle)`

显示结果如图 2-1 所示。

Visual FoxPro 系统提供了非常丰富的函数，本节主要是列举了一些常用函数的例子。对于其他的一些函数，可以查阅 Visual FoxPro 的联机帮助 MSDN 或其他参考文献。

图 2-1   Messagebox 函数

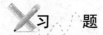

习   题

一、选择题

1. 把 2012 年 7 月 1 日转化为字符串的函数是（   ）。
    A．CTOD（"2012-07-01"）   B．CTOD（"07/01/12"）
    C．DTOC（"07/01/12"）   D．DTOC({^2012-07-01})

2. 以下日期值正确的是（   ）。
    A．{"2001-05-25"}   B．{^2001-05-25 }
    C．{2001-05-25}   D．{[2001-05-25]}

3. 在下列表达式中，结果为日期型的是（   ）。
    A．DATE() +TIME()   B．DATE() +30
    C．DATE() -CTOD("01/01/98")   D．DTOC(DATE())

4. 在下面的 Visual FoxPro 表达式中，不正确的是（   ）。
    A．{^2001-05-01 10:10:10AM}-10   B．{^2001-05-01}-DATE()
    C．{^2001-05-01}+DATE()   D．[^2001-05-01]+100

5. 在 Visual FoxPro 中，可以用以判断某整数型数据是偶数的函数是（   ）。
    A.MOD()   B. ROUND()   C. PI()   D. SQRT()

6. 设 a=65，则函数 IIF(a>=60,IIF(a>=90,"优秀",IIF(a>=80,"良好","中等")),"不及格")的计算结果是（   ）。
    A．优秀   B．良好
    C．及格   D．中等

7. 逻辑运算符的优先顺序是（   ）。
    A．.NOT. .AND. .OR.   B．.NOT. .OR. .AND.
    C．.AND. .OR. .NOT.   D．.AND. .NOT. .OR.

8．字符型常量的定界符不包括（　　　）。

　　A．单引号　　　　　　B．双引号　　　　　　C．花括号　　　　　D．方括号

9．执行?SUBSTR("Welcome to the FoxPRO System",12,10)的结果是（　　　）。

　　A．the FoxPRO　　　B．System　　　　　　C．to the　　　　　D．Welcome

10．在 Visual FoxPro 中，函数 ROUND(67.48759,2)的返回值是（　　　）。

　　A．67.48759　　　　B．67.49　　　　　　C．67.48　　　　　D．67.00

11．函数 MOD(73,−9)的值是（　　　）。

　　A．1　　　　　　　　B．−1　　　　　　　C．8　　　　　　　D．−8

12．执行下面命令后，屏幕上显示的结果是（　　　）。

```
PP='ARE YOU SURE?'
MM='YOU'
? AT(MM,PP)
```

　　A．5　　　　　　　　B.7　　　　　　　　C．4　　　　　　　D．0

13．在下列函数中，函数值为数值型的是（　　　）。

　　A．TYPE('.T.')　　　　　　　　　　　　B．CTOD('10//01/96')

　　C．AT('人民','中华人民共和国')　　　　　D．SUBSTR(DTOC(DATE()),7)

14．设 N=886，M=345，K= "M+N"，表达式 1+&K 的值是（　　　）。

　　A．1232　　　　　　　　　　　　　　　B．数据类型不匹配

　　C．1+M+N　　　　　　　　　　　　　　D．346

15．表达式 VAL(SUBS("奔腾 586",5,1))+LEN("Visual FoxPro")的结果是（　　　）。

　　A．13.00　　　　　　B．14.00　　　　　　C．15.00　　　　　D．18.00

16．在 Visual FoxPro 中，有下面几个内存变量赋值语句

```
X={2001-07-28 10:15:20 PM}
Y=.T.
M=$123.45
N=123.45
Z="123.445"
```

执行上述赋值语句之后，内存变量 X，Y，M，N 和 Z 的数据类型分别是（　　　）。

　　A．D，L，Y，N，C　　　　　　　　　B．D，L，M，N，C

　　C．T，L，M，N，C　　　　　　　　　D．T，L，Y，N，C

17．关系运算符$用来判断一个字符串表达式是否（　　　）另一个字符串表达式。

　　A．等于　　　　　B．完全等于　　　　C．不等于　　　　D．包含于

18．在下列函数中,函数的返回值为数值的是（　　　）。

　　A．MESSAGEBOX()　　　　　　　　　B．EMPTY()

　　C．DTOC()　　　　　　　　　　　　　D．DOW()

19．设有变量 Sr= "2008 年上半年全国计算机等级考试"。能够显示 "2008 年上半年计算机等级考试" 的命令是（　　　）。

　　A．? Sr-"全国"

　　B．? SUBSTR（sr,1,8）+SUBSTR(sr,11,17)

　　C．? STR(sr,1,12)+STR(sr,17,14)

D．? SUBSTR(sr,1,12)+SUBSTR(sr,17,14)

20．设有变量 pi=3.1415926，执行命令? ROUND（pi,3）的显示结果为（   ）。

     A．3.141   B．3.142   C．3.140   D．3.000

21．设 a="计算机等级考试"，结果为"考试"的表达式是（   ）。

     A．Left(a,4)   B．Right(a,4)   C．Left(a,2)   D．Right(a,2)

22．计算表达式 1-8>7.OR."a"+"b"$"123abc123"的值时，运算顺序为（   ）。

     A．-> + $.OR.   B．.OR. - + $ >

     C．- .OR. $ + >   D．+ $ -> .OR.

23．设 A="110"，B="122"，下列表达式结果为假的是（   ）。

     A．NOT(A==B) AND (A$B)   B．NOT (A$B) OR (A!=B)

     C．NOT (A>=B)   D．NOT (A$B)

24．下列数据中，不是常量的是（   ）。

     A．NAME   B．"年龄"   C．"2015/08/01"   D．.T.

25．命令 DIMESION array(3,3)，执行后 array(3,3)的值为 （   ）。

     A．0   B．1   C．.T.   D．.F.

26．执行命令

```
STORE "2.71828" TO E
?TYPE(E)
```

其结果为（   ）。

     A．D   B．L   C．C   D．N

27．函数是程序设计语言中重要的语言成分，在下列 VFP 系统函数中，其返回值不为字符型数据的是（   ）。

     A．TYPE( )   B．DOW( )   C．CHR( )   D．TTOC( )

28．连续执行了如下命令之后，最后一条命令输出的结果是（   ）。

```
X="110"
?IIF(X="110",X-"120", X+"120")
```

     A．110   B．120   C．11020   D．110120

29．运行命令 STORE SPACE(1)+"TEST"+SPACE(3) TO SS 后，执行下面哪条命令后的显示的结果为 4。（   ）

     A．LEN(SS)   B．LEN(TRIM(SS))

     C．LEN(LTRIM(SS))   D．LEN(ALLTRIM(SS))

30．在下面的 VFP 表达式中运算结果为逻辑真的是（   ）。

     A．EMPTY(.NULL.)   B．LIKE('XY?','XYZ')

     C．AT('XY','ABCXYZ')   D．ISNULL(SPACE(0))

二、填空题

1．常量用以表示一个具体的、不变的值，其类型包括字符型、数值型、货币型、日期型、_____和_____6 种。

2．字符型常量的定界符有半角的单引号、双引号和_____。

3．数据$123.33 表示的是_____型常量。

4．显示所有第二个字符为 C 的内存变量的命令为_____。

5．给变量赋值的方法有通过等号赋值和利用_____命令。

6．_____是由常量，变量和函数通过特定的运算符连接起来的式子。

7．在关系表达式中，所有关系表达式的结果都为_____型数据。

8．函数 LEN(STR(12345678901))的返回值为_____，函数 LEN(DTOC(DATE()))的返回值为_____。

9．执行命令？SUBSTR("windows",3,4)的显示结果为_____。

10．设 A=7，B=3，C=4，表达式 A%3+B^3/C 的值为_____。

上 机 实 验

实验　常用函数和表达式的使用

实验目的

1．熟练掌握常用函数的用法。

2．掌握各种类型表达式的书写方法。

3．掌握运算符的优先级别。

实验内容

1．练习常用函数的使用。

2．练习各种表达式的使用。

实验步骤

1．常用函数的功能验证和使用

在窗口中输入下列函数表达式，回车运行后分析运行结果，具体练习过程中请查阅帮助文件以了解下述函数的具体用法。

（1）sign()。

功能：当指定数值表达式的值为正、负或 0 时，分别返回 1、−1 或 0

验证：? sign(0)　　　　　　　&& 0

　　　? sign(-8)　　　　　　　&&-1

（2）sqrt()。

功能：返回指定数值表达式的平方根

验证：? sqrt(9)　　　　　　　&&3（参数不能为负数）

（3）int()。

功能：取整

验证：? int(12.56)　　　　　　&&12

　　　? int(-12.56)　　　　　&& -12

（4）Round()。

功能：四舍五入

验证：? Round(7556.5678,2)   &&7556.57

        ? Round(7556.5678,0)   &&7557

        ? Round(7556.81,-2)   &&7600

        ? Round(7556.5678,-1)   &&7560

注：第二个参数为负数时，表示对相应的整数位进行四舍五入。

（5）max()、min()。

功能：求取最大、最小值

验证：? max(10,20,30,25)   &&30

        ? max(10,20)   &&20

        ? max("a","ab")   &&ab

        ? max($10,$20)   &&$20

        ? max({^2005-4-16},{^2004-4-16}) &&{^2005-4-16}

注：参数至少有两个，参数可以是字符型、数值型、货币型、日期型；将上面的 max 改写成 min 后运行并分析运行结果。

（6）mod()。

功能：求取余数

验证：? mod(23,5)   && 3

        ? mod(23,-5)   && 显示-2

        ? mod(-23,5)   && 显示2

        ? mod(-23,-5)   && 显示-3

（7）len()。

功能：求字符串长度函数

验证：? len("abcde")   &&5

        ? len("*")   &&1   *为空格字符

        ? len("中国")   &&4   一个汉字占 2 个宽度

        ? len("")   &&0   空字符串长度为 0

（8）upper()、lower()。

功能：大小写转换函数

验证：? lower("AbCd12OK")   &&abcd12ok

        ? upper("AbCd12OK")   &&ABCD12OK

注：只转换字符串中的大小写，其他字符不变。

（9）space()。

功能：空格字符生成函数

验证：? "a"+space(3)+ "b"   &&a***b   *为空格字符

        ? len(space(3)+space(2))   &&5   +为字符连接运算符

        ? len(space(3)-space(2))   &&5   -为字符连接运算符

（10）trim()、ltrim()、alltrim()。

功能：删除空格字符函数

验证：? trim("abcd ")+"ef"   &&abcdef   删除右侧空格

```
? trim("abc d    ")+"ef"          &&abc def   删除右侧空格
? ltrim("  ab ")+"ef"             &&ab ef     删除左侧空格
? alltrim("  ab ")+"ef"           &&abef      删除全部空格
```

（11）left()、right()、substr()。

功能：取子串函数

验证：
```
? left("abcdef",2)            &&ab          取左侧两个字符子串
? left("abcdef",100)          && abcdef
? right("abcdef",3)           &&def         取右侧三个字符子串
? substr("abcdef",2,3)        &&bcd         从第二位始向右取三个字符
? substr("abcdef",3)          &&cdef
? substr("中华人民共和国",5,4)  &&人民
```

（12）AT()函数。

功能：找出子串在主串中的位置

验证：
```
?AT("ab","ccabkabk",1)      &&3 串 ab 在串 ccabkabk 中第 1 次出现的起始位置是 3
?AT("ab","ccabkabk",2)      &&6 串 ab 在串 ccabkabk 中第 2 次出现的起始位置是 6
```

（13）日期、时间函数。

功能：返回当前日期、时间、日期时间

验证：
```
? date()                    &&返回系统日期
set century on              &&用 4 位数字显示年份
? date()
set date to ansi           &&设置日期的显示格式为 ansi
? date()
? time()                   &&以字符串形式返回系统当前时间
? datetime()               &&返回系统日期和时间
? year({^2008-04-16})      &&2008 返回日期中的年份数值
? month({^2008-04-16})     &&4 返回日期中的月份数值
? day({^2008-04-16})       &&16
? hour(datetime())         &&分别显示当前系统时间的小时数
? minute(datetime())       &&分别显示当前系统时间的分钟数
? sec(datetime())          &&分别显示当前系统时间的秒数
```

（14）转换函数。

功能：数值类型转换

验证：
```
? str(123.5678,8,2)        &&**123.57  *为空格
? str(123.5678,6,3)        &&123.57
? val("123.45")+100        &&223.45
? val("12a3.45")           &&12
? val("a1212a3.45")        &&0  第 1 个字符不是数字也不是+-号,返回 0
set date to usa            &&设置日期的显示格式为美国日期格式
? ctod("04-16-05")         &&{^2005-4-16}
? ctod("04-16-05")+1       &&{^2005-4-17}
? dtoc(date())             &&将系统日期转换为字符格式
```

（15）宏替换。

功能：定义宏

验证：x="123"

```
? &x+100                    && 223     相当于求 123+100 的值
? x+"100"                   && 123100
```

（16）IIF()。

功能：函数

验证：x=100

```
? if(x>100,x-50,x+50)        && 150
? if(x<0,-1,iif(x=0,0,1))    && 1
```

（17）MessageBox()。

功能：信息窗口函数

图 2-2　MessageBox 函数生成的提示框

格式：MESSAGEBOX(信息文本，　[,对话框类型数值 [,标题栏文本]])

验证：MESSAGEBOX（"你好，VFP!",64,"提示信息"），如图 2-2 所示。

2．常用表达式的使用

依次在命令窗口中输入下列表达式，回车运行，输出表达式的值，并分析运行结果。

（1）数值表达式。

```
? -3**2                     &&9      负号的运算级别高于乘方
? (3+4)/2^2+int(12.5)        &&13.75
```

（2）字符表达式。

```
? "abc  "+" cd "            &&abc   cd    *为空格,+号为字符串完全连接运算
?"abc  "-" cd "             &&abc cd       *为空格,-号为字符串不完全连接运算
?"ab"$"abcd"                $$ .t.
```

> 🔊 说　明
>
> （1）字符表达式是由字符运算符和字符型常数（即用定界符括起来的字符串）、变量、函数组成，运算结果是字符型数据或逻辑值。
>
> （2）字符串运算符，优先级别相同。
>
> （3）完全连接 "+" 是指两个字符串合并，即包括空格在内的字符串中所有字符相加。不完全连接 "−" 运算是将串 1 尾部的空格移到串 2 的尾部后，再连接。

（3）关系表达式。

```
set collate to "machine" &&设置数据的比较序列为机内码方式
? 8>100                 &&.f.
? "8">"100"             &&.t.
? {^2004-5-19}>{^2003-5-19}      && .t.
? $80<$60               &&.f.
? "abc"="ab"            &&.t. 系统默认"="为非精确比较,右边是左边的左子串,则成立
set exact on            &&设置"="为精确比较,off 为非精确比较
"abc"="ab"              && .f. 精确比较要求两边的字符串必须完全相等才成立。
?"ok"$"abokd"           &&.t. 前一个串"ok"包含在后一个串中,返回逻辑真
```

> **说　明**
>
> 　（1）关系表达式描述的同类数据的大小比较关系，其结果是一个逻辑值，关系成立结果取真(.T.)，不成立结果取假(.F.)。
> 　（2）关系运算符两边的数据类型要一致，只有同类型的数据才能进行比较。
> 　（3）数据比较规律。
>
> - 数值和货币类型：数越大，其值越大，如 1000>800，$90>$10。
> - 日期数据：如{^2007-5-19} > {^2007-5-18}。
> - 逻辑常量：逻辑真大于逻辑假，即.t.>.f.。
> - 字符串比较：依次对应比较两个串的字符，直到比较出结果即停止比较。例如："abc">"ab"， "abc">"aBc"。
> - 字符的比较规律。
>
> ASCII 字符:比较字符的 ASCII 码值的大小。总结规律为：空格 < "0" ～ "9" < "A" ～ "Z" < "a" ～ "z"。
>
> 汉字字符：是按照汉字的机内码值的大小来进行比较的，即比较汉字的拼音字符串的大小。例如：汉字"男"的拼音为"nan"，汉字"女"拼音为"nv"，所以"男"小于"女"。

> **注　意**
>
> 　上述字符的比较规律的前提是必须设置数据的比较序列为机内码方式。设置的命令为：set collate to "machine" 或者依次单击"工具"菜单中的"选项"菜单项，单击"数据"选项卡，设置"排序序列"为"machine"选项即可。

（4）逻辑表达式：逻辑运算符的优先级别为：.NOT. ，.AND. ，.OR.。

```
? not(10+3)>5 and "ab"$"ab"+"cde"  or 3>=4       && .f.
? 3>2 AND NOT 5>6                                && .t.
```

> **说　明**
>
> 　（1）当表达式中出现了多种运算符时，各种运算符的优先顺序由高到低依次为：算术运算符、字符运算符、日期运算符、关系运算符、逻辑运算符。
> 　（2）相同优先级的运算按从左到右的顺序计算。

（5）日期和日期时间表达式。

```
? {^2008-3-29}-{^2008-3-21}       &&8 两个日期相差的天数为 8 天
? {^2008-3-29}+{^2008-3-21}       &&  两个日期表达式相加,属非法表达式
? {^2008-3-25}+3                  &&{^2008-3-28}
? {^2008-3-25}-3                  &&{^2008-3-22}   (用严格日期格式表示)
? datetime()+30                   &&其值为当前时间的 30 秒后的日期时间
? datetime()-30                   &&其值为当前时间的 30 秒以前的日期时间
? {^2008-5-5 10:10:20 a}-datetime()    &&2 个日期时间相差的秒的数值
```

说 明

（1）一个日期与一个数值相加，结果类型为日期型，表示从当前日期往后数 N 天。

（2）一个日期与一个数值相减，结果类型为日期型，表示从当前日期向前数 N 天。

（3）两个日期相减，结果为一个数值，表示两个日期之间相差的天数。

实验思考题

1．LEFT( ) 和 RIGHT( ) 函数的功能可以由 SUBSTR( ) 函数来完成。请将 LEFT（"VISUAL FOXPRO"，6）和 RIGHT("VISUAL FOXPRO",6)改写为 SUBSTR() 函数形式。

2．在 VFP 定义的数组中，每个元素都必须是相同类型的数据吗？给不同元素赋不同类型的数据可以吗？上机检验。

3．自己设计一个实验，要求使用 MESSAGEBOX() 函数产生如图 2-3 所示的提示框。

图 2-3　提示框

第 3 章　表与数据库的创建和使用

在关系数据库管理系统中，数据库是由一个或多个数据表组成的，因此要建立、使用数据库首先要建立数据表。对于关系型数据库系统来说，数据均以二维表的形式保存在表里。在 Visual FoxPro（以下简称 VFP）中，表是用于处理数据、创建关系型数据库和应用程序的基本单元。在 VFP 中有两种表：一种是自由表，它独立于任何数据库；另一种是数据库表，它是数据库的一部分。

在 VFP 中，数据库（database）和表（table）是两个不同的概念。表是处理数据、建立关系数据库和应用程序的基础单元，它用于存储收集来的各种信息。而数据库是表的集合，它控制这些表协同工作，共同完成特定任务。

数据库表和自由表可以相互转换，当要实现多数据表协同工作时应使用数据库表，而对于多个数据库都要操作的数据表，则应将其设为自由表。

本章应掌握的知识：自由表与数据库表的创建和使用，数据库的创建和使用，表的扩展属性，数据库表之间的关系的创建、参照完整性的概念、有关数据库和数据库表的 SQL 语言和函数。

本章重点：表的创建和使用，数据库的创建和使用，表的扩展属性，数据库表之间的关系的创建、参照完整性的概念以及有关数据库和数据库表的 SQL 语言。

3.1　表的创建和使用

在 VFP 中，每个数据表可以有两种存在状态："自由表"（即没有和任何数据库关联的.DBF文件）和"数据库表"（即与数据库关联的.DBF 文件）。属于某一数据库的表称为数据库表；不属于任何数据库而独立存在的表称为自由表。数据库表和自由表相比，具有一些自由表所没有的属性，如主关键字、触发器、默认值、表关系等。

数据库表和自由表可以相互转换。如果想让多个数据库共享一些信息，则应将这些信息放入自由表中。也可将自由表移入某一数据库中，和其他表更有效地协同工作。当用户将一个自由表加入到某一个数据库时，自由表便成了数据库表；反之，如将数据库表从数据库中移出，数据库表便成了自由表。此外，数据库表只能属于一个数据库，如想将一个数据库中的表移到其他数据库，必须先将该数据库表变成为自由表，然后再将其加入到另一数据库中。

3.1.1　表结构概述

表以记录和字段的形式存储数据，是关系型数据库管理系统的基本结构，也是处理数据和建立关系型数据库及应用程序的基本单元。一张二维表保存为一个表文件（.dbf）。表文件名除了必须遵守 Windows 系统对文件名的约定外，不可以用 A~J 中的单个字母作为表名。

表内存储有关某一主题（如零件类型的基本情况）的信息，表中按"列"存放该主题不同类型的信息（如零件的类型、价格等），按"行"描述该主题"某一实例"的全部信息（如某一种零件类型的数据）。表中的每一行称为一条记录，而每一列称为一个字段。

表的第 1 行称为表头，表头中每列的值是这个字段的名称，称为字段名。在 VFP 中，创建一个新表的步骤如下：

- 创建表的结构：说明表包含哪些字段，每个字段的长度及数据类型。
- 向表中输入记录：向表中输入数据。

3.1.2　字段的基本属性

字段一般具有以下基本属性：字段名（Field Name）、数据类型（Type）、字段的宽度（Width）、小数位数（Decimal）、空值支持（NULL），如表 3-1 所列"零件"表。

1. 字段名

表中的每一个字段都必须有一个名字，称为"字段名（Field Name）"。它用以在表中标识该字段。字段名的命名规则与内存变量的命名规则一样，中文 VFP 允许使用汉字作为字段名。

2. 字段的数据类型和宽度

每个字段都有相应的数据类型。不同的数据类型的表示和运算方法不同。字段的数据类型应与存储的信息类型相匹配。数据库可以存储大量的数据，并提供丰富的数据类型。这些数据可以是一段文字、一组数据、一个字符串、一幅图像或一段多媒体文件。当把不同类型的数据存入数据表时，必须先定义该数据表字段的类型，这样数据库系统才能对这个字段采取相应的处理方法。对可能超过 254 个字符或含有诸如制表符及回车符的长文本，可以使用备注数据类型。

3. 空值（NULL）支持

空值是用来指示记录中的一个字段"没有值"的标志，它表示没有任何值或没有确定的值。空值（NULL）不是一种数据类型或一个值，它是用来表示数据存在或不存在的一种属性。

表 3-1　　　　　　　　　　　"零件"表的属性表

字段名称	字段类型	字段宽度	小数位数	NULL
零件号	字符型	4		否
名称	字符型	10		是
规格	字符型	25		是
单价	货币型	8	2	是
描述	备注型	4		是
图片	通用型	4		是

3.1.3　表的创建

1. 表结构的创建

数据表中所有字段的集合就构成了数据表的结构，所以定义数据表结构，就是为数据表中各字段取名、定义类型、宽度、小数位数、是否允许为空。

设计数据表应注意的问题：

- 字段的数据类型要与存储在其中的信息类型相匹配。
- 字段的宽度应该足够容纳将要存储的信息内容。

- 数值型和浮点型字段必须设置正确的小数位数。小数位数至少要比字段总宽度小 1。

如果需要将字段设置为能接收空值，必须选中 NULL 栏，空值 NULL 具有以下特征：

- NULL 等于任何不出现的值。
- NULL 值不等同于零或空格。
- NULL 值的 ASCII 码值为 0。

VFP 提供了两种建立数据表的方法，即向导方法和设计器方法。这些方法各有特点，可单独使用，也可混合使用。通常可以用向导生成表，用设计器修改表。

表创建后，系统以扩展名.dbf 保存表文件。如果表中有备注型或通用型字段，则自动地产生与表明相同但扩展名为.fpt 的备注文件。

（1）使用"表设计器"创建表。

打开"表设计器"的方法有多种。可以通过"常用工具栏"中的"新建"按钮或菜单栏中的"文件"菜单打开"新建"对话框，如图 3-1 所示。也可以在命令窗口输入创建命令"CREATE"打开创建对话框，如图 3-2 所示。之后，给定所要创建表的文件名，进入表设计器。

下面以创建自由表"零件"表为例，介绍使用"表设计器"创建表的步骤。

"零件"表的字段及其属性如表 3-1 所示，其创建过程如下：

步骤 1：打开"表设计器"

在"文件"菜单项中点击"新建"菜单项，出现"新建"对话框，如图 3-1 所示。在对话框中点击"表"选项后，点击"新建"按钮，打开"创建"对话框，如图 3-2 所示。在"创建"对话框中输入表的名称"零件"，并选择保存表的文件夹，单击"保存"按钮后，进入"表设计器"对话框。

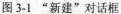

图 3-1　"新建"对话框　　　　　　　　　图 3-2　"创建"对话框

步骤 2：在"表设计器"中创建表结构

在"表设计器"对话框中的"字段"选项卡上，将表 3-1 所给"零件"表中各字段名分别输入到字段的列表框中。然后，根据表 3-1 中对各字段类型及字段域的要求，在表设计器的字段类型和字段宽度等项目中选择适宜的值进行填充。比如："零件"表的第一个"字段名"

为"零件号","字段类型"选择"字符型","输入宽度"给定为"6",其他字段依次输入，如图 3-3 所示。

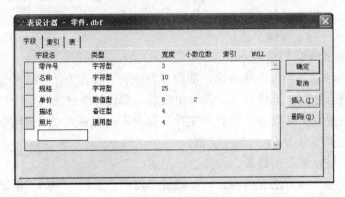

图 3-3 "零件"表的"表设计器"对话框

步骤 3：输入记录

在完成了表结构创建后，系统提示是否现在输入记录数据，如果要以后输入，可点击"否"按钮。如图 3-4 所示是没有输入记录数据在浏览器下显示的，按照表 3-1 的要求创建的"零件"表的表结构。

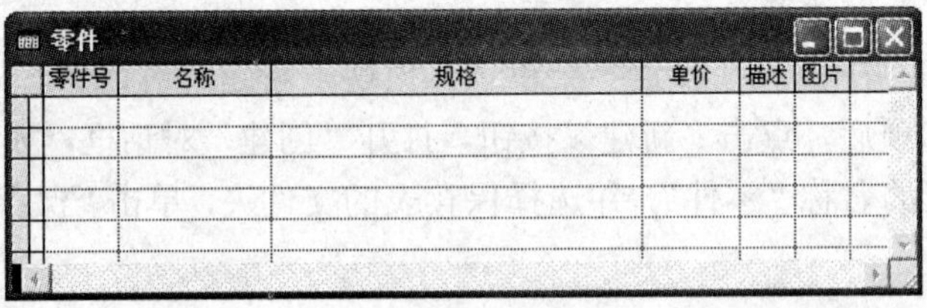

图 3-4 "零件"表的结构浏览图

（2）使用"表向导"创建表。

用"表向导"来建立表的结构，采用的是一种流程式交互建表方式。向导是一个交互式程序，由一系列对话框组成。"表向导"能够基于典型的表结构创建表。在有样表可供利用的条件下，可以使用"表向导"来定义表结构。"表向导"允许用户从样表中选择满足需要的字段，也允许用户在执行向导的过程中修改表的结构和字段。利用表向导保存生成的表之后，用户仍可启动"表设计器"来进一步修改表。

在"新建表"对话框中单击"向导"按钮，打开"表向导"对话框，如图 3-5 所示。创建表的过程如下：

步骤 1：选取字段

"样表"列表框：系统提供了 26 种常用的样本表，用户也可以将其他已创建的表添加到"样表中"。从样表中选择一个包含所需字段的表。

步骤 1a：选择数据库

字段选择完成后，单击"下一步"按钮，进入下一个步骤：确定所创建的表是自由表还是向数据库添加表，如图 3-6 所示。

如果创建的是数据库表，则对话框将提示用户向哪个数据库添加表，并给这个新表命名。如果创建的是自由表，则直接点击"下一步"按钮。

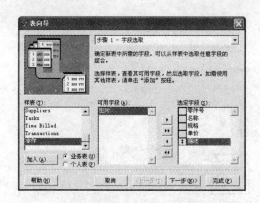

图 3-5 表向导——选取字段

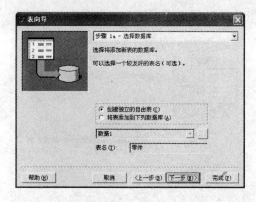

图 3-6 表向导——确定表类型

步骤 2：修改字段设置

在这个对话框中，可以修改每个字段所定义的数据，可修改字段的名称、数据类型和宽度。在左侧"选定字段"列表框中选择要修改的字段，右侧显示该字段的信息，如图 3-7 所示。

步骤 3：为表建索引

字段修改完成后，点击"下一步"按钮进入该对话框。在这个对话框中可以为表创建索引，也就是选择一些字段来作为数据排序的依据（有关索引的知识参见 3.2 节的介绍）。可以从"主关键字"下拉列表框中或字段名中选择一个字段作为表的索引，如图 3-8 所示。

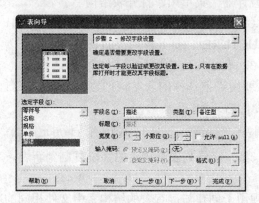

图 3-7 表向导——修改字段设置

图 3-8 表向导——建立索引

步骤 3a：设置关系

如果在步骤 1a 中将表添加到某个数据库中，则可以在该步骤中为数据库中的表设置关系。点击"关系"按钮，打开"关系"对话框进行表之间的关系的设置，如图 3-9 所示。有关表的关系的内容将在 3.5 节中详细阐述。

如果在步骤 1a 中将表设置为自由表，则跳过该步骤。

步骤 4：完成

建立索引或设置表关系后点击"下一步"按钮，进入最后一个对话框。在这个对话框中确定向导完成后的操作。可以在三个单选项中选择一种，单击"完成"按钮。完成表的建立并退出"表向导"对话框。如果需要对前面的设置进行修改，可以点击"上一步"按钮，回到相应的对话框进行修改，如图 3-10 所示。

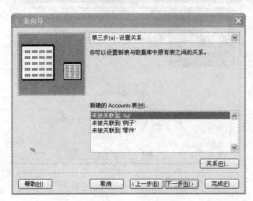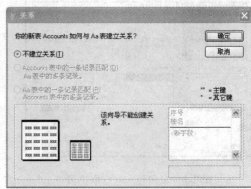

图 3-9   表向导——设置关系

图 3-10   表向导——完成

2. 表结构的修改

建立表之后，可以根据需要对表的结构进行修改。可以添加、删除字段，可以更改字段名、字段类型、宽度等。

表结构的修改方法有：

（1）使用表设计器。在"显示"菜单中点取"表设计器"菜单项，打开表结构。

（2）在命令窗口键入命令"MODIFY STRUCTURE"，打开欲修改的表结构。

3. 表结构的复制

要用当前选择的表结构创建一个新的空自由表，可以对当前表的结构进行复制。其复制命令的格式为：

```
COPY STRUCTURE TO 新表名 [FIELDS 字段列表] [[WITH] CDX | [WITH] PRODUCTION]
```

式中若选择"FIELDS 字段列表"项，则表明只将"字段列表"指定的字段复制到新表。若省略该项，则把所有字段复制到新表。

[[WITH] CDX | [WITH] PRODUCTION]选项用于创建与已有表的结构索引文件相同的新表的结构索引文件。CDX 和 PRODUCTION 子句是等价的。原始结构索引文件的标识和索引表达式都复制到新的结构索引文件。

3.1.4 记录的添加

定义好表结构后就可以向表中输入与添加记录了。输入与添加记录有两种方式，一是通过键盘逐条地输入，二是从已有的文件中获取。对于一张已存在数据的表，也可以编辑修改数据。

从键盘输入或编辑记录，可以有以下方法。

1. 在浏览窗口中输入记录

表创建完成后，使用打开命令将表打开，并使用浏览命令打开表的浏览窗口进行记录的输入。

通过"项目管理器"窗口中的"浏览"命令按钮可以打开已经创建的表。或者使用菜单和工具栏上的"打开"命令，打开"仓库"表，单击"显示"菜单中的"浏览"选项，打开表的浏览窗口。

（1）批量记录的录入。

在浏览状态，选择"显示"菜单中的"追加方式"选项，进入记录追加状态，如图 3-11 所示。表文件底部出现一组空字段，用户可以向表中追加多条记录。

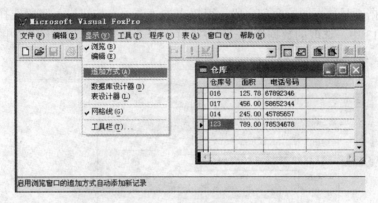

图 3-11　追加表记录

（2）单个记录的添加。

当用户只想向表中添加一条记录时，可以采用两种方法：

- 选择"表"菜单中的"追加新记录"选项。此时，用户只能向表的尾部添加单条记录，如图 3-12 所示。
- 使用 APPEND 命令追加记录。该命令的语法格式如下：

```
APPEND [BLANK] [IN 工作区号|表别名]
```

命令中，BLANK 选项用于在表中追加一条空记录，缺省时，系统向表里添加一条空记录，并打开表的浏览窗口以便用户输入该记录的数据。

图 3-12　追加单条记录

（3）由文件添加记录。

如果需要将其他数据源中的数据导入到 .dbf 数据表中，用户可以在浏览数据表状态下，选取"表"菜单中的"追加记录"项。此时，系统弹出"追加来源"对话框。用户可以在"类型"下拉列表中选取要导入数据的类型，并在"来源于"选项中给定数据源。常用的追加文件的文件类型有表文件（.dbf）、文本文件（.txt）和 Excel 文件（.xls）等。对于表文件来说，只有与当前表的字段相一致的数据才能追加到当前表中。对于文本文件（文件类型为 Delimited Text）来说，要求其每条记录要以回车符结尾，各字段间以逗号","分隔，字符型值必须加引号。对于 Excel 文件来说，要求工作表的列结构与当前表的表结构相同。如果用户所需要的数据不是数据源的全部字段，可以点击"选项"按钮进入字段选择器，选取所需字段。在图 3-13 中，选取的数据源为一个 Excel 电子表格数据，追加结果如图 3-14 所示。

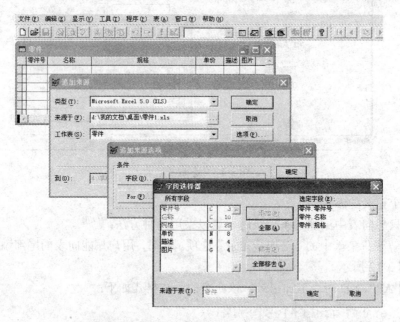

图 3-13   选择数据追加来源并追加记录

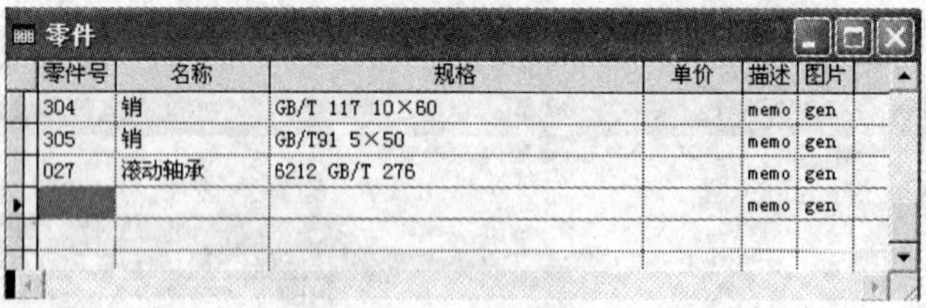

图 3-14   追加记录选项

由文件添加记录也可以采用命令方式，即在命令窗口输入 APPEND FROM 命令。该命令的语法结构如下：

```
APPEND FROM 文件名 [DELIMITED|XLS]
```

其中，DELIMITED 用于说明追加的为文本文件，XLS 用于说明追加的为 Excel 文件，缺省时为表文件。

2. 备注型字段和通用型字段的输入

输入备注型字段的内容时，用鼠标双击 memo，然后会弹出一个文本编辑窗口。在该窗口中可像编辑普通文本文件那样输入和编辑信息，输入结束后关闭当前窗口即可回到记录输入窗口，这时 memo 第一个字母变成大写为 Memo，表示该字段不为空。

输入通用型字段内容的方法与备注型字段内容的输入方法类似。但打开通用型字段编辑器后，需要通过插入对象的操作来插入指定的对象。未录入内容时，字段显示为"gen"，如果已经录入了内容，则显示为"Gen"。

输入记录时应注意：

- 如果录入的数据充满了整个字段，则光标会自动移到下一个字段，否则，需要按回车键移动到下一个字段。
- 日期型数据的输入格式将受 SET DATE、SET MARK、SET CENTURY 设置的影响。
- 逻辑型字段只接受 T、t、F、f、Y、y、N、n 中的任何一个字符。
- 在输入每条记录的字段值时,只能输入对字段类型有效的值。如果输入了无效数据,则弹出一个信息框显示出错信息。记录输入完毕后，关闭当前窗口（也可以按组合键 Ctrl+W），保存添加的记录信息到表文件中。如果想放弃对当前记录的编辑，就可按"ESC"键。

3.1.5　表的操作

表只有打开后才能使用，操作结束后也应及时关闭以确保数据的安全。

1．工作区和表别名

VFP 中使用一张表时，首先必须把表打开，一个打开的表必须占用一个工作区。在实际应用中，经常需要同时打开多个表，这就要使用到多个工作区。

（1）工作区的概念。

工作区指用以标识一张打开的表的区域。每个工作区都有一个编号，称为工作区号。在工作区打开的表都有一个别名。VFP 有 32767 个工作区，其编号范围为 1~32767（其中前 10 个工作区号也可以用字母 A~J 来表示）。当 VFP 刚启动完成后，工作区 1 被自动选中。一个工作区在某一时刻只能打开一张表。如果在一个工作区已经打开一张表，再在此工作区中打开另一张表时，前一张表将被自动关闭。可以同时在多个工作区中打开多张表。一张表也可以在多个工作区中被打开。

可以在打开表的时候指定工作区。命令格式如下：

UES 表名 IN 工作区

（2）表的别名。

在工作区中打开表时，可以为该工作区赋予一个自定义的别名。定义别名的方式是使用 ALIAS 命令。命令格式如下：

USE 表名 ALIAS 自定义表别名

如果用户要查看工作区中打开表的别名，可以使用 ALIAS()函数。

【例 3.1】 打开"零件"表，将表别名定义为"零件信息表"，并查看别名。

输入命令：

```
USE 零件 ALIAS 零件信息表
?ALIAS()
```

系统显示：零件信息表

如果打开表时没有自定义别名，则系统默认以表文件名作为别名。如果再次打开同一个表时没有定义别名，则系统默认以工作区字母作为别名。

【例 3.2】 在 2 号工作区再次打开"零件"表，并查看表别名。

输入命令：

```
SELECT 2
USE 零件 AGAIN
?ALIAS(2)
```

系统显示：B

VFP 正在使用的工作区为当前工作区，也是默认的工作区。当通过界面交互式或命令进行有关表的操作时，如果不指定工作区，则其作用对象都是当前工作区中的表。可以使用以下命令可用来选择工作区：

```
SELECT 工作区号|表别名
```

当工作区号为 0 时，将选择未被使用的最小编号的工作区。

（3）"数据工作期"窗口。

数据工作期是当前动态工作环境的一种表示，每个数据工作期包含有自己的一组工作区，这些工作区含有打开的表、表索引和关系。

在 VFP 系统启动后，系统自动生成一个数据工作期，成为"默认"数据工作期。每一个表单、表单集或报表在运行过程中，为了管理自己所用的数据，可以形成自己的数据工作期。

用户打开"数据工作期"窗口的方法有，在菜单栏的"窗口"菜单中选取"数据工作期"菜单项，也可在常用工具栏上点取"数据工作期窗口"图标，打开数据工作期。

在"数据工作期"窗口，用户可以选择、查看数据工作期，并对表进行操作，如图 3-15 所示。

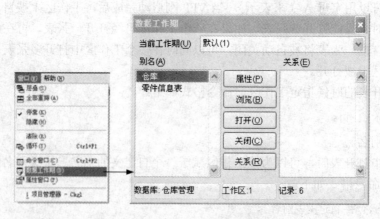

图 3-15 "数据工作期"窗口

2. 表的打开和关闭

用户在对表进行操作时候必须先要将表打开。表的打开可以是显式地打开，也可以是隐式地打开。显式地打开是指用户利用菜单、工具栏或 USE 命令直接打开表。隐式地打开是指在执行某些操作的时候，表会自动打开。另外，在"项目管理器"窗口中选择一张表后点击"修改"按钮或"浏览"按钮，表也会被打开。

（1）表的打开。

当一张表刚创建完成时，表处于打开状态。打开的表可以被关闭，被关闭的必须再次被打开才能访问表中的数据。可以使用以下方法打开表。

1）通过对话框方式打开表。

界面方式打开表的方法有多种，通过项目管理器、工具栏、菜单和数据工作期等。

项目管理器：选择要打开的表>>浏览或修改

工具栏输入：常用>>打开

菜单栏输入：文件>>打开

数据工作期：窗口>>打开

2）使用命令打开表。

打开表的命令是 USE…，其语法格式如下：

```
USE 表名[IN 工作区号|表别名] [AGAIN] [ALIAS 自定义表别名] [EXCLUSIVE] [SHARED]
[NOUPDATE]
```

各参数和子句的含义如下：

IN 子句用于指定在哪个工作区中打开表，缺省时表示在当前工作区中打开。

AGAIN 子句用于说明该表再次打开。

ALIAS 子句用于定义打开表的别名，缺省时表的别名与表名相同。

EXCLUSIVE 表示表以独占的形式打开。

SHARED 表示表以共享的方式打开。

NOUPDATE 用于指定表打开后不允许更新，即不可修改其结构和数据。

【例 3.3】　在当前工作区使用 USE 命令打开"零件"表；在 2 号工作区打开"项目表"，并在其他工作区再次打开"零件"表。操作如下：

```
USE 零件                    && 在当前工作区中打开"零件"表,别名为"零件"
USE 项目 ALIAS 项目表 IN 2    && 在工作区 2 中打开"项目"表,别名为"项目表"
USE 零件 IN 0 NOUPDATE        && 在最小未使用的工作区打开零件表,且不允许修改
USE 零件 IN 4 AGAIN           && 在工作区 4 中再次打开零件表
```

（2）表的关闭。

当在某一工作区中打开其他表时，该工作区已打开的表被自动关闭，可以通过对话框或命令关闭已打开的表。

1）通过对话框关闭表。

在"数据工作期"窗口中选择要关闭的表，点击
"关闭"按钮即可，如图 3-16 所示。

2）使用命令关闭表。

① 关闭当前工作区中的表。

使用不带表名和工作区号的 USE 命令可以关闭
当前工作区中的表。

例如，关闭当前工作区中打开的表，其操作如下：
USE

② 关闭非当前工作区中的表。

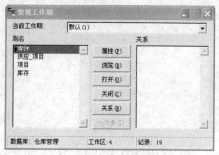

图 3-16　通过"数据工作期"窗口关闭表

要关闭非当前工作区中的表，输入命令的格式为：

USE IN 工作区号|表别名

例如：要关闭例 3.3 中在 4 号工作区打开的"零件"表，操作方式为：

USE IN 4

③关闭所有工作区中的表。

要关闭所有工作区中的表可以采取如下方法之一。

- CLOSE ALL　　　　　　　&& 关闭所有的数据库、表和索引，并选择工作区 1
- CLOSE TABLES　　　　　 && 关闭所有当前选中数据库中的所有表。若没有已打开的数据库，则关闭所有工作区内的自由表
- CLOSE TABLES ALL　　 && 关闭所有数据库中的所有表，但所有数据库保持打开

此外，当退出 VFP 系统的时候，所有的表将都会被关闭。

（3）表的独占与共享。

VFP 系统是一个多用户的开发环境，网络上的多个用户可以在同一个时刻访问同一张表。这种一张表同时被多个用户访问的情况，被称为表的共享（Shared）。反之，当一张表只能被一个用户使用的情况，则称为表的独占（Exclusive）。

在默认情况下，表是以独占状态打开的。也可以通过 SET EXCLUSIVE 命令或者"选项"对话框来设置表打开的状态。

1）使用"选项"对话框来设置表默认的打开状态。

点击"工具"菜单中的"选项"，打开"选项"对话框。在"数据"选项卡中将复选项"以独占方式打开"选中，表即以独占方式打开。否则，表以共享方式打开，如图 3-17 所示。

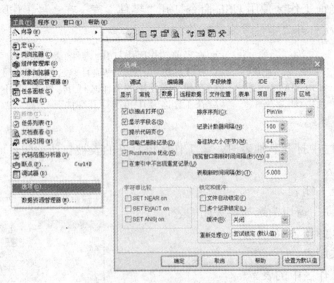

图 3-17　"选项"对话框

2）使用 SET EXCLUSIVE 命令设置表的默认打开状态。

命令格式如下：

SET EXCLUSIVE ON　　　　　&& 设置"独占"为默认打开方式
SET EXCLUSIVE OFF　　　　 && 设置"共享"为默认打开方式

3) 用指定独占或共享的方式打开一张表。

在"打开"窗口的右上角有"独占"复选框，打"√"表示独占，否则，表示共享。如图 3-17 所示。或者在使用命令打开表时，可以加子句"SHARED"（共享）或"EXCLUSIVE"（独占）指定打开方式。例如，使用共享的方式打开零件表，命令如下：

```
USE 零件 SHARED
```

要注意的是，改变 SET EXCLUSIVE 的设置并不能改变已经打开的表的状态。一张表同时被多次打开时，仅以第一次的打开方式为准。如果第一次是以独占方式打开一张表，则在另一个工作区再次打开该表时，即使指定是共享方式，系统仍将以独占方式打开。

3.1.6　表记录的操作

表中记录的操作包括查看表的内容、增加记录、修改记录和删除记录，还有查询记录。

1. 查看表的内容

（1）表的浏览。

表内容的浏览方式有多种，包括菜单方式和命令方式等。

1）菜单方式浏览表内容。点击"文件"菜单中的"打开"项，选定要打开的表文件，如图 3-18 所示，将表打开。而后，点击"显示"菜单中的"浏览"项，查看表中的内容，如图 3-19 所示。

图 3-18　"打开"对话框

2）命令方式查看表的内容。

查看表内容的命令有 BROWSE、LIST/DISPLAY。

- BROWSE 常用命令形式如下：

```
BROWSE [FIELDS 字段名 1,字段名 2...][FOR 条件] [FREEZE 字段名] [NOAPPEND]
[NODELETE] [NOMODIFY] [TITLE 字符表达式]
```

命令中各参数和子句的含义如下：

FIELDS 子句用于指定在浏览窗口中出现的字段（各字段之间用逗号分隔），缺省时为所有字段。

FOR 子句用于筛选记录，只有满足条件的记录才出现在浏览窗口中。

FREEZE 子句用于指定可以修改的字段。

NOAPPEND 指定不可向表内追加记录。

NODELETE 指定不可删除表内的记录。

NOMODIFY 指定不可修改记录的内容，但可以向表内追加记录和删除记录。

TITLE 子句用于指定浏览窗口的标题，缺省时为表名。

- LIST/DISPLAY 命令形式如下：

LIST/DISPLAY [范围][FIELDS 字段名 1,字段名 2...][FOR 条件][TO PRINT][OFF]

其中，FOR 子句后的条件表达式用于筛选记录；TO PRINT 子句用于把结果直接打印在打印机上；OFF 子句用于禁止输出记录号。

> **注 意**
>
>   LIST 命令具有将记录指针自动移到文件顶部的功能，且显示文件的所有记录，并将指针移到文件的尾部。而 DISPLAY 命令只显示当前指针所指的记录，指针不发生移动。若要显示所有记录，需在 DISPLAY 命令后面加范围 ALL。

【例 3.4】 使用 USE 命令打开"零件"表，运用 BROWSE 命令显示名称为"螺钉"的记录的零件号、名称和规格，且不能修改记录。

命令输入如下：

```
CLOSE TABLES ALL
USE 零件
BROWSE FIELDS 零件号,名称,规格 FOR 名称="螺钉" NOMODIFY TITLE "螺钉"
```

螺钉		
零件号	名称	规格
312	螺钉	GB/T 65 M5×20
313	螺钉	GB/T 67.1 M6×30

图 3-19 表的浏览窗口

运行结果如图 3-19 所示。

（2）记录的筛选。

如果用户只想查看和处理满足一定条件的一部分记录，可以对表记录进行筛选。在 BROWSE 命令中使用 FOR 子句可以对记录进行筛选，除此之外，还可以使用以下方法进行记录筛选。

1）用对话框筛选记录。

当表处于浏览状态时，在"表"菜单中选择"属性"项，打开"工作区属性"对话框。在"工作区属性"对话框中的"数据过滤器"文本框中输入条件表达式。或单击"数据过滤器"文本框右边的按钮，打开"表达式生成器"对话框，输入表达式，单击"确定"按钮，再浏览时只显示筛选过的记录了，如图 3-20 所示。

2）用 SET FILTER 命令筛选记录。

SET FILTER 命令可以实现对表记录的筛选。命令形式如下：

```
SET FILTER TO [条件表达式]
```

图 3-20 "数据过滤器"文本框

其中，条件表达式用于指定记录需要满足的条件。缺省时表示所有的记录，等于无筛选。

【例 3.5】　打开"零件"表，利用筛选命令找出"螺钉"的零件号和规格。操作步骤如下：

```
USE 零件
SET FILTER TO 名称="螺钉"
BROWSE FIELDS "零件号","规格"  NOMODIFY TITLE "螺钉"
```

运行结果如图 3-19 所示。

如果要取消对记录的筛选，使用命令：

```
SET FILTER TO
```

（3）字段的筛选。

筛选字段是选取表中部分字段进行浏览或处理。在 BROWSE 命令中，通过 FIELDS 子句可以完成字段的筛选功能。除此之外，还可以使用以下方法进行筛选。

1）用对话框筛选字段。

当表处于浏览状态时，在"表"菜单中选择"属性"项，打开"工作区属性"对话框。在"工作区属性"对话框中的"允许访问"框内选中"字段筛选指定的字段"单选按钮，单击"字段筛选"按钮，在"字段选择器"对话框选定所需字段，如图 3-21 所示。

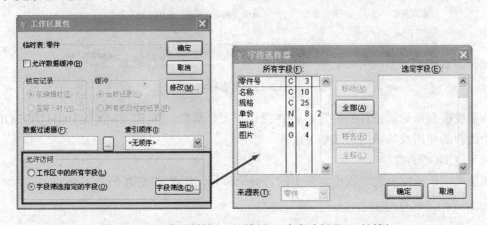

图 3-21　"工作区属性"对话框和"字段选择器"对话框

2）用 SET FIELDS 命令筛选字段。

使用 SET FIELDS 命令进行字段筛选的形式如下：

```
SET FIELDS TO [字段列表]
```

其中，字段列表用于列出需要显示的字段，缺省时表示所有字段，等于无筛选。

【例 3.6】　利用 SET FIELDS 命令完成例 3.5 的筛选。

```
USE 零件
SET FIELDS TO 零件编号,规格
BROWSE FOR 名称="螺钉" NOMODIFY TITLE "螺钉"
```

筛选结果与前两例相同。

（4）记录的定位。

当用户向表内输入记录时，系统会为每一条记录都按照输入的顺序指定了"记录号"。第

一条输入的记录的记录号为 1，以此类推。

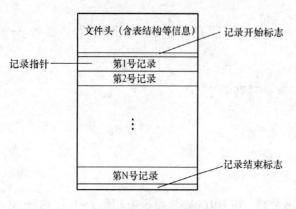

图 3-22　表文件结构示意图

1) 记录指针及位置判断。

当一张表打开后，系统会自动为该表生成单个控制标志：记录的开始标志、记录指针标志和记录的结束标志。记录的开始标志介于表结构和记录之间，前面是表结构信息，后面是第一条记录。记录指针用于指示当前处理记录的位置，记录指针指向的那条记录称为"当前记录"。记录的结束标志是整个表记录结束的标志，如图 3-22 所示。

记录指针是 VFP 系统内部的一个指示器，可以将记录指针理解为保存当前记录号的变量。每当打开一个表文件时，记录指针总是指向第一条。在进行数据处理时，经常要移动记录指针，使记录指针指向用户所要操作的那条记录，这个过程就是记录的定位。

VFP 在其主窗口的状态栏上显示出当前指针所指记录的记录号，如图 3-23 所示。

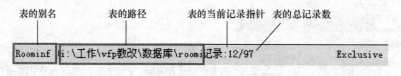

图 3-23　状态栏

为了能够判断记录指针的位置，VFP 提供了三个函数，即 RECNO()、BOF() 和 EOF()。这三个函数的作用及其调用格式如下所述。

- RECNO() 函数

该函数用于返回当前表或指定表中的当前记录号，语法格式如下：

RECNO([工作区号|表别名])

当工作区号和表别名缺省时，为当前表。

在处理记录的过程中，记录指针会不断发生移动。

- BOF() 函数

该函数用于确定当前表或指定表中的当前记录是否在表头，语法格式如下：

BOF([工作区号|表别名])

当工作区号和表别名缺省时，为当前表。

- EOF() 函数

该函数用于确定当前表或指定表的记录指针是否超出最后一个记录，语法格式如下：

EOF([工作区号|表别名])

当工作区号和表别名缺省时，为当前表。如果指定工作区中没有打开的表，则 EOF()= .F.。

> **注 意**
>
> 　　BOF()函数和 EOF()函数的作用是来测试当前指针是否在有效的范围内。当记录指针指向记录的开始标志时，BOF()函数的值为.T.，否则为.F.。当记录指针指向记录的结束标志时，EOF()函数的值为.T.，否则为.F.。要显示 RECNO()、BOF()和 EOF()的值时，需在函数前面加"？"询问标记。

　　表 3-2 中列出了当一张表以无索引状态打开后，未作指针移动操作时，RECNO() 函数、BOF()函数和 EOF()函数的值。

表 3-2　　　　　　　　　　　　　打开表时记录指针的情况

表中记录	BOF()的值	EOF() 的值	RECNO() 的值
无记录	.T.	.T.	1
有记录	.F.	.F.	1

　　2）记录的定位方式。

　　记录的定位是指记录指针的定位，有绝对定位、相对定位和条件定位三种方式。

　　① 绝对定位方式。

　　把指针移动到指定的位置，如第一个记录、最后一个记录或指定记录好的记录。

　　② 相对定位方式。

　　把指针从当前位置开始，相对当前记录向前或向后移动若干个记录。相对定位与定位前指针的位置无关。

　　③ 条件定位方式。

　　按照一定的条件自动地在整个表或表的某个指定范围内查找符合该条的记录。若找到符合该条件的记录，则定位在该记录上；否则，指针将定位到整个表或表的指定范围的末尾。

　　3）定位的实现。

　　① 用对话框实现定位，操作方法如下：

　　当表处于浏览状态时，通过"表"菜单的"转到记录"子菜单中的"定位"选项打开"定位记录"对话框，如图 3-24 所示，完成定位操作。

　　记录定位的"作用范围"包括四个选项，分别为："ALL"表示表中所有记录；"NEXT"表示从当前记录开始的 N 个记录；"RECOND"表示指定一个记录；"REST"表示当前记录后的所有记录。

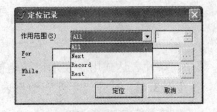

图 3-24　"定位记录"对话框

　　另外，也可以直接在浏览窗口中通过鼠标的点击或通过键盘上的上、下方向键移动记录指针的位置进行记录的定位，如图 3-25 所示。

　　② 使用命令的方式进行定位。

　　● GO/GOTO 命令进行绝对定位

　　绝对定位是将指针指到给定的记录号位，表 3-3 中列出了进行绝对定位的命令形式。

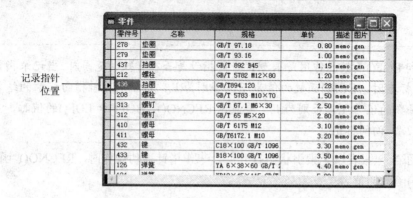

记录指针
位置

图 3-25　记录的定位

表 3-3   绝 对 定 位 命 令

命　令	功 能 说 明
GO RECORDN 或 GOTO RECORDN	定位到记录号为 N 的记录
GO TOP 或 GOTO TOP	定位到第一个记录
GO BOTTOM 或 GOTO BOTTOM	定位到最后一个记录

其中，RECORDN 必须要在表记录的有效范围内。

● SKIP 命令进行相对定位

相对定位是指以当前记录号位为参照，进行给定位数的移动。SKIP 命令用于进行表记录的相对定位，命令形式如下：

```
SKIP  [nRECORDS][IN 工作区号|表别名]
```

其中，nRECORDS 用于指定指针需要移动的记录个数。为正时表示向后移动，为负时表示向前移动。缺省时为 1。

● LOCATE 命令进行条件定位

条件定位是按照某个给定条件，将指针定位于符合条件的第一条记录。LOCATE 命令进行表记录的条件定位的命令形式如下：

```
LOCATE FOR 条件表达式 [scope]
```

其中，条件表达式用于表示记录定位的条件，范围 scope 用于指定进行条件定位的范围。

【例 3.7】　打开"零件"数据表，对其进行记录指针定位与位置测试。操作如下：

```
USE 零件 EXCLUSIVE
GOTO 5                    &&记录指针移动到记录号为 5 的记录
GO BOTTOM                 &&记录指针移动到最后一条记录
SKIP -6                   &&记录指针后退 6 条记录
SKIP 3                    &&记录指针前进 3 条记录
LOCATE ROR 零件号="212"    &&记录指针指向零件号为"212"的记录
?bof(),eof()             && 系统显示".F.  .F.",即指针既没指到首部也没指到尾部
go bottom                && 将指针移到文件最后一条记录上
?eof()                   && 系统显示".F.",指针没有指到尾部
go top                   && 将指针指到第一条记录上
?bof()                   && 系统显示".F.",没到文件的首部
```

```
skip -1                       && 将指针后退到文件首部
?bof()                        && 系统显示".T.",指针指到文件首部
```

在进行定位操作中，下面的一些细节问题需要注意。

如果从第一条记录向上移动一条记录，记录指针指向记录的开始标志，BOF()函数的值将为.T.，RECNO()函数的值仍为 1。如果此时再执行 SKIP-1 命令，系统将显示出错信息"已到文件头"，此时记录指针仍然指向记录的开始标志。

如果从最后一条记录向下移动一条记录，记录指针将指向记录的结束标志，EOF()的值将为.T.，RECNO()函数的值为表的记录数加 1。如果此时再执行 SKIP 命令，系统将显示出错信息"已到文件尾"，此时记录指针仍然指向记录的结束标志。

如果表有一个主控索引（将在 3.2 节中介绍），SKIP 命令、GO TOP 命令和 GO BOTTOM 命令将使记录指针移动到由索引顺序决定的记录上。

对于条件定位来说，可以使用 CONTINUE 命令从当前记录位置开始继续进行条件定位，即定位到下一条满足条件的记录。

2. 修改表的记录

表记录有时需要进行修改编辑，用户可以使用对话框或命令方式对表中的记录进行修改。

（1）使用对话框修改记录。

对于当前工作区中的表，先选取"显示"菜单中的"浏览"项，将该表进行显示，然后，点选"编辑"菜单项，使记录处于可修改状态。此时，用户可使用鼠标或键盘上的方向键将光标移动到需要修改的记录的字段上进行修改即可。

如果要按照某个条件批量修改某个字段的值，可在表的浏览状态下，点取"表"菜单中"替换字段"菜单项，打开"替换字段"对话框，如图 3-26 所示。在替换条件中输入替换要求后，点击"替换"按钮，完成批量替换。

（2）使用命令修改记录。

修改表记录的命令有 EDIT 和 REPLACE。

图 3-26　"替换字段"对话框

* EDIT

在命令窗口输入 EDIT 命令，可完成对打开表的记录的逐个编辑修改。

* REPLACE

REPLACE 命令可对数据表中的记录进行成批修改或替换其基本语法格式如下：

REPLACE 字段名 1 WITH 表达式 1 [ADDITIVE] [,字段 2 WITH 表达式 2 [ADDITIVE]]…[范围] [FOR 条件表达式]

命令中的参数和子句的含义如下：

字段名和表达式用于指定要更新的字段和更新的内容，ADDITIVE 仅对备注字段有效，使用时表示替换的内容追加到原备注中，否则替换原内容。范围子句用于指定更新记录的范围，FOR 子句用于指定更新的条件，都缺省时表示只对当前记录更新。

使用 REPLACE 命令更新记录时，必须先将要更新的表打开。更新完成后，记录指针停留在指定范围的结尾处。

【例 3.8】使用 REPLACE 命令使库存表中零件号为"278"的记录的库存量增加 1000。

```
USE 库存
REPLACE 库存量 WITH 库存量+1000 FOR 零件号="278"
BROWSE
```

3. 记录的删除

对于数据库表中的一些冗余的记录要及时删除，以便节省存储空间以及加快查询速度。要彻底删除表中的记录，首先要现将要删除的记录做上删除标记，然后再彻底删除。

（1）标记要删除的记录。

标记要删除的记录就是在要删除的记录上做上删除标记，但此时这些记录并没有从表中删除，所以这一步也称为逻辑删除。逻辑删除的方式可以采用对话框方式和命令方式完成。

1）用对话框方式实现逻辑删除。

当表处于浏览状态时，使用鼠标在记录前的删除标记列进行点击，当删除标记列变为黑色，表示该记录已被做上删除标记，如图 3-27 所示。

如果要批量地标识删除标记，可以点取"表"菜单中的"删除记录"项，打开"删除"对话框，进行删除范围以及删除条件的设置，如图 3-28 所示。

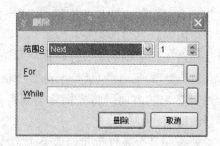

图 3-27 删除标记   图 3-28 "删除"对话框

2）使用 DELETE 命令实现逻辑删除。

使用 DELETE 命令为记录添加或去除删除标记。DELETE 命令的语法格式为：

```
DELETE [范围] [FOR 表达式] [IN 工作区号|表别名]
```

范围子句用于指定删除的范围，FOR 子句用于指定删除的条件，IN 子句用于指定删除的表，缺省时为当前工作区中的表。无范围、无条件时仅对当前记录进行删除的标记，有条件、无范围时，范围为 ALL。

 注 意

使用 VFP 的 DELETE 命令添加删除标记时，表要处于打开状态。

【例 3.9】 使用 DELETE 命令为"职工"表中所有女职工添加删除标记。

```
USE 职工
DELETE FOR 性别='女'
BROWSE
```

（2）检查表中是否有打上删除标记的记录。

如图 3-27 所述，浏览表文件中被涂上黑色方块标记的记录即为做了逻辑删除。如果仅需要了解表中是否有被逻辑删除的记录存在，并不需要浏览该表中的记录，可以运用 DELETED()

函数进行检查。如果存在被逻辑删除的记录，函数返回真.T.，否则返回假.F.。

（3）恢复带删除标记的记录。

恢复带删除标记的记录是指消除记录的删除标记。要消除记录的删除标记有多种方法。

1）鼠标点取消除法。

当表处于浏览状态时，鼠标点击带有删除标记的记录前的删除标记列，当黑色标记消失，即表示删除标记已被删除。

2）对话框消除法。

要在一定范围内消除删除标记，可以点取"表"菜单中的"恢复记录"项，打开"恢复记录"对话框进行恢复，如图 3-29 所示。

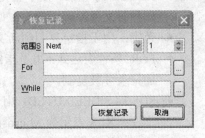

图 3-29 "恢复记录"对话框

3）RECALL 命令消除法。

在命令区输入 RECALL 命令，可消除带删除标记的记录。RECALL 命令的语法格式如下：

RECALL [范围] [FOR 条件表达式]

其中，无范围、无条件时，表示仅恢复当前记录，有条件、无范围时表示范围为 ALL。

（4）彻底删除记录。

对于当前工作区中打开的表，可以对加了删除标记的记录进行彻底的删除，这种删除是不可以恢复的，称为物理删除。

可以使用以下方法对记录进行彻底删除：

1）用菜单方式完成删除。当表处于浏览状态时，点取"表"菜单中的"彻底删除"项，将表中已打删除标记的记录彻底删除掉。

2）用 PACK 命令完成记录的彻底删除。对于当前工作区中的表，使用 PACK 命令可将表中已做删除标记的记录彻底删除掉。

【例 3.10】 物理删除"职工"表中所有女职工的信息。

```
USE 职工
DELETE FROM 职工 WHERE 性别='女'
PACK
```

3）用 ZAP 命令完成对记录的物理删除。要删除打开表中的所有记录，只保留表结构可以使用 ZAP 命令直接完成。因为此命令不管记录是否带有删除标记而一概删除，所以请慎用。

 注 意

使用 PACK 命令和 ZAP 命令，都需要表是在当前工作区中以独占的方式打开的。

4. 数据的复制

当前工作区中打开的表可以复制到其他表文件或其他类型的文件中去，如文本文件、Excel 文件等。数据的复制方法采用的是命令法完成的。

复制数据的命令为 COPY TO，其语法格式如下：

```
COPY TO 文件名 [FIELDS 字段名] [范围] [FOR 条件表达式] [[类型] SDF|XLS| DELIMITED
[WITH 分隔符|WITH BLANK|WITH TAB|WITH CHARACTER 分隔符 ]]
```

命令中的参数和子句的含义如下：
- 文件名：用于指定复制后的文件名称。如果文件名中不包含扩展名，则表示创建一张新表。
- FIELDS 字段名：用于指定要复制到新文件的字段名。如果缺省则表示将所有字段复制到新文件。若创建的文件不是表，则不会将备注字段复制到新文件中。
- 范围：用于指定复制到新文件的记录范围。
- FOR 条件表达式：用于指定被复制记录的条件，只有当条件表达式的值为"真（.T.）"的记录才被复制。
- SDF|XLS|DELIMITED：用于指定复制文件的类型。SDF 表示为 SDF（系统数据文件）文件；XLS 表示为 Microsoft Excel 文件；DELIMITED 表示为分隔文件。分隔文件为 ASCII 文本文件，其中每一条记录以一个回车和换行符结尾，默认的字段分隔符是逗号。
- DELIMITED [WITH 分隔符|WITH BLANK|WITH TAB|WITH CHARACTER 分隔符]：用于指定分隔文件的分隔符，分别可以使用指定的分隔符、空格、制表符和指定的字符来做文件的分隔符。

5. 数据文件查找

数据文件复制后，被保存到了磁盘文件上。如果要检查该保存的文件是否存在，可以使用多种方法，VFP 提供了的 FILE()函数，可以完成这一任务。如果文件被找到，则返回真.T.，否则返回假.F.。

【例 3.11】 复制"职工"表文件中的女职工数据，再复制成一个 EXCEL 文件和仅含职工号与姓名的文本文件，然后检查这些文件是否复制成功。操作如下：

```
USE 职工
COPY TO 女职工 FOR 性别='女'         &&生成一个女职工.dbf 文件,仅包含女职工
COPY TO  职工 2  FIELDS 职工号,姓名 DELIMITED &&生成一个职工 2.txt 文件,仅包含职工号
和姓名
COPY TO  职工 3 XLS                &&生成一个职工 3.xls 文件
?FILE("女职工.dbf"),FILE("职工 2.txt"),FILE("职工 3.xls")
```

3.1.7　表的统计操作

统计是数据库应用的重要内容。使用统计命令可以对表中的数据进行计数、求和、求平均值的操作。

1. 计数（COUNT）

计数就是在表中统计满足条件的记录的条数。命令格式如下：

COUNT [范围][FOR 条件表达式 1][WHILE 条件表达式 2][TO 变量名] [NOOPTIMIZE]

参数和子句说明：
- 范围子句、FOR 条件表达式 1，WHILE 条件表达式 2：用于指定计数的范围和计数的条件。缺省时指全部记录都在统计范围之内。
- TO 变量名：把计数结果写入指定的内存变量。缺省时则只在提示栏显示。
- NOOPTIMIZE 选项：该选项使 Rushmore 优化无效。

【例 3.12】 统计职工表中女职工的记录数，并将统计结果写进"cnt"变量。

输入以下命令：

```
USE 职工
BROWSE
COUNT for 性别="女"to cnt
?cnt
```

2.　求和（SUM）

求和操作时指对表中数值型字段或数值型表达式进行纵向求和的操作。命令格式如下：

SUM [字段列表][范围] [FOR 条件表达式 1][WHILE 条件表达式 2] [TO 变量列表| TO 变量组] [NOOPTIMIZE]

参数和子句说明：

- 字段列表：指定要进行求和的一个或多个数值型字段或数值型表达式，中间用逗号分隔。缺省时为所有数值型字段。
- 范围子句、FOR 条件表达式 1，WHILE 条件表达式 2：用于指定求和的范围和条件。缺省时是指全部记录都在统计之内。
- TO 变量列表：把求和的每一个结果写入相对应的内存变量中。
- TO 变量组：把求和的结果写入一个内存变量组中。如果 SUM 命令中指定的变量组事先没有定义，系统将自动生成。如果变量组事先已经声明但数组的元素少于求和的结果数，系统将自动补足。
- NOOPTIMIZE 选项：该选项使 Rushmore 优化无效。

【例 3.13】　统计库存表中仓库号为 015 的总库存量并写入变量"sum_015"。

```
USE 库存
BROWSE
SUM 库存 for 仓库号="015"to sum_015
? sum_015
```

3.　求算术平均数(AVERAGE)

求算术平均值是指对表中数值型或数值型表达式进行纵向的求算术平均值的操作。命令格式如下：

AVERAGE [字段列表][范围] [FOR 条件表达式 1][WHILE 条件表达式 2] [TO 变量列表| TO 变量组] [NOOPTIMIZE]

参数和子句的意义与 SUM 命令的相同。

【例 3.14】　求零件表中所有螺母的平均价格并写入变量"price_nut"。

```
USE 零件
BROWSE
AVERAGE 单价 for 名称="螺母"to price_nut
? price_nut
```

3.2　表 的 索 引

数据表中的记录通常是按照其输入的时间顺序存放的，这种顺序称为记录的物理顺序。若要在表中查找某条满足条件的记录，必须从第一条记录开始顺序查找，直至找到为止。即使表中没有满足条件的记录，也要将表全部查找一遍才知道。当表中记录很多的情况下，这种查找方法将花费很多时间。

为了实现对记录的快速查找，可以对表文件中的记录按照某个字段或某些字段的值进行排序，这种顺序称为逻辑顺序。

因此，可以建立一个逻辑顺序的记录号与物理顺序的记录号相对照的表，并将这个对照表保存在文件中。这种方法就称为索引法。

在表中创建索引，可以帮助用户按照指定顺序快速检索和查询文件。

3.2.1　索引的概念及类型

1. 索引的概念

索引（Index）：是一组根据索引表达式进行逻辑排序的指针，索引用于按关键字对记录进行排序，但并不改变表中记录的物理顺序，而是另外建立一个记录号列表，并以文件的形式存储。索引文件由索引序号和对应于索引序号的表的指针组成。

索引可以理解为是一本书的目录，书的目录是一份页码的列表，指向书中的页号。数据表的索引是一个记录号的列表，指向待处理的记录，并确定了记录的处理顺序。

索引的主要作用是：按指定的关键字排序后，可以快速显示、查询、选择记录，并可以建立表间的关联关系。

2. 索引关键字

索引关键字（Index Key）：是建立索引的依据，通常是由一个字段或多个字段组成的表达式。注意，不能基于备注型字段和通用型字段建立索引。

对于基于多个字段的索引表达式，可以按照多个字段的值进行排序。使用多个字段建立索引时应注意以下几点：

- 如果索引表达式为字符表达式，则各个字段在表达式中的前后顺序将影响索引的结果。
- 如果索引表达式为算术表达式，则按照计算结果进行排序。
- 不同类型字段构成一个索引表达式时，必须转化成同一种类型的数据（通常为字符型）。

3. 索引标识

在一张表中可以建立多个索引。为了表示区分，每一个索引都必须有一个索引名，即索引标识（Tag）。索引标识的命名必须满足 VFP 中的命名规则。

4. 索引的类型

在 VFP 中共有 4 种索引类型：主索引、候选索引、普通索引和唯一索引。其中，主索引只能在数据库表中建立。

（1）主索引（Primary Index）。

主索引是不允许在索引关键字中出现重复值的索引。对于每一个表，只能建立一个主索引。自由表没有主索引。

（2）候选索引（Candidate Index）。

候选索引也是在索引关键字中不允许出现重复值的索引，这种索引是作为主索引的候选者出现的，对一个表可以创建多个候选索引。因为候选索引禁止重复值，因此它们在表中有资格被选作主索引，即主索引的"候选项"。

候选索引可以用于数据库表和自由表。

（3）唯一索引（Unique Index）。

唯一索引无法防止重复值记录的建立。但在唯一索引中，系统只在索引序列中保存第 1 次出现的索引值，即只能找到同一个索引关键值第 1 次出现时的记录。对于重复值的其他记录，尽管它们仍然保留在表中，但在唯一索引文件中却没有包括它们。

（4）普通索引（Regular Index）。

普通索引是指唯一索引、主索引及候选索引之外的索引。在普通索引中，索引关键字段和表达式允许重复值出现，可用普通索引进行表中记录的排序或搜索。

（5）四种索引的比较。

通过建立和使用索引，可以提高完成某些重复性任务的工作效率，例如，对表中的记录排序，以及建立表之间的关系等。根据所建索引类型的不同，可以完成不同的任务，例如，若要排序记录，以便提高显示、查询或打印的速度，可以使用普通索引、候选索引或主索引。

若要控制字段中不发生重复值的输入（如每个学生在学生表中的学号字段只能有一个唯一的值），应对数据库表使用主索引或候选索引，对自由表使用候选索引。

若要作为一对一或一对多关系的"一"方，应使用主索引或候选索引；若作为一对多关系的"多"方，则使用普通索引。

主索引可确保字段中输入值的唯一性。可以为数据库中的每一个表建立一个主索引；如果某个表已经有了一个主索引，可以继续添加候选索引。候选索引像主索引一样要求字段值的唯一性，在数据库表和自由表中均可为每个表建立多个候选索引。普通索引允许字段中出现重复值，可以在一个表中建立多个普通索引。

3.2.2　索引文件的类型

VFP 中的索引保存在索引文件中。索引文件是一个只包含两列的简单表：被索引字段表达式的值及含有该值的每个记录在原表中的位置。在 VFP 中，索引文件有两种结构：一种是独立索引文件.IDX，这种索引文件只有一个索引关键字表达式，即只有一个索引序列；另一种是复合索引文件.CDX，复合索引文件包含多个索引关键字，这些索引关键字用不同的索引标识加以区分。复合索引文件也有两种：一种是结构复合索引文件，另一种则是非结构复合索引文件。

1．独立索引文件

独立索引文件只包含单个索引项，扩展名为.IDX，其主文件名称不能和相关表同名，而且该文件不会随着表的打开而自动打开。

2．结构复合索引文件

当在创建或修改表结构时，可以从表结构中挑选用于创建索引的字段，系统将自动创建一个.CDX 复合索引文件。VFP 把该文件当做表的固有部分来处理，并称之为结构复合索引文件，它具有与表相同的文件标识符，且打开与它同名（文件扩展名不同）的表时自动打开该索引文件，关闭时自动关闭。当在表中进行添加、修改和删除时，系统会自动对该索引文件中的全部索引序列进行维护。

3．非结构复合索引文件

非结构复合索引文件包含多个索引序列，扩展名为.CDX。它是另行建立的，必须用命令打开，只有在该索引文件打开时，系统才能维护其中的索引序列。非结构复合索引文件可以看做是多个.IDX 文件的组合，实际上.IDX 文件是可以加入到该类文件中的。

因为主索引和候选索引都必须与表一起打开和关闭，所以它们都只能存储在结构复合索引文件中，而不能存储在非结构复合索引文件和独立索引文件中。

结构复合索引文件是在 **VFP** 数据库中最普通也最重要的一种索引文件。其他两种索引文件较少用到，所以在此主要讨论结构复合索引文件。

3.2.3　索引的创建和使用

1.　创建结构复合索引

VFP 提供了运用表设计器创建索引和使用命令创建索引等方法。

（1）使用"表设计器"创建索引。

在使用"表设计器"创建和修改表结构时，可以同时创建和修改索引。在"表设计器"的"字段"选项卡中，在需要创建索引的字段的"索引"一栏的下拉列表中选择索引的排序方式：升序↑或降序↓。然后在"索引"选项卡中，从相应的索引后选择索引类型并按照需要填写表达式的内容和筛选表达式，如图 3-30 所示。

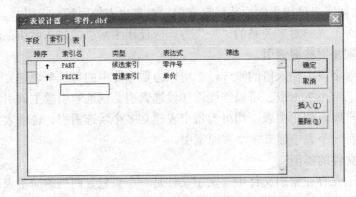

图 3-30　设置索引

（2）使用 INDEX 命令创建索引。

INDEX 命令创建索引的基本格式如下：

```
INDEX ON 索引表达式 TO IDX 文件名|TAG 索引标识名[OF CDX 文件名][FOR 条件表达
式][ASCENDING|; DESCENDING][UNIQUE|CANDIDATE]
```

命令中参数和子句的含义如下：

索引表达式用于建立索引的字段、表达式或字段跟表达式的组合。

TAG 索引标识名指定要建立的复合索引文件的文件名。

FOR 条件表达式建立索引的筛选条件。

ASCENDING|DESCENDING 确定索引是升序还是降序。缺省时为升序。

UNIQUE|CANDIDATE 用于指定索引的类型。前者表示唯一索引，后者表示候选索引。缺省时为普通索引。

该索引文件创建格式可以实现三种类型索引文件的创建。其创建格式分别为：

1）独立索引文件。

命令格式为：

```
INDEX ON 索引表达式 TO IDX 文件名。
```

例如：已知一表中有字符型字段职称和性别，要建立一个索引，要求先按职称排序，职称相同时，再按性别排序，操作格式如下：

```
INDEX ON 职称+性别 to AAA
```

创建了一个名为 **AAA.IDX** 的独立索引文件。

2）创建结构复合索引文件。

命令格式为：

```
INDEX ON 索引表达式 TAG 索引标识名
```

若将上例的索引文件创建为结构复合索引文件，其操作格式为：

```
INDEX ON 职称+性别 TAG BBB
```

创建了一个与表名相同的索引标记为 **BBB** 的 **CDX** 文件。

3）创建非结构复合索引文件。

命令格式为：

```
INDEX ON 索引表达式 TAG 索引标识名 OF CDX 文件名
```

若将上例的索引文件创建为非结构复合索引文件，其操作格式为：

```
INDEX ON 职称+性别 TAG BBB OF CCC
```

创建了一个名为 **CCC.CDX** 的索引标记为 **BBB** 的非结构复合索引文件。

【例 3.15】　为"零件"表创建以"零件号"为索引词的候选索引并标记为"PART"和以"单价"为索引词的普通索引并标记为"PRICE"。操作如下：

```
INDEX ON 零件号 TAG PART CANDIDATE
INDEX ON 单价 TAG PRICE
```

执行该命令后的表结构如图 3-30 所示。

注意，如果索引表达式为多字段时，必须将多个字段组成合理的有效表达式。一般组合成字符表达式。对于数值型字段，要使用 STR()函数将其转换成字符串，对于日期型字段，需要用 DTOC()将其转换成字符串，然后用运算符"+"将它们连接起来。

【例 3.16】　分别用"表设计器"和 INDEX 命令两种方法为"职工"表创建以职工"性别"和"出生日期"为字符表达式的普通索引，并将索引标记定为"性别日期"。

方法一：使用"表设计器"。

打开"职工表"的"表设计器"窗口，选择"索引"选项卡，在"名称"一栏中输入索引的名称"性别日期"，在"类型"一栏中选择"普通索引"，在"表达式"一栏中输入"性别+DTOC（出生日期）"，如图 3-31 所示。

方法二：使用 INDEX 命令创建。

在命令窗口输入以下命令：

```
USE 职工
INDEX ON 性别+DTOC（出生日期）TAG 性别日期
```

2.　查看索引标识

在为表文件创建了多个复合索引或单项索引后，若要查看标识名，可以使用 TAG()函数。该函数的语法如下：

```
TAG([复合索引文件名,] 标识顺序号)
```

函数的功能是返回打开的 .CDX 多项复合索引文件的标识名，或者返回打开的 .IDX 单项索引文件的文件名。

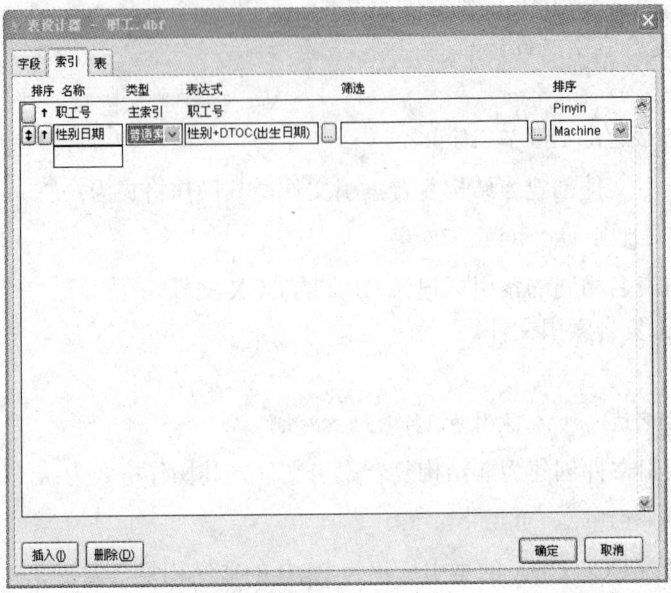

图 3-31 创建多字段索引

例如：要查看在例 3.5 中为"零件"表创建的两个索引的标识名，其命令为：

`? TAG("零件",1),TAG("零件,2")`   `&&显示结果为 PART 和 PRICE`

3．修改和删除索引

在 VFP 中，复合索引文件是随同表文件一同打开的，在对表进行更新插入和删除记录的时候，复合索引文件也要被维护。因此，表中如果存在无用的索引或多余的索引会降低系统的运行速度，这时要对这些索引进行修改或删除。

（1）修改索引。

修改索引的方法与创建索引的方法相同，既可以使用"表设计器"也可以使用 INDEX 命令完成对原索引的修改。

（2）删除索引。

删除索引可以在"表设计器"中完成，也可以使用 DELETE TAG 命令删除指定的索引。DELETE TAG 命令的格式为：

`DELETE TAG 索引标识名1[，索引标识名2]`

或

`DELETE TAG ALL`

式中索引标识名用于指定要删除的索引。ALL 是指在表中删除所有的标识，并从磁盘上删除索引文件。

4．索引的使用

建立索引的目的是为了提高查询记录的速度，希望数据按照某种需要的顺序排列，也可以限制记录数据的唯一性。一张表可以有多个索引，所以在使用的时候要进行选择。

在打开表的时候，可以打开多个索引，但要决定表中记录的显示顺序，需要将一个索引设置为主控索引（Master Controlling Index），即某一时刻只有该索引对表的访问顺序和显示起作用。

虽然结构复合索引文件是随表的打开而自动打开的，但不会自动指定某一个索引为主控索引，因此，在未指定主控索引前，表中的记录仍然按照物理顺序显示和访问。所以要使用索引，则需要在打开表时指定主控索引或打开表后指定主控索引。

（1）打开表时指定主控索引。

在使用 USE 命令打开表时使用 ORDER 子句指定主控索引。

【例 3.17】 在两个工作区同时打开"零件"表，同时分别指定不同的主控索引。操作如下：

```
USE 零件 ORDER price            && 打开"零件"表并设置索引"PRICE"为主控索引
SELECT 0                        && 选择未使用的最小编号的工作区
USE 零件 ORDER 零件号 AGAIN      && 再次打开"零件"表并设置索引"零件号"为主控索引
```

（2）打开表后指定主控索引。

表打开后，可以使用对话框方式或命令方式设置主控索引。

- 对话框方式设置主控索引。当表处于浏览状态时，选择"表"菜单中的"属性"，打开"工作区属性"对话框，在索引顺序下拉列表中选择一个索引作为主控索引，如图 3-32 所示。

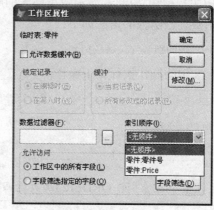

图 3-32 设置主控索引

- 使用 SET ORDER 命令设置表的主控索引。该命令的语法格式如下：

```
SET ORDER TO [索引编号|idx 文件|[TAG]TAG 名 [OF cdx 文件]][IN 工作区|别名][ASCENDING|DESCENDING]
```

命令中的参数与子句的含义如下：

ASCENDING|DESCENDING 用于指定显示顺序为升序还是降序。缺省时为升序。

不带任何选项的 SET ORDER TO 命令用于取消主控索引。

（3）利用索引快速定位记录。

为表建立索引后，可以基于索引关键字使用 SEEK 命令进行记录的快速定位。

SEEK 命令在一张表中利用主控索引或指定索引搜索首次出现的一个记录，这个记录的索引关键字必须与指定的表达式相匹配。

SEEK 只能在索引过的表中使用，并且只能搜索索引关键字。如果找不到相匹配的关键字，则 RECNO()将返回表中记录个数+1，FOUND()返回.F.，EOF()返回.T.。

SEEK 命令的基本语法格式如下：

```
SEEK 索引关键字表达式 [ORDER 索引标识[ASCENDING|DESCENDING] ]
```

【例 3.18】 在"零件"表中将记录号定位在价格为 15 的记录上。操作如下：

```
USE 零件 ORDER price
SEEK 15
```

或

```
USE 零件
SEEK 15 ORDER price
```

或

```
USE 零件
SET ORDER to PRICE
SEEK 15
```

5. 获取主控索引文件或标识名称

一个表可以同时打开多个索引文件。不过，只有一个单项索引文件(主控索引文件)或复合索引文件中的标识(主控标识)控制着显示或访问表的顺序。要获取主控索引文件可调用系统提供的 ORDER()函数。该函数的语法如下：

```
ORDER([工作区号 | 表的别名 [, 路径]])
```

例如：接续例 3.18 中的操作执行如下操作：

```
?ORDER(1),ORDER("零件")
```

显示结果为：PRICE PRICE

 说 明

　　如果没有给表设置中控索引，ORDER()函数返回空。

6. 索引的其他用法

索引除了可以指定表的访问和显示的顺序之外，还可以用于建立表之间的临时关系和永久关系。这部分内容将在 3.5 节中介绍。

3.3　数据库的创建和基本操作

数据库是数据库管理系统的核心。在 VFP 的数据库中，存储的不是数据，而是数据库表的属性，以及组织、表关联和视图等，并可在其中创建存储过程。

在使用数据库时，可以在表级进行功能的扩展，例如创建字段级规则和记录级规则、设置默认字段值和触发器等，还可以创建存储过程以及表间的永久关系。此外，使用数据库还能访问远程数据源，并可创建本地和远程表的视图。

3.3.1　数据库概述

在数据库中可以存储和管理各种对象，例如表、视图、关系、连接和存储过程等。而以前的二维表则称为自由表。自由表与其他表在逻辑上没有任何联系，是完全独立的。而数据库中包含的表不但具有自由表的各种属性，而且还具有其他的一些特有的属性，例如，对长表名、长字段名的支持以及各种数据完整性检查机制等。

数据库是一个容器，是许多相关的数据库表及其关系的集合。例如，在一个仓库管理系统中，将包含零件类型、库房信息、供应商信息、采购信息、职工信息等实体，可以分别用二维表表示。这些表不是独立的，而是彼此有联系的。比如，零件类型与零件信息之间是有联系的，每一个零件的类型都应该包含在零件表中。它们之间通过公共字段联系在一起。数据库中不但包含了这些表，也包含了这些表之间的关系。图 3-33 中列出了"仓库管理系统"数据库中的表及表间的关系。

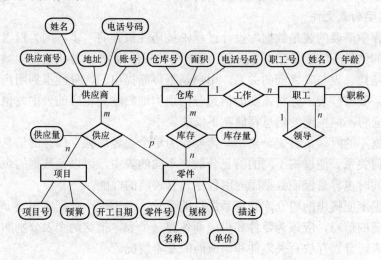

图 3-33　"仓库管理系统"数据库中的表及表之间的关系

3.3.2　数据库的设计

在一个数据库应用系统中，数据库设计非常关键，它影响到数据的使用和存储以及以后的程序设计。

数据库设计的关键在于理解数据库管理系统保存数据的方式。为了高效准确地提供信息，VFP 将不同主题的信息保存到不同的表中。通过不同的信息分散在不同的表中，可以使数据的组织工作和维护工作更简单，同时也保证应用的高效性。

设计数据库的一般步骤是：

* 分析数据需求：确定数据库要存储哪些信息。
* 确定需要的表文件：一旦明确了数据库所要实现的功能，就可以将必需的信息分解为不同的相关主题，在数据库中为每个主题建立一个表。
* 确定需要的字段：这实际上就是确定在表中存储信息的内容，即确立各表的结构。
* 确定各表之间的关系：仔细研究各表字段之间的关系，确定各表之间的数据应该如何进行连接。
* 改进整个设计：可以在各表中加入一些数据作为例子，然后对这些例子进行操作，看是否能得到希望的结果。如果发现设计不完备，可以对设计做一些调整。

下面我们以"仓库管理系统"为例，介绍数据库的设计过程：

1. 确定数据库的用途

确定数据库用途最主要的目的是弄清用户需求，并做明确的描述处理。设计数据库时要注意两点：一是要强调用户的参与。在分析数据库需求时，最好和使用数据库的人员多交换意见，并根据用户提出的要求，推敲数据库需要回答哪些问题。二是要充分考虑到数据库可能的扩充和改变，提高数据库的灵活性。只有创建一个设计灵活的数据库，才能保证所建立的数据库应用程序具有较高的性能。

如"仓库管理系统"数据库，应存放零件与仓库两方面的信息，即有关零件的类型、零件的规格、零件的数量等方面的信息。要求从中可以查出每个零件的类型、零件的数量，如有可能，应尽量使用表格形式来描述这些数据信息。

2. 确定需要的表文件

确定数据库中需要的表是数据库设计过程中技巧性最强的一步。因为仅仅根据用户想从数据库中得到的结果（包括要打印的报表、要使用的表单等），只能确定需要数据库回答的问题。至于表的结构、表与表之间的关系，用户是不可能提出的，只能根据用户的需要通过分析归纳来确定需要哪些表，并将需要的信息分门别类地归纳到相应的表中。也就是说，在设计数据库时，应将不同主题的信息存储在不同的表中。

在设计数据库的时候，首先分离那些需要作为单个主题而独立保存的信息，然后设计这些主题之间有何关系。通过将不同的信息分散在不同的表中，可以使数据的组织工作和维护工作更简单，同时也容易保证数据库应用程序具有较高的性能。

例如，根据上面提出的"仓库管理系统"的要求，考虑这个数据库需要哪些表。为了得到零件和供应商的信息，应该为零件和供应商各建一个表，把这两个表分别叫做"零件"表和"供应商"表，分别存放有关零件和供应商的基本情况。

3. 确定需要的字段

表是由多个记录组成的，而每个记录又由多个字段组成。在确定了所需表之后，接下来应根据每个表中需要存储的信息确定该表需要的字段，这些字段既包括描述主题信息的字段，又包括建立关系的主关键字字段。

为了保证数据的冗余性小且不遗漏信息，在确定表所需字段时应遵循以下规则：

（1）字段唯一性。描述不同主题的字段应属于不同的表。表中不能有与表内容无关的数据，必须确保一个表中的每个字段直接描述该表的主题。例如，在"仓库"表中无需职工年龄的信息，该表中就不应包含有"生日"字段。

（2）字段无关性。这一规则防止对表中数据作修改时出现错误。也就是在不影响其他字段的情况下，必须能够对任意字段进行修改。一些可以由其他字段推导或计算得到的数据不必存储到表中。例如，只要记录职工的"出生日期"就可计算出年龄；同样，工程期限可以根据开工日期和完工日期计算出来。因此，无须保留"年龄"和"工程期限"字段。这样做可以节省数据库中存储数据的空间，同时也减少了出错的可能性。

（3）使用主关键字段。实体完整性要求，数据库中的每个表都必须有一个主关键字唯一确定存储在表中的每个记录。通常按主关键字的值来查找记录，其长度直接影响数据库的操作速度，所以不能太长，最好是满足存储要求的最小值，以便记忆和输入。

（4）外部关键字。在创建新表时，应该保留与其他表相关联的少量信息，如"零件号"、"仓库号"等字段。这些用于"链接"的字段就是所谓的外部关键字。

（5）收集所需的全部信息。确保所需的数据信息都包括在设计的表中，或者可由这些表中的数据计算出来。

（6）以最小的逻辑单位存储信息。如果把多个信息放入一个字段中，以后要获取单独的信息就会很困难，所以应尽量把信息分解成比较小的逻辑单位存储。

4. 确定各表之间的关系

（1）一对一关系。两表间的一对一关系不经常使用。因为在许多情况下，可将两个表中的信息合并成一个表。也可能出于某种原因不想合并，比如，有些信息是不常用的，或者某些信息是机密的，不应给每个人看到。例如"职工登记卡"中保留的一些特殊信息（如病历资料或受到的奖励及处分等），这些信息不需要经常查看，或者只能由某些授权单位查看。所以可创建一个以"职工号"为主关键字的单独表来存储这些信息，职工基本情况表与这张表是一对一的关系。

（2）一对多关系。一对多关系是关系型数据库中最普遍的关系。例如"零件"表和"仓库"表之间就是一对多的关系，因为一种零件一般只能摆放在一个仓库，而每个仓库则有多种零件。

（3）多对多关系。在具有多对多关系的两个表之间，如果将一个表的主关键字添加到另一个表中，那么就会出现同一信息保存多次的情况，这样不利于信息的管理和维护。因此，在设计数据库时，应将多对多关系分解成两个一对多关系，其方法就是在具有多对多关系的两个表之间创建第 3 个表。在 VFP 中，把用于分解多对多关系的表称为"纽带表"，因为它在两个表之间起着纽带的作用。纽带表可能只包含了它所连接的两个表的主关键字，也可以包含其他信息。在纽带表中，两个字段连在一起就能使每个记录具有唯一值。例如"零件"表与"供应商"表之间就是多对多关系，需要"供应"表作为纽带表。

5. 完善数据库

在设计数据库时，由于信息复杂和情况变化会造成考虑不周，如有些表没有包含属于自己主题的全部字段，或者包含了不属于自己主题的字段。此外，在设计数据库时经常忘记定义表与表之间的关系，或者定义的关系不正确。因此，在初步确定了数据库需要包含哪些表、每个表包含哪些字段以及各个表之间的关系以后，还要重新研究设计方案，检查可能存在的缺陷，并进行相应的修改。只有通过反复修改，才能设计出一个完善的数据库系统。

3.3.3　数据库的创建

数据库提供了一种工作环境：存储一系列的表，在表之间创建关系，设置表的属性和数据的有效性规则，使相关联的表协同工作。每创建一个新的数据库都会生成三个文件：数据库文件（扩展名为.dbc）、关联的数据库备注文件（扩展名为.dct）和关联的数据库索引文件（扩展名为.dcx）。数据库文件并不在物理上包含任何附属对象（表、字段等），而是存储了指向表文件的路径指针。

在 VFP 中提供了两种设计数据库的工具：数据库向导和数据库设计器。数据库向导使用预定义的模板帮助用户创建包含适当表的数据库。数据库设计器则为用户提供了创建复杂的数据库以及管理、维护数据库的环境。数据库可以单独使用，也可以合并到一个项目中，用项目管理器进行管理。

用户既可以使用命令创建数据库，也可以使用对话框的方式创建数据库。下面以"仓库管理"数据库为例讲解数据库创建的过程。

1. 使用对话框创建数据库

（1）使用"项目管理器"创建数据库。

打开创建好的"仓库管理系统"项目管理器，选择"数据"项的"数据库"子项，点击右侧的"新建"按钮（如图 3-34 所示），打开"新建数据库"对话框，如图 3-35 所示。在新建数据库对话框中有两种创建数据库的方式"数据库向导"和"新建数据库"。数据库向导方式运用"数据库向导"对话框以固定格式逐步指导设计者进行数据库的创建，如图 3-36 所示。而"新建数据库"方式，是在点击了"新建数据库"按钮后，出现"创建"对话框，完成数据库的创建，如图 3-37 所示。

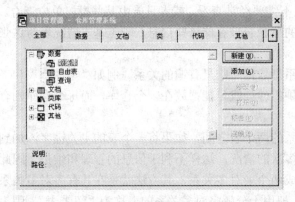

图 3-34 "项目管理器"窗口   图 3-35 "新建数据库"对话框

图 3-36 "数据库向导"对话框

（2）使用"新建"菜单创建数据库。

点击菜单栏的"文件"菜单中的"新建"选项，打开"新建"对话框，如图 3-38 所示。在"新建"对话框中选择"数据库"选项按钮，并点击"新建文件"按钮或"向导"按钮，完成数据库的创建。

2. 使用命令方式创建数据库

可以通过命令方式创建数据库，即在命令窗口输入 CREATE DATABASE 命令。

CREATE DATABASE 命令创建数据库的格式如下：

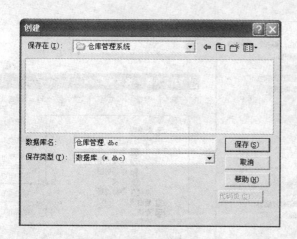

图 3-37 数据库"创建"对话框

图 3-38 "新建"对话框

CREATE DATABASE[<数据库文件名 >|?]

在使用命令创建数据库时,如果命令中没有指定数据库名称,或是命令后带的是"?",则会打开"创建"对话框。如果命令后带有数据库的名称,则创建数据库,并使数据库处于打开状态。

3.3.4 数据库设计器和"数据库"菜单

在新的数据库文件创建后,一般会打开"数据库设计器"窗口,即一个数据容器,如图 3-39 所示。在"数据库设计器"窗口中会出现一个"数据库设计器"工具栏(如果该工具栏没有出现,可以点取"显示"菜单中的"工具栏"项,在弹出的"工具栏"对话框中选中"数据库设计器"),同时在主菜单栏中也会出现"数据库"菜单。"数

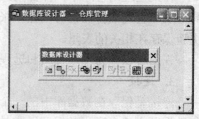

图 3-39 "数据库设计器"窗口和
"数据库设计器"工具栏

据库设计器"工具栏的命令在"数据库"菜单中有相应的命令选项,用户可以利用"数据库设计器"来建立各种类型的数据文件,如表、视图、连接和存储过程,如图 3-40 所示。

3.3.5 数据库的组成

创建数据库后,在"项目管理器"中可以看到,数据库包含着表、本地视图、远程视图、连接和存储过程等,如图 3-41 所示。

1. 数据库表

属于某个数据库的表称为数据库表,与之相对的不属于任何数据库的表则为自由表。与自由表相比,数据库表具有很多扩展属性和管理特性。

数据表与数据库之间的相关性是通过数据库表文件与数据库文件之间的双向链接实现的。双向链接包括前链和后链。前链是保存在数据库文件中的表文件的路径和文件名信息,它将数据库与数据库表相链接。后链是存放在数据库表文件的表头中的路径和数据库文件名信息,它用以将数据库表和包含数据库表的数据库容器相链接。

2. 视图

在设计表的时候,是将不同主题的信息放在不同的表里,但在使用表的时候,有时需要将不同主题的信息通过某些连接条件收集在一起形成一张"虚表"。"视图"就是这样的"虚

表"，其数据来源于一张或多张表。

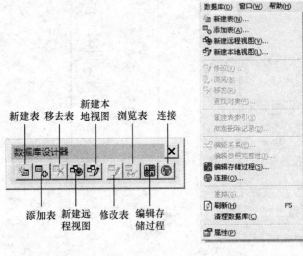
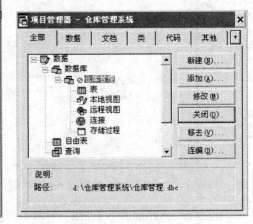

图 3-40 "数据库设计器"工具栏和"数据库"菜单   图 3-41 "项目管理器"窗口中的数据库

在某些应用程序中，若要创建自定义的并可以更新的数据集合，可以使用"视图"。视图具有表和查询的特性，可以在一张或多张表里提取有用的信息，可以更新其中的内容，并将更新保存在相关的表里。

视图可以分为本地视图和远程视图。

3. 连接

连接是保存在数据库中的一个定义，它指定了数据源的名称。这里所说的数据源是指远程数据源。一个远程数据源通常是一个远程数据库服务器或文件，并且已经在本地安装了驱动程序和设置了 ODBC 数据源名称。

建立远程数据连接后就可以创建远程视图。通过远程视图就可以使用远程 ODBC 服务器上的数据子集。用户可以在本地计算机上操作远程数据源，例如查看选定的记录，并把更改后添加的记录返回到远程数据源中。当激活远程视图时，视图连接将成为通向远程数据源的通道。

连接远程数据源的方法有两种，一种是直接访问在机器上注册的 ODBC 数据源，另一种是用"连接设计器"设计自定义连接。

4. 存储过程

存储过程是保存在数据库中的过程代码，它是由一系列自定义函数或在创建表与表之间参照完整性规则时系统创建的函数组成。当用户需要经常性地对数据库中的数据进行一些相同或相似的处理时，可以把这些代码编写成自定义函数并保存在存储过程中，实现永久关系中的参照完整性的代码也可以以函数的形式存储在存储过程中。

创建、修改或移去存储过程的方法有以下几种：

（1）在"项目管理器"窗口中，选择并展开一个数据库，选定"存储过程"，然后选择"新建"、"修改"或"移去"按钮。

（2）在"数据库设计器"窗口中，在"数据库"菜单中选择"编辑存储过程"命令。

（3）在"命令"窗口中，使用 MODIFY PROCEDURE 命令。

在创建或修改存储过程时，系统会打开 VFP 文本编辑器，让用户编辑当前数据库中的存储过程的程序代码。

　　当把一个自定义函数作为存储过程保存在数据库中时，函数的代码保存在.dbc 文件中，并且在移动数据库时，会随着数据库移动。

　　利用存储过程可以提高数据库的性能，因为在打开一个数据库时，该数据库包含的存储过程会被自动加载到内存中。而使用存储过程能使应用程序更容易管理，因为用户不用在数据库文件之外管理这些自定义函数。

3.3.6　数据库的操作

　　创建一个数据库时，VFP 建立并以独占的方式打开一个.dbc 文件，这个.dbc 文件存储了有关该数据库的所有信息（包括和它相关的文件名和对象名）。可以实现对数据库的多种操作，包括打开、修改、显示、有效性检查、设置为当前、关闭和删除等。

　　1. 打开数据库

　　数据库的打开方式有多种，常用的有以下几种：

　　（1）当新建一个数据库时，这个数据库会自动被打开。

　　（2）在打开数据库表时，数据库表所属的数据库也会被打开。

　　（3）在"项目管理器"窗口中选择要打开的数据库，点击"修改"按钮，也可以打开数据库并出现"数据库设计器"窗口。

　　（4）在打开一个项目时，该项目所包含的数据库会被自动地打开（当项目被关闭时，数据库也会被关闭）。

　　（5）使用 OPEN DATABASE 命令打开数据库。该命令的形式如下：

```
OPEN DATABASE [数据库名|?][EXCLUSIVE|SHARED][NOUPDATE][VALIDATE]
```

命令中参数和子句的含义如下：

　　EXCLUSIVE|SHARED 用于说明数据库是以独占还是共享的方式打开，缺省时以独占方式打开。

　　NOUPDATE 用于指定数据库打开后不可以修改，即以只读方式打开。

　　VALIDATE 用于指定数据库在打开时检查数据库的有效性。

　　可以同时打开多个数据库。只要对其使用打开数据库命令即可。

　　2. 设置当前数据库

　　在所有打开的数据库中，只有一个当前数据库。在打开多个数据库时，最后打开的数据库为当前数据库，也可以把其他打开的数据库设置为当前数据库。方法有以下几种：

　　（1）在"标准"工具栏的数据库列表中列出了当前打开的所有数据库，在列表中选择一个数据库作为当前数据库，如图 3-42 所示。

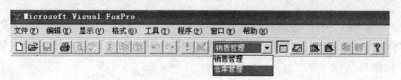

图 3-42　"数据库"下拉列表

　　（2）使用 SET DATABASE TO 命令设置当前数据库。例如，要把已经打开的数据库仓库管理.dbc 设置为当前数据库，使用如下命令：

```
SET DATABASE TO 仓库管理
```

3. 检查数据库的有效性

如果用户移动了数据库文件（.dbc、.dct 和.dcx）或与数据库相关联的表文件，则这些文件的相对路径会发生改变，可能会破坏 VFP 关联数据库和表文件的双向链接。

链接破坏后，可以重新建立链接，更新相对路径信息以反映文件的新位置。在移动表文件或数据库文件后，可以在使用 OPEN DATABASE 命令打开数据库时，使用 VALIDATE 选项检查数据库的有效性。也可以使用 VALIDATE DATABASE 命令检查数据库的有效性和更新链接。

VALIDATE DATABASE 命令的形式如下：

```
VALIDATE DATABASE [RECOVER] [TO PRINTER|TO FILE 文件名称]
```

RECOVER 用于说明更新链接，缺省时仅检查数据库的有效性。

TO 子句用于说明检查结果的去向，缺省时在 VFP 的主窗口中显示。

VALIDATE DATABASE 命令只能处理以独占方式打开的当前数据库。在更新链接时，如果数据库表文件不在原位置，系统会打开"检查数据库"对话框，要求用户进行文件的定位。

4. 修改数据库

用户可以使用以下方法修改数据库：

（1）在"项目管理器"中选择要修改的数据库，点击"修改"按钮，即可打开"数据库设计器"窗口进行数据库的修改。

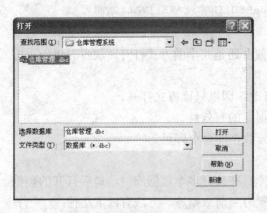

图 3-43　数据库"打开"对话框

（2）使用 MODIFY DATABASE 命令修改数据库。该命令的形式如下：

```
MODIFY DATABASE [<数据库文件名>|?]
```

当没有数据库文件被打开时，忽略数据库文件名，仅输入 MODIFY DATABASE，或在该命令后输入"？"时，将会出现"打开"数据库对话框，如图 3-43 所示。用户可以在这个对话框选择要修改的数据库进行打开和修改。

5. 显示数据库

要显示有关当前数据库的信息，或当前数据库中的字段、命名连接、表或视图的信息，可使用 DISPLAY DATABASE 命令，该命令的形式如下：

```
DISPLAY DATABASE [TO PRINTER [PROMPT] | TO FILE 文件名] [NOCONSOLE]
```

该命令可以将数据库信息显示在屏幕窗口，也可输出到打印机，还可保存到文件夹。

6. 关闭数据库

关闭数据库的方法有多种，用户可以根据具体情况使用以下方法关闭数据库：

（1）在"项目管理器"窗口中，选择要关闭的数据库，点击"关闭"按钮即可。

（2）使用 CLOSE DATABASE 命令关闭当前数据库。若没有打开的数据库，则关闭所有工作区中的自由表、索引和格式文件，并将当前工作区设置为 1。

（3）使用 CLOSE DATABASE ALL 命令关闭所有数据库。

当关闭数据库时，数据库里的表也同时被关闭。

7．删除数据库

删除数据库意味着删除存储在该数据库中的一切信息，包括存储过程、视图、表之间的关系和数据表的扩展属性等。指定要删除的数据库不能是打开的。

用户可以使用以下方法删除数据库：

（1）在 Windows "资源管理器" 中选择要删除的数据库文件（.dbc 文件），点击键盘上的 "Delete" 键或使用右键菜单中的 "删除" 命令进行删除。

（2）使用 DELETE DATABASE 命令删除数据库。该命令的形式如下：

```
DELETE DATABASE <数据库文件名>|?
```

（3）可以在 "项目管理器" 窗口中选择要删除的数据库，点击 "移去" 按钮。

> **注 意**
>
> 使用前两种方法删除数据库，并不能删除该数据库中所包含的数据块表中的链接信息，而只有使用 "移去" 的方法删除数据库才能把数据块表释放为自由表。

3.3.7　数据库表创建与操作

数据库中表的基本操作包括：新建数据库表，向数据库中添加表，将表从数据库中移去或删除。

1．新建数据库表

创建数据库表与创建自由表不同之处在于，自由表不属于任何数据库，而数据库表要属于某个数据库。因此，在创建数据库表之前要先创建数据库。创建一个数据库后，可以通过界面操作或命令的形式创建数据表。

在 "数据库设计器" 打开时，点击 "数据库设计器" 工具栏上的 "新建表" 按钮 或使用 "数据库" 菜单中的 "新建表" 命令。

在 "项目管理器" 中选择某一数据库文件中的 "表" 选项，然后单击 "新建" 按钮，即可创建该数据库的数据库表。

【例 3.19】 创建数据库 "学生管理" 后，创建属于该数据库的数据库表 "学生信息"。"学生信息" 表的字段及类型和宽度由下表给定。

字段名	字段类型	字段宽度
学号	字符型 C	5
姓名	字符型 C	6
性别	字符型 C	2
出生日期	日期型 D	

创建过程如下。

在命令窗口输入：

```
Create database '学生管理'        && 创建数据库"学生管理"
Create "学生信息"                && 创建数据库表"学生信息"
```

　　进入创建"学生信息"表的"表设计器",根据要求输入字段名称,选择字段类型,输入字段宽度,创建结果如图 3-44 所示。

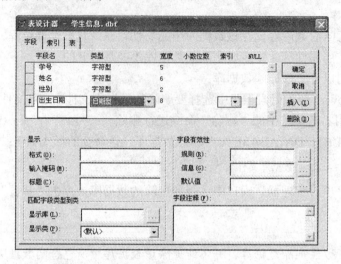

图 3-44　数据库表"学生信息"的表结构创建

2. 添加数据库表

可以将已经创建的自由表添加进数据库成为数据库表。只有自由表才能添加到数据库中。

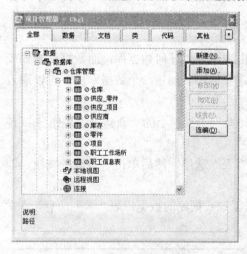

图 3-45　"项目管理器"窗口

一个表只能隶属于一个数据库。如果想把一个数据库表添加到另一个数据库中,就要先将该表从原来隶属的数据库中移出成为自由表,然后再添加到希望添加的数据库中。

　　可以使用"项目管理器"、"数据库设计器"和命令向数据库中添加表。

　　(1)使用"项目管理器"向数据库中添加表。

　　打开"项目管理器"窗口,如图 3-45 所示,在左侧列表中选择要进行添加表的数据库下的"表",点击右侧的"添加"按钮,弹出"选择表名"窗口,选择要添加的表后点击"确定"完成数据库表的添加。

　　(2)使用"数据库设计器"向数据库中添加表。

打开数据库设计器,点击"数据库设计器"工具栏上的"添加表"命令按钮,可以打开"选择表名"窗口进行表的添加,如图 3-46 所示。

　　(3)使用"命令"方式添加数据库表。

　　使用"ADD TABLE"命令可以将自由表添加到指定数据库中。命令格式如下:

```
ADD TABLE 表名|?[NAME 长表名]
```

参数与子句含义如下:

　　表名:要添加的表的名称。使用"?"则会打开"选择表名"的对话框。

　　NAME 子句:可以为添加进来的表定义一个长表名,最长为 128 个字符。

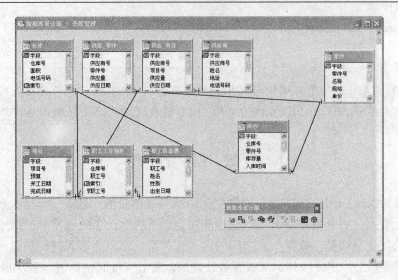

图 3-46　"数据库设计器"窗口

3. 移去和删除数据库表

当一个数据库不再需要某个表时，可以将该表从数据库中移出。如果确定某个数据库表已经失去了应用价值，也可以将其从磁盘上删除。

移去或删除表可以使用"项目管理器"和"数据库设计器"，也可以使用命令方式。

（1）使用"项目管理器"移去或删除表。

打开"项目管理器"，选择要移去或删除的数据库表，点击右侧的"移去"按钮，如图 3-47所示。此时会弹出询问窗口，用户可以根据需要选择"移去"或"删除"按钮，如图 3-48 所示。

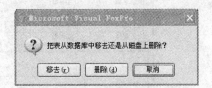

图 3-47　"项目管理器"窗口　　　　　　图 3-48　"数据库设计器"窗口

（2）使用"数据库设计器"移去表。

打开数据库设计器，选择要移去或删除的表，点击"数据库设计器"工具栏上的"移去表"命令按钮即可。

（3）使用"命令"方式移去或删除数据库表。

使用 VFP 命令"REMOVE TABLE"命令移去或删除表。命令格式如下：

```
REMOVE TABLE 表名|? DELETE|RECYCLE]
```

参数与子句含义如下：

表名：要移去或删除的表的名称。使用"？"则会打开"选择表名"的对话框。

DELETE 选项：从磁盘上删除该表。

RECYCLE 选项：将删除的表放入 Windows 回收站。

 注 意

　　DELETE TABLE 命令将删除与表相关的所有索引、缺省值以及与其他表的一致性关系。另外，如果将 SET SAFETY 设为 ON，则系统会提示用户要从数据库中删除表。

3.4 数 据 字 典

　　数据字典（Data Dictionary）是包含数据库中所有表信息的一张表。存储在数据字典中的信息称之为元数据。VFP 数据字典可以创建和指定以下内容：主关键字和候选索引关键字，表单中使用的默认空间类，数据库表之间的永久性关系，字段的输入掩码和显示格式，长表名和表中的长字段名，字段级和记录级有效性规则，表中字段的默认值，字段的标题和注释，存储过程，插入、更新和删除事件的触发器。数据字典的引入，使得数据库表的功能大大高于自由表。

3.4.1 字段的扩展属性

　　数据库表除了具有字段名、字段类型、宽度等自由表也具有的属性之外，还具有一些自由表不具有的扩展属性。例如，字段的显示格式、输入掩码、默认值、标题、注释以及字段的验证规则等。同时，这些属性也将保存在数据库的数据字典中。

　　数据库表字段的扩展属性可以在"表设计器"窗口的"字段"选项卡中进行设置，如图 3-49 所示。

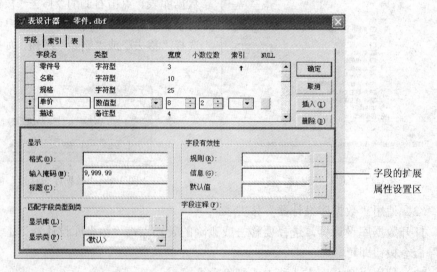

图 3-49　设置字段扩展属性

1. 字段的显示属性

　　字段的显示属性用来指定输入和显示字段时的格式，包括格式、输入掩码和标题等属性。
　　字段的显示属性在"表设计器"窗口"字段"选项卡的"显示"区域进行设置，如图 3-49 所示。

（1）字段的格式（Format）。

字段的格式用于指定字段显示时的格式，包括在浏览窗口、表单或报表中显示时的大小和样式等。在说明格式的时候，格式可以使用一些字母或字母的组合来表示，见表 3-4。

表 3-4   数据库表的字段格式

设置	说　　　明
A	只允许字母字符（不允许空格和标点）
D	使用当前的 SET DATE 格式
E	以英国日期格式编辑日期型数据
K	当前光标移到文本框，选中整个
L	在文本框显示前导零，非空格。只适用于数值型数据
M	允许多个预设选项。选项列表存储在 INPUT MASK 属性中，列表各项用逗号分隔。列表中独立的不包含嵌入逗号。如果文本框 VALUE 属性不包含该列表的任何一项，则被设置为列表的第一项。该设置用于字符型数据及文本框
R	显示文本框的格式掩码，掩码字符不存储在控制源中。只适应于字符型或数值型数据，且只用于文本框
T	删除输入字符的前导和结尾空格
!	把字母字符转换为大字符。只适用于字符型数据
^	使用科学记数法显示数值型数据。只适用于数值型数据
$	显示货币符号。适用于数值型和货币型数据

例如，如果指定"零件"数据库表的"零件编号"字段的格式为"T!"，则在输入和显示零件编号时，其前导和结尾的空格将被自动删除，并将字母转化为大写字母。

（2）输入掩码（Input Mark）。

字段的输入掩码是用于指定字段中输入数据的格式。在说明输入掩码的时候，可以使用一些字母或字母的组合来表示，见表 3-5。

表 3-5   数据库表字段的输入掩码

设置	说　　　明
X	可输入任何字符
9	可输入数字和正负符号
#	可输入数字，空格和正负符号
$	在一固定的位置显示当前货币符号
*	在值的左侧显示星号
.	指定小数点的位置
,	分隔小数点左边的整数
$$	在微调控制或文本框中，货币符号显示时不与数字分开

例如，将"零件"数据库表的"单价"字段的输入掩码设置为"9,999.99"，则在输入单价字段的记录时，就只能输入数字和正负号。

（3）字段的标题（Caption）和注释（Comment）。

字段的标题和注释不是必需的，是为了使表更具可读性，为了更好表达字段的含义。

在设计表字段名时，应该考虑到字段的可读性。但有的时候为了使字段更方便地参与运算，字段名常常使用简洁的写法，比如使用拼写字母或英文字母的缩写作为字段名。在浏览表的时候，系统是以字段名作为各列的标题。如果为字段设置了标题，则系统将以所设置的标题作为各列的标题，从而增加表的可读性。

如果标题还不能充分表达字段的含义或还需要给字段以详细的说明，还可以给字段加上注释。

2. 字段级的数据验证

字段验证是用来限定字段的取值以及取值范围，包括字段的有效性规则、字段的有效性信息和字段的默认值。在"表设计器"窗口的"字段有效性"区域中进行设置，它包括"规则"、"信息"和"默认值"三个选项。

（1）字段的有效性规则和有效性信息。

字段的有效性规则是用来控制输入到字段中的数据的取值范围的。在"表设计器"窗口的"字段有效性"栏中的"规则"文本框中输入规则。该规则是一个逻辑表达式，并包含当前字段。在字段输入完毕，字段值发生变化时，会计算该表达式的值，如果表达式的值为真，则表示通过有效性规则的验证，如果表达式的值为假，则表示输入的数据不满足有效性规则的要求，不允许输入的值存储到表中，并显示一个提示框。也可以点击"规则"文本框后的按钮　，打开"表达式生成器"对话框，书写表达式，如图 3-50 所示。

字段有效性信息也称为字段的有效性说明，是当输入违反了有效性规则时显示的出错信息。该规则是一个字符表达式。在"表设计器"窗口的"字段有效性"栏中的"规则"文本框中输入该表达式。同样也可以使用 "表达式生成器"生成表达式。

例如，在"职工"表中，性别字段的有效性规则应该是，性别不是"男"就是"女"。因此要在"规则"文本框中输入如下表达式：

性别='男' .OR. 性别= '女'

（2）默认值。

向一张表中添加新记录时，为字段指定的最初的值称为该字段的默认值。

如果一个表的字段在大部分的记录中有相同的值，则可为该字段设置一个默认值，以减少数据输入，加快数据录入速度。默认值必须是一个与该字段相同类型的表达式。在"表设计器"窗口的"字段有效性"栏中的"默认值"文本框中输入表达式。同样也可以使用"表达式生成器"生成表达式。

例如，当职工表中的职工性别基本上为男性时，可以将"性别"字段的默认值设置为"男"，这样，在添加新记录的时候，新记录的"性别"字段将自动填充字符串"男"。如果是其他值，直接修改该字段即可。

又例如，在项目表中有一个"开始日期"字段，可以将该字段的默认值设置为函数"DATETIME()"，则该字段总是填充当前的系统日期和时间。

如果字段允许使用空值（.NULL.），则该字段的默认值允许设置为.NULL.，否则字段的默认值不能设置为空值（.NULL.）。

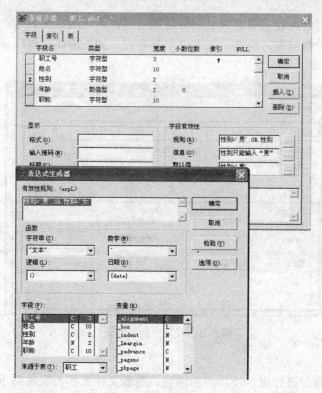

图 3-50　"表达式生成器"对话框

如果用户没有指定字段的默认值且字段不允许为空值（.NULL.），则系统将指定字段的默认值。各种数据类型的默认值见表 3-6。

表 3-6　　　　　　　　　　　　　　　数据库表字段的默认值

字段的数据类型	默 认 值
字符型，字符型（二进制）	长度与宽度相等的空串
数值型，整形，双精度，浮点型，货币型	0
备注型，备注型（二进制），通用型	无
逻辑型	.F.
日期型，日期时间型	空的日期和日期时间格式

3.4.2　数据库表的扩展属性

数据库表不仅设置字段的高级属性，还可为表设置属性。表属性有长表名、表的注释、表记录的有效性的规则与说明及触发器等。这些属性也作为数据字典保存在数据库文件中。

设置表的属性可在"表设计器"中的"表"选项卡上进行，如图 3-51 所示。

1. 长表名

在创建表时，每张表的表文件名就是表名，其长度受操作系统的限制，同时在 VFP 中也规定数据库表和自由表的表名长度不超过 128 个字符。如果给数据库表设置长表名属性，则该数据库表在各种对话框和窗口以长表名代替表名。

长表名在"表设计器"窗口的"表"选项卡中的"表名"文本框中设置。

在打开数据库表时，长表名和表名同样可以使用。但使用长表名时，该表所属的数据库必须打开，并为当前数据库。而使用表文件名打开表，如果所属数据库未打开，系统会自动打开该数据库。

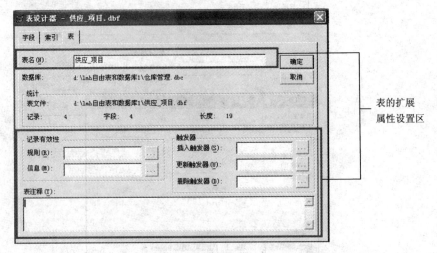

图 3-51　设置表的扩展属性

2. 表注释

表注释是用来对表进行进一步说明的信息。当表文件名和长表名都不能完全说明表的含义时，可以设置表注释。当设置表注释后，在"项目管理器"窗口中选择该表后，在窗口的下部会显示该注释。

表注释可以在"表设计器"窗口的"表"选项卡中的"表注释"编辑框中设置。

3. 记录的有效性规则和有效性信息

记录的有效性规则和有效性信息是用于定义记录级的校验规则以及相应的提示信息。记录级有效性规则用于记录更新时对整个记录进行检验。它通常比较同一记录中的两个或多个字段值，看它们组合在一起是否有效。记录的有效性规则是一个逻辑表达式。当表达式的值为真（.T.）时，可以更新记录。当表达式的值为假（.F.）时，则不能更新记录。例如，在项目表中，项目的完工日期一定小于项目的开工日期，则可以使用记录有效性规则设定完工日期字段的值总是小于开工日期字段的值。

记录的有效性信息是当更新记录时如果违反了记录的有效性规则所显示出的提示信息。记录的有效性信息是一个字符表达式。

有效性信息可以在"表设计器"窗口的"表"选项卡中的"记录验证"区中的"规则"文本框和"信息"文本框中设置。可以点击文本框后的按钮，打开"表达式生成器"对话框，书写表达式。

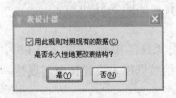

图 3-52　"表设计器"对话框信息窗口

记录的有效性规则对新增加的记录以及表内已有的记录都做检查。对于已有记录的表增设记录的有效性规则，当规则设置完成时会弹出对话框，提示用户按照此规则对表内所有的记录进行检查。如果进行检查，则当有记录不符合该规则，则规则不能设定。如果不需要对表内已有信息进行检查，则点击"否"按钮，如图 3-52 所示。

4. 表的触发器

字段级有效性和记录级有效性规则主要限制非法数据的输入，而数据输入后还要进行修改、删除等操作。若要控制对已经存在的记录所作的非法操作，则应使用数据库表的记录级触发器。

（1）触发器的概念。

触发器（Trigger）是在某些事件发生时触发执行的一个表达式或一个过程。这些事件包括插入记录、修改记录和删除记录。当发生了这些事件时，将引发触发器中所包含的事件代码。触发器是绑定在表上的表达式。

数据库表的触发器分为三种：

1）插入（INSERT）触发器：每次向表中插入或追加记录时触发该规则。

2）更新（UPDATE）触发器：每次在表中修改记录时触发该规则。

3）删除（DELETE）触发器：每次在删除记录时触发该规则。

触发器的返回值为真（.T.）或假(.F.)。如果为真（.T.），则允许执行相应的操作，反之如果为假（.F.），则不允许执行相应的操作。

（2）触发器的设置。

触发器的设置方式有两种，即在"表设计器"窗口的"表"选项卡的"触发器"区中进行设置或通过命令方式设置。

例如，在"供应_项目"表中创建一个删除触发器，要求只有当记录的项目号为空时才能删除该记录。设置过程如图 3-53 所示。

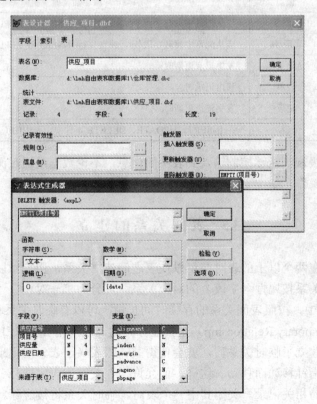

图 3-53　设置表触发器

命令方式的格式如下：

创建插入触发器：CREATE TRIGGE ON 表名 FOR INSERT AS 逻辑表达式

创建更新触发器：CREATE TRIGGE ON 表名 FOR UPDATE AS 逻辑表达式

创建删除触发器：CREATE TRIGGE ON 表名 FOR DELETE AS 逻辑表达式

其中，AS 子句用于说明触发器使用的规则。

上例的命令形式为：

```
CREATE TRIGGE ON "供应_项目" FOR DELETE AS EMPTY(项目号)
```

（3）触发器的删除。

要删除触发器，可以在"表设计器"窗口中进行操作，也可以使用 DELETE TRIGGER 命令进行删除。该命令的格式如下：

```
DELETE TRIGGER ON 表名 FOR INSERT|UPDATE|DELETE
```

3.4.3　数据库表的约束机制及其激活时机

数据库表的字段级有效性规则、记录级验证规则以及表的触发器，对表中数据的输入和修改进行了约束。

表 3-7 中列出了数据的有效性约束，是按照 VFP 引擎实施的顺序、应用级别以及引擎何时激活有效性的顺序进行排列的。

表 3-7　　　　　　　　　　　　　　约束机制及其激活时机

约束机制	级别	激 活 时 机
NULL 有效性	字段/列	当从浏览中离开字段/列，或在执行 INSERT 或 REPLACE 更改字段值时
字段级规则	字段/列	当从浏览中离开字段/列，或在执行 INSERT 或 REPLACE 更改字段值时
记录级规则	记录	发生记录更新时
VALID 子句	表单	移出记录时
候选/主索引	记录	发生记录更新时
触发器	表	在 INSERT、UPDATE、DELETE 事件中，表中的值被改变时

字段级和记录级规则能够控制输入到表中的信息，不论数据是通过浏览窗口、表单、命令还是编程方式来操作。

3.5　表间关系的建立

当数据库中存在两个以上的表时，可以在表之间建立关系，用户可以通过关系查找自己需要的信息。表间关系按属性（字段）的对应关系，可分为"一对一"、"一对多"和"多对多"联系。在 VFP 中，按照表间关系的存续时间长短，可以有临时关系和永久关系。

临时关系（Temporary Relationship）是指在打开的表之间用 SET RELATION 命令建立起来的临时性关联。建立了临时关系后，就会使得某一张表（子表）的记录指针自动随另一张表（父表）的记录指针移动而移动。这样，便允许当在关系主表中选择一个记录时，会自动去访问关系子表中的相关记录。关闭其中一个表时，临时关系将被解除。

永久关系相对于临时关系而言。永久关系一旦建立，将被保存在数据库中，不会随着表的关闭而消失。在永久关系的基础上，可以设置表之间的参照完整性规则，用以保证数据库表中数据的一致性。

临时关系与永久关系即有一定的联系，也存在着很大的区别。它们存在着如下联系：

（1）无论是建立临时关系还是永久关系，都必须明确建立关系的两张表之间确实在客观上存在着一种关系（一对一或一对多关系）。

（2）永久关系在许多地方可以用来作为默认的临时关系。

它们的不同之处在于：

（1）临时关系可以在自由表之间、数据库表之间或自由表与库表之间建立，而永久关系只能在数据库表之间建立。

（2）临时关系是用来在打开的两张表之间控制相关表的访问，而永久关系则主要是用来存储相关表之间的参考完整性，附带地可作为默认的临时关系或查询中默认的联结条件。

（3）临时关系在表打开以后使用 SET RELATION 命令创建，随表的关闭而解除，而永久关系则永久地保存在数据库中，不必每次使用表时重新创建。

（4）临时关系中一张表不能有两张主表，而永久关系则不然。

3.5.1　建立表间的临时关系

可以使用界面方式和命令方式创建表之间的临时关系。

（1）在数据工作期中创建临时关系。

【例 3.20】　使用"数据工作期"窗口在"零件"表和"库存"表之间建立临时关系。

操作过程如下：

1）在项目管理器中打开"零件"表和"库存"表。

2）点取"窗口"菜单中的"数据工作期"选项，打开"数据工作期"窗口，如图 3-54 所示。

3）在"别名"列表中选择要建立关系的表"零件"，单击"关系"按钮，此时在关系列表中将添加一个表"零件"，它将作为关系中的父表，如图 3-55 所示。

图 3-54　"数据工作期"对话框　　　　　图 3-55　确定关系中的父表

4）选定"库存"表，在"设置索引顺序"窗口中选择"零件：零件号"作为关联索引，点击"确定"按钮，将弹出"表达式生成器"对话框，在此窗口中设置关联表达式为"零件号"后，单击"确定"按钮，此时"数据工作期"窗口的"关系"一栏中将显示"零件"表和"库存"表之间的一对一关系，如图 3-56 和图 3-57 所示。

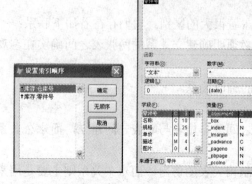
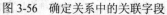

图 3-56　确定关系中的关联字段　　　　　　　图 3-57　已建立的一对一关系

5）单击"数据工作期"窗口的"一对多"按钮，在打开的"创建一对多关系"对话框中将子表"库存"表的别名移动到"选定别名"栏，单击"确定"按钮返回"数据工作期"窗口，此时已建立好"零件"表和"库存"表之间的一对多关系，如图 3-58 所示。

图 3-58　建立的一对多关系

6）分别打开"零件"表和"库存"表的浏览窗口，此时父表"零件"表浏览窗口中有些行用"*"填充，这表明"*"行上方的一条记录在子表中有一条以上的匹配记录。将父表的当前记录设置为零件号为"212"的记录，此时子表的浏览窗口中只显示与父表中该记录"零件号"字段值相同的记录，如图 3-59 所示。

注意

临时关联不被保存在文件中，每次打开表时都需重建。

图 3-59　父表和子表的关系

（2）使用命令创建表之间的临时关系。

1）建立一对一关联。

命令：SET RELATION

语法：SET RELATION TO［＜关联表达式 1＞INTO＜工作区号 1＞|＜子表表别名 1＞］
［，＜关联表达式 2＞ INTO ＜工作区号 2＞|子表表别名 2＞…］［IN＜工作区号＞|
父表表别名］［ADDITIVE］

功能：在当前表与其他已经打开的表之间建立临时的一对一关联，不带命令选项时将取消现有的关联。

 说　明

ADDITIVE 是在现有关联上增加关联。

在建立联系前，要先运用 SET ORDER TO 命令对子表进行排序索引设置。或在打开表时，直接指定表的主控索引。

【例 3.21】　建立仓库表与库存表间的临时关系。

命令操作如下：

```
use 仓库
sele 0
use 库存
set order to 仓库号 in 1            && 建立排序索引
set relation to 仓库号 into 库存 in 仓库   && 建立仓库(父表)与库存(子表)间联系
```

2）建立一对多关联。

命令：SET SKIP

语法：SET SKIP TO＜子表表别名 1＞［，＜子表表别名 2＞…］

功能：将已建立的一对一关联变为一对多关联，不带命令选项时将把所有的一对多关联取消，使其变为一对一关联。

3）取消关联。

命令：SET RELATION OFF

语法：SET RELATION OFF INTO＜工作区号＞|＜子表表别名＞

功能：取消当前表（父表）与子表之间的关联。

3.5.2　删除表间的临时关系

删除表间临时关联，一般使用两种方法：一是关闭建立关联的数据表，二是执行命令"SET RELATION TO"。

3.5.3　创建表间的永久关系

永久关系是数据库表之间的关系，是作为数据库的一部分保存在数据库文件中，所以这种关系称为永久关系。

当在"查询设计器"或"视图设计器"中使用表时，这些永久关系将作为表间的默认连接。

永久关系与临时关系不同，它不必在每次使用表的时候重新创建。

在 VFP 中，之所以在索引间创建永久关联，而不是字段间的永久关联，是因为这样可以根据简单的索引表达式或复杂的索引表达式联系表。

（1）创建表间永久关系。

在 VFP 中建立表之间的关联非常简单：在"数据库设计器"中，选择父表中想要关联的索引名，然后把它拖到相关表匹配的索引名上即可。

【例 3.22】 在"零件"表和"库存"表间建立永久关系。

操作过程：

1）打开"仓库管理"项目，选择"仓库管理"数据库，单击"修改"按钮，在数据库设计器中打开"仓库管理"数据库，如图 3-60 所示。

2）在"零件"表中将"零件号"设置为主索引，在"库存"表中将"零件号"设置为普通索引。

3）在"零件"表选中"零件号"索引，将其拖动到"库存"表的"零件号"索引上，这时两张表之间会建立一条连接线，表示两张表之间的永久关系已经建立完成，如图 3-61 所示。

 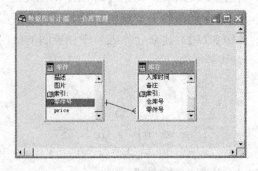

图 3-60　数据库设计器　　　　　　　　图 3-61　建立表间的永久关系

在数据库的两个表中建立永久关联时，要求两个表的索引中至少有一个是主索引。必须先选择父表的主索引，而子表中的索引类型决定了要创建的永久关联类型。如果子表中的索引类型为主索引或候选索引，则建立起来的就是一对一关系。如果子表中的索引类型为普通索引，则建立起的就是一对多关系。

（2）编辑关系。

要想编辑关系，可首先单击关系线，此时关系线将变成粗黑线，然后选择"数据库编辑关系"菜单项，或者在关系线上右键单击，并在打开的快捷菜单中选择"编辑关系"或"删除关系"菜单项，或者双击关系线，打开"编辑关系"对话框，以修改指定的关系，如图 3-62 所示。

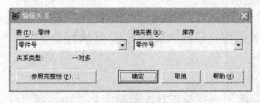

图 3-62　修改表间的永久关系

如果要删除表间的永久关系，只要选中关系线，单击鼠标右键，在快捷菜单中单击"删除关系"命令，或使用键盘上的"Delete"键删除即可。

3.5.4　参照完整性

参照完整性（Referential Integrity）是用来控制数据的一致性，尤其是控制数据库相关表之间的主关键字和外部关键字之间数据一致性的规则。

在永久关系的基础上可设置表间的参照完整性规则。参照完整性是指不允许在相关数据表中引用不存在的记录。参照完整性应满足如下 3 个规则。

（1）在关联的数据表间，子表中的每一个记录在对应的父表中都必须有一个父记录。

（2）对子表作插入记录操作时，必须确保父表中存在一个父记录。

（3）对父表作删除记录操作时，其对应的子表中必须没有子记录存在。

相关表的参照完整性规则是建立在表的永久基础之上的，参照完整性规则设置在主表或子表的触发器中，其代码保存在数据库的存储过程中。

参照完整性规则包括更新、删除和插入规则 3 种。每种有"级联"、"限制"和"忽略"3 种设置，见表 3-8。

表 3-8　　　　　　　　　　　　　参 照 完 整 性 规 则

规则 设置	更新规则	删除规则	插入规则
触发 条件	当父表中记录的关键字值被更新时触发	当父表中记录被删除时触发	当在子表中插入或更新记录时触发
级联	用新的关键字值更新子表中的所有相关记录	删除子表中所有相关记录	
限制	若子表中有相关记录，则禁止更新	若子表中有相关记录，则禁止删除	若父表中不存在匹配的关键字值，则禁止插入
忽略	允许更新，不管子表中的相关记录	允许删除，不管子表中的相关记录	允许插入

在 VFP 中，可使用"参照完整性设计器"来设置规则，控制如何在关系表中插入、更新或删除记录。

【例 3.23】　在"零件"表和"库存"表间建立永久关系。

在"数据库设计器"中的空白处，按鼠标右键，打开快捷菜单，从中选择"编辑参照完整性……"，打开"参照完整性生成器"对话框，或在"数据库设计器"中鼠标右键单击永久性关联线，出现快捷菜单，如图 3-63 所示。

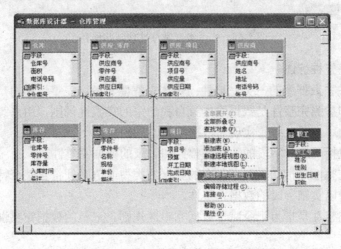

图 3-63　打开"数据库生成器"对话框

单击快捷菜单中的"编辑参照完整性"命令，打开"参照完整性生成器"对话框。在该对话框中列出了数据库中已有的各种关系。对于每一个关系还列出了其父表和子表的表名，连接父表和子表的"父标记"和"子标记"，如图 3-64 所示。

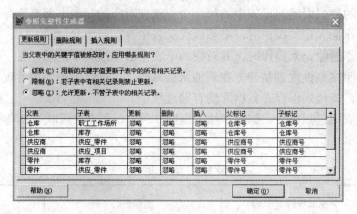

图 3-64　"参照完整性生成器"对话框

　　选择"更新规则"选项卡，在关系列表中选择"零件"为父表，"库存"为子表，然后在"更新"列选择"级联"项。单击"确定"按钮，在弹出的提示窗口中点击"是"按钮，保存所作的修改，生成参照完整性代码，并退出"参照完整性生成器"，如图 3-65 所示。

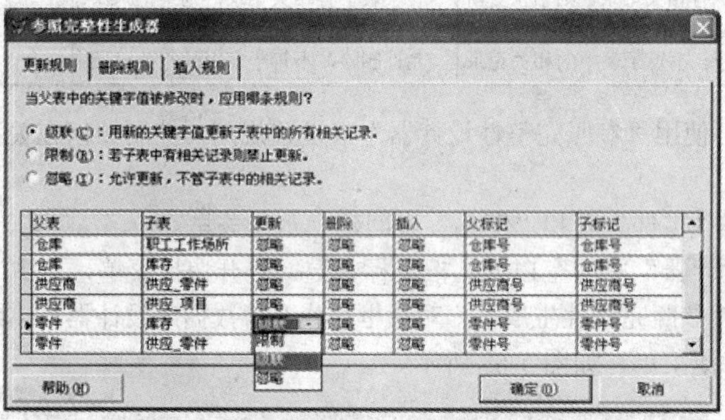

图 3-65　修改参照完整性规则并保存

3.5.5　数据完整性综述

　　VFP 引进了关系数据库的三类完整性：实体完整性、参照完整性和用户自定义完整性。

　　实体完整性和参照完整性是数据库本身自我约束的完整性规则，由系统自动支持。用户自定义完整性是由用户通过编程实现对数据完整性的约束。

　　实体完整性包括两级：字段的数据完整性和记录的数据完整性。

　　字段的数据完整性是指输入到字段中的数据的类型或值必须符合某个特定的要求。字段的有效性规则即用以实施字段的数据完整性。

　　记录的数据完整性是指为记录赋予数据完整性规则。记录的数据完整性通过记录的有效性规则加以实施。

　　参照完整性是指相关表之间的数据一致性。

　　通过字段级、记录级和表间三级完整性约束，有效地实现了数据的完整性和一致性，方便和简化了用户的数据维护工作。

3.6 有关数据库及表操作的常用函数

3.6.1 有关数据库的命令和函数

1. DBC()函数

语法：DBC()

功能：返回一个包含当前数据库文件全名的字符串。若没有，则返回空字符串。

2. DBUSED()函数

语法：DBUSED（数据库名）

功能：返回指定数据库文件是否已经打开。如果打开，返回值为.T.；如果没有打开，返回值为.F.。

3. DBGETPROP()函数

语法：DBGETPROP（对象名称，类型，属性）

功能：返回当前数据库的属性，或返回当前数据库中的表字段、表或视图的属性。对象名称用于指定数据库名、表名、字段名或视图名，如果对象名为字段名，则字段名前可以加表名。类型用于指定对象的类型，表 3-9 中列出了允许的类型。属性用于指定属性名称，表 3-10 中列出了属性的常用允许值、返回值类型以及属性说明。

表 3-9   DBGETPROP()函数的类型的允许值

类 型	说 明	类 型	说 明
DATABASE	当前数据库	FIELD	当前数据库中的一个字段
TABLE	当前数据库中的一张表	VIEW	当前数据库中的一个视图

表 3-10   DBGETPROP()函数的常用属性名

属 性 名	类 型	说 明
Caption	C	字段标题
Comment	C	数据库、表、视图或字段的注释文本
DefaultValue	C	字段默认值
UpdateTrigger	C	表的更新触发器表达式
DeleteTrigger	C	表的删除触发器表达式
InsertTrigger	C	表的插入触发器表达式
Path	C	表的路径
PrimaryKey	C	表的主关键字的标识名
RuleExpression	C	表或字段的有效性规则表达式
RuleText	C	表或字段的有效性规则错误文本

4. DBSETPROP()函数

语法：DBSETPROP（对象名称，类型，属性，属性值）

功能：给当前数据库或当前数据库中的表的字段、表或视图设置属性。该函数只能设置部分属性。其中，对象名称、类型、属性的作用与 DBGETPROP()函数相同，但属性名的允许值比 DBGETPROP()函数要少，常用的有 Caption、Comment、RuleExpression、RuleText 等。属性值用于指定属性的设定值，其数据类型必须与属性的数据类型一致。

例如，要将［例 3.19］所建数据表"学生信息"的字段"学号"的标题项设置为"2012级学号"，可运用如下命令：

```
DBSETPROP('学生信息.学号', 'field', 'caption', '2012 级学生学号')
```

3.6.2 有关数据表的函数

1. SELECT()函数

语法：SELECT（[0|1|表别名]）

功能：用于测试工作区号。参数 0 用于返回当前工作区号，参数 1 用于返回当前未被使用的最大工作区号，参数表别名用于返回该表所在的工作区号。使用时必须加引号。

2. USED()函数

语法：USED（[工作区号|表别名]）

功能：用于判断一张表是否已被使用，或指定工作区中是否有表打开。缺省时为当前工作区。如果在指定的工作区中打开了一个表，USED() 函数就返回"真"(.T.)；否则，返回"假"(.F.)。

3. ALIAS()函数

语法：ALIAS（[工作区号]）

功能：用于返回当前或指定工作区中的表的别名。缺省时为当前工作区。

4. FIELD()函数

语法：FIELD（字段顺序号[，工作区号|表别名]）

功能：用于返回已打开表的指定序号的字段名。字段顺序号是指创建表结构时的字段顺序号，第一个字段的序号为 1，工作区号和表别名缺省时，为当前工作区中的表。

5. FCOUNT()函数

语法：FCOUNT（[工作区号|表别名]）

功能：用于返回已打开表的字段的个数。工作区号和表别名缺省时，为当前工作区中的表。

【例 3.24】关闭所有数据库表。在 1 号工作区打开"学生信息"数据表（自由表）（见［例 3.19]），并为其设置别名"xsxx"，在 2 号工作区打开"课程信息"表（自由表），并为其设置别名"kcxx"。查看当前工作区，返回 1 号工作区的别名、该工作区中文件的字段个数和 1 号字段的字段名。

输入命令：

```
Sele 1
Use 学生信息 alias xsxx
Sele 2
Use 课程信息 alias kcxx
?alias(1),fcount(1),field(1) used(2)
```

系统显示：

```
xsxx    4 课程号 .T.
```

6. GETFILE()函数

语法：GETFILE([文件扩展名][,列表文本][,"确定"按钮标题][,按钮数目与类型] [标题栏标题])

功能：显示"打开"对话框，并返回选定文件的名称。详细应用请参考 VFP 的帮助文件。

例如：要打开数据库表文件，其操作如下：

```
GETFILE("dbf")
```

3.7　SQL 语言创建关系型数据库

SQL 是英文结构化查询语言（Structured Query Language）的缩写。它具有很强的数据查询、数据定义、数据操作和数据控制功能。SQL 设计巧妙、语法简单，只有 9 个动词就能完成核心功能，见表 3-11。VFP 未提供数据控制功能，即没有 GRANT 和 REVOKE 功能。

表 3-11　　　　　　　　　　　　SQL 的 动 词 命 令

SQL 功能	命 令 动 词	SQL 功能	命 令 动 词
数据查询	SELECT	数据操作	INSERT、UPDATE、DELETE
数据定义	CREATE、DROP、ALTER	数据控制	GRANT、REVOKE

3.7.1　数据定义

1. 数据表的定义与创建

定义创建数据表是 SQL 的基本功能，其命令式 CREATE TABLE，用户可以采用如下命令格式，根据需要选取相应选项实现数据表的定义和创建。

格式：

```
CREATE TABLE | DBF <表名 1>;
[NAME <长表名>]                           &&指定长表名,可达 128 个字符
[FREE]                                   &&创建自由表
(<字段名 1><字段类型> [(<宽度> [,<小数>])])  &&定义表的第一个字段
[NULL | NOT NULL]                        &&是否允许该字段为空值
[CHECK <逻辑表达式 1>                       &&指定字段的有效性规则
[ERROR <错误提示信息>]                      &&违反有效性规则时的提示信息
[DEFAULT <默认值 1>]                       &&字段 1 的默认值
[PRIMARY KEY | UNIQUE]                    &&将字段 1 创建为主索引或候选索引
[REFERENCES <表名 2> [TAG <标记名 1>]]      &&指定表名 2 为父表建永久连接
[NOCPTRANS]
[, <字段名 2> ...]
[, PRIMARY KEY <表达式 2> TAG <标记名 2>    &&指定要创建的主索引
|, UNIQUE <表达式 3> TAG <标记名 3>]         &&创建一个候选索引
[, FOREIGN KEY <表达式 4> TAG <标记名 4>[NODUP]
                                         &&设置一个外键<表达式 4> 与父表建立连接
REFERENCES <表名 3 >[TAG <标记名 5>]]
[, CHECK <逻辑表达式 2>[ERROR <错误提示信息 2>]])
| FROM ARRAY <数组名>                      &&从数组中取数据到字段
```

> **说 明**
>
> 　　TABLE 和 DBF 是等价的。前者是 SQL 关键词，后者是 VFP 关键词。在创建表时，如果当前没有打开的数据库，该表为自由表。

【例 3.25】创建一个数据表："库存.dbf"，其关系模式为：库存（仓库号 C (3) NOT NULL，零件 C(3) NOT NULL，库存量 N（6）NULL，入库时间 D NULL，出库时间 D NULL），其中仓库号和零件号不可为空，其余字段可以为空。

CREATE TABLE 库存（仓库号 C(3) NOT NULL，零件 C(3) NOT NULL，库存量 N(6) NULL，入库时间 D NULL，出库时间 D NULL）

2. 创建数据库及表间联系

数据库表及表间联系的建立要依托于数据库的建立。SQL 创建数据库的命令是：CREATE DATABASE <数据库名>。

【例 3.26】创建"仓储管理"数据库，数据库中有四个表：仓库、职工、供应商和订单。完成数据库表的创建和数据库完整性的设置。对这些数据库表的结构和相互关系的具体要求见下面各表。

仓 库 表

字段名	字段类型	字段宽度	约束条件
仓库号	字符型	5	主索引
城市	字符型	10	
面积	整型		大于零

供 应 商 表

字段名	字段类型	字段宽度	约束条件
供应商号	字符型	5	主索引
供应商名	字符型	20	
地址	字符型	20	

职 工 表

字段名	字段类型	字段宽度	约束条件
仓库号	字符型	5	与仓库表建立联系
职工号	字符型	5	主索引
姓名	字符型	10	
工资	整型		1000-3000;默认值 1200

订 购 单 表

字段名	字段类型	字段宽度	约束条件
职工号	字符型	5	与职工表建立联系
供应商号	字符型	5	与供应商表建立联系
订单号	字符型	5	主索引
订购日期	日期型		

表的创建、约束和关联关系的建立过程如下：

（1）创建数据库和数据库表并定义实体完整性和用户自定义完整性

```
crea data 仓储管理
crea table 仓库(仓库号 c(5) primary key,;          &&在表级定义实体完整性
                城市 c(10), 面积 i,;
                check (面积>0) error "面积应大于 0!")
                                        &&对面积属性定义了不能小于零的约束条件
```

（2）创建数据库表并定义表间参照完整性

```
crea table 职工(仓库号 c(5), 职工号 c(5) primary key,;     &&在表级定义实体完整性
                姓名 c(10),,;
                工资 i check (工资>=1000 and 工资<=3000) error "工资值的范围在
```

```
1000-3000!" default 1200,;                &&对工资属性定义约束条件和默认值
                    foreign key 仓库号 tag 仓库号 references 仓库)
                        && 在表级定义参照完整性
    crea table 供应商(供应商号 c(5) primary key, 供应商名 c(20), 地址 c(20))
    crea table 订购单(职工号 c(5), 供应商号 c(5), 订购单号 c(5) primary key,;
                    订购日期 d,;
                    foreign key 职工号 tag 职工号 references 职工, foreign key 供应
商号 tag 供应商号 references 供应商)    && 在表级定义参照完整性
```

3. 修改表结构

表结构的修改包括字段的添加、修改和删除。

（1）字段添加与修改。

格式：

```
ALTER TABLE <表名 1>
    ADD | ALTER [COLUMN] <字段名 1><类型> [(<宽度>[,<小数>])]
    [NULL | NOT NULL]                &&是否允许空值
    [CHECK <逻辑表达式 1>[ERROR <提示信息>]]
    [DEFAULT <默认值>]
    [PRIMARY KEY | UNIQUE]
    [REFERENCES <表名 2> [TAG <标记名>]]
    [NOCPTRANS]
    [NOVALIDATE]
```

功能：添加或修改字段。

说 明

　　该格式不能删除字段，不能删除已经定义的规则，也不能修改字段名。有效性规则和主索引设置不能用于自由表。

【例 3.27】 将前面已创建的"零件"表加入到"仓储管理"数据库中，再为其添加一"单价"字段，设置为数值型 8 位，小数占 2 位，且不能为负数。另外，将"零件号"字段修改为主索引，并将其重命名为"零件#"。

```
OPEN DATABASE "仓储管理"
ADD TABLE 零件                    &&将零件表添加到数据库"仓储管理"中
ALTER TABLE 零件 ADD 单价 N(8,2) CHECK >=0 ERROR "单价不能为负数"
ALTER TABLE 零件 RENAME 零件号 TO 零件# ADD PRIMARY KEY 零件# TAG 零件#
```

（2）修改字段有效性规则和默认值。

格式：

```
ALTER TABLE <表名 1>
    ALTER [COLUMN] <字段名 1>
    [NULL | NOT NULL]
    [SET DEFAULT <默认值>]
    [SET CHECK <逻辑表达式> [ERROR <提示信息>]]
    [DROP DEFAULT]
    [DROP CHECK]
    [NOVALIDATE]
```

功能：修改或删除字段有效性规则或默认值。

说 明

选择 NOVALIDATE 时，VFP 修改表的结构不受表中数据完整性的约束。

【例 3.28】 将零件表中单价字段的有效值修改为大于 0 和小于 1000。

ALTER TABLE 零件 ALTER 单价 set CHECK 单价>0 and 单价<1000 ERROR "单价要大于 0，小于 1000!"

（3）删除字段、修改字段名。

格式：

```
ALTER TABLE <表名 1>
    [DROP [COLUMN] <字段名>]
    [SET CHECK <逻辑表达式> [ERROR <提示信息>]]      &&设置表的有效性规则
    [DROP CHECK]                                    &&删除表的有效性规则
    [ADD PRIMARY KEY <主索引表达式> TAG 标记名
    [FOR <逻辑表达式>]]
    [DROP PRIMARY KEY]                              &&删除主索引及索引标记
    [ADD UNIQUE <表达式> [TAG <标记名>
    [FOR <逻辑表达式>]]]
    [DROP UNIQUE TAG <标记名>]                       &&删除候选索引及索引标记
    [ADD FOREIGN KEY [<外部索引表达式>] TAG 标记名
    [FOR <逻辑表达式>]
    REFERENCES <父表名> [TAG <标记名>]]              &&建立永久联系
    [DROP FOREIGN KEY TAG <标记名> [SAVE]]
    [RENAME COLUMN <字段名> TO <字段名>]             &&更改字段名
    [NOVALIDATE]
```

功能：删除字段、修改字段名，定义、修改和删除表级有效性规则。

 说 明

字段被删除后，索引关键字或引用此字段的触发器表达式将变为无效。在这种情况下，删除字段并不产生错误，但是在运行时刻，无效的索引关键字或触发器表达式将导致错误。

【例 3.29】 将职工表中职工号+姓名定义为候选索引，索引标记名为 ZGXM，而后删除此项索引。

```
ALTER TABLE 职工 ADD UNIQUE 职工号+姓名 TAG zgxm
ALTER TABLE 职工 DROP UNIQUE TAG zgxm
```

【例 3.30】 将职工表中的"姓名"字段重命名为"职工姓名"，并删除外码"仓库号"。

```
alter table 职工 rename 姓名 to 职工姓名
alter table 职工 drop foreign key tag 仓库号
```

3.7.2 数据操作

SQL 的数据操作功能包括数据的插入、更新和删除。

1. 数据插入

在创建完表的数据结构后，要向表中添加数据，SQL 提供了添加数据命令 INSERT。

格式：

INSERT INTO <表名>[(字段名 1[,字段名 2，...])] VALUES (<表达式 1>[,表达式 2，...])

功能：在表尾追加一个包含指定字段值的记录。

> 表名中可以包含路径，也可以是一个名称表达式。如果指定的表没有被打开，则 VFP 先在一个新工作区中以独占方式打开该表，然后再把新记录追加到表中。此时并未选定这个新工作区，选定的仍然是当前工作区。字段名可以全部省略或部分省略。

【例 3.31】　向"仓库"表内追加一条记录，仓库号为"013"，城市为"南京"，面积为 500。

INSERT INTO 仓库 (仓库号,城市,面积)VALUES("013","南京",500)

在进行数据插入操作时，VFP 给定了一种特殊格式。

格式：

INSERT INTO <表名> FROM ARRAY <数组名>| FROM MEMVAR

功能：如果指定数组名，则将数组中的数据插入到表中。从第一个数组元素开始，数组中的每个元素的内容依次插入到记录的对应字段中。如果给关键字 MEMVAR，则把内存变量的内容插入到与它同名的字段中。若某一字段不存在同名的内存变量，则该字段为空。

【例 3.32】　定义数组 CK（3），其元素值分别为（"014"，"马鞍山"，600），将该数组的值插入到"仓库"表中。

```
dime ck(3)
ck(1)="014"
ck(2)="马鞍山"
ck(3)=600
insert into 仓库 from array ck
```

【例 3.33】　定义变量"仓库号"、"城市"和"面积"，并分别赋值"015"、"扬州"和 650。接着，将这些内存变量值插入到"仓库"表中。

```
仓库号="015"
城市="扬州"
面积=650
insert into 仓库 from memvar
```

2. 数据更新

为了实现对数据的更新，SQL 给出了 UPDATE 命令。

格式：

UPDATE <表名> SET <字段名 1>=<表达式 1>[,<字段名 2>=<表达式 2>...] WHERE <条件>

功能：对数据库表中字段进行有条件或无条件更新，更新值为表达式值。

> 如果包含表的数据库不是当前数据库，则应包含这个数据库名。在数据库名称与表名之间有一个感叹号(!)。

【例3.34】 更新"仓库"表中城市为"马鞍山"的面积为700。

```
update 仓库 set 面积=700 where 城市='马鞍山'
```

3. 数据删除

SQL 提供删除记录的命令为 DELETE。

格式：

```
DELETE FROM <表名> WHERE <条件>
```

功能：逻辑删除指定条件的记录。

【例3.35】 从"仓库"表中删除城市为扬州的仓库记录。

```
delete from 仓库 where 城市="扬州"
```

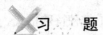 习 题

一、选择题

1. 创建数据库后，系统自动生成的三个文件的扩展名是（　　）。
    A．.pjx　.pjt　.rpg　　　　　　　　B．.sct　.scx　.spx
    C．.fpt　.frx　.fxp　　　　　　　　D．.dbc　.dct　.dcx

2. 如果一张数据库表的 DELETE 触发器设置为.F.，则不允许对该表作（　　）记录的操作。
    A．修改　　　　　B．删除　　　　　C．增加　　　　　D．显示

3. 在参照完整性的设置中，如果当主表中删除记录后，要求删除子表中的相关记录，则应将"删除"规则设置为（　　）。
    A．限制　　　　　B．级联　　　　　C．忽略　　　　　D．任意

4. 以下的（　　）操作将造成相关表之间数据的不一致。
    A．在主表中插入记录的主关键字的值是子表中所没有的
    B．在主表中删除了记录，而在子表中没有删除相关记录
    C．在子表中删除了记录，而在主表中没有删除相关记录
    D．用主表的主关键字字段的值修改了子表中的一个记录

5. 以下（　　）操作不会损坏相关表之间的数据一致性。
    A．删除了子表中的记录而没有删除主表中相关记录
    B．删除了主表中的记录而没有删除子表中相关记录
    C．在子表中插入记录的外部关键字值是主表关键字中所没有的
    D．主表中修改了主关键字值而子表中没修改有关的外部关键字值

6. 如已在学生表和成绩表之间按学号建立永久关系，现要设置参照完整性：当在成绩表中添加记录时，凡是学生表中不存在的学号不允许添加，则该参照完整性应设置为（　　）。
    A．更新级联　　　　B．更新限制　　　　C．插入级联　　　　D．插入限制

7. 下列叙述中含有错误的是（　　）。
    A．一个数据库表只能设置一个主索引
    B．唯一索引不允许索引表达式有重复值

C. 候选索引既可以用于数据库表也可以用于自由表

D. 候选索引不允许索引表达式有重复值

8. 数据库表移出数据库后，变成自由表，该表的（   ）依然有效。

A. 字段的有效性规则　　　　　　　　B. 字段的默认值

C. 表的长表名　　　　　　　　　　　D. 结构复合索引文件中的候选索引

9. 数据库表的参照完整性规则包括更新规则、删除规则和插入规则。其中，插入规则可以设置为（   ）。

A. 级联，或限制，或忽略　　　　　　B. 级联，或忽略

C. 级联，或限制　　　　　　　　　　D. 限制，或忽略

10. 下列关于数据库操作的说法中，正确的是（   ）。

A. 数据库被删除后，则它所包含的数据库表也随着被删除

B. 打开了新的数据库，则原来已打开的数据库被关闭

C. 数据库被关闭后，它所包含的数据库表不能被打开

D. 数据库被删除后，它所包含的表可以变成自由表

11. 用表设计器创建一张自由表时，不能实现的操作是（   ）。

A. 设置某字段可以接收 NULL 值　　　B. 设置表中某字段的类型为通用型

C. 设置表的索引　　　　　　　　　　D. 设置表中某字段的默认值

12. 在向数据库中添加表的操作时，下列说法中不正确的是（   ）。

A. 可以将自由表添加到数据库中

B. 可以将数据库表添加到另一个数据库中

C. 可以在项目管理器中将自由表拖放到数据库中

D. 先将数据库表移出数据库成为自由表，而后添加到另一个数据库中

13. 函数 SELECT(0)的返回值为（   ）。

A. 当前工作区号　　　　　　　　　　B. 当前未被使用的最小工作区号

C. 当前未被使用的最大工作区号　　　D. 当前已被使用的最小工作区号

14. 备注、通用、逻辑、日期和日期时间型等数据类型中，（   ）等数据类型的长度用户不需指定。

A. 备注、通用　　　　　　　　　　　B. 备注、通用、逻辑

C. 备注、通用、逻辑、日期　　　　　D. 均不需指定

15. 在创建索引时，索引表达式可以包含一个或多个字段。在下列数据类型的字段中，不能作为索引表达式的字段为（   ）。

A. 日期型　　　　B. 字符型　　　　C. 备注型　　　　D. 数字型

16. 对于自由表而言，不能创建的索引类型是（   ）。

A. 主索引　　　　B. 候选索引　　　　C. 普通索引　　　　D. 唯一索引

17. 彻底删除记录数据可以分两步来实现，这两步分别是用命令（   ）。

A. PACK 和 ZAP　　　　　　　　　　B. PACK 和 RECALL

C. DELETE 和 PACK　　　　　　　　D. DELETE 和 RECALL

18. 实体是信息世界的术语，与之对应的数据库术语是（   ）。

A. 文件　　　　B. 数据库　　　　C. 记录　　　　D. 字段

19. 在职工档案表中，婚否是 L 型字段，性别是 C 型字段。若检索已婚的女职工，应该用逻辑表达式（   ）。

     A．婚否 .OR. 性别='女'   B．婚否=.T. .OR. 性别='女'

     C．婚否 .AND. 性别='女'   D．已婚 .AND. 性别='女'

20. 对于空值，下列叙述中不正确的是（   ）。

     A．空值不是一种数据类型

     B．空值可以赋给变量、数组和字段

     C．空值等于空串（""）和空格

     D．条件表达式中遇到 null 值，该条件表达式为"假"

21. 对于自由表而言，不允许有重复值的索引是（   ）。

     A．主索引   B．候选索引   C．普通索引   D．唯一索引

22. 数据表文件"供应零件.dbf"共有 10 条记录，当前记录号为 3。用 SUM 命令计算零件的供应量总和，如果不给出范围，那么命令（   ）。

     A．计算后 7 条记录的供应量总和   B．计算后 8 条记录供应量总和

     C．只计算当前记录的供应量   D．计算全部记录供应量总和

23. 打开一个空表，执行 ? EOF()，BOF()命令，显示结果为（   ）。

     A．.T.和.T.   B．.F.和.F.   C．.F.和.T.   D．.T.和.F.

24. 使用LOCATE FOR <条件表达式>命令按条件查找到满足条件的第一条记录后，还要查找下一条满足条件的记录，应使用命令（   ）。

     A．LOCATE FOR <条件表达式命令>   B．SKIP 命令

     C．CONTINUE 命令   D．GO 命令

25. 假设有student 表，可以正确添加字段"平均分数"的命令是（   ）。

     A．ALTER TABLE student ADD   平均分数 F(6,2)

     B．ALTER DBF student ADD   平均分数 F 6,2

     C．CHANGE TABLE student ADD   平均分数 F(6,2)

     D．CHANGE TABLE student INSERT   平均分数 6,2

26. 设有两个数据库表，父表和子表之间是一对多的联系，为控制子表和父表的关联，可以设置"参照完整性规则"，为此要求这两个表（   ）。

     A．在父表连接字段上建立普通索引，在子表连接字段上建立主索引

     B．在父表连接字段上建立主索引，在子表连接字段上建立普通索引

     C．在父表连接字段上不需要建立任何索引，在子表连接字段上建立普通索引

     D．在父表和子表的连接字段上都要建立主索引

27. 在 Visual FoxPro 中，假定数据库表 S(学号,姓名,性别,年龄)和 SC(学号，课程号,成绩)之间使用"学号"建立了表之间的永久联系,在参照完整性的更新规则、删除规则和插入规则中选择设置了"限制"，如果表 S 所有的记录在表 SC 中都有相关联的记录，则（   ）。

     A．允许修改表 S 中的学号字段值   B．允许删除表 S 中的记录

     C．不允许修改表 S 中的学号字段值   D．不允许在表 S 中增加新的记录

28. 首先执行 CLOSE TABLES ALL 命令，然后执行（   ）命令，可逻辑删除 JS 表中年龄超过 55 岁的所有不是教授的女职工记录(注：csrq 含义为出生日期)。

A. DELETE FOR YEAR(DATE0-YEAR(csrq))>55 .and.xb=[女] and zhc!=[教授]

B. DELETE FROM js WHERE YEAR(DATE())-YEAR(csrq)>55.and.xb=”女“ and zhc!=[教授]

C. DELETE FROM js FOR YEAR(DATE()-YEAR(csrq))>55.and.xb=[女] and zhc!=’教授’

D. DELETE FROM js WHILE YEAR(DATE())-YEAR(csrq)>55.and.xb=’女‘ and zhc!=’教授’

29. 打开数据库"仓库管理"的命令正确的是（　　）。

    A. OPEN DATABASE 仓库管理　　　　B. USE DATABASE 仓库管理

    C. OPEN 仓库管理　　　　　　　　　D. USE 仓库管理

30. 设有关系 SC(XH,KCH,CJ)，其中 XH、KCH 分别表示学号、课程号(两者均为字符型)，CJ 表示成绩(数值型)，若要把学号为"20120001"的同学，选修课程号为"11"，成绩为 90 分的记录插到表 SC 中，正确的语句是（　　）。

    A. INSERT INTO SC(XH,KCH,CJ) VALUES ('20120001','11','90')

    B. INSERT INTO SC(XH,KCH,CJ) VALUES (20120001, 11, 90)

    C. INSERT('20120001','11','90') INTO SC

    D. INSERT INTO SC VALUES ('20120001','11',90)

二、填空题

1. 表的有效性规则包括_____有效性规则和记录有效性规则。

2. 在 Visual FoxPro 中，通过建立数据库表的主索引可以实现数据的_____完整性。

3. 向数据库中添加表是指把自由表添加到数据库中，使之成为数据库表。这一操作的本质是建立了数据库与表之间的_____。

4. 数据库是一种数据容器。从项目管理器窗口看，数据库可以包含的子项有：_____、_____、_____、_____和_____。

5. 要查看 cj 表的 cj 字段的标题，可用命令：? DBGETPROP ("cj.cj" ,_____,"Caption")。

6. 若当前打开的数据库中有一张名为 xs 的数据库表，且表中有一个名为 xm 的字段，则将该字段的标题属性设置为"姓名"，可以使用命令：DBSETPROP(_____)。

7. 数据库表的触发器是在对表的记录进行操作时实施的检验规则，触发器分为_____、_____和_____三种。

8. 对数据库表添加新记录时，系统自动地为某一个字段给定一个初始值，这个值称为该字段的_____。

9. 当打开的表为一个空表时，函数 RECNO()的值为_____。

10. 在 Visual FoxPro 中，表的备注型字段和通用型字段的字段宽度是固定的，它们分别为_____、_____。

11. 为了选用一个未被使用的编号最小的工作区，可以使用命令：_____。

12. 记录指针的定位方式有：_____、_____和_____。

13. 表中的一列称为_____，它规定了数据的特征；表中的一行称为一个_____，它是多个字段的集合。每个字段都必须有一个_____属性来标识该字段。

14. 如要实现多字段排序，即先按班级（bj,N,1）顺序排序，同班的同学再按出生日期

(csrq,D)顺序排序，同班且出生日期也相同的再按性别（xb，C，2）顺序排序，索引名为"班级生日性别"，其索引表达式为_____。

15．打开数据表文件"零件.dbf"，要运用 USED()函数检查该数据表是否已经打开，其操作为_____。

16．数据表之间可以建立临时和永久联系。在建立一对一的临时联系前，首先必须先对_____设置。建立表间一对多的永久联系时，主表的索引类型必须是_____。

17．利用 COPY 命令可以将当前工作区中的表复制成 Microsoft Excel 文件．若当前工作区中已打开 XS 表，则用命令 COPY TO xyz_____，可以将 XS 表复制成 Excel 文件 xyz.xls。

18．利用 UPDATE-SQL 命令可以批量地修改记录的字段值。例如,某档案表 DA 中有一个数值型字段 NL，则使用命令 UPDATE da_____nl=nl+1 WHERE Nl<100 可以将所有 NL 字段值_____的记录的 NL 字段值_____。

19．博士生的报考年龄为 45 岁（含 45 岁）以下。为"考生信息"表的"年龄"字段增加有效性规则"报考年龄为 45 岁以下"的 SQL 语句是

ALTER TABLE 考生信息 ALTER 年龄_____ 年龄<=45

20．将"职工"表中 45 岁以上的女职工工资增加 100 元，应该使用的 SQL 命令是 UPDATE 职工 SET 工资=工资+100_____。

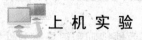 上 机 实 验

实验 1　表的创建及记录的输入

实验目的

1．掌握创建表的操作。

2．掌握表打开和关闭操作。

3．掌握记录的输入。

实验内容

1．表的创建

（1）创建表结构。

创建自由表"职工.dbf"，表结构信息见表 3-12。

表 3-12   "职 工 .dbf" 结 构 表

字段名称	字段类型	字段宽度	小数位数	Nulls
职工号	字符型	3		否
姓名	字符型	10		是
性别	字符型	2		是
出生日期	日期型			是
入职时间	日期型			是

续表

字段名称	字段类型	字段宽度	小数位数	Nulls
职称	字符型	8		是
照片	通用型	4		是

可以使用"表设计器"和"CREATE TABLE-SQL"命令创建数据库表。

1）使用"表设计"创建数据库表。

可以使用以下方法打开"表设计器"：

工具栏输入：常用>>新建

菜单栏输入：文件>>新建

点击命令后，出现"新建"对话框，如图 3-66 所示。在对话框中点击"表"选项后，点击"新建"按钮，打开"创建"对话框，如图 3-67 所示。在"创建"对话框中输入表的名称"职工"，并选择保存表的文件夹，单击"保存"按钮。打开"表设计器"对话框。

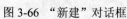

图 3-66 "新建"对话框

图 3-67 "创建"对话框

在命令窗口中输入"create 职工"同样也可以打开表设计器。

在打开的"表设计器"中的"字段"选项卡中依次输入或选择所建字段的名称、类型、宽度和空值，如图 3-68 所示。

2）使用"CREATE TABLE"命令创建表。

在"命令"窗口输入以下命令：

```
CREATE TABLE 职工(职工号 C (3) NOT NULL,姓名 C (10),性别 C (2),出生日期 D (8),
入职时间 D(8),职称 C (8),照片 G)
```

（2）修改表结构。

修改"供应商.dbf"表，增加字段"公司名称"，类型为字符型，宽度为 30，将字段"姓名"的字段名修改为"法人代表"。将字段"电话号码"的宽度改为 15，并将"说明"的字段删除。

1）使用"项目管理器"修改数据库表。

操作步骤如下：

图 3-68   数据库表设计器

① 在"项目管理器"左侧列表中依次选择"数据"选项中"仓库管理"数据库中的"供应商"选项，点击右侧的"修改"命令，即可打开"表设计器"窗口，如图 3-69 所示。

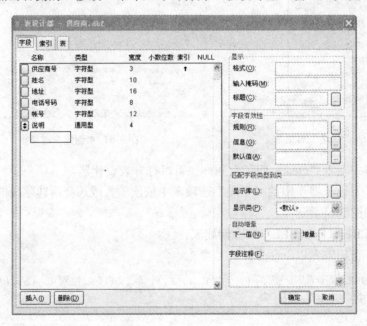

图 3-69   打开"库存"表

② 在"表设计器"中将电话号码的宽度修改为"15"，并增加"公司名称"字段，将类型设置为字符型，字段宽度设置为 30。选择"说明"字段，点击对话框下方的"删除"按钮。修改后的"库存"表结构如图 3-70 所示。

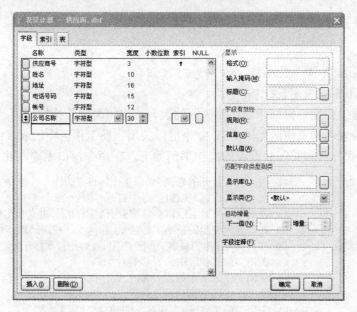

图 3-70　修改后的"库存"表

2）使用"ALTER TABLE"命令修改表。

在"命令"窗口输入并执行以下命令：

```
ALTER TABLE 供应商 ADD COLUMN 公司名称 G          && 增加通用型字段"公司名称"
ALTER TABLE 供应商 DROP  COLUMN 说明              && 删除字段"说明"
ALTER TABLE 供应商 ALTER COLUMN 电话号码 N(15)    && 将字段"电话号码"的宽度改为 15
ALTER TABLE 供应商 RENAME COLUMN 姓名 TO 法人代表  && 将字段"姓名"的字段名改为
                                                    "法人代表"
```

2. 表的打开和关闭

（1）表的打开。

可以通过以下方式打开表：

1）在"项目管理器"窗口中依次选择"数据"选项"数据库"选项"表"选项中要打开的表，点击右侧的"浏览"按钮。

2）点击"窗口"菜单中的"数据工作期"，打开"数据工作期"窗口，点击窗口中的"打开"按钮。在打开窗口中选择要打开的数据库表，如图 3-71 所示。

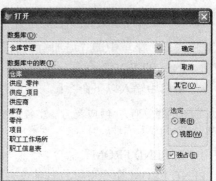

图 3-71　"数据工作期"中打开表

3）使用命令打开表。

```
USE  <表名>
```

（2）表的关闭。

可以通过以下方式关闭表：

1）在"数据工作期"窗口中选择要关闭的表，点击"关闭"按钮即可。

2）使用不带表名和工作区号的 USE 命令可以关闭当前工作区中的表。

运用命令方式打开和关闭数据表的操作举例如下，在命令窗口中输入并执行以下命令：

```
CLOSE TABLES ALL        && 关闭所有打开的表,将当前工作区设置为1
USE 零件                && 在当前工作区(工作区1)中打开"零件"表
USE 项目                && 在当前工作区(工作区1)中打开"零件"表,并关闭"零件"表
USE 职工 IN 0           && 在当前为使用的最小工作区(工作区2)中打开"职工"表
USE 职工 AGAIN IN 0     && 在当前为使用的最小工作区(工作区3)中再次打开"职工"表,别名为"B"
USE                     && 关闭当前工作区中的表("零件"表)
USE  IN 3               && 关闭工作区3中的表("职工"表)
SELECT 2                && 选择工作区2为当前工作区
USE                     && 关闭当前工作区(工作区2)中的表("职工"表)
CLOSE TABLES ALL
```

3．记录的添加

（1）使用菜单命令输入记录。

操作步骤如下：

在"项目管理器"左侧列表中依次选择"数据"选项中"仓库管理"数据库中的"供应商"选项，点击右侧的"浏览"命令，打开"供应商"表的浏览窗口。

执行"显示"菜单中的"追加方式"，在空白的表中依次输入图 3-72 中的记录，可以使用方向键和"Tab"键在各个字段中跳转。

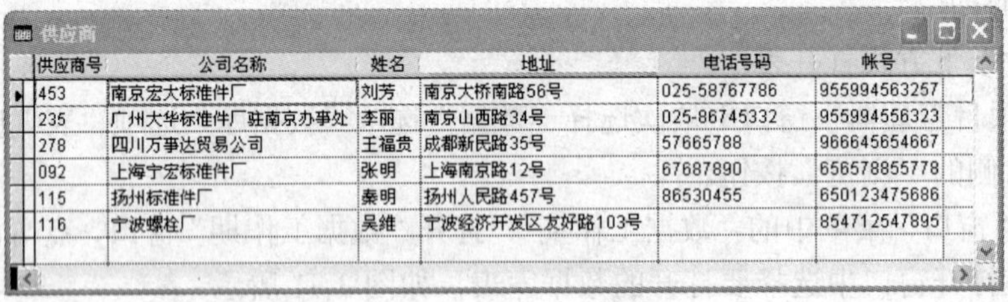

供应商号	公司名称	姓名	地址	电话号码	帐号
453	南京宏大标准件厂	刘芳	南京大桥南路56号	025-58767786	955994563257
235	广州大华标准件厂驻南京办事处	李丽	南京山西路34号	025-86745332	955994556323
278	四川万事达贸易公司	王福贵	成都新民路35号	57665788	966645654667
092	上海宁宏标准件厂	张明	上海南京路12号	67687890	656578855778
115	扬州标准件厂	秦明	扬州人民路457号	86530455	650123475686
116	宁波螺栓厂	吴维	宁波经济开发区友好路103号		854712547895

图 3-72 "供应商"表记录

也可以使用"表"菜单中的"追加新记录"命令追加一条空白记录。

（2）使用"INSERT-SQL"命令。

在"命令"窗口中输入以下命令：

```
INSERT INTO 供应商 (供应商号,姓名,电话号码,公司名称)VALUES("117"," 卢伟","
025-85741234"," NNT 紧固件厂")
```

（3）使用"APPEND FROM"命令。

利用 APPEND FROM 命令可以将其他文件中的数据追加在当前表中。

在"命令"窗口中输入以下命令：

```
APPEND FROM gys       && 将数据库表 gys.dbf 中的记录添加进"供应商"表。两表的结构相同
APPEND FROM gys XLS && 将 Excel 表 gys.xls 中的记录添加进"供应商"表。gys.xls
                         表的列顺序、数据类型与"供应商"表相同
```

实验 2　表 记 录 的 操 作

实验目的

1．掌握表的浏览方法。
2．掌握记录的定位、筛选、修改、删除、复制的操作。

实验内容

1．表的浏览、字段的筛选和记录筛选
（1）表的浏览、字段的筛选和记录筛选。
1）使用界面方式操作。
在项目管理器中选择要浏览的表，点击右侧的"浏览"按钮，打开表界面。
点击"表|属性"命令，打开"工作区属性"对话框。
在"数据过滤器"文本框中输入记录的筛选条件：性别='女'。也可以点击文本框右侧的▣按钮，使用"表达式生成器"对话框生成筛选条件，如图 3-73 所示。筛选后的表如图 3-74 所示。

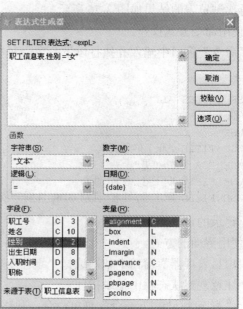

图 3-73　使用"工作区属性"进行记录筛选

再次打开"工作区属性"窗口，选择"字段筛选指定的字段"选项，并点击右下方的"字段筛选"按钮，打开"字段选择器"窗口，在右侧的字段列表中依次选择要筛选的字段，点击"移动"按钮放入右侧的列表中，如图 3-75 所示。

图 3-74 记录筛选后的表

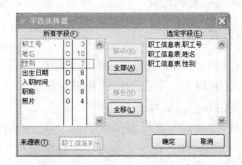

图 3-75 使用"工作区属性"进行字段筛选

点击"确定"按钮退出"字段选择器"窗口，再点击"确定"按钮退出"工作区属性"窗口。再次浏览表的结果如图 3-76 所示。

2）使用命令方式操作。

在"命令"窗口中输入并执行以下命令。每次执行命令后，对表进行浏览，观察表中内容的变化。

```
CLOSE TABLES ALL                          && 关闭所有打开的表
USE 职工                                    && 在当前工作区中打开"职工"表
BROWSE                                     && 浏览表
BROWSE TITLE "职工信息表"                   && 定义浏览表的标题
BROWSE FOR 性别="男"                        && 筛选记录
BROWSE FIELD 职工号,姓名,性别                && 筛选字段
BROWSE FIELD 职工号,姓名,性别 FOR 性别="女"   && 筛选字段和记录
```

（2）记录的定位。

1）使用界面的方式。

在"项目管理器"窗口中依次选择"零件"表，点击右侧的"浏览"按钮，打开表的浏览窗口，注意观察状态栏中记录指针。

执行"表|转到记录|下一个"菜单命令，观察记录指针的变化。

执行"表|转到记录|上一个"菜单命令，观察记录指针的变化。

执行"表|转到记录|最后一个"菜单命令，观察记录指针的变化。

执行"表|转到记录|第一个"菜单命令，观察记录指针的变化。

执行"表|转到记录|记录号"菜单命令，在出现的"转到记录"对话框中输入记录号"10"，单击"确定"按钮。观察记录指针的变化。

执行"表|转到记录|记录号"菜单命令，在出现的"转到记录"对话框中输入记录号"20"，单击"确定"按钮。这时会出现"记录超出范围"提示框。

执行"表|转到记录|定位"菜单命令，在出现的"定位记录"对话框中输入定位条件："名称='螺母'"，点击"确定"按钮。观察记录指针的变化（指针定位在符合条件的第一条记录上），如图 3-77 所示。

图 3-76 字段筛选后的表

图 3-77 "定位记录"对话框

2）使用命令的方式。

在"命令"窗口中输入并执行以下命令。每次执行 ? 命令后，观察主窗口中的显示内容。

```
CLOSE TABLES ALL          && 关闭所有打开的表
CLEAR
USE 零件
?RECNO()
SKIP 15
?RECNO()
SKIP
?RECNO()
SKIP -10
?RECNO()
GOTO 19
?RECNO()
GOTO 25                   && 执行该命令后,出现错误提示框
GOTO TOP
? RECNO()
? BOF()
SKIP -1
? RECNO()
? BOF()
SKIP -1                   && 执行该命令后,出现"已到文件头"的提示框
GOTO BOTTOM
? RECNO()
? EOF()
SKIP
? RECNO()
? EOF()
SKIP                      && 执行该命令后,出现"已到文件尾"的提示框
USE
```

2. 表记录的修改、删除、复制

（1）数据的修改。

图 3-78　"替换"对话框

1）使用界面的方式。

当表处于浏览状态时，如果要修改某条记录的某个字段值，只要将光标移至要修改处直接修改。如果要按照某个条件批量修改某个字段的值，可以使用界面的方式进行修改。操作如下：

在项目管理器中选择"零件"表，点击"浏览"按钮。

执行菜单命令"表|替换字段"，在出现的对话框中输入替换的要求，点击"替换"按钮，如图 3-78 所示。

命令执行后，所有螺母的单价增加了 0.5 元。

2）使用 UPDATE-SQL 命令的方式。

```
CLOSE TABLES ALL
UPDATE 库存 SET 库存量=库存量+1000
BROWSE
UPDATE 库存 SET 库存量=库存量-1000 where 零件号='278'
BROWSE
```

3）使用 REPLACE 命令的方式。

```
CLOSE TABLES ALL
USE 库存
REPLACE 库存量 WITH 库存量+1000 FOR 零件号="278"
BROWSE
```

（2）记录的删除。

1）使用界面的方式设置删除标记。

当表处于浏览状态时，可以使用菜单命令设置删除标记。操作如下：

在项目管理器中选择"零件"表，点击"浏览"按钮。

在要删除的记录的删除标记列点击，或执行"表|删除记录"菜单命令进行删除标记的设置，如图 3-79 所示。

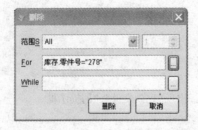

图 3-79　"删除记录"对话框

2）使用 DELETE-SQL 命令设置删除标记。

```
CLOSE TABLES ALL
DELETE FROM 零件 WHERE 零件号="278"
BROWSE
```

3）使用 DELETE 命令设置删除标记。

```
CLOSE TABLES ALL
```

```
USE 零件
DELETE
BROWSE
GOTO 10
DELETE
BROWSE
DELETE FOR 零件号="278"
BROWSE
USE
```

4）恢复记录。

可以通过三种方法取消删除记录的标记。

① 在表的浏览窗口中点击删除标记列的黑的删除标记,使
之消失。

② 执行菜单命令"表|恢复记录"命令,在对话框中进行
相应设置后,点击"恢复"按钮即可,如图 3-80 所示。

③ 在命令窗口中输入并执行以下命令:

图 3-80　"恢复记录"对话框

```
CLOSE TABLES ALL
USE 零件
BROWSE
RECALL ALL
GOTO 10
DELETE
GOTO 15
DELETE
BROWSE
RECALL
BROWSE
DELETE ALL
RECALL FOR 零件号="278"
BROWSE
RECALL ALL
USE
```

5）彻底删除记录。

可以通过以下方法彻底删除记录:

① 在浏览窗口中将要删除的记录做上删除标记后,执行菜单命令"表|彻底删除"。

② 在命令窗口中输入并执行以下命令:

```
CLOSE TABLES ALL
DELETE FROM 零件 WHERE 零件号="278"
BROWSE
PACK
BROWSE
```

③ 在命令窗口中输入并执行以下命令:

```
CLOSE TABLES ALL
USE 零件
BROWSE
```

```
ZAP
BROWSE
USE
```

（3）数据的复制。

在命令窗口中输入并执行以下命令：

```
CLOSE TABLES ALL
USE 零件
BROWSE
COPT TO 零件1 FOR 零件号="278"
USE 零件1
BROWSE
USE 零件
COPT TO 零件2 FIELD 零件号,名称,规格 FOR 零件号="278"
USE 零件2
BROWSE
USE 零件
COPT TO 零件3 FIELD 零件号,名称,规格 FOR 零件号="278" SDF
COPT TO 零件4 FIELD 零件号,名称,规格 FOR 零件号="278" XLS
USE
```

实验 3　表 索 引 的 创 建

实验目的

掌握表索引的创建和修改。

实验内容

表的索引

（1）使用表设计器创建结构复合索引。

创建步骤如下：

在项目管理器数据列表中选择"零件"表，点击"修改"按钮，打开表设计器。

在表设计器的"索引"选项卡中，分别设置每个索引的索引名、类型和表达式。

设置完成后，单击"确定"和"是"按钮，如图 3-81 所示。

（2）使用 INDEX 命令创建结构复合索引。

在命令窗口中输入并执行以下命令：

```
CLOSE TABLES ALL
USE 零件
INDEX ON 零件号 TAG 零件号 CANDIDATE   && 将零件号作为关键字设置为候选索引
INDEX ON 单价 TAG PRICE UNIQUE      && 将单价作为关键字设置为候选索引,名称为 PRICE
```

执行上述命令后，在项目管理器中选择"零件"表，点击"修改"按钮，打开"表设计器"查看索引创建情况。

（3）使用 ALTER-SQL 命令创建结构复合索引。

在命令窗口中输入并执行以下命令：

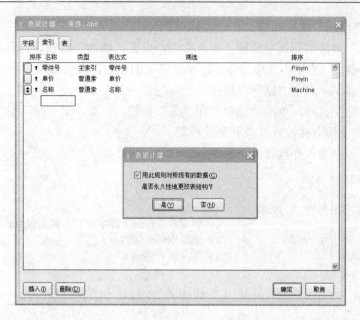

图 3-81 "表设计器|索引"对话框

ALTER TABLE 零件 ADD UNQIUE 零件号 TAG 零件号

执行上述命令后，在项目管理器中选择"零件"表，点击"修改"按钮，打开"表设计器"查看索引创建情况。

（4）索引的使用。

1）通过界面的方式使用索引。

操作步骤如下：

在项目管理器数据列表中选择"零件"表，点击"浏览"按钮，打开浏览窗口。

执行菜单命令"表|属性"，在出现的"工作区属性"对话框中的"索引顺序"下拉列表中选择"零件:单价"，点击"确定"按钮，如图 3-82 所示。

在浏览窗口查看记录的排序情况。

2）通过命令的方式使用索引。

在命令窗口中输入并执行以下命令：

图 3-82 "工作区属性"对话框

```
CLOSE TABLES ALL
USE 零件
BROWSE
USE 零件 ORDER TAG 单价
BROWSE
SET ORDER TO 零件号
BROWSE
SET ORDER TO
BROWSE
USE
```

（5）结构化复合索引的修改和删除。

1）使用界面的方式设置修改和删除标记。

在项目管理器数据列表中选择"零件"表，点击"修改"按钮，打开表设计器。

在表设计器的"索引"选项卡中，选择要修改的索引，直接修改名称、类型以及表达式，选择要删除的索引，点击"删除"按钮。

修改或删除完成后，单击"确定"和"是"按钮。

2）使用命令的方式设置修改和删除标记。

在命令窗口中输入并执行以下命令：

```
CLOSE TABLES ALL
USE 零件
INDEX ON 零件号 TAG PARTNO CANDIDATE
                          && 将零件号作为关键字设置为候选索引名称为 PARTNO
DELETE TAG  PARTNO        && 删除索引 PARTNO
DELETE TAG ALL            && 删除所有索引
```

实验 4　数据库的创建和使用

实验目的

1．掌握创建数据库的操作。

2．掌握数据库的使用方法。

3．掌握数据表的操作。

实验内容

1．数据库的创建

（1）使用项目管理器创建数据库。

使用项目管理器在"ckgl"项目中创建一个"仓库管理"的数据库。创建步骤如下：

1）打开项目"ckgl"，在"项目管理器"窗口左侧列表中选择"数据库"选项，单击右边的"新建"按钮，弹出"新建数据库"对话框，如图 3-83 所示。

2）选择"新建数据库"选项，在弹出的"创建"对话框中输入新建数据库的名称"仓库管理"以及保存路径，点击"保存"按钮，如图 3-84 所示。此时界面上出现"数据库设计器"

图 3-83　"新建数据库"对话框

窗口和"数据库设计器"工具栏。数据库设计完成，如图 3-85 所示。

（2）使用"新建"命令创建数据库。

点击"常用"工具栏上的"新建"命令图标 □，在弹出的"新建"对话框中左侧选择"数据库"选项，点击右侧的"新建文件"按钮，在弹出的"创建"对话框中输入数据库文件的名称和保存路径，如图 3-86 所示。

（3）使用"CREATE DATABASE"命令创建数据库。

使用"CREATE DATABASE"命令在"ckg1"项目中创建一个"仓库管理 1"的数据库。创建步骤如下：

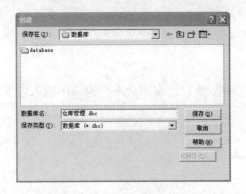

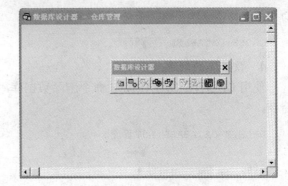

　　　图 3-84　"创建"对话框　　　　　　　　　图 3-85　数据库设计器

在"命令窗口中"输入以下命令后按"Enter"键。

CREATE DATABASE 仓库管理 1

注 意

　　此时创建的数据库文件将被保存在 VFP 设置的默认目录下，并不会包含在任何一个项目中，也不会自动打开"数据库设计器"如果需要将数据库文件包含在某个项目中，可以使用"添加"命令。

2. 数据库的打开

（1）使用项目管理器打开数据库。

　　　　　　　　　在"项目管理器"左侧列表中选择要打开的数据库，点击右侧的"修改"命令，即可打开"数据库设计器"窗口，如图 3-87 所示。

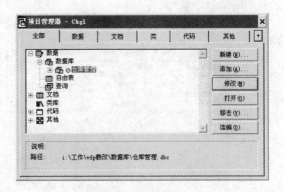

　　图 3-86　"新建"对话框　　　　　　　　　图 3-87　打开数据库

（2）使用命令打开数据库。

使用"OPEN DATABASE"命令已共享方式打开 ckg1 数据库。在"命令"窗口中输入以下命令：

OPEN DATABASE ckgl SHARED

3. 数据库的关闭

使用 CLOSE DATABASE 命令关闭数据库"仓库管理 1"。在"命令"窗口中输入以下命令：

```
CLOSE DATABASE 仓库管理 1
```

4. 数据库的删除

使用 DELETE DATABASE 命令删除数据库"仓库管理1"。在"命令"窗口中输入以下命令：

```
DELETE DATABASE 仓库管理 1
```

注 意

要删除的数据库必须先关闭，打开的数据库不能被删除。

图 3-88　新建数据库表

5. 数据库表的操作

（1）数据库表的创建。

1）使用"项目管理器"创建数据库表。

在"项目管理器"左侧列表中依次选择"数据"选项中"仓库管理"数据库中的"表"选项，点击右侧的"新建"命令，即可打开"表设计器"窗口，如图 3-88 所示。

2）将自由表添加到数据库中。

将实验 1 中创建的自由表"职工.dbf"添加到数据库"仓库管理"中。

在"项目管理器"左侧列表中选择数据库"仓库管理"，点击右侧的"修改"命令，即可打开"数据库设计器"窗口，如图 3-89 所示。

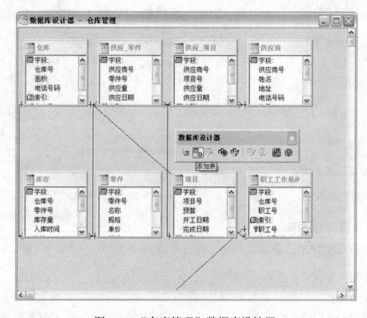

图 3-89　"仓库管理"数据库设计器

　　点击"数据库设计器"菜单上的"添加表"命令，打开"选择表名"对话框，选择"职工.dbf"文件，点击"确定"按钮，如图 3-90 所示。通过查看"项目管理器"或者"数据库设计器—仓库管理"窗口，可以看到"职工"表已经添加到"仓库管理"数据库中成为数据库表。

（2）数据库表的移去。

　　使用"项目管理器"移去或删除表。打开"项目管理器"，选择"仓库管理"数据库中的表"职工"，点击右侧的"移去"按钮，此时会弹出询问窗口，选择"移去"按钮，系统会弹出警告信息提示框，如图 3-91 所示。

图 3-90　"选择表名"对话框

图 3-91　警告窗口

实验 5　数据库表的扩展属性和表的关系的创建

实验目的

1．掌握设置数据库表的扩展属性的操作。
2．掌握数据库表的永久关系的创建和操作。

实验内容

1．数据库表的扩展属性

　　数据库表的扩展属性可以在"表设计器"窗口的"字段"选项卡中进行设置。也可以使用 CREATE TABLE-SQL 命令创建数据库表时进行设置，还可以在使用 ALTER-TABLE-SQL 命令修改表字段时进行设置。

（1）使用表设计器设置表的扩展属性。

1）设置表的字段属性。

　　按照表 3-13 设置"职工.dbf"表字段的扩展属性。

表 3-13　　　　　　　　　　　　　"职工.dbf"表字段的扩展属性

字段名称	字段类型	格式	输入掩码	默认值	字段验证规则	字段验证信息	字段注释
职工号	字符型	T	X99				主键

续表

字段名称	字段类型	格式	输入掩码	默认值	字段验证规则	字段验证信息	字段注释
姓名	字符型	T					
性别	字符型			"男"	性别="男".OR. 性别="女"	"性别只能是男或女！"	
出生日期	日期型						
入职时间	日期型			DATE()			
职称	字符型						
照片	通用型						

操作步骤如下：

在"项目管理器"左侧列表中依次选择"数据"选项中"仓库管理"数据库中的"职工"选项，点击右侧的"修改"命令，即可打开"表设计器"窗口。

在"表设计器"窗口中选择要设定的字段，在右侧的字段属性窗口中依次设定。如图 3-92 所示。

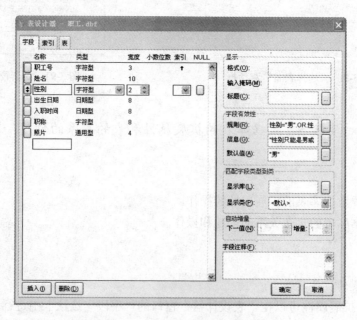

图 3-92　设置"职工"表的字段扩展属性

2）设置表的长表名、记录有效性规则、触发器和表注释。

在"项目管理器"左侧列表中依次选择"数据"选项中"仓库管理"数据库中的"职工"选项，点击右侧的"修改"命令，打开"表设计器"窗口。点击"表"标签。在相应的文本框中输入表的长表名、记录有效性规则、触发器和表注释，如图 3-93 所示。

（2）使用命令设置表的扩展属性。

可以命令设置表的扩展属性。在"命令"窗口中输入并执行以下命令：

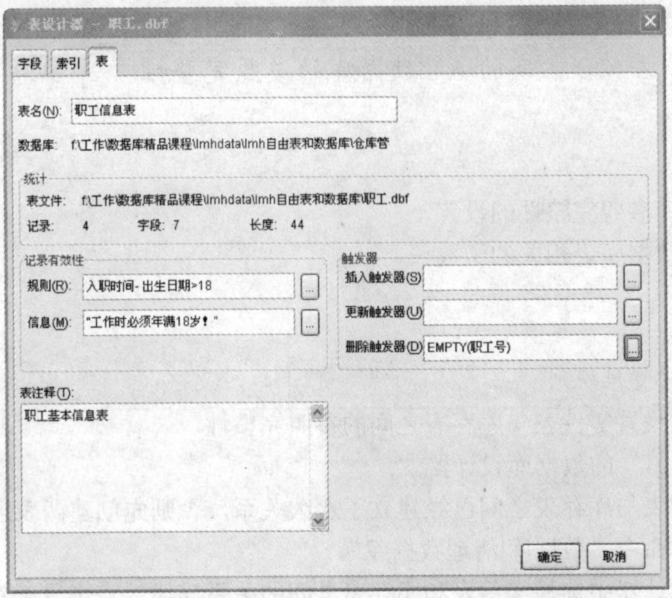

图 3-93　设置"职工"表的表扩展属性

CREATE TABLE 职工 NAME 职工信息表(职工号 C (3) NOT NULL,姓名 C (10),性别 C (2),
出生日期 D (8),入职时间 D(8),职称 C (8),照片 G)　　&& 创建职工表并设定长表名
CREATE TABLE 仓库(仓库号 C (3) NOT NULL,面积 N (7,2),电话号码 C (8) DEFAULT
"86635401")　　　　　　　　　　　　　　&& 创建仓库表并设定默认值
ALTER TABLE 职工 ALTER 性别 DEFAULT "女"　　&& 修改性别的默认值为"女"

2. 数据库表的永久关系

（1）使用界面方式创建永久关系。

1）在"项目管理器"窗口中依次选择"数据"选项"数据库"选项里的"仓库管理"，
点击右侧的"修改"按钮，打开数据库设计器窗口。

2）将数据库设计器窗口调整为合适大小后，执行菜单命令"数据库|重排"，然后点击"确
定"按钮。

3）拖动"零件"表和"库存"表的滚动条，使这两张表的索引名在窗口中可见。

4）选择零件表的"零件名"索引，按住鼠标左键拖动到"库存"表的"零件名"索引上，
此时两个索引之间会出现一条关系连线，表示两个表之间已经建立了永久关系。

（2）使用命令方式创建永久关系。

在命令窗口中输入并执行以下命令：

ALTER TABLE 仓库 ADD FOREIGN KEY 仓库号 TAG 仓库号 REFERENCES 库存

（3）删除永久关系。

可以使用以下两种方式删除数据库表之间的永久关系。

1）在数据库设计器中选择要删除的关系连线，点击鼠标右键，在弹出的快捷菜单中选择
"删除命令"进行删除或使用键盘上的"Delete"键进行删除。

2）删除用于建立关系的索引也可以删除关系。

实验 6   数据库的参照完整性

实验目的

1. 掌握数据库参照完整性的设置。
2. 数据库及数据库表相关的函数。

实验内容

1. 设置参照完整性规则

按照以下步骤设置零件表与库存表之间的参照完整性。

（1）打开"ckg1"的数据库设计器。

（2）确认零件表与库存表之间已经建立了永久关系，否则先创建两表之间的永久关系。

（3）执行菜单命令"数据库|清理数据库"。

（4）数据库设计器中选择零件表和库存表之间的关系连线，点击鼠标右键，在弹出的快捷菜单中选择"编辑参照完整性"命令，或双击关系连线，在出现的对话框中点击"参照完整性"按钮，或执行菜单命令"数据库|编辑参照完整性规则"。

（5）在出现的"参照完整性生成器"对话框中设置规则。设置要求如图 3-94 所示。

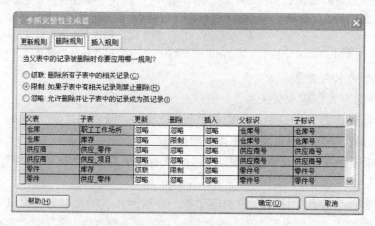

图 3-94   参照完整性设置

（6）规则设置完成后，单击"确定"按钮和"是"按钮，完成设置。

2. 检验参照完整性规则

对于上面设置的参照完整性规则，可以做以下的检验：

（1）在"命令"窗口中输入并执行以下命令：

```
UPDATE 零件 SET 零件号="210"WHERE 零件号="212"
```

执行上述命令后，打开库存表的浏览窗口查看零件号，可以发现库存表中的学号"212"已经自动改为了"210"。

（2）在"命令"窗口中输入并执行以下命令：

```
DELETE FROM 零件 WHERE 零件号="210"
```

执行上述命令后，会出现"触发器失败"信息提示框。

3.　数据库、数据库表相关的函数

（1）数据库相关函数。

在命令窗口中输入并执行以下命令：

```
CLEAR
CLOSE DATABASE ALL
?"当前打开的数据库为"+DBC()
OPEN DATABASE ckgl
?"当前打开的数据库为"+DBC()
?DBUSED('CKGL')
?DBGETPROP('零件','TABLE','RuleExpression')
?DBGETPROP('仓库','TABLE','PrimaryKey')
?DBGETPROP('职工.性别','Field','DefaultVaule')
?DBGETPROP('职工.姓名','Field','Caption')
?DBSETPROP('职工.性别','Field','Caption','SEX')
```

（2）数据库表相关函数。

在命令窗口中输入并执行以下命令：

```
CLOSE TABLES ALL
CLEAR
?SELECT(),SELECT(0),SELECT(1)
USE 零件
?SELECT(),SELECT(0),SELECT(1)
SELECT 3
USE 职工
?SELECT(),SELECT(0),SELECT(1)
?USED('零件'),?USED('职工'),?USED('库存')
?ALIAS(),ALIAS(1),ALIAS(2),ALIAS(3)
?FIELD(1),FIELD(2),FIELD(3)
?FCOUNT(),?FCOUNT(1),?FCOUNT(2),?FCOUNT(3)
```

第4章 查询与视图

建立数据库和存储大量数据的目的之一，就是供用户对存储在表中的记录进行查询，以便作为某项决策的依据。而查询和视图都是 VFP 用来从一个或多个相关联的数据表中提取有用信息的工具，但二者之间也存在某些不同之处。

查询是对确定的数据源中的数据按指定内容和顺序进行检索输出。它可以用来从一个或多个相关联的数据表中提取有用的信息，可以对数据源进行各种组合。有效地筛选记录、管理数据并对结果进行排序。查询文件的扩展名为.QPR，是以文本文件存储的，并且查询是完全独立的，不依赖于数据库的存在而存在。查询所依赖的数据源的类型可以是自由表、数据库表、视图。

视图是在数据库表的基础上创建的一种虚拟表。所谓虚拟是指视图的数据是从已有的数据库表或其他视图中提取的，这些数据在数据库中并不实际存储。仅在数据词典中存储视图的定义。视图是一种与查询文件性质相近的文件，它是一种保存在当前数据库中的 SQL 语句。其创建过程与查询的创建过程类似，主要的差别在于视图的数据是可更新的，而查询不可更新。如果要得到一组只读型的检索结果，可以利用查询；如果想得到一组可更新的数据，必须使用视图。

视图通常分为本地视图和远程视图，本地视图使用 VFP 的 SQL 语句从视图或表中选择信息；远程视图使用远程 SQL 语句从远程 ODBC（开放数据库互联）数据源表中选择信息，并且可以将一个或多个远程视图添加到本地视图中，以便可以在同一个视图中同时访问 VFP 数据和远程 ODBC 数据源中的数据。

本章主要介绍查询和视图的创建与使用以及 SELECT-SQL 语句。

本章应掌握的知识：查询向导的使用，查询设计器的使用，利用 SELECT-SQL 语句创建单表查询、多表查询，命令方式创建视图，视图向导的使用，视图设计器的使用。

本章重点学习内容：查询设计器的使用，利用 SELECT-SQL 语句创建查询，命令方式创建视图，视图设计器的使用。

4.1 查询的创建和使用

查询就是根据用户给定的条件，从指定的一个表或多个相关联的表或视图中获取数据的一个操作过程。利用查询，可以实现在不同场合对数据表进行浏览、筛选、排序、检索、统计，形成不同类型的文件，产生结果多样化的数据资源。

建立查询文件，如涉及多个数据表，很重要的条件是表与表之间必须有公共字段，所谓公共字段就是二表都具有的共同字段，而且必须创建基于公共字段的索引，因为只有这样才能建立表与表之间的连接。

利用查询设计器、查询向导、SELECT-SQL 语句都可以创建查询，当确定查询的数据源后，可以通过下面的基本步骤创建查询：

（1）打开"查询设计器"或"查询向导"。

（2）选择出现在"查询结果"中的字段。

（3）选择出现在"查询结果"中的记录。

（4）选择出现在"查询结果"中的记录顺序。

（5）确定"查询去向"。

4.1.1　利用查询向导创建查询

查询向导是一种简单方便的查询设计工具，设计者只要按照向导提示的步骤，就可以轻松地创建用户所需要的大部分查询。打开"向导选取"对话框的方法主要采用以下两种。

（1）菜单法。

1）打开"文件"菜单或单击标准工具栏中的新建图标□，选择"新建"，进入"新建"对话框。

2）在"新建"对话框中，选择"查询"，再按"向导"按钮，进入"向导选取"对话框，如图 4-1 所示。

（2）项目管理器法。

打开项目管理器，在项目管理器的"数据"选项卡中选取"查询"选项，单击右半部的"新建"按钮，如图 4-2 所示，打开"新建查询"对话框，再按"查询向导"按钮，同样可以打开图 4-1 所示的"向导选取"对话框。

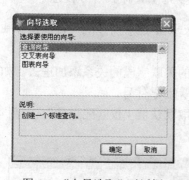

图 4-1　"向导选取"对话框

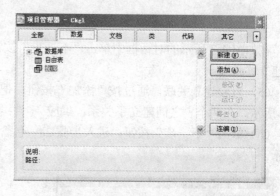

图 4-2　在项目管理器中创建查询

下面通过一个实例来讲解如何利用"查询向导"创建查询。

【例 4.1】　查询供应商号为"453"的供应商所供应的零件的零件号、名称、规格和单价。具体步骤为：

（1）打开"文件"菜单，选择"新建"，进入"新建"对话框。

（2）在"新建"对话框中，选择"查询"，再按"向导"按钮，进入如图 4-1 所示的"向导选取"对话框。

（3）在"向导选择"窗口，选择"查询向导"，再按"确定"按钮，进入"查询向导"对话框，如图 4-3 所示。

在"查询向导"对话框中会出现提示：您希望查询结果中出现哪些字段？可从一个或多个表或视图中选择字段；选择一个数据库或自由表，选择一个表或视图，然后选择所需字段。按照该提示，执行步骤（4）所述操作，选取查询结果中所需要的字段。

（4）选择字段。通过在"数据库和表"下拉列表框中打开要建立查询的数据源文件，即表"零件.dbf"，从"可用字段"中选择相应字段到"选定字段"框；为了清楚地看出查询结果中的零件全部是由供应商号为"453"的供应商所供应的，在查询结果的字段中最好包含"供应商号"字段，因此，我们在"数据库和表"下拉列表框中再选取"供应商"表，在"可用字段"中选取"供应商号"添加到"选定字段"框。

通过用鼠标左键单击"选定字段"框中的按钮 🔼 并按住鼠标左键上下拖动，可以调整字段的顺序，字段由上向下的顺序即代表查询结果中的字段由左向右的顺序。字段选取结果如图 4-4 所示。

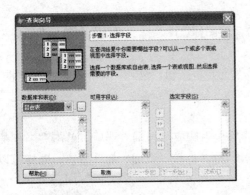

图 4-3　查询向导

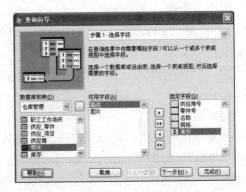

图 4-4　查询向导——字段选取

在如图 4-3 所示的对话框中单击"下一步"按钮，进入步骤（5）所述的"查询向导—为表建立关联"。

（5）为表建立关联。通过按"添加"按钮，把两个表的关联字段的关系添加进去。如图 4-5 所示，在两个表之间建立了关系：供应_零件.零件号=零件.零件号。

（6）单击"下一步"按钮，进入步骤 2a—包含记录，取默认值"仅匹配记录"，如图 4-6 所示。

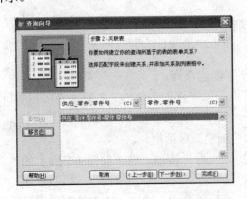

图 4-5　查询向导——为表建立关联

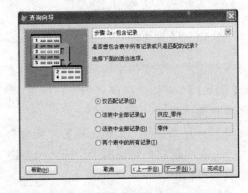

图 4-6　查询向导——包含记录

（7）筛选记录。如果想查询特定记录时，可以使用字段框、操作符框和值框来创建表达式；在本例中令供应_零件.供应商号等于"453"，如图 4-7 所示。若筛选条件有两个，可以通过"与"或"或"来实现条件合并。

（8）排序记录。在"可用字段"框中选中一个字段"添加"到"选定字段"框，可以添加一个或多个字段，通过"升序"或"降序"设定排序顺序。在本例中并未做排序要求，我们可以按照零件.零件号的升序来排序，如图 4-8 所示。当然本步骤也可以省略，在如图 4-7 所示中直接单击"完成"按钮或单击"预览"按钮，预览查询的结果。

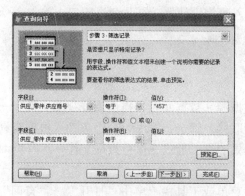

图 4-7 查询向导——筛选记录

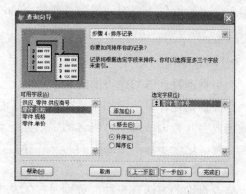

图 4-8 查询向导——排序记录

（9）保存、运行或修改查询。VFP 提供了三种保存查询文件的方式，其中"保存查询"将查询结果保存为.qpr 文件，并返回到"命令"窗口；"保存查询并运行它"将查询结果保存为.qpr 文件并运行该文件，在"浏览"窗口显示查询结果；"保存查询并在查询设计器中修改它"将查询结果保存为.qpr 文件，利用查询设计器可继续对查询文件进行修改。本例选择"保存查询"，单击"完成"按钮，也可以单击"预览"按钮，预览查询的结果，如图 4-9 和图 4-10 所示。单击"完成"按钮后会弹出"另存为"窗口，输入查询文件名"例 4.1"，再按"保存"按钮，结束利用查询向导创建查询文件的操作。

图 4-9 查询向导——"完成"对话框

图 4-10 预览结果

 注 意

对于通过查询向导创建的查询，如果需要修改就可以打开查询设计器窗口进行修改。

4.1.2 利用查询设计器创建和修改查询

利用查询设计器可以方便地设计和修改查询。

1. 打开查询设计器

打开查询设计器的方法有三种，操作过程分别为：①从文件菜单或工具栏上单击"新建"
→查询→新建文件→进入查询设计器；②当所用到的数据表已在项目中时，从项目管理器窗
口中单击"数据"→查询→新建→新建查询→进入查询设计器；③从命令窗口中输入命令：

```
create query 查询文件名          && 创建新查询
```

2. 创建查询

利用查询设计器创建查询的基本步骤：

打开查询设计器→添加创建查询所基于的数据源（数据库表、自由表或视图文件）→定
义输出内容（查询结果中所包含的字段）→设置联接、筛选、排序、分组条件（根据查询要
求来设置，这个步骤不是必须的）→选择查询结果的输出形式→保存查询文件→运行查询。

3. 修改查询

修改查询的方法有三种，分别是：①从文件菜单或工具栏上单击"打开"→"查询"→
选择查询文件→进入查询设计器；②当所用到的数据表已在项目中时，从项目管理器窗口中
单击数据→查询→选择查询文件→单击"修改"→进入查询设计器；③从命令窗口中输入
命令：

```
modify query 查询文件名          && 修改已存在的查询
```

4. 运行查询

查询结果的查看需要通过运行查询来实现，运行查询的方法有五种，分别为：①在查询
设计器打开的状态下，单击常用工具栏上的！按钮；②从查询菜单中选择"运行查询"；③单
击鼠标右键，在弹出的快捷菜单中选择"运行查询"；④从项目管理器中选中查询文件并单击
"运行"按钮；⑤从命令窗口中输入：

```
DO 查询文件名                    && 运行查询
```

5. 举例

【例 4.2】 试分类汇总不同供应商所供应零件的价值总额，要求：

（1）供应_零件.供应商号头二位小于"450"。

（2）显示供应商号和所供应零件的价值总额小计。

（3）查询结果按照价值总额小计降序排列。

（4）查询结果输出到浏览窗口。

操作步骤：

（1）打开查询设计器。选择"文件"菜单中的"新建"命令，在弹出的"新建"对话框
中，文件类型选择"查询"，再选"新建文件"按钮打开查询设计器。

（2）添加表。在"添加表或视图"对话框中添加查询所需要的数据源文件——表或视图。

打开"添加表或视图"对话框的方法有以下三种：

1）单击菜单栏"查询"|"添加表"命令，打开"添加表或视图"对话框，如图 4-11
所示。

2）在"查询设计器"中任意位置单击鼠标右键，弹出如图 4-12 所示的"快捷菜单"，在
"快捷菜单"上单击"添加表"命令，同样可以打开图 4-11 所示的"添加表或视图"对话框。

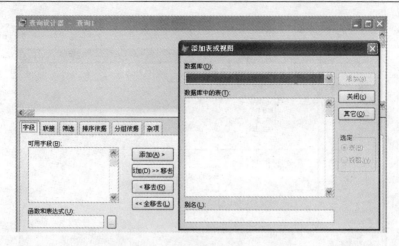

图 4-11 "添加表或视图"对话框

3）单击菜单栏"显示"|"工具栏"命令，打开图 4-13 所示的"工具栏"，单击"查询设计器"左边的方框选中，然后单击"确定"按钮，打开图 4-14 所示的"查询设计器"工具栏，在工具栏上单击工具按钮，也可以打开"添加表或视图"对话框。

图 4-12 快捷菜单

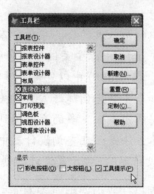

图 4-13 "工具栏"对话框

图 4-14 "查询设计器"工具栏

本步骤操作分析：根据本例的查询条件，由于查询结果中要求显示供应商号和所供应零件的价值总额小计，而"供应商号"这个字段可以在"供应_零件.dbf"中找到；所供应零件的"价值总额小计"尽管在各个表中都不能直接给出，但通过聚集函数 SUM（求和函数）和表"零件.dbf"中的字段"零件.单价"可以找到。

本步骤操作过程：在"添加表或视图"对话框中添加供应_零件.dbf 和零件.dbf：单击"添加表或视图"对话框中的"其他"按钮，选择"零件.dbf"添加到"添加表或视图"对话框中的"数据库中的表"下拉列表框中，如图 4-15 所示，然后选中该列表框中的"零件.dbf"，再单击"添加"按钮，将"零件.dbf"添加到查询设计器中，接着将"供应_零件.dbf"添加到查询设计器中，添加完毕单击"添加表或视图"对话框中的

图 4-15 添加数据库表

"关闭"按钮，返回查询设计器，如图 4-16 所示。

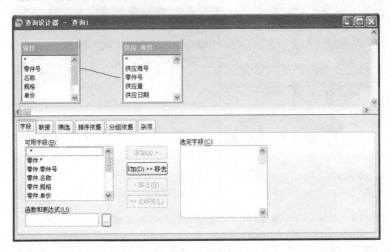

图 4-16　查询设计器

> **注 意**
>
> ①可以发现，在查询设计器中的两张表的公共字段"零件号"之间有一条连线，这是由于我们事先已经在主表（零件.dbf）中以主关键字"零件.零件号"为索引字段创建了一个主索引，并且在子表（供应_零件.dbf）中以外部关键字"供应_零件.零件号"为索引字段创建了一个普通索引。如果不事先创建好索引，关系连线不会自动给出。②当然，如果索引未事先创建好，在将两张表或更多的表添加到查询设计器中以后，此时也可以打开表设计器创建索引。具体方法是：在查询设计器中单击表的标题栏，使其呈亮显状态，单击菜单"显示" | "表设计器"，打开表设计器创建索引。

（3）设计要查询的字段。在查询设计器中选中要查询的表，然后选择"字段"选项卡，在"可用字段"框选中"供应_零件.供应商号"字段，通过"添加"把选中的字段添加到"选定字段"框；由于"价值总额小计"在所有字段中不能直接找到，因此必须通过单击"函数和表达式"下方的文本框右边的"省略按钮" ，打开"表达式生成器"对话框，或者也可以直接在"函数和表达式"下方的文本框中输入表达式 SUM（供应_零件.供应量*零件.单价）。然后通过"添加"，同样将"SUM（供应_零件.供应量*零件.单价）"添加到"选定字段"框，在选定字段中出现的字段就是查询中包含的字段，如图 4-17 所示。

（4）确定关联。在查询中，两个表的关联方式有四种：内部联接、左联接、右联接和完全联接。在查询设计器中选择"联接"选项卡，在"类型"栏中可以选择一种联接类型，在"联接条件"对话框中，设置联接字段，如图 4-18 所示。如果"联接条件"有多个，还可以通过"逻辑"栏下拉列表中的"AND"或"OR"设置多个"联接条件"。如果表之间在创建查询之前已经创建过对应字段的索引，则在创建查询时会自动建立"联接条件"，而不需要用户创建。

（5）筛选记录。在查询设计器中"筛选"选项卡的"字段名"栏中选择字段"供应_零件.供应商号"，在"条件"栏选择"＜"，在"实例"栏输入比较的值"450"，就可以设置一个筛选表达式：供应_零件.供应商号＜"450"，如图4-19所示。

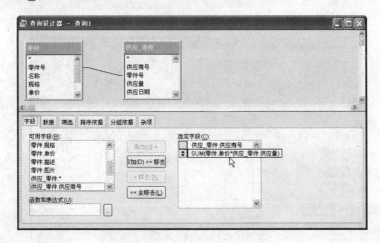

图4-17 设计要查询的字段

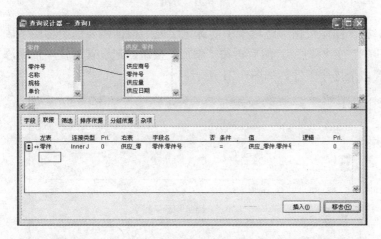

图4-18 设置"联接条件"

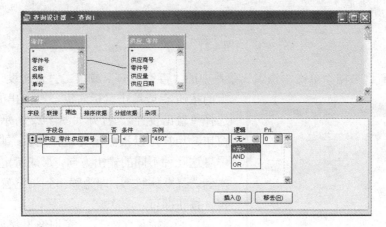

图4-19 筛选记录

（6）分组。在查询设计器中"分组依据"选项卡的"可用字段"框选中"供应_零件.供

应商号"字段，通过"添加"把选中的字段添加到"选定字段"框，被选中的字段即是进行
分组的字段，如图 4-20 所示。

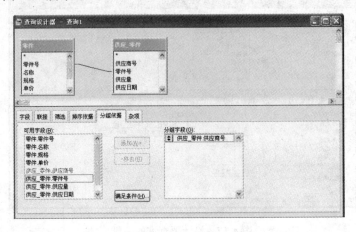

图 4-20　分组

（7）排序。在"排序依据"选项卡中的选定字段中根据需要选定相应字段，在"排序选
项"中选择"升序"或"降序"，然后再按"添加"按钮，把设置的排序依据添加到排序条件
框中，可以设置多个排序条件，如图 4-21 所示。

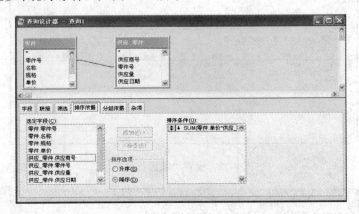

图 4-21　排序

（8）选择查询去向。单击"查询"菜单中的"查询去向"或单击"查询设计器"工具栏

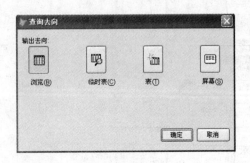

图 4-22　查询去向

上的按钮 或单击鼠标右键，在弹出的快捷菜单中
选择"输出设置"，打开如图 4-22 所示"查询去向"
窗口，用户可以根据需要选择浏览、临时表、表、
屏幕这几种不同的输出方向，形成特定类型的文件。
本例选择默认状态，即为输出到浏览窗口，单击"确
定"按钮即可。

1）若选择"浏览"，查询结果将显示在系统定
义的浏览窗口中，"浏览"是默认值。

2）若选择"临时表"，用户必须输入一个临时

表文件名，查询结果将输出到临时表，对于临时表，系统不会保存。

3）若选择"表"，用户必须输入一个表名，查询结果将形成一个.dbf 的表文件。

4）若选择"屏幕"，查询结果将显示在屏幕中，且窗口中增添一些选项供用户选择，如图 4-23 所示。

"次级输出"（Secondary Output）框中的选项指定查询结果输出到屏幕的同时还输出到某种设备上。选择"无"单选按钮，查询结果将只显示在屏幕上；选择"打印机"单选按钮，查询结果在输出到屏幕的同时还输

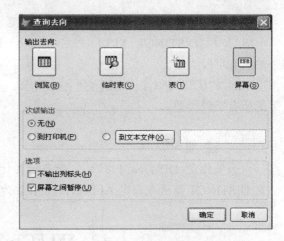

图 4-23　屏幕输出

出到打印机上；选择"到文本文件"单选按钮，查询结果在输出到屏幕的同时也输出到一个由用户指定文件名的文本文件中。

"选项"框中的选项指定显示查询结果时的一些操作。选择"不输出列标头"复选框，表示阻止列标头出现在查询结果顶部。选择"屏幕之间暂停" 复选框，表示在每屏结束时暂停显示并给出继续下一屏的提示。在提示时，可以按"ESC"键取消查询。

（9）保存查询。单击"文件"|"保存"选项或标准工具栏上的 🖫 按钮，在弹出的"另存为"对话框中，选择路径并输入文件名，单击"保存"按钮，可以形成一个.qpr 的查询文件，本例保存为"例 4.2.qpr"。

（10）运行查询。要显示查询结果，在没有关闭查询设计器时，可单击系统主菜单的"查询"|"运行查询"选项，即可得到如图 4-24 所示的结果。如果查询去向为"临时表"或"表"文件，运行查询后并不能直接看到查询结果，需要单击"显示"|"浏览"选项才可查看。在关闭"查询设计器"后，可单击系统主菜单的"程序"|"运行"选项。然后，在"运行"对话框中，选择"文件类型"为"程序"，选中文件"例 4.2.qpr"，然后单击运行，也可以得到

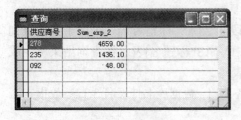

图 4-24　查询结果

如图 4-24 所示的结果。同样，如果查询去向为"临时表"或"表"文件，运行查询后并不能直接看到查询结果，需要单击"显示"|"浏览"选项才可查看。

6. 聚集函数

和大多数其他关系数据库产品一样，VFP 支持聚集函数。一个聚集函数从多个输入列中计算出一个结果。比如，我们有在一个列集合上计算 count（数目）、sum（和）、avg（均值）、max （最大值）和 min（最小值）的函数。多数聚集函数不统计值为 null 的行，但聚集函数可以与 distinct 一起使用去掉重复的行，也可以在 group by 子句中使用来进行分组。各主要函数的功能如下：

COUNT （ [DISTINCT|ALL] * ）统计元组的个数。

COUNT （ [DISTINCT|ALL] <列名> ）统计某个字段中的非空（ Not Null）值的个数，允许对各种字段类型进行统计。

SUM （ [DISTINCT|ALL] <列名> ）计算一列值的总和（此列必须是数值型）。

AVG（ [DISTINCT | ALL] <列名> ）计算一列值的平均值（此列必须是数值型）。

MAX（ [DISTINCT | ALL] <列名> ）求一列值中的最大值，允许除了备注和 O L E 对象外的所有字段类型。

MIN（ [DISTINCT | ALL] <列名> ）求一列值中的最小值，允许除了备注和 O L E 对象外的所有字段类型。

注 意

      如果指定 DISTINCT 短语，则表示在计算时要取消指定列中的重复值。如果不指定 DISTINCT 短语或指定 ALL 短语（ALL 为缺省值），则表示不取消重复值。

4.2　SELECT–SQL 查询语句

除了使用交互方式实现查询外，还可以使用结构化查询语言 SQL 进行查询，它是一种用于关系型数据库定义、检索数据的标准化查询语言。该语言的句法简单、易学，是一种非程序化的语言。在 VFP 数据库管理系统中，嵌入的 SQL 语言只是 SQL 结构化查询语言中的一个子集，它可以在 VFP 的"命令"窗口和任何程序中使用。

常用的 SELECT-SQL 查询语句的命令格式如下：

```
SELECT [ALL | DISTINCT]表名1. 字段名1 [AS 标题名1]，表名1. 字段名2 [AS 标题名2]，…
FROM 数据库名! 表名1 [,数据库名! 表名2 ] [, 数据库名! 表名3 ]
[[INNER | LEFT[OUTER] | RIGHT[OUTER] | FULL[OUTER] JOIN 数据库名!]表名[ON 连接条件]]…
[TO FILE 文本文件名 | into table | into cursor 表文件名 ]
[WHERE[连接条件[AND 连接条件]…][AND | OR 过滤条件]]
[GROUP BY 分组字段名[,分组字段名 ] …]
[HAVING 分组中满足的过滤条件 ]
[ORDER BY 排序字段名1 [ASC | DESC] [, 排序字段名2 [ASC | DESC]] …]
```

（1）[ALL|DISTINCT] 参数中的 ALL 参数将筛选出满足给定条件的所有记录；DISTINCT 将筛选出满足给定条件的记录，但排除记录相同的重复行。

（2）表名 1. 字段名 1 [AS 标题名 1], 表名 1. 字段名 2 [AS 标题名 2], …用于指明查询结果中所包含的字段。字段之间用逗号做分隔符。其中，[AS 标题名]表示在查询结果所生成的表中，用 AS 后的标题名来替换原有的字段名作为表头。

（3）FROM 数据库名! 表名 1 [, 数据库名! 表名 2] [, 数据库名! 表名 3] 参数指定查询所使用的数据源。

（4）[[INNER |LEFT [OUTER] |RIGHT [OUTER] |FULL [OUTER] JOIN 数据库名!] 表名 [ON 连接条件]] …表示指定联接的类型及联接字段表达式。

各连接类型的含义如下：

1) INNER JOIN：内部连接，也称为等值链接，指定只有满足连接条件的记录包含在结果中，此类型是默认的，也是最常用的。

2) RIGHT OUTER JOIN：右外连接，指定满足连接条件的记录，以及满足连接条件右侧的表中记录（即使不匹配连接条件）都包含在结果中；若根据连接条件，在左表中无匹配记录，则在查询的相应列中出现 NULL。

3）LEFT OUTER JOIN：左外连接，指定满足连接条件的记录，以及满足连接条件左侧的表中记录（即使不匹配连接条件）都包含在结果中；若根据连接条件，在右表中无匹配记录，则在查询的相应列中出现 NULL。

4）FULL JOIN：完全连接，指定所有满足和不满足连接条件的记录都包含在结果中。

举例说明：

设有两个关系（二维表）R 和 S（如图 4-25 所示），对 R 和 S 做内部连接就是从两个关系的笛卡尔积中选取公共属性上值相等的元组后构成的新的关系。新关系的行是由原有关系 R 与 S 中公共属性上值相等的元组的组合，新关系的列是由原有关系 R 的所有列与 S 的所有列合并后得到的。设关系 R 原有 n 列（n 目关系），S 原有 m 列（m 目关系），R 和 S 做内部连接后的关系就有 n+m 列，其中，新的关系中任何一个元组的前 n 列是关系 R 的一个元组，后 m 列是关系 S 的一个元组。此时，关系 R 中某些元组有可能在 S 中不存在公共属性上值相等的元组，从而造成 R 中这些元组在操作时被舍弃了，同样，关系 S 中某些元组有可能在 R 中不存在公共属性上值相等的元组，从而造成 S 中这些元组在操作时也被舍弃了（如图 4-25 所示）。

A	B	C
a_1	b_1	5
a_1	b_2	6
a_2	b_3	8
a_2	b_4	12

（a）

B	E
b_1	3
b_2	7
b_3	10
b_3	2
b_5	2

（b）

A	B_R	C	B_S	E
a_1	b_1	5	b_1	3
a_1	b_2	6	b_2	7
a_2	b_3	8	b_3	10
a_2	b_4	8	b_4	2

（c）

图 4-25　关系（二维表）R 和 S 及内部连接结果图

（a）关系 R；（b）关系 S；（c）内部连接

如果把舍弃的元组也保存在结果关系中，而在其他属性上填空值（NULL），那么这种连接就叫做外连接，在 VFP 中也称之为完全连接。如果只把左边关系 R 中要舍弃的元组保留就叫做左外连接，如果只把右边关系 S 中要舍弃的元组保留就叫做右外连接（如图 4-26 所示）。

（5）[TO FILE 文本文件名 | into table | into cursor 表文件名]：用于指定查询结果的输出去向。分别表示将查询结果送到一个文本文件、表文件、临时表中。

（6）[WHERE [连接条件 [AND 连接条件]…][AND|OR 过滤条件]] 参数用以设置

多表连接条件以及筛选条件。WHERE 子句中的连接条件与 FROM 子句中的 JOIN 操作功能相同。因此，二者选一即可。

A	B_R	C	B_S	E
NULL	NULL	NULL	b_5	2
a_1	b_1	5	b_1	3
a_1	b_2	6	b_2	7
a_2	b_3	8	b_3	2
a_2	b_3	8	b_3	10
a_2	b_4	12	NULL	NULL

（a）

A	B_R	C	B_S	E
a_1	b_1	5	b_1	3
a_1	b_2	6	b_2	7
a_2	b_3	8	b_3	2
a_2	b_3	8	b_3	10
a_2	b_4	12	NULL	NULL

（b）

A	B_R	C	B_S	E
NULL	NULL	NULL	b_5	2
a_1	b_1	5	b_1	3
a_1	b_2	6	b_2	7
a_2	b_3	8	b_3	2
a_2	b_3	8	b_3	10

（c）

图 4-26　外连接、左外连接、右外连接结果图
（a）外连接；（b）左外连接；（c）右外连接

（7）[GROUP BY 分组字段名 [，分组字段名] …] 参数用于对查询结果进行分组，可以利用它进行分组汇总，设置分组汇总依据。

（8）[HAVING 分组中满足的过滤条件] 参数必须跟随 GROUP BY 使用，用来限定分组必须满足的条件。筛选条件用逻辑表达式书写。

（9）[ORDER BY 排序字段名 1 [ASC | DESC] [，排序字段名 2 [ASC | DESC]] …]参数用以设置查询结果的排序依据。其中，ASC 表示升序；DESC 表示降序。可以有多个排序字段表示，当"排序字段名 1"相同时，按照"排序字段名 2"进行排序……

注意

①　WHERE 短语和 HAVING 短语是有区别的。WHERE 短语的作用对象是基本表或视图，从中选择满足条件的元组，而 HAVING 短语的作用对象是组，从中选择满足条件的组；②　SELECT 查询语句中各个短语之间的位置不能随意更改。

其中 WHERE 子句中常用的查询条件见表 4-1。

表 4-1　　　　　　　　　　　　　　常用的查询条件

查 询 条 件	谓　　　词
比　　较	=, =, >, <, >=, <=, !=, <>
确定范围	BETWEEN AND，NOT BETWEEN AND

续表

查 询 条 件	谓　　词
确定集合	IN，NOT IN
字符匹配	LIKE，NOT LIKE
空　值	IS NULL，IS NOT NULL
多重条件（逻辑运算）	AND，OR，NOT

上表中各命令谓词的含义如下：

（1）比较。

等号（=）指定字段和示例（Example）字段中的值相同。

大于（>）指定字段必须大于示例（Example）字段中的值。

小于（<）指定字段必须小于示例（Example）字段中的值。

大于等于（>=）指定字段必须大于或等于示例（Example）字段中的值。

小于等于（<=）指定字段必须小于或等于示例（Example）字段中的值。

（2）确定范围。Between 在示例（Example）栏出现的条件中，指定字段必须大于等于较小值并且小于等于较大值。必须用关键字 AND 分开示例（Example）字段中的两个值。Visual FoxPro 用关键字 BETWEEN 创建查询。

例如，Invoices.idate Between 05/10/2012 AND 05/12/2012 匹配 2012 年 5 月 10、11 和 12 日的记录。

（3）确定集合。IN 指定字段必须匹配示例（Example）字段中出现的以逗号分隔列示的几个值之一。

例如，Customer.name In Al,George,Mary 匹配客户名为 Al、George 或 Mary 的记录。

（4）字符匹配。LIKE 是字符串匹配运算符，匹配符"%"代表 0 到多个任意字符，匹配符"_"代表任意一个单个字符。

（5）空值：IS NULL 指定字段必须包含 NULL 值。

4.2.1　单表查询

1. 单表查询的格式与示例

单表查询所基于的数据源是单个的一张自由表或数据库表。该语句的一般格式为：

```
SELECT [ALL | DISTINCT] <字段列表>
FROM <表>
[WHERE <筛选条件表达式> ]
[GROUP BY <列名>]
[HAVING <条件表达式>]
[ORDER BY <列名>][ASC | DESC]
```

一个最基本的查询语句至少应该有 SELECT 和 FROM 短语，用于说明查询结果所生成的新的表应该包含的字段名和查询所基于的数据源表。

【例 4.3】　查询各种零件的基本信息。

```
SELECT * FROM 零件
```

> SELECT 后的选项可以是 "*" 号，表示选择数据表或视图文件中的所有字段。查询结果如图 4-27 所示。

【例 4.4】 查询零件号的首字符为 "2" 的零件的零件号、名称、规格和单价，并要求查询结果按照零件号降序排序。

查询语句：

```
SELECT 零件号, 名称, 规格, 单价 ;
from 零件 ;
WHERE 零件号 like "2%" ;
order by 零件号 desc
```

查询结果如图 4-28 所示。

图 4-27　查询结果（一）　　　　　　　图 4-28　查询结果（二）

【例 4.5】 查询单价介于 2 和 6 之间（包括边界值）的各种零件的基本信息。

查询语句：SELECT * FROM 零件 WHERE 单价 BETWEEN 2 AND 6

查询结果如图 4-29 所示。

【例 4.6】 显示各种名称零件各自的平均单价。

查询语句：SELECT 名称, AVG(单价) as 平均单价 FROM 零件 Group By 名称

查询结果如图 4-30 所示。

图 4-29　查询结果（三）　　　　　　　图 4-30　查询结果（四）

【例 4.7】 显示螺钉、键和垫圈各自的最高单价。

查询语句：

```
SELECT 名称, MAX(单价) as 最高单价;
FROM 零件 WHERE 名称 IN("螺钉","键","垫圈");
Group By 名称
```

查询结果如图 4-31 所示。

2. 单表集合查询

SELECT 语句的查询结果是记录的集合，因此多个 SELECT 语句的结果可以进行集合的并操作 UNION、交操作 INTERSECT 和差操作 EXCEPT。进行集合操作的前提是，参加集合操作的各查询结果的列数必须相同，且对应项的数据类型也必须相同。在 VFP 的环境中只提供了并操作。

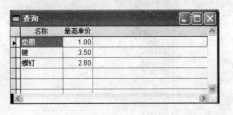

图 4-31　查询结果（五）

例如：查询学生情况表中计算机系（xdh=‘001’）的学生和年龄不大于 19 岁的学生。

分析：本查询实际上是求计算机系的所有学生和年龄不大于 19 岁的学生的并集。

查询语句：

```
SELECT * FROM 学生情况 WHERE XDH='001';
UNION;
SELECT * FROM 学生情况 WHERE YEAR(DATE())-YEAR(CSRQ)<=19
```

> **注意**
>
> 语句未写完，换行时需在句末加分号。

3. 单表查询综合举例

【例 4.8】 创建教学数据库 student，该数据库中包含 7 个基本表：学生情况基本表 xs（xh（学号），xm（姓名），xb（性别），zydh（专业代号），xdh（系代号），jg，csrq（出生日期），zp（照片））、课程基本表 kc（kcdh，kcm（课程名），kss，bxk，xf）、学生选课基本表 cj（xh，kcdh，cj（成绩））、教师情况基本表 js（gh（工号），xm，xb，xdh，zcdh（职称代号），csrq，gzrq（供职日期），jl（简历），zp）、授课基本表 tc（gh，kcdh）、系别基本表 d（xdh，addr）、教师工资表 gzb（gh，xm，xb，zc（职称），csrq，jbgz（基本工资））。表中各字段名后括号中的中文是对字段名的解释。字段类型和宽度自行给定。

基于 student 数据库中各基本表完成如下查询：

（1）查询基本工资不在 1000 至 2000 元之间的教师的教师号、姓名及职称。

查询语句：`select gh,xm,zc from gzb where jbgz not between 1000 and 2000`

（2）从教师表中查询所有姓张的教师和姓名中第二个字为"德"的教师号和姓名。

查询语句：`select gh,xm from js where xm like '张%'or xm like '_德%'`

（3）从工资表中查询所有职称是教授或副教授的教师的教师号和姓名。

查询语句：`select gh, xm from gzb where "教授" $ zc`

或

`select gh, xm from gzb where zc="教授"or zc="副教授"`

（4）从成绩表中查询选修了课程的学生学号。

查询语句：`select distinct xh from cj`

查询结果如图 4-32 所示。

如果不采用关键词 DISTINCT，查询结果里就会包含许多重复的行，如图 4-33 所示。如果想去掉结果表中的重复行，必须指定 DISTINCT 关键词。

图 4-32　查询结果（六）

图 4-33　查询结果（七）

（5）查询全体教师的教师号、姓名和年龄，并分别为三列指定别名。

查询语句：`select gh as 教师号, xm as '姓名', YEAR(DATE())-YEAR(csrq) as '年龄' from js`

 注 意

别名可以用' '做定界符，也可以缺省不用，效果相同，如图 4-34 所示。但用""效果不同，双引号会成为字段名的一部分。

图 4-34　查询结果（八）

（6）查询选修课程代号为 01 或 02 且分数大于等于 85 分学生的学号、课程号和成绩。

查询语句：

`select xh,kcdh,cj from cj where (kcdh='01' or kcdh='02') and (cj>=85)`

（7）查询没有考试成绩的学生的学号和相应的课程号。

查询语句：`select xh, kcdh from cj where cj is null`

（8）查询选修 01 号课程的最高分、最低分及最高最低分差,并统计选修了该课程的学生人数。

查询语句：`select max(cj)as 最高分, min(cj)as 最低分, max(cj)- min(cj)as 最大分差, count (*) 选课人数 from cj  where kcdh='01'`

（9）求有三门以上选课成绩及格的学生的学号及其总成绩，查询结果按总成绩降序列出。

查询语句：

```
select xh, sum(cj) as TotalScore ;
from cj ;
where cj>=60;
group by xh ;
having count(*)>=3 ;
order by 2 desc
```

> **注 意**
>
> group by 子句将查询结果按某一列或多列的值分组，值相等的为一组。对查询结果分组的目的是为了细化聚集函数的作用对象。如果未对查询结果分组，聚集函数将作用于整个查询结果，分组后，聚集函数将作用于每一个组，即每一组都有一个函数值。如果分组后还要求按一定的条件对这些组进行筛选，最终只输出满足指定条件的组，则可以使用 having 短语指定筛选条件。order by 后的排序字段不接受聚集函数。因此，在本例中用序号 2 表示以查询结果新生成的二维表的第 2 列作为排序字段。如果采用聚集函数 sum(cj) 作为排序字段将会出现错误。

（10）查询选修课程代号为 02、03、04 或 05 课程的学号、课程号和成绩，查询结果按学号升序排列，学号相同再按成绩降序排列。

查询语句：

```
select xh, kcdh, cj from cj;
where kcdh in('02','03','04','05');
order by xh, cj desc
```

【例 4.9】 在 JXGL 项目内已知教师表（JS）中含有民族代码（mzdm,C）等字段，见表 4-2 所示。基于 JS 表，根据民族代码分类统计人数，分类方法是：民族代码为 "01" 的表示 "汉族"，其他全部表示为 "其他民族"。要求输出字段为：民族，人数，统计结果中 "其他民族" 的人数排在第一行，并将输出结果保存到文件 BC 中。

表 4-2　　　　　　　　　　　　教 师 表

Gh	Xm	Xb	Mzdm	Zc
020011	边晓丽	女	10	副教授
050006	姜美群	男	01	教授
050005	周大年	男	01	副教授
050008	金　刚	男	10	讲师
050002	徐全明	男	01	副教授
050009	王耀辉	男	03	讲师
110004	柏　松	男	23	助教
110003	金晓光	男	10	讲师
990021	刘建力	男	01	副教授
990009	边小青	女	03	副教授

分析与解答：本例中要求查询的结果为两列，即 "民族" 列和 "人数" 列，而该两列的字段名是不存在的，因此要采用重命名的方法生成该两列的标题。再有，题目要求将民族代码为 "01" 的表示为 "汉族"，其他的表示为 "其他民族"，因此要将 "汉族" 和 "其他民族" 作为字符常量进行输出。由于 "汉族" 和 "其他民族" 的人数统计是在一个表中分别进行统计的，需要将统计结果进行合并，因此需要运用集合运算中的 "并" 运算，完成统计和输出。

查询语句：

```
sele "其他民族" as 民族,count(mzdm) as 人数 from js where mzdm!='01'union;
sele "汉族" as 民族,count(mzdm) as 人数 from js where mzdm='01' order by 民族 desc
to file BC
```

查询结果为：

```
民族                    人数
其他民族                 6
汉族                     4
```

4.2.2　多表查询（连接查询）

上述查询都是针对一个表进行的。在一个数据库中的多个表之间一般都存在着某些联系，在一个查询语句中同时涉及两个或两个以上的表时，这种查询称之为多表查询（也称连接查询）。在多表之间查询必须处理表与表之间的连接关系，即要有<连接条件表达式>。该语句的一般格式为：

```
SELECT  [ALL | DISTINCT]  <字段列表>
FROM    <表 1>, <表 2>...
WHERE   <连接条件表达式> [and <筛选条件表达式>]
[GROUP BY <列名>]
[HAVING  <条件表达式>]
[ORDER BY <列名>][ASC | DESC]
```

【例 4.10】 对［例 4.1］中的查询要求采用 SQL 命令完成多表查询。可以采用以下两种命令语句形式：

形式 1：

```
SELECT 供应_零件.供应商号, 供应_零件.零件号, 零件.名称, 零件.规格,;
零件.单价;
FROM  仓库管理!供应_零件 INNER JOIN 仓库管理!零件 ;
ON  供应_零件.零件号 = 零件.零件号;
WHERE 供应_零件.供应商号 = "453";
ORDER BY 供应_零件.零件号
```

形式 2：

```
SELECT 供应_零件.供应商号, 供应_零件.零件号, 零件.名称, 零件.规格,;
零件.单价;
FROM 仓库管理!供应_零件, 仓库管理!零件 ;
WHERE 供应_零件.零件号 = 零件.零件号 and 供应_零件.供应商号 = "453";
ORDER BY 供应_零件.零件号
```

【例 4.11】 对［例 4.2］中的查询要求采用 SQL 命令语句完成查询。可以采用以下两种命令语句形式：

形式 1：

```
SELECT 供应_零件.供应商号, SUM(供应_零件.供应量*零件.单价);
FROM  仓库管理!零件 INNER JOIN 仓库管理!供应_零件 ;
ON  零件.零件号 = 供应_零件.零件号;
WHERE 供应_零件.供应商号 < "450";
GROUP BY 供应_零件.供应商号;
ORDER BY 2 DESC
```

形式 2：

```
SELECT 供应_零件.供应商号, SUM(供应_零件.供应量*零件.单价);
FROM   仓库管理!零件, 仓库管理!供应_零件 ;
WHERE 零件.零件号 = 供应_零件.零件号 and 供应_零件.供应商号 < "450";
GROUP BY 供应_零件.供应商号;
ORDER BY 2 DESC
```

【例 4.12】　基于［例 4.8］中所创建的教学数据库 student，完成如下多表查询。

（1）查询所有选课学生的学号、姓名、选课名称及成绩。

查询语句：

```
select xs.xh, xs.xm, kc.kcm, cj.cj;
from xs, kc, cj ;
where xs.xh=cj.xh and cj.kcdh=kc.kcdh
```

（2）检索所有学生姓名、年龄及选课名称。

查询语句：

```
select xm, YEAR(DATE())-YEAR(csrq), kcm;
from xs, kc, cj;
where xs.xh=cj.xh and cj.kcdh=kc.kcdh
```

（3）输出学生成绩在 80～90 分之间的学生名单，列出学号、姓名、分数和课程名。

查询语句：

```
select xs.xh, xs.xm, cj.cj, kc.kcm;
from xs, kc, cj;
where xs.xh=cj.xh and cj.kcdh=kc.kcdh and cj.cj between 80 and 90
```

4.2.3　嵌套查询

嵌套查询的定义：

（1）指在一个外层查询中包含有另一个内层查询，其中外层查询称为主查询，内层查询称为子查询。

（2）SQL 允许多层嵌套，由内而外地进行分析，子查询的结果作为主查询的查询条件。

（3）子查询中一般不使用 order by 子句，只能对最终查询结果进行排序。

【例 4.13】　查询与王大龙教师职称相同的教师号、姓名。

```
select gh, xm from js ;
where zcdh= (select zcdh from js where xm='王大龙')
```

或

```
select gh, xm from js ;
where zcdh in (select zcdh from js where xm='王大龙')
```

在嵌套查询中，子查询的结果往往是一个集合，所以谓词 IN 是嵌套查询中最经常使用的谓词。

【例 4.14】　输出刘玉敏同学所在系的学生清单。

```
select * from xs where xdh= (select xdh from xs where xm='刘玉敏')
```

4.3　视图的创建和使用

4.3.1　视图的基本概念

我们通常所说的视图主要指的是数据库表视图，数据库表视图其实是从数据库表或视图中导出的"表"。与其他表不同，视图中的数据还是存储在原来的数据库表或视图中。因此可以把视图看做是一个"虚表"，尽管它是一个虚拟表，但是在数据浏览、查询和更新方面有着广泛的应用。

4.3.2　视图的类型

严格地说，视图可以分为两大类：文件类型为 vue 的关联视图和文件类型为 DBF 的数据库表视图。数据库表视图又分为本地数据库表视图和远程数据库表视图。关联视图和数据库表视图在创建和使用上都是有区别的，它们有各自的特色和使用方向。

关联视图是在多个相关联的自由表或数据库表之间建立的一种关联。表间的关联既可以是一种临时关联，也可以作为视图文件保存，其文件类型是 vue。通过这种关联，能够建立表与表之间记录指针的联系，能控制不同工作区中记录指针的联动，因此能够引用关联表中的任何字段。

数据库表视图是从相关联的数据库表中派生出来的"虚表"，其文件类型为 DBF，它独立存储在对应的数据库中。数据库表视图本身实际上并不存储数据，只是存放着描述视图的定义。因此，从逻辑上来讲，数据库表视图是一个定制的虚表，是从属于数据库的。所以，在创建或使用数据库表视图前，必须首先打开对应的数据库文件。

数据库表视图的应用主要表现在三个方面：

（1）查询数据，使用视图可以查询数据库表中的数据，其功能类似于查询。

（2）修改数据，由于视图所使用的数据存储在原来的数据库表中，所以通过对视图数据的修改，就可以修改源数据库表中的数据，实现在查询的过程中修改数据。

（3）作为表单的数据源，数据库表视图是"虚表"，可以作为自由的数据被使用。因此，我们可以把视图作为一个数据环境添加到表单中，这样，在文本框、表格控件、表单或报表中可以直接使用视图中的字段作为数据源。

4.3.3　建立视图的必要条件

建立视图的必要条件是两个要关联的数据表必须有公共字段，称为关联字段。关联时它要求比较两个表文件的关联字段值是否相等。

4.3.4　创建用户数据库视图

根据视图中数据来源的不同，视图可分为本地视图和远程视图。创建视图时，可以用向导，可以用视图设计器，也可以用命令方式创建。

1. 利用视图向导创建本地视图

在创建或使用数据库表视图前，必须首先打开对应的数据库文件。在本例中我们首先打开"仓库管理.dbc"。

打开本地视图向导的方法有以下几种：

（1）单击标准菜单中的"文件"|"新建"，打开"新建"对话框，单击"视图"选项，然后单击"向导"按钮，打开"本地视图向导"对话框，如图 4-35 所示。

（2）单击标准菜单中的"数据库"|"新建本地视图"，打开"新建本地视图"对话框（见图 4-36），单击"视图向导"按钮，打开"本地视图向导"对话框。

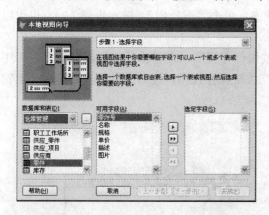

（3）在数据库设计器窗口，单击鼠标右键，在打开的快捷菜单中单击"新建本地视图"选项，打开"本地视图向导"对话框。

图 4-35　"本地视图向导"对话框　　　　　　　图 4-36　"新建本地视图"对话框

【例 4.15】　建立 V-CK1 视图文件。要求显示供应商号为"453"的供应商所供应的零件的零件号、名称、规格和单价，并要求视图中的数据按照零件号升序排序。

分析：该视图的创建涉及两张表：供应_零件.dbf 和零件.dbf 。

步骤如下：

首先在数据库设计器窗口打开"仓库管理.DBC"数据库，然后打开"本地视图向导"对话框。

（1）选择字段。打开如图 4-36 所示的本地视图向导，从表"供应_零件.dbf"中选择供应商号字段到"选定字段"列表中，从表"零件.dbf"中选择零件号、名称、规格、单价字段到"选定字段"列表中。然后单击"下一步"，进入步骤（2）。

（2）关联表。创建关联条件"供应_零件.零件号=零件.零件号"，并单击"添加"按钮进行添加，如图 4-37 所示。单击"下一步"，进入步骤（3）。

（3）包含记录。选择包含所有的记录还是只包含匹配的记录。本步骤选择默认值。单击"下一步"，进入步骤（4）。

（4）筛选记录：输入筛选条件"供应_零件.供应商号="453""，如图 4-38 所示。单击"下一步"，进入步骤（5）。

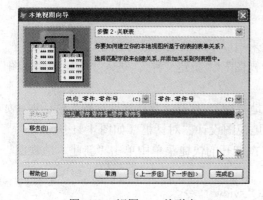

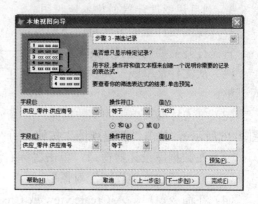

图 4-37　视图——关联表　　　　　　　　　　图 4-38　视图——筛选记录

（5）排序记录。选择"零件.零件号"作为视图中的排序字段，如图 4-39 所示。单击"下一步"，进入步骤（6）。

（6）限制记录。本步骤在本例中选取默认状态，单击"下一步"，进入步骤（7），也可以单击"预览"按钮进行查看。

（7）保存。选择相应选项后单击"完成"按钮保存视图，在弹出的"视图名称"窗口中输入 V-CK1，如图 4-40 所示，然后单击"确定"按钮保存视图，这时会发现数据库设计器窗口多了一个 V-CK1 视图文件。

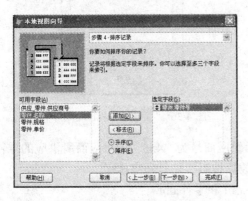

图 4-39　视图——排序字段　　　　　图 4-40　视图——保存

2. 浏览视图

浏览视图与浏览数据库表的方法是一样的。选中视图文件 V-CK1，使其呈亮显状态，然后在视图上单击鼠标右键打开快捷菜单，再单击"浏览"选项；或者在视图处于打开的状态下单击标准工具栏的"显示"|"浏览"。浏览效果如图 4-10 所示。可见，在不对源数据库表进行更新的前提下，视图与查询的功能是相似的，设计步骤也基本相似，只是视图需要在首先打开数据库的前提下创建，而查询不需要。

> **注意**
> 通过视图向导创建的视图可以通过视图设计器窗口进行修改，方法是在数据库设计器窗口选中视图后单击鼠标右键，在快捷菜单中单击"修改"。

3. 利用视图设计器创建本地视图

打开视图设计器的方法有以下四种：

首先打开需要创建视图的数据库文件，然后采用以下方法之一进行创建。

（1）从文件菜单或工具栏上单击"新建"|"视图"|"新建文件"，进入"新建本地视图"对话框。

（2）单击标准菜单中的"数据库"|"新建本地视图"，打开"新建本地视图"对话框（如图 4-36 所示），单击"新建视图"按钮，打开本地视图设计器对话框（如图 4-41 所示）。

（3）在数据库设计器窗口，单击鼠标右键，在打开的快捷菜单中单击"新建本地视图"选项，打开"新建本地视图"对话框。

（4）在命令窗口输入 Create view 或 Create SQL view 命令。

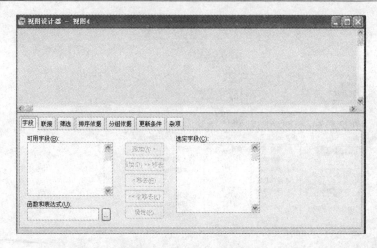

图 4-41 视图设计器对话框

从视图设计器窗口可见，在视图设计器窗口创建视图与在查询设计器窗口创建查询的步骤相类似，同样要先添加数据源（数据库表或视图）、选取字段、设置连接条件、设置筛选条件、设置排序依据、设置分组依据，只是视图设计器比查询设计器中多了一个"更新条件"选项卡。除了添加数据源和选取字段外，其他条件都不是必须的。如果不需要更新源数据库表中的数据，则"更新条件"选项卡可以不填写。视图创建完毕后单击标准菜单的"文件" | "保存"或"另存为"进行保存，也可以单击视图设计器右上角的关闭按钮进行关闭，该视图文件会自动保存在数据库文件所在的路径下。关闭"视图设计器"窗口，在数据库设计器窗口就创建和保存了视图文件。

4. 利用视图更新源数据库表（基本表）

视图是根据基本表派生出来的。在打开和关闭数据库的一个活动周期内，视图和基本表已经成为两张表。使用视图时，会在两个工作分区分别打开视图和基本表。在默认状态下，对视图的更新不反映到基本表中，对基本表的更新在视图中也得不到反映。关闭数据库后，视图中的数据消失，再次打开数据库时视图从基本表中重新检索数据。

为了通过视图能更新基本表中的数据，在"视图设计器"中单击"更新条件"选项卡。我们以前创建的 V-CK1 视图文件为例进行讲解。打开"仓库管理"数据库，在 V-CK1 视图文件上单击鼠标右键，在弹出的快捷菜单上单击"修改"按钮，打开视图设计器窗口如图 4-42 所示。

（1）指定可更新的表。如果视图是基于多个表，可以选择更新"全部表"的相关字段。如果要指定只能更新某个表数据，则可以通过"表"下拉列表框选择相关的表。

（2）指定可更新的字段。在"字段名"列表框中，列出了与更新有关的字段。在"字段名"左侧有两个标志，"钥匙"表示关键字，"铅笔"表示更新。通过单击相应的标志可以改变相关字段的状态，默认可以更改所有的非关键字，一般不要改变关键字的状态，不要试图通过视图来更新基本表中关键字段的值。但如有必要，用户可以允许或不允许修改非关键字字段的值。

本例采用默认状态，设置名称、规格、单价字段的值可以更新。

（3）发送 SQL 更新。需要选择图 4-43 中左下角的"发送 SQL 更新"复选框。

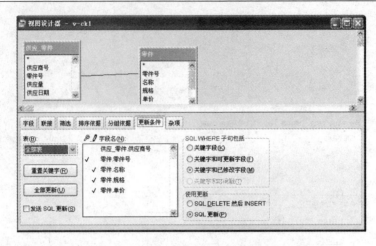

图 4-42 视图设计器——更新条件

供应商号	零件号	名称	规格	单价
453	027	滚动轴承	6212 GB/T 276	55.50
453	208	螺栓	GB/T 5783 M10×70	1.50
453	212	螺栓	GB/T 5782 M12×80	1.20
453	437	挡圈	GB/T 892 B45	1.15

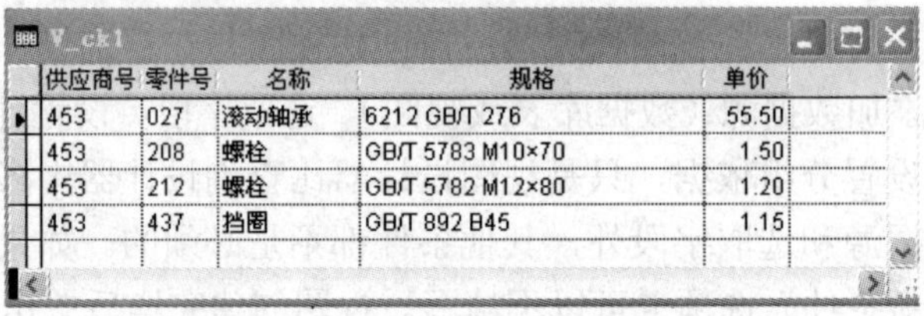

图 4-43 更新前的视图文件 V-CK1

（4）检查更新的合法性。使用“SQL WHERE 子句包括”框中的选项帮助管理遇到多用户访问同一数据时应如何更新记录。

在允许更新之前，VFP 先检查基本表中的指定字段，看看它们在记录被提取到视图中后有没有改变。如果数据源中的这些记录被修改，就不允许进行更新操作。

“SQL WHERE 子句包括”框中的选项决定哪些字段包含在 UPDATE 或 DELETE 语句的 WHERE 子句中，Visual FoxPro 是利用这些语句将在视图中修改或删除的记录发送到数据源或基表中，WHERE 子句是用来检查自从提取记录用于视图后，服务器上的数据是否已经改变。

“SQL WHERE 子句包括”框中的各选项的含义如下：

1）关键字段。当基本表中的关键字字段被改变时，更新失败。

2）关键字和可更新字段。当基本表中任何被标记为可更新的字段被改变时，更新失败。

3）关键字和已修改字段。当在视图中改变的任一字段值在基本表中已被改变时，更新失败。

4）关键字和时间戳。当远程表上记录的时间戳在首次检索后被改变时，更新失败。此项选择仅当远程表有时间戳列时才有效。

在本例中选择“关键字段”选项。

“使用更新”框的选项决定当向基本表发送 SQL 更新时的更新方式。

1）SQL DELETE 然后 INSERT。先用 SQL DELETE 命令删除基本表中被更新的旧记录，再用 SQL INSERT 命令向基本表插入更新后的新记录。

2）SQL UPDATE。使用 SQL UPDATE 命令更新基本表。

本例中该选项采用默认状态。

设置完“视图设计器”窗口中“更新条件”选项卡中的各选项后，在数据库设计窗口中浏览视图文件 V-CK1 和表文件“零件.dbf”，浏览结果分别如图 4-43 和图 4-44 所示。当我们将视图文件 V-CK1 中的零件号=“027”的零件的单价由 55.50 更改为 58.50 时（如图 4-45 所示），然后关闭视图设计器窗口，浏览表文件零件.dbf，浏览结果如图 4-46 所示，可以发现零件.dbf 表中零件号为“027”的零件的单价也被更改为 58.50。

零件

零件号	名称	规格	单价	描述	图片
212	螺栓	GB/T 5782 M12×80	1.20	memo	gen
208	螺栓	GB/T 5783 M10×70	1.50	memo	gen
312	螺钉	GB/T 65 M5×20	2.80	memo	gen
313	螺钉	GB/T 67.1 M6×30	2.50	memo	gen
410	螺母	GB/T 6175 M12	3.10	memo	gen
411	螺母	GB/T6172.1 M10	3.20	memo	gen
278	垫圈	GB/T 97.18	0.80	memo	gen
279	垫圈	GB/T 93.16	1.00	memo	gen
437	挡圈	GB/T 892 B45	1.15	memo	gen
436	挡圈	GB/T894.120	1.28	memo	gen
432	键	C18×100 GB/T 1096	3.30	memo	gen
433	键	B18×100 GB/T 1096	3.50	memo	gen
028	滚动轴承	30307 GB/T 297	52.40	memo	gen
126	弹簧	YA 6×38×60 GB/T 2089	4.40	memo	gen
124	弹簧	YB10×45×115 GB/T 2089	5.20	memo	gen
304	销	GB/T 117 10×60	6.70	memo	gen
305	销	GB/T91 5×50	6.90	memo	gen
027	滚动轴承	6212 GB/T 276	55.50	memo	gen
				memo	gen

图 4-44 更新前的表文件“零件.dbf”

V_ck1

供应商号	零件号	名称	规格	单价
453	027	滚动轴承	6212 GB/T 276	58.50
453	208	螺栓	GB/T 5783 M10×70	1.50
453	212	螺栓	GB/T 5782 M12×80	1.20
453	437	挡圈	GB/T 892 B45	1.15

图 4-45 更新后的视图文件 V-CK1

零件

零件号	名称	规格	单价	描述	图片
437	挡圈	GB/T 892 B45	1.15	memo	gen
436	挡圈	GB/T894.120	1.28	memo	gen
432	键	C18×100 GB/T 1096	3.30	memo	gen
433	键	B18×100 GB/T 1096	3.50	memo	gen
028	滚动轴承	30307 GB/T 297	52.40	memo	gen
126	弹簧	YA 6×38×60 GB/T 2089	4.40	memo	gen
124	弹簧	YB10×45×115 GB/T 2089	5.20	memo	gen
304	销	GB/T 117 10×60	6.70	memo	gen
305	销	GB/T91 5×50	6.90	memo	gen
027	滚动轴承	6212 GB/T 276	58.50	memo	gen
				memo	gen

图 4-46 更新后的表文件“零件.dbf”

由此可以看出，通过在视图设计器的“更新条件”选项卡中进行相应的设置，就可以利用视图更新源数据库表中的数据。

5. SQL 创建本地视图

用 SQL 命令创建本地数据库表视图的基本格式如下：

```
Open Database <数据库文件名>
Create View <视图文件名> AS<SELECT 查询语句>
```

由于数据库表视图是从属于数据库的，所以，在创建视图之前，必须首先打开相应的数据库。视图文件建立后就建立了一种数据环境，由于视图是"虚表"，因此，要打开这种数据环境，只要使用命令"USE <视图名>"即可，如果要浏览该数据环境，只要使用命令"BROWSE"。

参数说明：<SELECT 查询语句>可以是任意的 SELECT 查询语句，通过 SELECT 查询语句限定了视图中的数据，视图中的字段名也与 SELECT 查询语句指定的字段名相同。

【例 4.16】 将［例 4.1］中所进行的查询操作改用创建视图方式完成相应查询，其 SQL 命令语句如下：

```
Open data 仓库管理
Create View V-CK1 AS SELECT 供应_零件.供应商号,零件.零件号,零件.名称,零件.规格,零
件.单价 from 供应_零件,零件 Where 供应_零件. 零件号 = 零件.零件号 and 供应_零件.供应商号
="453" order by 零件.零件号
Use V-CK1    && 打开所创建的视图
Browse       && 浏览该视图
```

执行结果如图 4-10 所示。

上面创建视图的 SQL 命令语句也可以写为：

```
Create View V-CK1 AS SELECT 供应_零件.供应商号, 零件.零件号, 零件.名称, 零件.规格,
零件.单价;
FROM 仓库管理!供应_零件 ;
    INNER JOIN 仓库管理!零件 ;
   ON  供应_零件.零件号 = 零件.零件号;
WHERE  供应_零件.供应商号 = "453";
 ORDER BY 零件.零件号
```

【例 4.17】 创建视图文件 V-CK2 ，要求显示 2012 年所供应零件的供应商号、供应的零件号及零件名称，并要求按照零件号降序排序。

SQL 命令语句为：

```
Open data 仓库管理
Create View V-CK2 AS SELECT 供应_零件.供应商号, 零件.零件号, 零件.名称 from 供应_
零件, 零件 Where 供应_零件.零件号=零件.零件号 and year(供应_零件.供应日期) =2012 order
by 零件.零件号 desc
Use V-CK1
Browse && 浏览执行情况
```

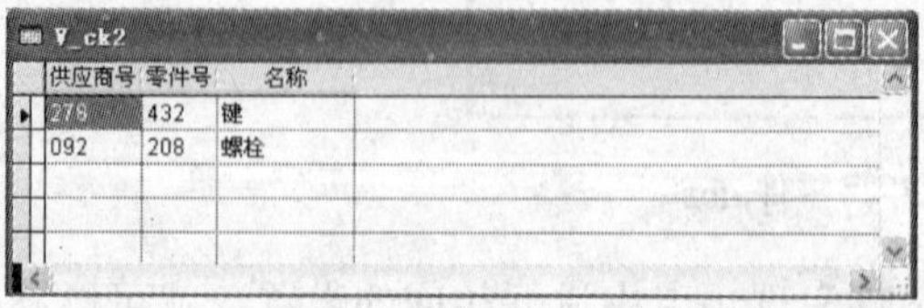

图 4-47　视图文件 V-CK2

执行结果如图 4-47 所示。

如果要删除数据库表视图可以采用如下命令：

```
DROP VIEW <视图名>
```

【例 4.18】 已知银行数据库 Bank 中的数据库表 loan 和 Borrower 的信息如图 4-48 所示。

在表 loan 中 loan_number 字段为主索引，在 borrower 表中 loan_number 字段为普通索引。创

建一个查询 customer_name 和 amount 信息的名为 loan_info 的视图，并通过该视图向数据库表添加客户名为 "Johnson"，贷款量为 1800 的记录。

Loan				Borrower	
Branch_name	Amount	Loan_number		Customer_name	Loan_number
Round Hill	900	L-11		Adams	L-16
Downtown	1500	L-14		Curry	L-93
Ferryridge	1500	L-15		Hayes	L-15
Ferryridge	1300	L-16		Jackson	L-14
Downtown	1000	L-17		Jones	L-11
Redwood	500	L-23		Smith	L-11
Yard	500	L-18		Smith	L-23
Mark	1900	L-93		Williams	L-17
CourtYard	1900	L-20			

图 4-48 更新前信息

Loan				Borrower	
Branch_name	Amount	Loan_number		Customer_name	Loan_number
Round Hill	900	L-11		Adams	L-16
Downtown	1500	L-14		Curry	L-93
Ferryridge	1500	L-15		Hayes	L-15
Ferryridge	1300	L-16		Jackson	L-14
Downtown	1000	L-17		Jones	L-11
Redwood	500	L-23		Smith	L-11
Yard	500	L-18		Smith	L-23
Mark	1900	L-93		Williams	L-17
CourtYard	1900	L-20		Johnson	
	1800				

图 4-49 更新后信息

创建视图的 SQL 命令语句为：

```
create view loan_info as;
select customer_name, amount;
from borrower, loan;
where borrow.loan_number=loan.loan_number
```

视图创建完成后，可以通过它同时向与视图相关的两个表中添加记录。但要注意的是，在添加记录前要先将视图设计器中"更新条件选项卡"选中，进行更新条件的设置，并将"发送 SQL 更新"的复选框选中。

添加新记录的 SQL 语句为：

```
insert into loan_info values("Johnson",1800)
```

运行后数据表的信息如图 4-49 所示，两个表均得到了数据更新。

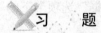 习　题

一、选择题

1．有如下 SQL SELECT 语句

`SELECT * FROM stock WHERE 单价 BETWEEN 12.76 AND 15.20`

与该语句等价的是（　　）。

 A．SELECT* FROM stock WHERE 单价<=15.20.AND.单价>=12.76

 B．SELECT* FROM stock WHERE 单价<15.20.AND.单价>12.76

 C．SELECT* FROM stock WHERE 单价>=15.20.AND.单价<=12.76

 D．SELECT* FROM stock WHERE 单价>15.20.AND.单价<12.76

2．视图设计器中含有的、但查询设计器中却没有的选项卡是（　　）。

 A．筛选   B．排序依据   C．分组依据   D．更新条件

3．下面关于查询描述正确的是（　　）。

 A．可以使用 CREATE VIEW 打开查询计器

 B．使用查询设计器可以生成所有的 SQL 查询语句

 C．使用查询设计器生产的 SQL 语句存盘后将存放在扩展名为 QPR 的文件中

    D. 使用 DO 语句执行查询时，可以不带扩展名

4. 使用 SQL 语句进行分组检索时，为了去掉不满足条件的分组，应当（　　　）。

    A. 使用 WHERE 子句

    B. 在 GROUP BY 后面使用 HAVING 子句

    C. 先使用 WHERE 子句，再使用 HAVING 子句。

    D. 先使用 HAVING 子句，再使用 WHERE 子句

5. 在 Visual FoxPro 中，关于视图的正确叙述是（　　　）。

    A. 视图与数据库表相同，用来存储数据

    B. 视图不能同数据库表进行连接操作

    C. 在视图上不能进行更新操作

    D. 视图是从一个或多个数据库表导出的虚拟表

6. 运行查询 cxl. qpr 命令是（　　　）。

    A. use cxl   B. use cxl.qpr   C. do cxl.qpr   D. do cxl

7. 在 VFP 系统中，（　　　）创建时，将不以独立的文件形式存储。

    A. 查询   B. 视图   C. 类库   D. 表单

8. （　　　）不可以作为查询和视图的输出类型。

    A. 自由表   B. 表单   C. 临时表   D. 数组

9. 下列建立查询文件的方法中，不正确的一项是（　　　）。

    A. 单击"文件"菜单中的"新建"命令，或单击常用工具栏上的"新建"按钮，打开"新建"对话框，选择"查询"并单击"新建文件"按钮，同时打开查询设计器和"添加表或视图"对话框。单击"添加"按钮添加用于建立查询的表或视图

    B. 执行 CREATE QUERY 命令打开查询设计器建立查询

    C. 打开项目管理器，选择"数据"选项卡下的"查询"，单击"新建"按钮打开查询设计器建立查询

    D. 执行 OPEN QUERY 命令打开查询设计器建立查询

10. 在数据库中，打开视图的命令是（　　　）。

    A. CREATE   B. OPEN   C. USE   D. 以上答案都不正确

11. 在 Visual FoxPro 中，完全联接是指（　　　）。

    A. 只有满足联接条件的记录出现在查询结果中

    B. 除满足联接条件的记录出现在查询结果中外，第一个表中不满足联接条件的记录也出现在查询结果中

    C. 除满足联接条件的记录出现在查询结果中外，第二个表中不满足联接条件的记录也出现在查询结果中

    D. 除满足联接条件的记录出现在查询结果中外，两个表中不满足联接条件的记录也出现在查询结果中

12. 在 Visual FoxPro 中，视图设计器上的选项卡包括（　　　）。

    A. 字段、联接、筛选、排序依据、分组依据

    B. 字段、联接、筛选、排序依据、更新条件、杂项

    C. 字段、联接、筛选、排序依据、分组依据、更新条件、杂项

  D. 字段、联接、筛选、排序依据、分组依据、更新条件

13. 查询设计器中的"杂项"选项卡用于（ ）。

  A. 编辑联接条件

  B. 指定是否要重复记录及列在前面的记录等

  C. 指定查询条件

  D. 指定要查询的数据

14. 在查询设计器中，"分组依据"选项卡对应（ ）语句。

  A. JOIN ON   B. WHERE   C. ORDER BY   D. GROUP BY

15. 在 Visual FoxPro 中，执行下列（ ）项可以运行查询。

  A. 打开项目管理器，选定"数据"选项卡的查询项展开，选择要运行的查询，然后单击"运行"

  B. 打开查询设计器，在空白位置单击鼠标右键，打开快捷菜单，单击"运行查询"命令

  C. 在"命令"窗口中输入 DO<查询文件名>命令

  D. 以上皆是

二、按要求写出相应的 SQL 语句

1. 设数据库 XS.DBC 里有学生档案表"XSDA.DBF"和学生成绩表"XSCJ.DBF"，其中学生档案表有字段：学号、姓名、性别、班级、出生年月；学生成绩表有字段：学号、课程名、成绩。现要求写出以下问题的 SQL 查询语句：

（1）"XSCJ.DBF"中所有不及格的学生成绩记录。

（2）"XSDA.DBF"中"99 计算机 1"与"99 外语 1"班所有学生的记录。

（3）按班级、学号、姓名、成绩的顺序显示，查询班级为"99 计算机 1"、课程为"操作系统"的学生。

（4）按课程、成绩字段的顺序，按课程名进行分类汇总查询。

2. 设数据表"STUD.DBF"有字段：学号、姓名、性别、年龄、民族、专业、成绩等，写出以下问题的 SQL 语句或命令子句：

（1）在表中插入一记录（200112028、王刚、男、21）。

（2）列出男同学的平均年龄。

（3）列出女同学的最小年龄。

（4）列出所有姓"李"的学生的姓名、性别、年龄。

（5）将少数民族学生的成绩提高 10 分。

（6）删除成绩为空的记录。

3. 假设有三张表：职工表、仓库表、订购单表。

仓库表

仓库号	城市	面积
wh1	北京	370
wh2	上海	500
wh3	广东	200
wh4	武汉	400

职工表

仓库号	职工号	工资
wh2	e1	1220
wh1	e3	1210
wh2	e4	1250
wh3	e6	1230

订 购 单 表

职工号	供应商号	订购单号	订购日期
e3	s7	or67	2001/06/23
e1	s4	or73	2001/07/28
e6	s4	or76	2001/05/25
e3	s3	or77	2001/06/13

写出以下问题的 SQL 语句：

（1）找出工资多于 1230 元的职工号和他们所在的城市。

（2）哪些城市至少有一个仓库的职工工资为 1250 元？

（3）查询所有职工的工资都多于 1210 元的仓库的信息。

（4）先按仓库号排序，再按工资排序并输出全部职工信息。

（5）求支付的工资总数。

（6）求所有职工的工资都多于 1210 元的仓库的平均面积。

（7）求每个仓库的职工的平均工资。

（8）求至少有两个职工的每个仓库的平均工资。

（9）找出尚未确定供应商的订购单。

（10）列出已经确定了供应商的订购单信息。

4．假设有三张表：学生情况基本表 s (sno,sname,sex,age,dept)，课程基本表 c (cno,cname,ct)，选课基本表 sc (sno,cno,score)。

（1）创建一个学生情况视图，包括学号、姓名、课程名及成绩。

（2）创建一学生平均成绩视图。

（3）创建数学系学生的视图 MA_S。

（4）创建数学系选修了 C1 号课程的学生的视图。

5．假设有教师情况基本表 t (tno,tname,sex,age,prof,sal,comm,dept)。

（1）创建一个计算机系教师情况的视图 SUB_T，视图由子查询中的三列 TNO，TNAME，PROF 组成。

（2）查找视图 SUB_T 中职称为教授的教师号和姓名。

（3）向计算机系教师视图 SUB_T 中插入一条记录（教师号：T6，姓名：李力，职称：副教授）。

（4）删除计算机系教师情况的视图。

三、综合题

1．已知表文件 x1.DBF 包含学号 C(9)、姓名 C(6)、民族 C(6)等字段；其中学号字段的前 4 位为年级号，第 5、6 位为专业号。表文件 X2.DBF 包含学号 C(9)、课程号 L(3)、成绩 N(5,1)等字段。运用 SQL 实现：统计每一专业的"汉族"学生每门课程的平均成绩，并将结果按专业号升序存入库文件 X3.DBF 中。

2．已有"员工档案表"、"收入表"和"支出表"，"员工档案表"包括编号 C(6)、姓名 C(6)、职称 C(6)等字段；"收入表"包括编号 C(6)、姓名 C(6)、基本工资 N(7, 2)、岗位工资 N(8, 2)、实发工资 N(7, 2)等字段，其中"实发工资"字段无数据；"支出表"包括编号 C(6)、个入所得税 N(6，2)、住房基金 N(6、2)、水费 N(6，2)、电费 N(6、2)等字段。改革政策下达后，本月要根据员工的职称增加岗位工资，其中教授增加 300 元、副教授增加 250 元、讲师增加 150 元、助教增加 100 元。

　　要求通过 SQL 实现下面功能：输出本月的"工资表"，内容包括编号、姓名、基本工资、岗位工资、个人所得税、住房基金、水费、电费、实发工资。

　　3．用 SQL 语言创建一教师数据库表 Js.dbf，并录入一定量的记录信息，表结构见下表。创建一个查询，具体要求是：基于教师表 Js.dbf，根据民族代码分类统计人数。分类方法是：民族代码为"01"的表示"汉族"，其他为少数民族。要求输出字段为：民族、人数，统计结果中"其他民族"的人数排第一行，并将统计结果输出到文本文件 WJ 中。

字段名	GH	Xm	XB	MZDM	ZC
字段类型及宽度	字符型 6 位	字符型 12 位	字符型 2 位	字符型 2 位	字符型 10 位
字段标题	教师工号	姓名	性别	民族代码	职称

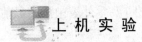

上 机 实 验

实验 1　创建基于单表的查询和视图

实验目的

1．理解视图的概念与作用以及查询与视图的区别。
2．掌握使用查询设计器建立查询的方法。
3．掌握使用视图设计器创建本地视图的方法和利用视图更新数据的方法。

实验内容

　　1．创建一个查询（sy1.qpr），查询供应_零件表中所有零件的供应商号、零件号、供应量和供应日期，要求按照供应商号升序排序，供应商号相同的按照零件号降序排序。
　　步骤：
　　（1）打开项目 ckgl.pjx。
　　（2）在"项目管理器"窗口中选择"查询"项，单击"新建"按钮，在"新建查询"对话框中单击"新建查询"，打开"查询设计器"窗口。
　　（3）在"添加表或视图"对话框中双击"供应_零件"表，然后在"添加表或视图"对话框中单击"关闭"按钮。
　　（4）在"查询设计器"的"字段"选项卡中选定输出字段。在"可用字段"列表框中分别双击供应商号、零件号、供应量和供应日期，将字段添加到"选定字段"列表框中。
　　（5）在"查询设计器"的"排序依据"选项卡中，将选定字段供应商号和零件号字段添加到"排序条件"中，其中供应商号选升序，零件号选降序，如图 4-50 所示。
　　（6）单击常用工具栏中的"运行"按钮 🔹 运行查询。运行结果如图 4-51 所示。

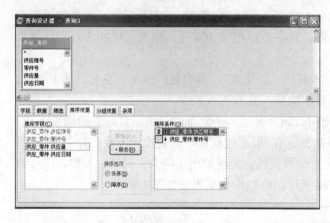

图 4-50 在"查询设计器"中设置排序字段　　　　　图 4-51 运行结果

（7）单击标准菜单的"文件"|"另存为"，在"另存为"对话框的"保存文档为"中输入 sy1，然后按"保存"按钮，保存该查询。

2．创建一个查询（sy2.qpr），查询供应_零件表中供应量前三名的零件的供应商号、零件号、供应量和供应日期。

步骤：

（1）打开项目 ckgl.pjx。

（2）在"项目管理器"窗口中选择"查询"项，单击"新建"按钮，在"新建查询"对话框中单击"新建查询"，打开"查询设计器"窗口。

（3）在"添加表或视图"对话框中双击"供应_零件"表，然后在"添加表或视图"对话框中单击"关闭"按钮。

（4）在"查询设计器"的"字段"选项卡中选定输出字段。在"可用字段"列表框中分别双击供应商号、零件号、供应量和供应日期，将字段添加到"选定字段"列表框中。

（5）在"查询设计器"的"排序依据"选项卡中，将选定字段供应量字段添加到"排序条件"中，并选择降序。

（6）在"查询设计器"的"杂项"选项卡中单击"全部"前的复选框，去掉√，在"记录个数"中输入 3，如图 4-52 所示。

（7）单击常用工具栏中的"运行"按钮 ! 运行查询。运行结果如图 4-53 所示。

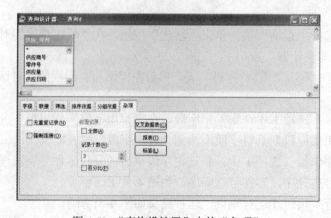

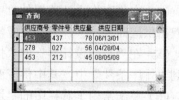

图 4-52 "查询设计器"中的"杂项"　　　　　图 4-53 运行结果

（8）单击标准菜单的"文件"|"另存为"，在"另存为"对话框的"保存文档为"中输入 sy2，然后按"保存"按钮，保存该查询。

3．创建一个查询（sy3.qpr），查询供应_零件表中所有的供应商号，不允许输出重复的记录，并按照供应商号升序排序，最后将查询结果输出到表文件 gysh.dbf 中。

步骤：

（1）打开项目 ckgl.pjx。

（2）在"项目管理器"窗口中选择"查询"项，单击"新建"按钮，在"新建查询"对话框中单击"新建查询"，打开"查询设计器"窗口。

（3）在"添加表或视图"对话框中双击"供应_零件"表，然后在"添加表或视图"对话框中单击"关闭"按钮。

（4）在"查询设计器"的"字段"选项卡中选定输出字段。在"可用字段"列表框中双击供应商号，将字段添加到"选定字段"列表框中。

（5）在"查询设计器"的"排序依据"选项卡中，将选定字段供应商号字段添加到"排序条件"中，并选择升序。

（6）在"查询设计器"的"杂项"选项卡中单击"无重复记录"前的复选框（如图 4-52 所示），出现√，单击常用工具栏中的"运行"按钮 ! 运行查询。运行结果如图 4-54 所示。

（7）单击标准菜单的"查询"|"查询去向"，在"查询去向"对话框中选择"表"，并在表名中输入路径和表名 gysh。

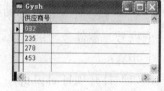

图 4-54　运行结果

（8）单击常用工具栏中的"运行"按钮 ! 运行查询。在步骤（6）中输入的路径下就会生成表文件 gysh.dbf。将该文件添加到项目管理器中的自由表中。

（9）单击标准菜单的"文件"|"另存为"，在"另存为"对话框的"保存文档为"中输入 sy3，然后按"保存"按钮，保存该查询。

4．创建一个本地视图（syst1），包含零件表中的零件号和单价，要求按照单价升序排序，并设置单价为可更新字段。

步骤：

（1）打开项目 ckgl.pjx。

（2）在"项目管理器"窗口中选择"本地视图"项，单击"新建"按钮，在"新建视图"对话框中单击"新建视图"，打开"视图设计器"窗口。

（3）在"添加表或视图"对话框中双击"零件"表，然后在"添加表或视图"对话框中单击"关闭"按钮，进入"视图设计器"窗口。

（4）在"视图设计器"的字段选项卡中选定输出字段。在"可用字段"列表框中分别双击零件号、单价，将字段添加到"选定字段"列表框中。

（5）在"视图设计器"的"排序依据"选项卡中，将选定单价字段添加到"排序条件"中，并选择升序。

（6）在"视图设计器"的更新条件选项卡中，按如图 4-55 所示进行修改。

（7）单击常用工具栏中的"运行"按钮 ! 运行视图。运行结果如图 4-56 所示。在视图中可以修改某个零件的单价。修改后重新运行视图，可以发现零件表中相应零件的单价也随之进行了同样的更新。

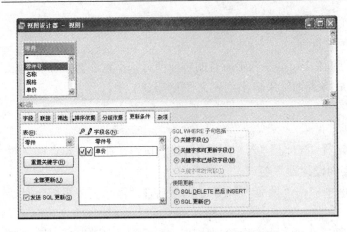 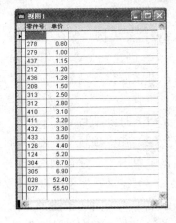

图 4-55 "视图设计器"的更新条件设置　　　　　图 4-56　运行结果

（8）单击标准菜单的"文件"|"另存为"，在"保存"对话框的"视图名称"中输入 syst1，然后按"确定"按钮，保存该视图。

5．创建一个参数化视图（syst2），查询供应_零件表中各零件的供应量在前三名的零件的供应商号、零件号、供应量。

步骤：

（1）打开项目 ckgl.pjx。

（2）在"项目管理器"窗口中选择"本地视图"项，单击"新建"按钮，在"新建视图"对话框中单击"新建视图"，打开"视图设计器"窗口。

（3）在"添加表或视图"对话框中双击"供应_零件"表，然后在"添加表或视图"对话框中单击"关闭"按钮，进入"视图设计器"窗口。

（4）在"视图设计器"的字段选项卡中选定输出字段。在"可用字段"列表框中分别双击供应商号、零件号、供应量，将字段添加到"选定字段"列表框中。

（5）在"视图设计器"的"排序依据"选项卡中，将选定供应量字段添加到"排序条件"中，并选择降序。

（6）在"视图设计器"的"筛选" 选项卡中，在"字段名"中选择"供应_零件. 零件号"字段，在"实例"中输入"? 零件号"，如图 4-57 所示。

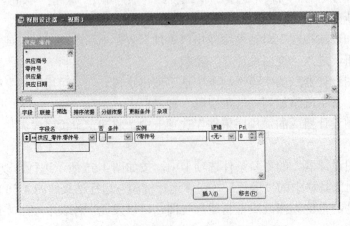

图 4-57 "视图设计器"中的"筛选"选项卡

（7）在"视图设计器"的"杂项"选项卡中单击"全部"前的复选框，去掉√，在"记录个数"中输入3。

（8）单击常用工具栏中的"运行"按钮 ⋮ 运行视图，弹出如图4-58所示的对话框，在对话框中输入要查询的零件号"027"，运行结果如图4-59所示。

图 4-58   视图参数对话框   图 4-59   运行结果

（9）单击标准菜单的"文件"|"另存为"，在"保存"对话框的"视图名称"中输入syst2，然后按"确定"按钮，保存该视图。

实验 2   多表查询和数据统计

实验目的

1. 熟练掌握建立多表查询的方法和操作步骤。
2. 掌握查询中数据统计的方法和操作步骤。
3. 了解利用交叉表进行查询的方法。

实验内容

创建一个查询（sy4.qpr），查询滚动轴承和螺栓的供应情况，要求查询结果包含零件.零件号、各零件的平均供应量、最高供应量、最低供应量，要求按照平均供应量降序排序。

步骤：

（1）打开项目ckgl.pjx。

（2）在"项目管理器"窗口中选择"查询"项，单击"新建"按钮，在"新建查询"对话框中单击"新建查询"，打开"查询设计器"窗口。

（3）在"添加表或视图"对话框中双击"供应_零件"和"零件"表，然后在"添加表或视图"对话框中单击"关闭"按钮。

（4）在"查询设计器"的"字段"选项卡中选定输出字段。在"可用字段"列表框中双击供应_零件.零件号，将字段添加到"选定字段"列表框中，然后在"函数和表达式"下方的文本框中输入"AVG（供应_零件.供应量）"，单击"添加"按钮，将表达式添加到"选定字段"列表框中。用同样的方法，分别将"MAX（供应_零件.供应量）"和"MIN（供应_零件.供应量）"添加到"选定字段"列表框中。

（5）如果在ckgl数据库中已经建立零件表和供应_零件表之间的永久性关系，则查询设计器默认以永久性关系作为连接条件，如果在ckgl数据库中尚未建立永久性关系，则单击查询设计器中的"联接"选项卡，设置"零件"表和"供应_零件"表的联接条件为供应_零件.零件号和零件.零件号，在"联接类型"中选择"内部联接"。

(6) 在"查询设计器"的"筛选"选项卡中，在"字段名"中选择"零件.名称"，在"条件"中选择"="，在"实例"中输入"滚动轴承"，在"逻辑"中选择"OR"，在第二行中分别输入零件.名称、=、"螺栓"。

(7) 在"查询设计器"的"排序依据"选项卡中，将 AVG（供应_零件.供应量）添加到"排序条件"中，并选择降序。

(8) 在"查询设计器"的"分组依据"选项卡中，将零件.零件号字段添加到"分组字段"中。

(9) 单击常用工具栏中的"运行"按钮 ❗ 运行查询。运行结果如图 4-60 所示。

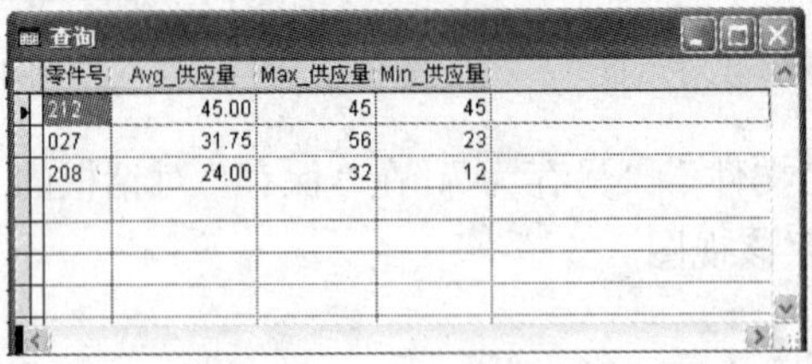

图 4-60   运行结果

（10）单击标准菜单的"文件" >> "另存为"，在"另存为"对话框的"保存文档为"中输入 sy4，然后按"保存"按钮，保存该查询。

第 5 章　Visual FoxPro 程序设计基础

程序设计是软件设计的基础,任何复杂的软件系统都是通过一个个程序模块构建而成的,而各个程序模块又是由结构化程序设计方法中的三种基本控制结构进行组合、嵌套而成的,因此顺序结构程序设计、选择程序设计及循环程序设计就成为程序设计的基础,同时为了提高程序设计和软件开发的效率,提供函数和过程也增强了软件开发工具的功能。作为一种高级程序设计语言,Visual FoxPro 程序设计要讨论的主要内容也包括结构化程序设计方法,具备了结构化程序设计的基础,就可以完成菜单程序设计和表单程序设计。

本章主要讲述程序设计的一些基础知识,包括程序设计的一些基本概念及程序设计的基本方法和步骤,并且对 Visual FoxPro 中三种基本控制结构的实现方法和使用方法进行了详细的介绍,同时也对自定义函数和过程进行了介绍。

本章重点:结构化程序设计中的三种控制结构,自定义函数和过程的使用,参数传递的不同类型。

5.1　Visual FoxPro 程序设计基础

Visual FoxPro 的功能强大,支持结构化程序设计和面向对象程序设计,使用较少的程序代码就可完成一个复杂的任务。本节主要对程序设计的基本概念和 Visual FoxPro 的三种控制结构进行介绍。

5.1.1　基本概念

1. 程序

程序是使计算机完成某种功能的指令序列。根据其是否可在操作系统环境下直接执行,程序可分为源语言程序和可执行程序。

(1)源语言程序。

使用程序设计语言编写的程序叫做源语言程序,通常简称为"源程序"(一般为汇编语言或高级语言程序)。源程序不能直接在操作系统环境下运行,需要经过某种处理(汇编或编译),形成可执行程序才可以在操作系统中运行。源程序一般为文本文件,可以使用相应的程序开发工具软件进行查看和编辑。不同程序设计语言编写的程序使用不同的文件扩展名来区分,如 C 语言源程序其扩展名为".C",而 Visual FoxPro 的源程序扩展名为".PRG"。

(2)可执行程序。

可以直接在操作系统环境下执行的程序文件称为可执行程序。可执行程序由源程序经过某种处理得到,不能直接编写,可执行程序的内容为机器指令的编码,不能直接查看。不同操作系统下的可执行程序的扩展名不同,而且其内容与结构也有所差别。

2. 程序设计

程序设计是指设计、编制、调试程序的方法和过程。程序设计方法主要有结构化程序设计与面向对象设计之分。前者是指使用结构化程序设计方法与过程实现软件的设计。它具有由基本结构构成复杂结构的层次性，而面向对象的程序设计方法则遵循面向对象的方法实现软件的设计与开发。

程序设计语言可按照是否支持结构化程序设计分为结构化程序设计语言（如 C 语言、Fortran 语言、Pascal 语言等）和面向对象程序设计语言（如 C++语言、Java 语言、C#语言等），但即使是面向对象的程序设计语言，其基础仍然是结构化程序设计。Visual FoxPro 属于一种面向对象的程序设计语言，作为基础，本教材主要讨论 Visual FoxPro 中的结构化程序设计部分，而面向对象程序设计部分，读者可自行学习。

5.1.2　程序设计方法与步骤

程序设计一般包含以下几个步骤：

（1）分析问题，确定需求，对能够建立数学模型的问题，根据需求建立数学模型。

（2）确定数据结构和算法。

解决问题的方法和有限的步骤称为算法。任何算法都由基本功能操作和控制结构这两种成分组成。计算机能够实现的基本功能操作包括以下四种类型：

1）逻辑运算：逻辑与、逻辑或、逻辑非。

2）算术运算：加、减、乘、除。

3）数据比较：大于、小于、等于、不等于、大于等于、小于等于。

4）数据传送：输入、输出、赋值。

算法由三种基本控制结构进行描述，主要描述程序的控制流程和工作过程，而数据结构是对程序中数据的描述。在高级程序设计语言中，数据结构通过数据类型体现，而算法可用任何形式的工具来描述，通常有流程图、N-S 图和伪代码等。其中流程图是最早提出的用图形表示算法的工具，它具有直观性强、便于阅读等特点，具有程序无法取代的作用，是采用较多的算法描述工具。

（3）编制程序。

在算法设计完成之后，就可以基于算法用程序语言把程序进行实现了。

（4）调试程序。

程序调试是指在计算机上检查、测试这个程序的过程，程序调试在软件开发中所花费的时间往往是最多的。

（5）运行程序。

将调试后正确的程序在 Visual FoxPro 环境中运行起来，完成指定操作与功能。

程序的三种基本结构、流程图和结构化程序设计等方法和技术是程序设计的基本知识，每一个程序设计工作者都必须掌握。而掌握一些常用算法可以有效提高软件开发效率，也可以加深我们对于所学习语言的理解。

程序的结构化设计与开发技术是程序设计的基本技术，它使得程序在逻辑上层次分明、结构清晰、易读、易维护，可提高程序质量和开发效率。采用结构化程序设计方法，并使用算法描述工具表示算法是必须的。将算法转换成程序代码时，注意程序书写风格和规范，这些都是在编写程序代码时要必须要注意的问题。在 Visual FoxPro 环境中整个程序从建立到运行的过程描述如下：

1. 程序的建立

在编写程序之前，首先应该建立一个程序文件，建立方法可以有几种选择：

（1）选择文件菜单中的"新建"菜单项，在新建对话框中点取"程序"选项按钮，然后单击"新建文件"按钮，如图 5-1 所示。

在打开的程序窗口中给定程序文件的名称，如图 5-2 所示的"test.prg"，并输入程序内容，最后选择"文件"菜单中的"保存"将程序保存起来。

（2）可使用 MODIFY 命令。其格式是：

```
MODIFY COMMAND [程序文件名|? ]
```

其中程序文件名指明要建立或者修改的文件（如果指定的程序文件已存在，则该命令实现打开程序文件的功能）。若使用？，则显示"打开"对话框。在此对话框中，用户可以选择一个已存在的文件或者输入要建立的新文件名。如果没有给文件指定扩展名，则 MODIFY COMMAND 默认为.prg。另外，也可以选择常用工具栏上的新建按钮来创建程序文件。

图 5-1　"新建"窗口

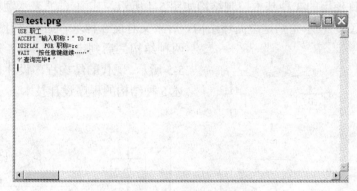

图 5-2　程序编辑

2．程序文件的打开

类似于程序文件的建立，打开一个程序，也有几种方法可以选择：

图 5-3　"打开"对话框

（1）选择文件菜单中的"打开"，在打开对话框中选择文件类型为"程序文件"，然后在选中要打开的文件后，单击"确定"按钮，如图 5-3 所示。

（2）使用 MODIFY 命令，其格式是：MODIFY COMMAND 程序文件名。

3．程序文件的保存

一个编写好的程序需要保存在磁盘上，然后才能够运行。保存的方法主要有以下几种：

（1）选择文件菜单中的"保存"，对创建后从未保存过的文档，会弹出"另存为"对话框，在该对话框中输入文件名后，单击"保存"按钮，完成保存，否则直接完成保存。

（2）选择文件菜单中的"另存为"，弹出"另存为"对话框，后续过程同上。

（3）单击常用工具栏上的"保存"按钮也可完成文件保存。

4. 程序文件的运行

在 Visual FoxPro 系统中，执行程序文件有很多方法，在这里仅介绍其中两种方法。

（1）命令方式。使用 DO 命令执行一个 Visual FoxPro 程序文件或其他文件，其命令格式是：DO 文件名。

如果文件名不带扩展名，则 Visual FoxPro 按下列顺序寻找并执行这些程序：可执行程序（.exe）、应用程序（.app）、编译后的目标程序文件（.fxp）和程序文件（.prg）。

（2）菜单方式。在 Visual FoxPro 系统主菜单下，打开"程序"菜单，选择"运行"菜单项，然后在"运行"对话框中输入被执行的程序文件名即可。

5.1.3　结构化程序设计与算法描述

E.W.Dijkstra 在 20 世纪 60 年代中期提出结构程序设计的概念，其基本思想是采用自顶向下逐步求精的设计方法、单入口和单出口的控制结构，并且只包含顺序、选择和循环 3 种结构。而且 C.Bohm 和 G.Jacopini 在数学上证明了只用顺序、选择和循环这 3 种基本的控制结构可以实现任何单入口和单出口的程序，程序流程图（也称程序框图）：是一种用于描述算法的主要工具。其允许使用的 3 种基本控制结构如图 5-4 所示，其中（a）表示顺序结构，（b）表示选择结构，而（c）表示先判定型循环结构。后来又对这 3 种基本结构进行了扩展，增加了两种结构：后判定型循环和多分支结构，如图 5-5 所示。现代的结构程序设计技术是指支持上述 5 种结构的程序设计技术。

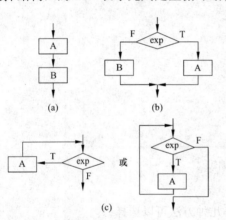

图 5-4　几种基本控制结构

（a）顺序结构；（b）分支结构；（c）先判定型循环结构

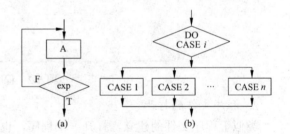

图 5-5　扩展的结构

（a）后判定型循环；（b）多分支语句结构

5.1.4　顺序程序设计

顺序结构是程序设计中最简单、最常用的基本结构，同时也是程序设计中最基本的控制结构。在该结构中，指令按照出现的先后顺序依次执行，在前面的指令没有结束之前，后续的指令不能执行。它是任何程序的主体，即使在选择结构或循环结构内部中，也大多为顺序结构程序段。

下面介绍几种命令语句，并由它们组成顺序结构。

1. 赋值语句

与其他语言不同，Visual FoxPro 中的变量不需使用专门的命令进行定义，在程序中只要对变量进行赋值就可完成变量的定义和初始化，并且同时完成了变量数据类型的指定（变量的类型由变量中保存的值的类型决定）。赋值语句可以将指定的值赋给内存变量或对象的某个属性。

格式：STORE <表达式> TO <名称列表>

或　　　　<名称> = <表达式>

例如：`STORE 123 TO nVar1,nVar2,nVar3`
　　　`nVar1=123`

上述两种格式均可完成变量的赋值，但二者还是有区别的，即使用"STORE…TO"命令可在一条命令中完成多个变量的定义与赋值，而使用"="赋值则只能给一个变量赋值。

2. 输入输出命令

（1）ACCEPT 命令。

格式：ACCEPT　[<提示信息>]　TO　<内存变量名>|<数组元素>|<数组>

功能：等待用户输入字符串并存储到变量或数组元素中，然后程序继续执行。

例如：`Accept "Please input a string" to cVar1` ✓ (回车)
　　　`Accept to cVar1` ✓

> 📣 说 明
>
> - 只可接收字符型数据，且输入字符型数据时不需加定界符。
> - 若为数组名，则数组中所有元素均为相同的值。
> - 提示信息原样输出，需加定界符。
> - 执行此命令时，只有输入数据并按回车键时程序才继续执行。

（2）INPUT 命令。

格式：INPUT [<提示信息>]　TO　<内存变量名>|<数组元素>|<数组>

功能：等待用户从键盘输入数据。

例如：`Input "Please input a number" to nVar1`
　　　`12` ✓ (回车)
　　　`Input "Please input a string" to cVar1`
　　　`'12'` ✓
　　　`Input "Please input a date" to dVar1`
　　　`{^2008/10/06}` ✓
　　　`Input "Please input a logical data" to lVar1`
　　　`.T.` ✓

> 📣 说 明
>
> INPUT 能接收字符型、数值型、日期型和逻辑型数据，但需注意不同类型数据需使用不同的定界符。

（3）WAIT 命令。

格式：WAIT [<提示信息>] [TO<内存变量名>|<数组元素>|<数组>] [TIMEOUT<数值表达式>]　[WINDOWS [NOWAIT]]

功能：显示提示信息，并等待用户按键盘上任意键或单击鼠标后继续执行后续语句。

例如：`Wait "Please input a string" to cVar1 Windows` ✓
　　　`Wait "Please input a string" to cVar1 Timeout 3 Windows` ✓

说 明

- 该命令只能接收一个字符型数据。
- 有 WINDOWS 关键字时，提示信息将显示在屏幕右上角的系统窗口中。指定 NOWAIT 则不等待用户输入，立即往下执行程序。
- 输入的字符若为功能键（或是不能打印的键或组合键），则变量内容为一个空字符。
- <数值表达式>为等待时间，单位为秒。
- 接收用户输入的可以是变量、数组或数组元素，其效果与 ACCEPT、INPUT 类似。

（4）其他程序命令。

1）清屏（整个屏幕）命令。

格式：CLEAR

2）清除屏幕局部区域命令。

格式：@<行 1，列 1>[CLEAR 或 CLEAR TO<行 2，列 2>]

 说 明

- 若以@<行 1，列 1>出现，则表示清除屏幕或窗口<行 1，列 1>坐标后的当前行。
- 若以@<行 1，列 1>CLEAR 出现，表示清除以<行 1，列 1>坐标为左上角的右下部屏幕或窗口区域。
- 若以@<行 1，列 1>CLEAR TO<行 2，列 2>出现，表示清除以<行 1，列 1>为左上角，以<行 2，列 2>为右下角的屏幕或窗口。

例如：@1,1 CLEAR TO 10,10

　　　@1,1 CLEAR

3．语句的续行

当一条语句或一个命令很长时，在代码编辑窗口或命令窗口阅读时将不便查看，使用滚动条又比较麻烦。这时，就可以使用续行功能，用分号";"将较长的语句分为两行或多行。作为续行符的分号只能出现在行尾。

4．程序注释语句

为增强程序的可读性，通常需在程序的适当位置加上一些注释。注释语句用来在程序中包含注释，VFP 中提供行首和行尾两种注释语句。

（1）行首注释。

如果要在程序中行首加注释信息，可以使用行首注释语句。

其语法格式为：

* [<注释内容>]

 说 明

- <注释内容>指要包括的任何注释文本。在*关键字与注释内容之间要加一个空格。
- 程序运行的时候，不执行以*开头的行，如果要在下一行继续注释，可在本注释行尾加上一个分号(；)，或直接回车再另用一个注释语句。

（2）行尾注释。

如果要在命令语句的尾部加注释信息，应该使用行尾注释语句。

其语法格式为：**&&**　[<注释内容>]

例如：STORE "12" TO nVar1,nVar2　　&& 将'12'赋给多个变量

说明：不能在命令语句行续行的分号后面加入**&&**和注释。

【例 5.1】 按照用户输入的职称信息查询"职工"表中该职称职工信息。

```
USE 职工
ACCEPT "输入职称: " TO zc
DISPLAY  FOR 职称=zc
WAIT  "按任意键继续……"
? '查询完毕!'
```

【例 5.2】 根据用户输入的表文件名及职称信息查询具有该职称职工的信息。

```
CLEAR
ACCEPT  "请输入表文件名: " TO  filename
USE &filename
INPUT  "请输入要查询的职称类型: " TO  zc
DISPLAY  FOR 职称=zc
```

【例 5.3】 试编写一个程序完成两个变量内容的交换。

分析：要完成两个变量内容的交换，需引入第 3 个变量作为临时变量，需要 3 个步骤来完成交换，设变量 a、b 分别保存不同的值，引入第 3 个变量 c，则需下述步骤：

（1）将变量 a 赋值给 c。

（2）将变量 b 赋值给 a。

（3）将变量 c 赋值给 b。

代码如下：

```
a=1
b=2
?a,b
c=a
a=b
b=c
?a, b
```

5.1.5　选择结构程序设计

选择结构是用来实现逻辑判断的重要手段。选择结构根据给定的条件是否为真(即条件成立)决定从各实际可能的不同分支中选择一个分支，并执行该分支的相应操作，而其他分支的操作将得不到执行。在 VFP 中，实现分支结构的语句有分支语句 IF...ELSE... ENDIF 和多分支语句 DO CASE...END CASE。分支语句和多分支语句的功能都是根据表达式的值有条件地执行一组语句。

1. 条件表达式

在分支语句和多分支语句中作为判断依据的表达式称为"条件表达式"，条件表达式的取值为逻辑值：真(.T.、.t.)或假(.F.、.f.)。根据"条件"的简单或复杂程度，条件表达式可以分

为两类：关系表达式与逻辑表达式。

（1）关系运算符与关系表达式。

关系表达式是指用关系运算符将两个表达式连接起来的式子（例如 a+b＞0），关系运算符又称比较运算符，用来对两个表达式的值进行比较，比较的结果是一个逻辑值（.T.或.F.），这个结果就是关系表达式的值。

（2）逻辑运算符与逻辑表达式。

对于较为复杂的条件，必须使用逻辑表达式。逻辑表达式是指用逻辑运算符连接若干关系表达式或逻辑值而成的式子。

例如：假定年份值保存在变量 y 中，则判断该年份是否是闰年的条件可表示为：

```
(MOD(y,4)=0 AND MOD(y,100)<>0) OR (MOD(y,400)=0)
```

2．单分支条件语句

格式：IF<条件表达式>

　　　<语句序列>

　　ENDIF

功能：判断<条件表达式>的值，若为真则执行<命令序列>，到 ENDIF 处结束，否则直接执行 ENDIF 后的语句。

 说 明

- <条件表达式>一般为关系表达式或逻辑表达式。
- IF 和 ENDIF 应配对出现，有几个 IF，就应该有几个 ENDIF 相对应，IF 和 ENDIF 内部还可嵌套 IF 和 ENDIF 语句。

【例 5.4】 按输入的记录号定位到任意表文件中的指定记录。

```
CLEAR
ACCEPT "请输入表名:" TO bm
USE &bm
INPUT "请输入要指向记录的记录号:" TO rn
IF rn>=0
  GO rn
ENDIF
USE
RETURN
```

3．双分支条件语句

格式：IF<条件表达式>

　　　<命令序列 1>

　　ELSE

　　　<命令序列 2>

　　ENDIF

功能：判断<条件表达式>的值，若为真则执行<命令序列 1>，否则执行<命令序列 2>，遇到 ENDIF 结束。并执行其后的语句。

> 说 明
> - <命令序列 1>和<命令序列 2>可以是另一个 IF 语句或其他控制语句（嵌套）。此时 IF 和 ENDIF 成对出现，且 ELSE 总是与它最近的 IF 配对，内外层不能交叉。
> - 这两个分支中对给定的条件只有一个分支能够得到执行。

【例 5.5】 判断某一年是否是闰年。

分析：闰年的条件是，所在年份能够被 4 整除，且不能被 100 整除；或，该年份能够被 400 整除。该程序采用如下双分支条件语句进行判断。

```
CLEAR
INPUT '请输入年份：' TO y
IF y/4=INT(y/4) AND y/100<>INT(y/100) OR y/400=INT(y/400)
  ? STR(y)+'是闰年。'
ELSE
  ? STR(y)+'不是闰年。'
ENDIF
```

4. 多分支（DO CASE）语句

多分支选择结构的特点是从多个分支结构中，选择执行第一个条件为真的分支。即若所给定的条件表达式 1 为真时，执行语句序列 1；如果为假，则继续检查下一个条件，直至找到条件为真的第一个分支，如果条件都不为真，就执行 OTHERWISE 分支后的语句，如果没有 OTHERWISE 分支，则不作任何操作就结束选择。

虽然可以使用嵌套的 IF 语句实现多分支选择，但是，用 IF 语句编写的程序会比较长，程序的逻辑清晰性和可读性会明显降低。因此，VFP 提供了多分支语句（DO CASE 语句）来实现多分支选择结构。

```
格式：DO CASE
        CASE<条件表达式 1>
          <语句序列 1>
        CASE<条件表达式 2>
          <语句序列 2>
        CASE<条件表达式 3>
          <语句序列 3>
        CASE<条件表达式 n>
          <语句序列 n>
        [OTHERWISE
          <语句序列 n+1>]
      ENDCASE
```

功能：从上到下依次测试条件表达式的值，找到第一个为真的条件表达式，并执行其后的命令序列，其他分支的命令序列都不执行，若所有条件表达式都为假，则执行 OTHERWISE 后的命令序列（没有 OTHERWISE 则一个也不执行）。最后执行 ENDCASE 之后的语句。

说 明

> CASE 可以有多个，OTHERWISE 可以省略。DO CASE 和 ENDCASE 一一对应，不可省略。

【例 5.6】 评定学生考试成绩等级。小于 60 分不及格，小于 70 分及格，小于 80 分中等，小于 90 分良好，小于等于 100 分优秀。程序运用多分支结构进行等级判断。

程序如下：

```
INPUT '输入考试成绩：' TO CJ
DO CASE
    CASE CJ>=0 AND CJ<60
        ?'成绩不及格！'
    CASE CJ>=60 AND CJ<70
        ?'成绩及格'
    CASE CJ>=70 AND CJ<80
        ?'成绩中等'
    CASE CJ>=80 AND CJ<90
        ?'成绩良好'
    CASE CJ>=90 AND CJ<=100
        ?'成绩优秀'
    OTHERWISE
        ?'成绩输入有误！' &&判断不正确的成绩输入
ENDCASE
```

5.1.6 循环结构程序设计

在程序设计过程中常常会遇到这样的情况：一类问题的计算方法和处理方法一样，只是要求重复计算多次，而且每次使用的数据都按照一定的规律在变化。例如，求累加和、求阶乘等问题。类似于这样的问题，就要用到循环结构。程序设计中的循环结构（简称循环）是指在程序中，从某处开始有规律地反复执行某一操作块（或程序块）的现象。被重复执行的该操作块（或程序块）称为循环体，循环体的执行与否及次数多少视循环类型与条件而定。当然，无论何种类型的循环结构，其共同的特点是必须确保循环体的重复执行能被终止。在 VFP 中提供了 DO WHILE...ENDDO、FOR...ENDFOR、SCAN...ENDSCAN 共 3 种循环语句，这 3 种循环语句都有各自的特点和适用情况。

1. DO WHILE 循环

DO WHILE 循环根据条件表达式的取值是否为真，确定是执行循环体的内容还是结束循环的执行，适用于在程序执行前尚不清楚循环的执行次数的情形。

格式：DO WHILE<条件表达式>

　　　　<语句序列>

　　　　[LOOP]

　　　　[EXIT]

　　　ENDDO

功能：判断条件表达式的值，若为真则执行循环体，然后重复判断条件表达式的取值，若为真则继续执行循环体，否则结束循环，如此重复直到条件为假退出循环。

说 明

DO WHILE 的执行过程是：

（1）根据<条件表达式>的取值进行判断，若<条件表达式>的值为.T.，则跳到第（3）步。

（2）如果<条件表达式>的值为.F.，则结束循环，转去执行 ENDDO 之后的命令。

（3）执行循环体。

（4）返回到步骤（1）。

DO WHILE...ENDDO 必须各占一行。每一个 DO WHILE 都必须有一个 ENDDO 与其对应，即 DO WHILE 和 ENDDO 必须成对出现。使用 DO WHILE 循环结构要注意的是在循环体中必须有使循环趋于结束的语句，即每次循环结束后，都应该对与循环相关的变量或条件进行修改，使得循环能够正常结束，不应出现"死循环"。

EXIT 是无条件结束循环命令，使程序跳出 DO WHILE...ENDDO 循环，转去执行 ENDDO 后的第一条命令。EXIT 只能在循环结构中使用，但是可以放在 DO WHILE...ENDDO 中任何地方。

LOOP 将控制直接转回到 DO WHILE 语句，而不执行 LOOP 和 ENDDO 之间的命令。因此 LOOP 称为无条件循环命令，只能在循环结构中使用。

【例 5.7】 根据职工的职称修改职工的工资。若职称为"高级工程师"，则工资增加 200，若职称为"工程师"，则工资增加 150，若职称为"助理工程师"，则工资增加 100。

```
CLEAR
USE 职工
DO WHILE .NOT. EOF()
  DO CASE
    CASE 职称="高级工程师"
      REPLACE 工资 WITH 工资+200
    CASE 职称="工程师"
      REPLACE 工资 WITH 工资+150
    CASE 职称="助理工程师"
      REPLACE 工资 WITH 工资+100
  ENDCASE
SKIP            &&将记录指针向下移动一条
ENDDO
USE
RETURN
```

本例通过判断 EOF()函数的取值实现循环的控制，从而使得循环能够结束。

【例 5.8】 使用 DO WHILE 循环求 1~100 之间的奇数和。

```
CLEAR
S=0
N=1
DO WHILE N<=100
    S=S+N      &&实现累加和
    N=N+2      &&求取奇数
```

```
ENDDO
? "1-100 之间的奇数和:",S
```

本例通过修改循环变量 N 的取值实现循环的控制，从而使得循环能够结束。

2. FOR 循环

格式：FOR<循环变量>=<初值>TO<终值>[STEP<步长>]

　　　<语句序列>

　　　[LOOP]

　　　[EXIT]

　　ENDFOR/NEXT

功能：进入 FOR 循环时，首先将初值赋给循环变量，然后与终值比较。若超过终值，则退出循环，执行 ENDFOR 后面的语句，否则执行命令序列，当遇到 ENDFOR 子句时控制返回到 FOR 入口，循环变量自动按<步长>增值，再一次与终值比较，如此循环，直到变量值超过终值，最后退出循环。

 说 明

具体执行步骤为：

（1）给循环变量赋初值。

（2）判断循环变量的值是否小于或等于终值。

（3）若不是，则循环结束。

（4）若是，则执行语句序列。

（5）变量=变量+步长（若省略 step，则步长=1）。

（6）跳转到步骤（2）。

 注 意

在循环体内部不能修改循环变量的值，否则可能造成"死循环"。EXIT 跳出 FOR...ENDFOR 循环，转去执行 ENDFOR 后面的命令。可把 EXIT 放在 FOR... ENDFOR 中任何地方。LOOP 将控制直接转回到 FOR 子句，而不执行 LOOP 和 ENDFOR 之间的命令。

【例 5.9】 求 N 的阶乘。

```
CLEAR
JC=1
INPUT "请输入一个正整数" TO N
FOR I=1 to N
   JC=JC*I &&完成阶乘运算
ENDFOR
? STR(N,5)+'的阶乘是:'+STR(JC,5)
RETURN
```

【例 5.10】 打印菲波拉契数列的前 20 项。该数列的前两项是 0 和 1，以后每项均为其前两项之和，即依次为 0，1，1，2，3，5，8，13...。

```
CLEAR
A=0
B=1
?A,B
FOR I=1 TO 9
  A=A+B
  B=A+B
??A,B
ENDFOR
RETURN
```

3. SCAN 循环

格式：SCAN[<范围>][FOR<条件>][WHILE<条件>]

　　　<语句序列>

　　　ENDSCAN

功能：在指定范围内扫描表文件，查找满足条件的记录并执行循环体中的命令序列。循环执行的次数由表中满足条件的记录个数决定。

 说　明

- 省略范围时，默认为 ALL。
- 对当前打开的表文件记录进行循环处理，如当前记录满足给定的条件，则指针定位到该记录，执行一遍循环体，此时 FOUND()函数为 "真"；执行完后指针向后移动一个记录（内含 SIKP 1 语句），然后再判断当前记录是否满足条件，如满足则继续执行循环，直到否则退出循环。

【例 5.11】 查询职工表中年龄大于 20 的所有女性职工的姓名。

```
CLEAR
USE 职工
SCAN ALL FOR 年龄>=20
  IF 性别="男"
    LOOP
  ENDIF
  DISPLAY
ENDSCAN
```

5.1.7　子程序、过程与自定义函数

1. 子程序

使用子程序的目的是提高程序代码的可重用性，简化程序设计，其作用与过程和自定义函数类似。一般地，子程序是一段以独立的程序文件方式存放在磁盘上的程序，功能相对独立且通用性强，可被其他程序（主程序）多次调用。

创建格式：MODIFY COMMAND 子程序文件名

在子程序的适当位置要加上返回命令（至少一条），以便主程序在调用子程序后能返回到调用命令后的第一条可执行命令处（主程序与子程序的主要区别也体现在这里）。

即 RETURN[<表达式>|TO<程序文件名>|TO MASTER]

若 RETURN 语句不加任何选项，则控制权返回到调用它的主程序的下一条命令处，若用

户在命令窗口中直接运行该子程序，则返回到 FoxPro 命令窗口。

当 RETURN 语句带有<表达式>时，则将表达式的值返回给调用它的主程序。

TO <程序文件名>，可直接返回指定的程序文件。

TO MASTER，则不论前面有多少级调用而直接返回到第一级主程序。

调用格式：DO <子程序文件名>

【例 5.12】　设计完成记录定位的子程序并在主程序中调用它。

```
*记录定位子程序(a.prg)
CLEAR
USE 职工
COUNT TO n &&统计记录数，并存入内存变量 n 中
DO WHILE .t.
    INPUT "请输入记录号:" TO h
    IF  h>0 .AND. h<=n
      GO h
      EXIT
    ELSE
      LOOP
    ENDIF
ENDDO
RETURN

*主程序(b.prg)
CLEAR
DO a    &&调用子程序 a.prg
WAIT '打印吗?(Yes/No)' TO n
IF n='Y' OR n='y'
    DISPLAY TO PRINT
ELSE
    DISPLAY
    WAIT '按任意键继续...'
ENDIF
USE
```

2. 变量的作用域

变量的作用域是变量的有效范围，即一个变量在哪些程序单元（如主程序、子程序、过程、用户自定义函数）内是"可见"的，这里"可见"的含义是指能够被处理（如引用和赋值）。根据变量的有效范围，变量可分为全局变量和局部变量两种。

（1）全局变量。

全局变量是指在整个程序运行期间，在任何程序单元中都可以使用的内存变量，当程序运行结束时，全局变量仍保存在内存中，除非使用 RELEASE ALL 或 CLEAR MEMORY 命令才能将其释放。作用域为从定义点开始，直到退出 FoxPro 时所执行的所有的程序或过程。全局变量要先定义，后使用，通常在主程序中定义，也可在子程序中定义，还可在命令窗口中定义。

格式：PUBLIC <变量名表>

说 明

- 变量名表可以是简单变量，也可以是数组。
- 定义变量时未对变量进行赋值，变量的初值为.F.。
- 若将 PUBLIC 语句所在程序单元中已经存在的局部变量说明为全局变量，则将导致语法错误。

（2）局部变量。

只能在说明它的程序以及该程序嵌套调用的各级子程序中使用。用赋值命令或数组说明命令定义内存变量后，这个变量自动被默认是局部变量，但也可以显式说明。作用域为从定义点开始，直到退出该程序时所执行的所有程序。

格式 1：PRIVATE <变量名表>

 说 明

- 该语句在说明的同时并不定义变量，变量是在被说明后的程序单元内第一次被赋值时定义的。
- 未经变量说明语句说明且在其被赋值之前又不存在的变量，默认为其被初次赋值时所在程序单元的局部变量。
- 在主程序中说明的局部变量其作用域等同于整个程序的全局变量。

格式 2：LOCAL　<变量名表>

只能在一个函数或过程中被访问，其他过程或函数不能访问此变量的数据。当其所属程序停止运行时，局部变量将被释放。在本级程序中起作用，在下级程序中不起作用，同时可以屏蔽上级同名变量。

【例5.13】　主程序调用子程序过程中全局变量的应用。

```
* 主程序
Clear
public i,j  &&定义全局变量
i=1
j=2
do a
? '主程序中输出的结果为:'
? 'i='+str(i,2)+'   j='+str(j,2)

&& a.PRG(子程序)
*子程序中的全局变量的使用
i=i*2
j=i+1
? '子程序中输出的结果为:'
? 'i='+str(i,2)+'   j='+str(j,2)
```

上述程序中子程序中使用了主程序中定义的全局变量，因此主程序和子程序中输出的变量值相同。

```
* 主程序
* 主程序调用子程序过程中的变量屏蔽
clear
public i,j  &&定义全局变量
store 1 to i,j,k
do c
? "主程序的输出结果为："
? 'i='+str(i,2)+'    j='+str(j,2)+'    k='+str(k,2)

&&C.PRG
* 子程序中的变量屏蔽
clear
private j,k  &&定义私有变量
i=i*2
j=i+1
k=j+1
? "子程序的输出结果为："
? 'i='+str(i,2)+'    j='+str(j,2)+'    k='+str(k,2)
Return
```

上述程序中子程序中使用了主程序中定义的全局变量，同时对主程序中的部分变量进行了屏蔽，因此主程序和子程序中输出的变量值 i 相同，j、k 不同。

【例 5.14】　子程序嵌套调用。

给定主程序内容如下：

```
A=1
B=2
C=3
DO SUB
? A,B,C,D
RETURN
```

子程序文件：

```
* SUB.PRG
PUBLIC D  &&定义全局变量
private B  &&定义私有变量
local C    &&定义局部变量
A=4
B=5
C=6
D=7
DO SUB1
? A,B,C,D
RETURN
```

子程序文件：

```
* SUB1.PRG
A=8
B=9
C=10
D=11
RETURN
```

上述程序中子程序 SUB 中使用了主程序中定义的局部变量,同时对主程序中的部分变量进行了屏蔽,而 LOCAL 声明的局部变量又限制了该变量在下一级子程序中的传播。因此,主程序和子程序中输出的变量值 A、D 相同,B、C 不同。

5.1.8　过程文件

过程是具有一定功能,并且相对独立的一段程序,它可以被别的程序单元中的语句调用。与子程序基本一样,所不同的是:过程既可以像子程序那样独立存在一个 PRG 文件中,也可以存放在调用它的主程序后面作为主程序的部分。过程与主程序其实都是程序文件,所不同的是:主程序是不被任何过程调用的程序;而过程既可被主程序和别的过程调用,又可以再调用别的过程。

1. 过程的创建

在程序设计中为了避免重复写出完成相同任务的程序,提高编程的效率,使程序结构清晰,便于调试和修改是使用过程的重要原因所在。过程的创建格式如下:

格式:　PROCEDURE<过程名>

　　　　　[PARAMETERS<形参表>]

　　　　　<语句序列>

　　　　　RETURN[TO MASTER]

　　　ENDPROC

功能:定义一个过程。

 说 明

　　每个过程开始于说明语句 PROCEDURE,结束于下一条 PROCEDURE 语句之前。

　　每个过程至少应有一条 RETURN 语句,通常它是该过程的最后一条语句,以表控制的返回。不含选择项的 RETURN 语句,控制返回到调用该过程的下一条命令处,若是用户直接运行该过程,则控制返回到 FoxPro 命令窗口,带有 TO MASTER 的 RETURN 语句一般在过程嵌套中使用,控制返回到最高一级主调程序。

　　含有 "PARAMETERS<形参表>" 的过程,称为 "有参过程",否则称 "无参过程"。形参表中的各个形参需用逗号分开。形参可以是输入参数,也可以是输出参数。当调用一个有参过程时,主调程序将实在参数传递给被调过程的形参;过程执行完后,也可通过输出参数将执行结果传递经主调程序中的某个内存变量。当然,某形参也可能同时是输入参数和输出参数即在过程中一开始接受主调程序传来的一个实际值,在过程中又赋予其新值带回到主调程序。

2. 过程文件的建立

过程可以与主程序放在同一程序文件中,如果采取这种做法,则应当把过程写在主程序之后。也可存放在别处的程序文件中,同一程序文件还可以有多个过程存放,有不同的过程名来标识,含有过程的程序文件又叫过程文件。

格式:　PROCEDURE<过程名 1>

　　　　　<语句序列 1>

　　　　RETURN

　　　PROCEDURE<过程名 2>

　　　　　　<语句序列 2>

　　　　　RETURN

　　　　　⋮

　　　　　PROCEDURE<过程名 n>

　　　　　　<语句序列 n>

　　　　　RETURN

　　功能：将 n 个过程组织存储在一个过程文件中。

 说 明

　　　过程文件中的每个过程通过<过程名>表示，用 PROCEDURE<过程名>语句开头、RETURN 语句结尾，每个过程都是相对独立的，并无逻辑上的必然联系。注意，对"过程文件"命名的名字与过程文件中的<过程名>是不同的两个概念，不要混淆。

　　3. 过程文件的修改

　　格式：MODIFY COMMAND<过程文件名>

　　功能：修改过程文件。

　　4. 过程文件的打开

　　格式：SET PROCEDURE TO[<过程文件名>]

　　功能：打开指定的过程文件。

 说 明

- 打开一个过程文件的同时，自动关闭原先打开的其他过程文件，任何时候只能打开一个过程文件，如果你设计了多个过程文件，可以采用交替打开的方法来调用过程文件中的过程。
- 执行不带过程文件名的 SET PROCEDURE TO 语句，则关闭打开的过程文件。此外，FoxPro 提供了一条专门关闭过程文件的命令：CLOSE PROCEDURE。

　　5. 过程的调用

　　过程调用的格式有两种。

　　格式 1：DO<过程名>[WITH<实参表>]

　　格式 2：过程名（参数表）

　　功能：调用一个指定的过程。

 说 明

　　　在过程调用中，上级程序单元调用下级过程时，当前工作区、当前记录和屏幕光标等数据处理环境均保持不变，可以被下级过程利用。下级过程返回上级程序单元时，当前工作区、当前记录和屏幕光标等数据处理环境也保持不变，可以被上级程序单元利用。即上下级程序单元可以共享并且共同影响数据处理环境。

　　【例 5.15】 定义一个过程文件，其中包含求圆的面积和周长的子程序，并求半径为 2、4、

6、8 和 10 时，圆的面积和周长。

```
set talk off
set procedure to a
l=0
a=0
for r=2 to 10 step 2
  do area with r,a
  do circle with r,l
  ? "半径=",r
  ? "面积=",a
  ? "圆周长=",l
  ?
endfor
set procedure to

&&a.PRG
*过程文件
procedure area
parameters r1,a1
a1=3.1416*r1*r1
return
procedure circle
parameters r1,l1
l1=2*3.1416*r1
return
```

【例 5.16】 百钱买百鸡问题。

我国古代数学家张丘建在他的数学名著《算经》中提出了一个百钱买百鸡的问题：一只公鸡 5 个钱，一只母鸡 3 个钱，三只雏鸡 1 个钱。请问用 100 钱买一百只鸡，究竟可以买多少公鸡、母鸡和雏鸡？所买鸡的种类必须齐全。

解题分析：设可买公鸡、母鸡和雏鸡数分别为 x、y 和 z 只，那么由根据题意得出如下三元一次方程组：

$x+y+z=100$

$x/5+y/3+z*3=100$

将这两个方程写在一个过程中，将 x、y 和 z 作为参数。其调用方式如下：

```
CLEAR
?"100 钱可以买："
FOR x=1 TO 100/5
  FOR y=1 TO 100/3
    z=100-x-y
    IF baiji(x,y,z)=1
      ?"    公鸡："+ALLTRIM(STR(x))+"只，母鸡："+ALLT(STR(y))+"只，雏鸡："+ALLT(STR(z))+"只"
    ENDIF
  ENDFOR
ENDFOR

    PROCEDURE baiji
      PARAMETERS i,j,k
      IF i+j+k=100 and 5*i+3*j+k/3=100
```

```
          RETURN 1
          ELSE
           RETURN 0
          ENDIF
       ENDPRO
```

程序运行结果为：

```
100 钱可以买：
    公鸡：4 只，母鸡：18 只，雏鸡：78 只
    公鸡：8 只，母鸡：11 只，雏鸡：81 只
    公鸡：12 只，母鸡：4 只，雏鸡：84 只
```

5.1.9　自定义函数

由用户定义的函数称为自定义函数（UDF）。与过程相似，自定义函数可以放在一个命令文件中，也可以与其他过程一起放在过程文件中，使用时也要事先打开过程文件。可以带参数，也可以不带参数。调用一个函数时须返回一个值，调用是通过函数名引用，并且在程序中只能用来组成表达式。当系统提供的函数不能完成用户需要的功能时，可由用户自己编写函数以供使用。

1. 自定义函数的定义

格式：[FUNCTION<函数名>]

        [PARAMETERS<形参表>]

        <函数体>

    RETURN<表达式>

功能：定义一个自定义函数。

 说 明

- 自定义函数不能与系统函数和已定义的变量同名。
- [PARAMETERS<形参表>]中参数表列出了调用时应该输入的参数（只能是输入参数）；如果没有参数，这一句可以省略。
- <函数体>是完成该函数功能的一系列命令。
- 函数返回值是通过 RETURN<表达式>语句实现。
- 若自定义函数作为程序的一部分放在程序中，则命令 FUNCTION 不能省略。

2. 自定义函数的调用

自定义函数的调用格式有两种。

格式 1：函数名([<实参表>])

格式 2：DO <函数名> WITH <参数表>

功能：用实参替换自定义函数中的形参，运行函数体并返回函数值。

 说 明

- <实参表>就是自变量。
- 缺省的参数传递方式是传值。

【例 5.17】 使用自定义函数解一元一次方程 ax+b=0。

```
clear
set procedure to example  &&打开过程
do while .t.
  input "请输入一次项系数 A: " to va
  if va=0
    exit
  endif
  input "请输入零次项系数 B: " to vb
  ? "该方程的解是 x="+ltrim(str(fc(va,vb),16,4))
enddo
set procedure to  &&关闭过程
return

&&example.prg
function fc
parameters a,b
private vx
vx=-b/a
return vx
endfunc
```

5.1.10　参数传递

在主程序的调用函数或过程的命令中把需要传递的实际参数进行说明，在函数或过程的最开始加上接收数据的命令，该命令中的形式参数（形参变量）用来接受主程序中传递过来的数据。

1. 参数的传递格式

如前所述，函数或过程在调用过程中其参数的传递格式可以采用以下两种形式。

格式 1：DO <函数或过程名> WITH <实参 1>[, <实参 2>, ...]

格式 2：<函数或过程名>（<实参 1>[, <实参 2>, ...]）

　　　　　　　PARAMETERS <形参表>

 说 明

- DO<函数或过程名>WITH<实参表>为发送数据命令，PARAMETERS<形参表>为接收数据命令。
- PARAMETERS <形参表>语句必须放在函数或过程中的第一行。
- <实参表>可以是常量、变量或表达式；<形参表>是变量。
- 实参与形参应一一对应：个数相同，类型一致，按参数表中的顺序依次传递。
- 子程序或过程中由参数接收语句说明的形参，事实上就是本程序或本过程中的变量，它们在本单元内能够像普通变量一样被使用，不同的是，形参在运行时一开始就具有确定的取值。

2. 参数的传递方式

函数或过程的参数传递方式有两种，值传递（传值）和引用传递（传地址）。

值传递：就是将实参的值复制一个拷贝后传递给形参。因此，实参与其对应的形参作为变量，拥有各自的存储单元，互不相干。改变形参的取值并不影响实参的值。实参是非简单变量，如：有运算的表达式。

地址传递：就是将实参存储单元的地址传递给形参。因此，实参与其对应的形参作为变量，共同使用同一存储单元，二者是同一存储单元的两个不同标识符号，其值要相互影响。实参一般是简单变量。

一般情况，形参对实参的影响唯一地取决于参数的传递方式，而与形参及实参的标识名无关。

 说 明

- 采用格式 1 调用函数或过程时，如果实参是常量或一般形式的表达式，系统会计算出实参的值，并把它们赋值给相应的形参变量。这种情形称为按值传递。如果实参是变量，那么传递的是变量的地址。这种情形称为按引用传递，如果强调以按值传递，则将变量用括号括起来。如果要强制引用传递，则需在实参变量前加@。
- 采用格式 2 调用模块程序时，默认情况下都以按值方式传递参数。如果实参是变量，可以通过命令重新设置参数传递的方式：SET UDFPARMS TO VALUE（值传递）|REFERENCE（地址传递）。但当实参数为表达式时，其传递方式为之值传递。

【例 5.18】 引用参数的数据传递。

```
set udfparms to reference      && 设置用户定义函数的参数为地址传递
clear
a=2
b=10
c=pfh(a,b/2)                    && par2/2 转化为值传递
?" 变量 a=",a," 变量 b=",b," 和="+alltrim(str(c))
set udfparms to value          && 设置用户定义函数的参数为值传递
exchange(a,@b)                 && 将参数 b 转化为地址传递
?" 交换后的 b",b

procedure exchange             && 定义过程
  parameter par1,par2
  ?" 交换前的 b",par2
  tem=par1
  par1=par2
  par2=tem
endproc

function pfh                   && 定义函数
    parameter m,n,l
    sum1=0
    for i=m to n
        sum1=sum1+i*i
    next i
    m=sum1
  return sum1
```

5.1.11　Visual FoxPro 程序的调试

程序需要经过多次调试才能将其中存在的诸多错误发现和消除，Visual FoxPro 提供了调试器工具来完成程序调试工作。选择"工具"菜单中的"调试器"命令或在命令窗口输入 DEBUG

命令，系统打开调试器窗口。在 Visual FoxPro 调试器窗口中，选择"窗口"菜单中的相应命令，可有选择地打开 5 个子窗口：跟踪、监视、局部、调用堆栈和调试输出。要关闭子窗口，只需单击窗口右上方的"关闭"按钮。

1. 跟踪窗口

跟踪窗口用于显示正在调试执行的程序文件。要打开一个需要调试的程序，可从调试器窗口的"文件"菜单中选择"打开"命令，然后在打开的对话框中选定所需的程序文件。被选中的程序文件将显示在跟踪窗口里，以便调试和观察。

跟踪窗口左端的灰色区域会显示某些符号，常见的符号及其意义如下：

（1）⇨：指向调试中正在执行的代码行。

（2）●：断点。可以在某些代码行处设置断点，当程序执行到该代码行时，程序执行中断。

可以控制跟踪窗口中的代码是否显示行号，方法是，在 Visual FoxPro 系统"选项"对话框的"调试"选项卡中选择"跟踪"单选按钮，然后设置"显示行号"复选框。

2. 监视窗口

监视窗口用于监视指定表达式在程序调试执行过程中的取值变化情况。要设置一个监视表达式，可单击窗口中的"监视"文本框，然后输入表达式的内容，按回车键后表达式便添加到文本框下方的列表框中。当程序调试执行时，列表框内将显示所有监视表达式的名称、当前值及类型。

双击列表框中的某个监视表达式就可对它进行编辑。右键单击列表框中的某个监视表达式，然后在弹出的快捷菜单选择"删除监视"可删除一个监视表达式。

在监视窗口中可以设置表达式类型的断点。

3. 局部窗口

局部窗口用于显示模块程序（程序、过程和方法程序）中的内存变量（简单变量、数组、对象），显示它们的名称、当前取值和类型。可以从"位置"下拉列表框中选择指定一个模块程序，下方的列表框内将显示在该模块程序内有效（可视）的内存变量的当前情况。

用鼠标右键单击局部窗口，然后在弹出的快捷菜单中选择"公共"、"局部"、"常用"或"对象"等命令，可以控制在列表框内显示的变量种类。

4. 调用堆栈窗口

调用堆栈窗口用于显示当前处于执行状态的程序、过程或方法程序。若正在执行的程序是一个子程序，那么主程序和了程序的名称都会显示在该窗口中。

模块程序名称的左侧往往会显示一些符号，常见的符号及其意义如下：

（1）调用顺序序号：序号小的模块程序处于上层，是调用程序。序号大的模块程序处于下层，是被调用程序。序号最大的模块程序也就是当前正在执行的模块程序。

（2）当前行指示器（》）：指向当前正在执行的行所在的模块程序。

从快捷菜单中选择"原位置"和"当前过程"命令可以控制上述两个符号是否显示。

5. 调试输出窗口

可以在模块程序中设置一些 DEBUGOUT 命令，其格式是：DEBUGOUT<表达式>

当模块程序调试执行到此命令时，会计算出表达式的值，并将计算结果送入调试输出窗口。

为了区别于 DEBUG 命令，命令词 DEBUGOUT 至少要写出 6 个字母。

若要把调试输出窗口中的内容保存到一个文本文件里，可以选择调试器窗口"文件"菜单中的"另存输出"命令，或选择快捷菜单中"另存为"命令。要清除该窗口中的内容，可选择快捷菜单中的"清除"命令。下面以一个程序为例介绍其调试过程：

（1）选择"工具"菜单中的"调试器"，打开调试器。

（2）在调试器中选择"文件"菜单中的"打开"，选择需要调试的程序，然后，单击选择"调试"菜单中的"单步跟踪"或"运行到光标处"以进行跟踪。其中"单步跟踪"方式一次运行一条语句，而"运行到光标处"可以从当前正在执行的代码行运行到光标所在行。也可以在调试器窗口的工具栏中选择工具按钮来进行调试。工具栏中对应工具按钮的功能描述如图 5-6 所示。

按照工具按钮的排列顺序，依次为：

图 5-6　调试器工具栏

"继续执行"按钮：其功能为从当前执行位置开始，继续执行程序直到下一个断点或程序结束。

"结束"按钮：结束程序的调试。

"跟踪"按钮：该按钮可进入一个子程序或函数及过程内部进行跟踪调试。

"单步"按钮：该按钮以一次一条指令的方式运行程序，遇到子程序或函数及过程时进入其内部单步跟踪。

"跳出"按钮：跳出当前调试层次的程序，返回上一层程序。

"运行到光标处"按钮：从当前正在执行的代码行运行到光标所在行。

"跟踪窗口"按钮：是否显示跟踪窗口。

"监视窗口"按钮：是否显示监视窗口。

"局部窗口"按钮：是否显示局部窗口。

"调用堆栈窗口"按钮：是否显示调用堆栈窗口。

"输出窗口"按钮：是否显示输出窗口。

"设置/清除断点"按钮：单击一次在当前代码行设置断点，单击两次清楚当前代码行的断点。

"断点对话框"：显示断点对话框。

"清除所有断点"按钮：清除当前程序中所有断点。

"切换编辑日志"：切换编辑日志文件。

"切换事件跟踪"：打开"事件跟踪"窗口，选择需跟踪的时间，在调试过程中将对发生的事件进行跟踪与显示（可以据此了解事件发生的顺序）。

另外，在实际的程序调试过程中有以下一些技巧可以提高调试的效率和质量：

1）设置断点以缩小逐步调试代码的范围。

2）如果知道某行代码将产生错误，那么将光标放在该行的下一行，并从"调试"菜单中选择"设置下一条语句"，这样就可以跳过有错误的这行代码。

3）如果有许多和 Timer 事件相关联的代码，那么可以在"选项"对话框中的"调试"选项卡里，清除"显示计时器事件"，就可以避免跟踪这些代码。

VFP 中，可以按下"Esc"键将正在"跟踪"窗口中运行的程序停止。如果已经知道要在何处将执行的程序停止，那么可直接在该行设置一个断点。调试器的使用实例如图 5-7 所示。

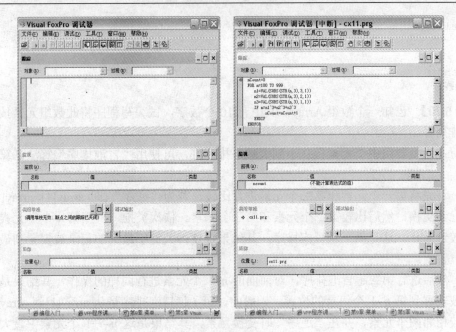

图 5-7　调试器的使用

5.2　程序设计综合应用举例

【例 5.19】　求 Fabonacci 数列的前 F_n 项，直到 F_n 大于 200 为止，并将各项依次显示在屏幕上，要求每行显示 5 项。

分析：Fabonacci 数列是由数学家 Fabonacci 首先提出的，第 n 项 F_n 的计算方法为：

$$F_n = F_{n-1} + F_{n-2} \quad n \geqslant 2, F_1 = 1, F_0 = 1$$

为计算第 n 项 F_n，首先必须计算第 $n-1$ 项和第 $n-2$ 项，在数列的数项之间存在着递推关系。

程序代码如下：

```
dimension fi(50)
clear
fi(1)=1
fi(2)=1
i=3
do while .t.
    fi(i)=fi(i-1)+fi(i-2)
    if fi(i)>200 then
    exit
    endif
    i=i+1
enddo
k=0
for j=1 to i
  if(k=5) then
    ?fi(j)
    k=1
```

```
   else
      ??fi(j)
      k=k+1
   endif
endfor
```

【例 5.20】 已知一个数组 Array，其中有 10 个数字，试编写程序将此数组元素按从小到大顺序排列好。

分析：为使数组中个元素按从小到大顺序排列好，可使用"冒泡排序"算法，算法描述如下：

（1）首先将第一个元素和第二个元素进行比较，若为"逆序"（即 array[1]>array[2]），则将两个元素交换，然后比较第二个元素和第三个元素。依次类推，直至第 $n-1$ 个元素第 n 个元素比较过为止。这是第一趟冒泡排序，其结果是使得关键字最大的记录被安置到最后一个记录的位置上。

（2）然后进行第二趟冒泡排序，对前面的 $n-1$ 个元素进行同样的操作，其结果是使次大的元素被安置到第 $n-1$ 个记录的位置。一般的，第 i 趟冒泡排序是从 array[1]到 array[n-i+1]依次比较相邻两个元素，并在"逆序"时交换元素，其结果是这 $n-i+1$ 个元素中最大的元素被交换到第 $n-i+1$ 的位置上，整个排序过程需要进行 $n-1$ 趟。

程序如下：

```
clear
dime array[10]          &&定义数组,代替从键盘输入内容
array[1]=10
array[2]=20
array[3]=50
array[4]=5
array[5]=8
array[6]=20
array[7]=18
array[8]=30
array[9]=100
array[10]=16
for i=1 to 10
? array[i]
endfor
&& 显示排序前的内容

for i=1 to 10
 for j=i to 10
   if array[i]>=array[j]
      temp=array[i]
      array[i]=array[j]
      array[j]=temp
    endif
   endfor
endfor
? for i=1 to 10
    ? array[i]
endfor

&&显示排序后的内容(升序)
```

【例 5.21】　创建一个过程文件，其中包括计算圆面积、计算长方形面积、计算阶乘几个过程，并编写主程序调用这几个过程。

分析：本例目的是阐述过程文件的使用，被调用过程逻辑相对简单。

```
*过程文件名:test.prg
*过程1:计算圆面积
  Procedure program1
    Parameters r
    S=3.1415*r^2
    ? "半径为"+Alltrim(Str(r))+"的圆的面积为:",s
  Return
*过程2:计算长方形面积
  Procedure program2
    Parameters long,Width
    S=long*Width
    ? "长为"+Alltrim(Str(long))+"宽为"+Alltrim(Str(Width))+"的长方形的面积
为:",s
  Return
*过程3:计算阶乘
  Procedure program3
    Parameters r
    n=1
    t=1
    Do While n<=r
    t=t*n
    n=n+1
    Enddo
    ? "值为"+Alltrim(Str(r))+"的阶乘为:",t
  Return
*程序功能:根据用户选择计算圆面积、长方形面积、阶乘
*程序文件名:main.prg
  Set Procedure To test.prg
  Do While .T.
    Clear
    Text
    这是一个计算圆面积、长方形面积、阶乘等的程序,先输入功能选择:
    1-计算圆面积
    2-计算长方形面积
    3-计算阶乘
    4-退出
    参数输入要求:所有数据之间用逗号","分隔,如计算长方形10×15的面积时
    在提示信息后面输入2,10,15。
  Endtext
  Accept "请输入您的功能选择及参数:" To Select
  program="program"+Substr(Select,1,1)
  IF (Substr(Select,1,1)="1".or. Substr(Select,1,1)="3").and.;
    Occurs(",",Select)#1.or.Substr(Select,1,1)="2".and.;
    Occurs(",",Select)#2.or.Substr(Select,1,1)>"4";
    .or.Substr(Select,1,1)<"1"
    Wait Window at 15,20 "输入的参数错误,请重新输入!" Nowait
    Loop
```

```
    Else
      IF Substr(Select,1,1)="4"
        Exit
      Endif
    Endif
      IF Occurs(",",Select)=1          && Occurs 函数返回一个字符串在另一个字符串
中的出现次数
        position=atC(",",Select,1)
        aa=Val(Substr(Select, position +1,Len(Select)- position))
        Do (program) With aa           &&调用只要一个参数的过程
      Else
        position1=atC(",",Select,1)
        position2=atC(",",Select,2)
        aa=Val(Substr(Select, position1+1, Len(Select)- position1))
        bb= Val(Substr(Select, position2+1,Len(Select)- position2))
        Do (program) With aa,bb         &&调用要 2 个参数的过程
      Endif
      Wait Window at 20,20 "按任意键继续进行..."
    Enddo
    Close Procedure
    Return
```

【例 5.22】　编写程序将数字金额转换为大写格式，如"123.34 元"转换为"壹佰贰拾叁元叁角肆分"。

分析：数字金额大小写的转换主要通过字符串处理实现，通过自左向右逐个提取数字金额的各位数字并进行查表实现转换。

```
nAmount=234.56
IsDW=1                                                    &&是否要求有单位
nDZS=STRTRAN(ALLTRIM(STR(nAmount,18,2)),".","")           &&把小数点去掉
&& Strtran():函数在第一个字符表达式或备注字段中,搜索第二个字符表达式或备注字段,并用
第三个字符表达式或备注字段替换每次出现的第二个字符表达式或备注字段
&& 可以指定从什么地方开始替换和要替换多少次
cHZDX="零壹贰叁肆伍陆柒捌玖"
cDW="分角元拾佰仟万拾佰仟亿拾佰仟万拾佰仟亿"
cRMBDX=""
nCd=LEN(nDZS)
FOR i=1 TO LEN(nDZS)
    cNumbers=SUBSTRC(cHZDX,INT(VAL(SUBSTR(nDZS,i,1))+1),1)    && 数字转换
    && SUBSTRC()是为包含双字节字符的表达式设计的。如果表达式只包含单字节,等同于 SUBSTR()
    && SUBSTRC()
    IF IsDW=1            &&如果要单位
      cDWs=SUBSTRC(cDW,nCd-i+1,1)
    ELSE
      cDWs=SPACE(0)    &&不要单位的情况下
    ENDIF
    cRMBDX=cRMBDX+cNumbers+cDWS
    nCd=nCd-1
ENDFOR
FOR i=LEN(nDZS)+1 TO 6
    cRMBDX=SPACE(2)+cRMBDX
ENDFOR
?cRMBDX
```

习　题

一、选择题

1. 下列程序段的输出结果是（　　）。

```
ACCEPT TO A
IF A=[123]
  S=0
ENDIF
S=1
?S
```

　A. 0　　　　　　　　B. 1　　　　　　　　C. 123　　　　　D. 由 A 的值决定

2. 在 Visual FoxPro 中，有如下程序，函数 IIF()返回值是（　　）。

```
*程序
PRIVATE X, Y
STORE "男" TO X
Y = LEN(X)+2
? IIF (Y < 4, "男", "女")
RETURN
```

　A. "女"　　　　　　B. "男"　　　　　　C. .T.　　　　　D. .F.

3. 下列程序段执行以后，内存变量 y 的值是（　　）。

```
x=76543
y=0
DO WHILE x>0
y=x%10+y*10
x=int(x/10)
ENDDO
```

　A. 3456　　　　　　B. 34567　　　　　C. 7654　　　　D. 76543

4. 欲执行程序 temp.prg，应该执行的命令是（　　）。

　A. DO PRG temp.prg　　　　　　　　　B. DO temp.prg
　C. DO CMD temp.prg　　　　　　　　　D. DO FORM temp.prg

5. 在 Visual FoxPro 中,如果希望内存变量只能在本模块(过程)中使用,不能在上层或下层模块中使用，说明该种内存变量的命令是（　　）。

　A. PRIVATE　　　　　　　　　　　　　B. LOCAL
　C. PUBLIC　　　　　　　　　　　　　　D. 不用说明,在程序中直接使用

6. 有下程序，请选择最后在屏幕显示的结果是（　　）。

```
SET EXACT ON
s="ni"+SPACE(2)
IF s=="ni"
  IF s="ni"
  ?"one"
ELSE
  ?"two"
```

```
  ENDIF
ELSE
  IF s="ni"
  ?"three"
  ELSE
  ?"four"
ENDIF
ENDIF
RETURN
```

  A．one   B．two   C．three   D．four

7．下列程序段执行以后，内存变量 X 和 Y 的值是（   ）。

```
CLEAR
STORE 3 TO X
STORE 5 TO Y
PLUS((X),Y)
?X,Y
PROCEDURE PLUS
PARAMETERS A1,A2
A1=A1+A2
A2=A1+A2
ENDPROC
```

  A．8 13   B．3 13   C．3 5   D．8 5

8．下列程序段执行以后，内存标量 y 的值是（   ）。

```
CLEAR
X=12345
Y=0
DO WHILE X>0
y=y+x
x=int(x/10)
ENDDO
?y
```

  A．54321   B．12345   C．13751   D．13715

9．下面程序计算一个整数的各位数字之和。在下划线处应填写的语句是（   ）。

```
INPUT"x="TO x
s=0
DO WHILE x!=0
   s=s+MOD(x,10)
ENDDO
?s
```

  A．x=int(x/10)   B．x=int(x%10)   C．x=x-int(x/10)   D．x=x-int(x%10)

10．下列程序段执行以后，内存变量 A 和 B 的值是（   ）。

```
CLEAR
A=10
B=20
SET UDFPARMS TO REFERENCE
```

```
DO SQ WITH(A),B &&参数是值传送,B 是引用传送
?A,B
PROCEDURE SQ
PARAMETERSX1,Y1
X1=X1*X1
Y1=2*X1
ENDPROC
```

A. 10　200　　　　B. 100　200　　　　C. 100　20　　　　D. 10　20

11. 运行以下程序后，VFP 主窗口显示的结果是（　　　）。

```
CLEAR
N=0
DO WHILE n<10
   IF INT(n/2)=n/2
   ?"W"
   ENDIF
   ?? "Fox"
   n=n+1
ENDDO
```

A. 显示 5 行，内容均为 WFoxFox　　　　B. 显示 5 行，内容均为 WfoxWFox
C. 显示 4 行，内容均为 WFoxFox　　　　D. 显示 4 行，内容均为 FoxFoxW

12. 源程序如下所示，阅读源程序后回答下面的问题。

```
A='MnRspq'
N=LEN(A)
I=1
DO WHILE I<=N
  B=SUBSTR(A,I,1)
  IF ISUPPER(B)
  B=CHR(ASC(B)+32)
  A=STUFF(A,I,1,B)
  ENDIF
  I=I+1
  ENDDO
  ?A
RETURN
```

 注 意

　　STUFF(cExpression, nStartReplacement, nCharactersReplaced, cReplacement)的功能是返回一个字符串,此字符串是通过用另一个字符表达式*替换现有字符表达式中指定数目的字符得到的。ISUPPER（ ）确定一个字符表达式中的第一个字符是否是一个大写的字母字符。

（1）程序运行的结果是（　　　）。

A. MNRSPQ　　　　B. mnrspq　　　　C. MNRSpq　　　　D. MsRnpq

（2）程序循环的次数是（　　　）。

A. 5　　　　　　B. 4　　　　　　C. 6　　　　　　D. 7

13. 源程序如下所示，阅读源程序后回答下面的问题。

```
CLEAR
CH='?+-*/?'
N=1
DO WHILE N<=LEN(CH)-2
  M=SUBSTR(CH,N+1,1)
  X=8&M.N
  Y=4&M.N
  ??X&M.Y
  N=N+1
ENDDO
RETURN
```

本程序的运行结果是（   ）。

A. 8 2 36 4.0000   B. 4 1 72 2.0000

C. 14 4 288 2.0000   D. 4 1 36 4.0000

14. 源程序如下所示，请阅读源程序后回答下面的问题。

```
CLEAR
N=10
S=0
DO WHILE N>0
  S=S+N
  IF MOD(N,2)=0
    N=N+1
  ELSE
    N=N-2
  ENDIF
ENDDO
?'S=',STR(S,2)
RETURN
```

（1）上述程序执行后，共循环了（   ）次。

A. 11   B. 9   C. 7   D. 5

（2）上述程序执行后，屏幕显示为（   ）。

A. S=46   B. S=55   C. S=36   D. S=45

二、填空题

1. 在 Visual FoxPro 中，有如下程序：

```
*程序名:TEST.PRG
SET TALK OFF
PRIVATE X,Y
X = "数据库"
Y = "管理系统"
DO sub1
? X + Y
RETURN
*子程序:sub1
PROCEDU sub1
```

```
LOCAL X
X = "应用"
Y = "系统"
X = X + Y
RETURN
```

执行命令 **DO TEST** 后，屏幕显示的结果应是＿＿＿＿＿＿＿＿。

2．如下程序显示的结果是＿＿＿＿＿＿＿＿。

```
s=1
i=0
do while i<8
  s=s+i
  i=i+2
enddo
?s
```

3．执行下列程序，显示的结果是＿＿＿＿＿＿＿＿。

```
one="WORK"
two=""
a=LEN(one)
i=a
DO WHILE i>=1
   two=two+SUBSTR(one,i,1)
   i=i-1
ENDDO
?two
```

4．完善下列程序，以显示 7～1000 以内能被 7 整除且含有数字 5 的所有整数（例如 35、56、105 等）。

```
FOR n=7 TO 1000   step 7
   ch=ALLT(STR(n))
   IF _____
    ?n
   ENDIF
ENDFOR
```

5．运行下列程序后，显示的运行结果的第二行为＿＿＿＿＿＿＿＿。

```
CLEAR
Y="11111111"
FOR I=1 TO LEN(y)
   X=LEFT(y, i)
   ?SPACE(20-i*2)+x+"*"+x+"="+ALLT(STR(VAL(x)*VAL(x)))
ENDFOR
```

6．使用 LOCAL、PRIVATE 和 PUBLIC 命令可以指定内存变量的作用域。在 VFP 命令窗口中创建的任何内存变量均为＿＿＿＿＿＿＿＿变量。

7．有一学生库 STUDENT.DBF，表中有：姓名(C,8)、英语(N,2)、数学(N,2)、奖学金(L,1)等字段，程序功能为确定是否发给奖学金(奖学金字段值目前均为.F.)。若英语数学两门功能都大于或等于 90 分，则该学生可以发放奖学金，请对程序填空。

```
SET TALK OFF
CLEAR
USE STUDENT
DO WHILE .T.
   IF 英语>=90 .AND. 数学>=90
      ①_____
   ENDIF
   SKIP
   IF EOF()
      ②_____
   ENDIF
ENDDO
RETURN
```

8. 下面的程序是将"中华人民共和国"显示为"中 华 人 民 共 和 国"，即在每两个汉字之间加入一个空格。阅读下面的程序，将程序填写完整。

```
SET TALK OFF
CLEAR
X='中华人民共和国'
Y=''
DO WHILE LEN(X)>=①_____
  Y=Y+SUBSTR(X,1,2)+' '
  X=SUBSTR(②_____)
ENDDO
? ③_____
```

9. 有一分支程序为：

```
IF S>100
  DO P1.PRG
ELSE
 IF S>10
 DO P2.PRG
 ELSE
  IF S>1
   DO P3.PRG
  ELSE
   DO P4.PRG
  ENDIF
 ENDIF
ENDIF
```

分别写出执行 P2，P3，P4 子程序的条件表达式：

```
DO P1.PRG 条件为：S=100
DO P2.PRG 条件为：_____①_____。
DO P3.PRG 条件为：_____②_____。
DO P4.PRG 条件为：_____③_____。
```

三、程序阅读题

阅读下列程序，写出运行结果或程序功能。

1. 注：字符"A"的 ASCII 码为 65。

程序 1

```
CLEAR
C="一二三四五六七八九十"
B="ABCD"
R=0
L=LEN(B)
FOR I=1 TO L
W=SUBSTR(B,I,1)
D=ASC(W)+R-65
S=""
IF D<10
    S=SUBSTR(C,2*D+1,2)
ELSE
    S=SUBSTR(C,2*MOD(D,10)+1,2)
ENDIF
?W+"----->"+S
R=R+11
ENDFOR
```

2．设 A 的值为 ABCDEF。

程序 2

```
CLEAR
ACCEPT "A=" TO A
L=LEN(A)
P=SPACE(0)
I=0
DO WHILE I<=L
    P=P+SUBSTR(A,L-I,1)
    I=I+1
ENDDO
?A+"------>"+P
```

3．写出运行结果。

程序代码：

```
M=3
DO WHILE M<10
    N=2
    DO WHILE N<M
        IF INT(M/N)=M/N
            EXIT
        ENDIF
        N=N+1
    ENDDO
    IF N=M
        ?M
    ENDIF
    M=M+1
ENDDO
```

4．设 M 的输入值为 12，写出运行结果。

```
CLEAR
INPUT "M=" TO M
IF INT(M)!=M OR ABS(M)!=M
  ?"输入的数值不符合题目要求!"
  LOOP
ENDIF
?ALLTRIM(STR(M,19))+"的质数因子有:"
I=2
DO WHILE I<=M
  IF M%I=0
    ??STR(I,6)
    M=INT(M/I)
    LOOP
  ENDIF
  I=I+1
ENDDO
```

5. 写出运行结果。

```
CLEAR
DIMENSION A(6,6)
FOR I=1 TO 6
   FOR J=1 TO 6
       IF I<>J
           A(I,J)=0
       ELSE
           A(I,J)=-1
       ENDIF
   ENDFOR
ENDFOR
FOR I=1 TO 6
  ?
  FOR J=1 TO 6
  ??A(I,J)
  ENDFOR
ENDFOR
```

6. 设 N，M 的值分别为 6，8。

```
CLEAR
INPUT "N=" TO N
INPUT "M=" TO M
X=MAX(N,M)
FOR I=X TO M*N
IF MOD(I,M)=0 AND MOD(I,N)=0
    Y1=I
    EXIT
  ENDIF
ENDFOR
?"Y1="+ALLTRIM(STR(Y1,19))+",Y2="+ALLTRIM(STR(M*N/Y1,19))
求最大公约数与最小公倍数
```

7. 设 N 值为 4。

```
CLEAR
INPUT "N=" TO N
FOR I=1 TO N
```

```
    ?SPACE(N-I+1)
    FOR J=1 TO 2*I-1
        ??CHR(ASC("A")+J-1)
    ENDFOR
ENDFOR
FOR P=N-1 TO 1 STEP -1
    ?SPACE(N-P+1)
    FOR K=1 TO 2*P-1
        ??CHR(ASC("A")+K-1)
    ENDFOR
ENDFOR
```

四、程序改错题

要求：在修改程序时，不允许修改程序的总体框架和算法，不允许增加或减少语句数目。

1. 下列程序的功能是：输入一个由 ASCII 码字符和 GB 2312 字符集中汉字字符组成的字符串后，统计并显示出现次数最多的 10 个字符及其出现次数。

```
    CLEAR
ACCEPT '请输入：' TO cccc          &&该语句功能是交互式地输入数据(字符串)
n=LEN(cccc)
IF n=0
RETURN
ENDIF
CREATE CURSOR TEMP (cc c(2),nn i)   &&创建临时表存储字符及出现的次数
FOR i=1 TO n
c=SUBS(CCCC,i,1)
IF ASC(c)>127                      &&汉字字符
c=SUBS(cccc,i,2)
i=2
ENDIF
LOCATE FOR cc=c
IF EOF()
INSERT INTO TEMP(cc,nn) value(c,1)
Other
REPLACE nn WITH nn+1
ENDIF
ENDFOR
SELECT TOP 10 cc,nn FROM temp ORDER BY 2 DESC
```

2. 下列程序的功能是求函数 $f(x)$ 的值，同时分别求出 $x=-2$、$x=2$ 和 $x=6$ 时函数的值。函数表达式为：

```
CLEAR
?f(-2)
?f(2)
?f(6)
FUNCTION f
PARAMETERS x
IF x<2
  y=2*x^2+3*x+4
ELSE
  IF x=2
```

```
     Y=0
   ENDIF
      y=-2*x^2+3*x-4
   ENDIF
ENDIF
RETURN x
```

3．下列程序的功能是找出 1000 之内所有的完数，并统计它们的个数。完数是指：数的各因子之和正好等于该数本身（例如 6 的因子是 1、2、3，而 1+2+3=6，所以 6 是完数）。

```
CLEAR
n1=1
nCount=0
DO WHILE n1<=1000
m=0
FOR n2=INT(n1/n2)TO 1 STEP-1
  IF n1/n2=INT(n1,n2)
    m=m+n1
  ENDIF
ENDFOR
IF n1=m
  nCount=nCount+1
  ?n1
ENDDO
n1=n1+1
ENDDO
WAIT WINDOWS"完整的个数为"+STR(nCount)
```

4．下列程序的功能是找出 1992 至 2010 年中的闰年年份。判断闰年的条件是：能被 4 整除但不能被 100 整除的年份，或能被 400 整除的年份。如 1989、1900 年不是闰年，1992，2000 是闰年。

```
n=1992
y=1
DO WHILE n<=2010
  IF INT(n/4)=n/4
    IF INT(n/100)<>n/100
      y=1
    ELSE
      IF INT(n/400)=n/400
        y=1
      ELSE
        y=0
      ENDIF
    ENDIF
  ENDIF
    y=0
  ENDIF
  WAIT WINDOW VAL(n)+'是'+IIF(y=1,'闰年','非闰年')
  n=n+1
ENDDO
```

5．下列程序的功能是：将一个字符串中的各个单词的首字母组成其缩写形式（大写字母），其中，字符串由多个英文单词组成且各单词之间用一个空格分隔，例如，对于字符串"central processing unit"，生成其缩写形式"CPU"。其基本算法为：字符串左边加一个空格，然后依次检查字符串的每一个字符，如果该字符为字母且左边为空格，则该字母为首字母。要求：

```
cString='central processing unit' &&赋初值
cString=SPACE(1)+UPPER(cString)
cResult=SPACE(0)
FOR n=2 TO cString
  c=SUBSTR(cString,n,1)
  IF BETWEEN(c,'A','Z')AND SUBSTR(cString,n-1,1)=SPACE(1)
  cResult=cResult+n
  ENDIF
ENDFOR
WAIT WINDOWS' 缩写形式为'+cResult
```

6. 下列程序的功能是统计一个字符串中包含多少个汉字（假设这些汉字均属于 GB 2312 字符集），其基本算法是从字符串中依次取一个字符，如果其 ASCII 码值大于 127，则为一个汉字内码的第一个字节。

```
cString='微软(Microsoft)公司开发的视窗(Windows)操作系统' &&赋初值
nCount=0
DO WHILE LEN(cString)=0
  IF ASC(LEFT(cString,1))>127
    nCount=nCount+1
    cString=SUBSTR(cString,3)
  ELSE
    CString=SUBSTR(cString,1)
  ENDIF
ENDDO
WAIT WINDOWS'汉字个数为'+STR(nCount)
```

7. 下列程序的功能是将二进制转换成十进制数表示。

```
nNumber=1011001 &&赋初值(认定它为二进制数)
cNumber=ALLTRIM(STR(nNumber))
nResult=0
FOR n=LEN(cNumber) TO 1
  c=LEFT(cNumber,1)
    IF c='0'
    nResult=nResult*2+1
  ELSE
    nResult=nResult*2
  ENDIF
  cNumber=SUBSTR(cNumber,2)
ENDFOR
WAIT WINDOWS'十进制数表示为'+STR(nResult)
```

8. 下列程序用于计算数列 1，1/2，1/3，1/4，1/5，……，1/n 之和，当某一数列项的值小于 0.01 时停止计算。

```
SET DECIMAL TO 2
n=1
nSum=0
Do WHILE.T.
  IF 1/n<0.01
    LOOP
  ENDIF
```

```
    nSum=nSum+n
    n=n+1
ENDDO
WAIT WINDOWS'该数列之和为'+STR(nSum,10,2)
```

9. 下列程序的功能是统计所有的"水仙花数"的个数（"水仙花数"是指一个 3 位数，其各位数字立方和等于该数本身，例如：153＝1³＋5³＋3³）。

```
nCount=1
FOR n=100 TO 999
    n1=VAL(SUBS(STR(n,3),3,1))
    n2=VAL(SUBS(STR(n,3),2,1))
    n3=VAL(SUBS(STR(n,3),1,1))
    IF n=n1^3+n2^3+n3^3
            nCount=nCount+1
    ENDIF
ENDFOR
WAIT WINDOWS'"水仙花数"的个数为'+nCount
```

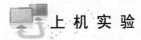 上 机 实 验

实验 1   顺序结构与选择结构

实验目的

1. 掌握顺序结构程序的设计方法，解决简单的数值计算问题。
2. 掌握简单顺序程序的分析、设计与代码编写。
3. 掌握分支程序的特点，学会正确使用逻辑运算符、逻辑表达式、比较表达式。
4. 掌握单分支、双分支、多分支程序设计方法。
5. 掌握面向过程以及面向对象的程序设计方法。
6. 学会运用表单完成面向对象的程序设计过程。

实验准备

1. 选择结构的概念与类型，实现多重选择的方法。
2. 选择结构语句 IF－ELSE－ENDIF 与 DO CASE－ENDCASE 的使用方法。
3. 表单的建立以及常用表单控件的使用。
4. 简单事件程序代码的编写。
5. 程序算法以及对应的程序结构化流程图。

实验内容

运用面向过程程序设计方法编写程序：

1. 输入圆的半径，计算面积、计算周长等。面向对象设计利用选项按钮选择运算实现该功能。
2. 求一元二次方程 $ax^2 + bx + c = 0$ 的根（对任意系数 a,b,c）。

实验练习

1．选择结构分哪几种？有哪几种方法可以实现多重选择？

2．在多重选择结构中，OTHERWISE 子句的意义是什么？

3．铁路托运行李的运费标准为：20 千克以下，每千克 0.4 元，超过 20 千克，超出部分每千克 0.6 元。设计程序，输入行李重量，输出运费。

4．设计一个程序，从键盘输入三个数 a、b、c，按从大到小的顺序重排 a、b、c，使 a 最大，c 最小。

实验 2　循　环　结　构

实验目的

1．掌握循环结构程序设计的基本方法。

2．掌握用 DO WHILE-ENDDO、FOR-ENDFOR、SCAN-ENDSCAN 设计循环程序，解决一般重复处理问题。

3．理解循环嵌套，设计循环嵌套程序，解决一般实际处理问题。

4．掌握面向过程以及面向对象的循环结构程序设计方法。

5．学会运用表单完成面向对象的循环结构程序设计。

实验准备

1．三种循环结构语句的书写格式和执行过程。

2．循环体中的 LOOP、EXIT、RETURN 语句的用途和用法。

3．多重嵌套循环的形式。

4．表单的建立以及常用表单控件的使用。

5．面向对象程序设计的简单代码编写。

6．循环结构程序设计算法以及程序结构化流程图。

实验内容

1．设 $s=1^1+2^2+3^3+\cdots+n^n$，求 s 不大于 500 时的最大的 n。

2．编制程序：求出所有小于或等于 50 的自然数对。自然数对是指两个自然数的和与差都是平方数。

3．马克思曾经做过这样一道趣味数学题，有 30 个人在一家小饭馆用餐，其中有男人、女人和小孩。每个男人花了 3 先令，每个女人花了 2 先令，每个小孩花了 1 先令，一共花去 50 先令。问男人、女人、小孩各有几人？

4．编制程序，验证"哥德巴赫猜想"：任何大于 6 的偶数均可以表示为两个素数之和。

实验练习

应用循环设计程序，打印出 N 行的字母三角形。（N 从键盘输入，如下图为 5 行字母三角形）

```
        A
      B C D
    C D E F G
  D E F G H I J
E F G H I J K L M
```

实验 3　子程序、过程与自定义函数

实验目的

1. 掌握子程序的概念与调用方法。
2. 掌握过程文件的结构、组织过程的简单方式和过程调用中的参数传递。
3. 掌握用户自定义函数的定义格式和调用方法。
4. 掌握自定义函数与过程文件的建立方法。

实验准备

1. 过程（子程序）和自定义函数的定义与参数传递规则。
2. 自定义函数的定义格式和调用方法。
3. 过程的定义格式和调用方法。
4. 变量的作用域。

实验内容

1. 分别建立如下 4 个程序文件，在命令窗口中运行第一个程序文件，并分析运行结果。

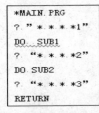 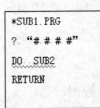 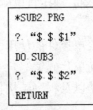 

```
*MAIN.PRG
?. " *.*.*.*1"
DO  SUB1
?. " *.*.*.*2"
DO SUB2
?. " *.*.*.*3"
RETURN
```

```
*SUB1.PRG
?. "#.#.#.#"
DO  SUB2
RETURN
```

```
*SUB2.PRG
?. "$.$. $1"
DO SUB3
?. "$.$. $2"
RETURN
```

```
*SUB3.PRG
?. "%.%.%.%"
RETURN
```

　　2. 将上面的 3 个子程序 SUB1.PRG、SUB2.PRG、SUB3.PRG 改为过程，并存放于过程文件 SUB.PRG 中，在主程序中通过打开过程文件的方法实现对过程的调用。

　　3. 将上述过程文件中的 3 个过程与主程序一起存放，然后运行主程序，观察程序的运行结果。

　　4. 在主程序中输入梯形的上底、下底和高的数据，利用带参数的过程求梯形的面积。

实验练习

1. 利用带参数的过程求 $S=3!+5!+7!+9!+\cdots+n!$。
2. 自定义一个求 3 个数中最大数的自定义函数，并利用该函数求 n 个数中的最大数。
3. 若一个素数依次去掉个位、十位……每次所得的数仍然为素数，则这样的素数也称为超级素数。例如 239 为超级素数。利用自定义函数的方法，求[100,999]之内的最大超级素数和超级素数的个数。

第 6 章　Visual FoxPro 程序设计的面向对象方法

前面介绍了传统的结构化程序设计，从程序设计的方法来看，VFP 不仅支持面向过程的结构化程序设计方法，还支持由事件驱动的面向对象的程序设计方法，并提供了相关的可视化的开发工具。本章将介绍 VFP 的面向对象程序设计方法。

本章主要讲述面向对象程序设计有关概念，VFP 基类，对象的引用与处理，VFP 中常用的事件和方法，类的创建与应用。

本章重点：类和对象的概念及特点，对象的引用与处理，VFP 中的常用事件和方法。

6.1　面向对象程序设计概述

与结构化方法相比，面向对象程序设计方法具有明显的优势，特别是针对大型复杂软件系统的开发。

6.1.1　程序设计的结构化方法与面向对象方法

传统的结构化程序设计的本质是功能设计，其基本思路是：自顶向下、逐步求精。其程序结构是按功能划分为若干个基本模块，这些模块形成一个树状结构；各模块之间的关系尽可能简单，在功能上相对独立；每一个模块内部均由顺序、分支和循环三种基本结构组成。其模块化实现的具体方法是使用子程序。结构化程序设计由于采用了模块分解、功能抽象以及自顶向下、分而治之的方法，从而有效地将一个较复杂的程序设计任务分解成许多易于控制和处理的子任务，便于开发和维护。

虽然结构化程序设计方法具有很多的优点，但它是一种面向过程的程序设计方法。它把数据和处理数据的过程分离为相对独立的实体，当数据结构改变时，所有相关的处理过程都要进行相应的修改，每一种相对于老问题的新方法都要带来额外的开销，程序的可重用性差。

面向对象的程序设计方法不同于传统的结构化程序设计方法，其出发点和基本原则是尽可能模拟人类习惯的思维方式，使开发软件的方法与过程尽可能接近人类认识世界解决问题的方法与过程，也就是使描述问题的问题空间（也称为问题域）与实现解法的解空间（也称为求解域）在结构上尽可能一致。

在面向对象的方法中，它将数据及对数据的操作方法放在一起，作为一个相互依存、不可分离的整体——对象。对同类型对象抽象出其共性，形成类。类中的大多数数据，只能用本类的方法进行处理。类通过一个简单的外部接口与外界发生关系，对象与对象之间通过消息进行通信。这样，程序模块间的关系更为简单，程序模块的独立性、数据的安全性就有了良好的保障。另外，通过类的继承与多态性，还可以大大提高程序的可重用性，使得软件的开发和维护都更为方便。

6.1.2　面向对象程序设计基本概念

本节简单介绍面向对象方法中的几个基本概念。

1. 类与对象

从一般意义上讲，对象是现实世界中一个实际存在的事物，它可以是有形的（如一辆汽车），也可以是无形的（如一项计划）。对象是构成世界的一个独立单位，它具有自己的静态特征（可以用某种数据来描述）和动态特征（对象所表现的行为或具有的功能）。

面向对象方法中的"对象"，是系统中用来描述客观事物的一个实体，它是用来构成系统的一个基本单位。对象由一组属性和一组行为构成。属性是用来描述对象静态特征的数据项，行为是用来描述对象动态特征的操作序列。

把众多的事物归纳、划分成一些类，是人类认识客观世界时经常采用的思维方法。分类所依据的原则是抽象，即忽略事物的非本质特征，只注意那些与当前目标有关的本质特征，从而找出事物的共性，把具有共同性质的事物划分为一类，得出一个抽象的概念。例如，汽车、房屋、树木等都是人们在长期的生产和生活实践中抽象出的概念。

面向对象方法中的"类"，是具有相同属性和行为的一组对象的集合。它为属于该类的全部对象提供了抽象的描述，其内部包括属性和行为两个主要部分。一个属于某类的对象称为该类的一个实例。

类和对象的关系密切，但并不相同。在面向对象的程序设计方法中，程序由一个或多个类组成，在程序运行过程中需要创建对应类的各个对象。因此，类是静态概念，而对象是动态概念。

在 VFP 系统中，系统提供了一些预定义的类，用户也可以根据需要创建一些类。

基类（Base Class）是 VFP 系统提供的内部预定义的类，可用作其他用户自定义类的基础。例如，VFP 系统中的表单和所有控件就是基类，用户可以在此基础上创建新类，添加自己需要的功能。

子类（Subclass）是以其他类为基础，为某一种对象所建立的新类。子类可以继承对父类（子类所基于的类）所做的修改。

用户自定义类（User-defined Class）与 VFP 基类相似，由用户根据需要定义，也可以用来派生子类，但这种类往往没有可视化的表示形式。

2. 类的特点

在面向对象的程序设计中，通过类可以简化应用程序的设计，因为类具有抽象性、封装性、继承性、多态性等特点。

抽象性（Abstraction）是指提取一个类与众不同的特征，而不是对该类的所有信息进行处理。当创建一个类时，如在多个表单中出现的功能按钮，我们可以将它作为一个整体，而不必关心某个具体的按钮以及它们之间是如何作用的。

封装性（Encapsulation）是指包含和隐藏对象信息（如内部数据结构和代码）的能力。封装将操作对象的内部复杂性与应用程序的其他部分隔离开来。封装性是面向对象技术的核心，使得软件具有很好的模块性，且各模块具有明显的范围和边界，从而实现了模块内的高内聚和模块间的松散耦合。

继承性（Inheritance）是指子类沿用其父类特征的能力。如果父类的特征发生改变，则相关子类将继承这些改变了的新特征。继承性体现并扩充了面向对象程序设计方法的共享机制。

多态性（Polymorphism）主要是指一些关联的类包含同名的方法程序，但方法程序的具体内容可以不同。在运行时具体调用哪种方法程序要根据对象的类来确定。在面向对象的程序设计中，多态性使得相同的操作可以作用于多种类型的对象上并获得不同的结果，从而增强了系统的灵活性、可维护性和可扩展性。

3. 对象的属性、事件与方法

对象是面向对象系统中运行时刻的基本成分，它是属性与行为（即数据与操作）以及与其他对象的接口的封装体。如现实世界中的一个人、一辆汽车等都是对象。每个对象都具有自己的一组属性，以及与之相关的事件和方法。用户可以通过对象的属性、事件和方法来处理对象。

（1）属性（Property）定义对象的特征或某一方面的行为。例如，一辆汽车有一定的颜色、载重量等属性。在 VFP 系统中，所创建对象的属性由对象所基于的类决定，用户也可以根据需要为对象创建新的属性。

（2）事件（Event）是由系统预先定义好的、能够被对象识别的一个动作。用户可以编写相应的代码对此动作进行响应。通常事件是由用户的动作产生的，如单击鼠标（Click）、移动鼠标（MouseMove）或按键（KeyPress）等，也可以由程序代码或系统产生，如计时器（Timer）。在 VFP 系统中，不同的对象所能识别的事件有所不同，但整个事件集合是固定的，用户不能创建新的事件。

（3）方法（Method）是对象能够执行的一个操作。在 VFP 系统中，方法是与对象相关联的过程（完成某种操作的处理代码），通常也称为方法程序。例如，列表框由这样一些方法程序维护它的列表内容：AddItem、RemoveItem 和 Clear 等。方法可以由用户根据需要自己创建，因此其集合是可以无限制地扩展的。

方法可以与某个事件相关联，作为对该事件的响应。例如，为某个命令按钮的 Click 事件编写的方法程序将在单击该命令按钮（此时 Click 事件发生）时执行。同时，方法程序也可以独立于事件而单独存在，在系统中被显式地调用。

6.2　VFP 系统的基类

VFP 系统提供的基类可以分为两大类型：容器类和控件类，见表 6-1。

容器类（Container Class）是可以包容其他类的基类。将容器类的对象加入表单后，无论在设计时还是在运行时，均可以将该容器类的对象作为一个整体来处理，也可以对其包容的对象分别进行处理。

控件类（Control Class）是可以包含在容器类中的基类，也称为非容器类，其封装比容器类严密。例如，标签、文本框、命令按钮等都属于控件类。

表 6-1　　　　　　　　　　VFP 系 统 的 基 类

容 器 类		控 件 类		
容器	工具栏	控件	列表框	形状
表单集	命令按钮组	自定义	组合框	图像框
表单	选项按钮组	命令按钮	复选框	分隔符*
表格	OLE 容器控件	选项按钮*	标头*	超链接

续表

容 器 类		控 件 类		
列*		标签	微调框	OLE 绑定型控件
页框		文本框	计时器	
页面*		编辑框	线条	

* 表示该类是容器类的集成部分，在类设计器中不能基于它们创建子类。

所有的基类都有表 6-2 所示的最小属性集和表 6-3 所示的最小事件集。表 6-4 列出了 VFP 中的各容器类所能包含的对象。

表 6-2   **VFP 基类的最小属性集**

属 性	说 明
Class	该类属于何种类型
BaseClass	该类由何种基类派生而来
ClassLibrary	该类从属于哪种类库
ParentClass	对象所基于的类。若该类直接由 VFP 基类派生而来，则 ParentClass 属性值与 BaseClass 属性值相同

表 6-3   **VFP 基类的最小事件集**

事 件	说 明
Init	当对象创建时激活
Destroy	当对象从内存中释放时激活
Error	当类中的事件或方法程序发生错误时激活

表 6-4   **VFP 容器类所能包含的对象**

容 器 类	所 能 包 含 的 对 象
容器	任意控件
表单集	表单、工具栏
表单	任意控件、页框、容器、自定义对象
表格	列
列	标头以及除表单集、表单、工具栏、计时器和其他列以外的任意对象
页框	页面
页面	任意控件、容器、自定义对象
工具栏	任意控件、页框、容器
命令按钮组	命令按钮
选项按钮组	选项按钮
OLE 容器控件	OLE 对象

VFP 中的对象根据所基于的类的性质，也可以分为容器对象和控件对象。容器对象可以作为其他对象的父对象，控件对象可以包含在容器对象中，但不能作为其他对象的父对象。

6.3　VFP 中 的 事 件

采用面向对象方法开发的应用程序，其功能的实现是由事件驱动的。在 VFP 系统中，每个对象都有与之相关的事件。用户可以根据需要为对象的事件设置处理代码，使得应用程序在运行过程中根据所发生的事件做出相应的处理。

6.3.1　事件驱动和事件循环

1. 事件驱动

所谓事件驱动，是指一旦产生特定事件，就要对该事件做出响应。而响应就是执行由用户根据数据处理需要为该事件编写的过程代码。

事件驱动程序设计（Event-Driven Programming）是一种强调事件代码的程序设计模型，与传统的过程化程序设计方法不同。采用传统的过程化的程序设计方法所设计的应用程序，从头到尾根据程序设计人员安排的顺序执行，在整个程序运行过程中，该程序独占系统的资源（CPU、内存等）。而采用事件驱动程序设计方法所设计的应用程序，程序的执行是由事件驱动的，一旦程序启动后就根据发生的事件执行相应的代码，如果无事件发生，则程序就空闲着，等待事件的发生，此时用户可以启动其他多个应用程序。

2. 事件循环

利用 VFP 进行应用程序设计时，必须创建事件循环（Event Loop）。在 VFP 系统中，事件循环是由 READ EVENTS 命令建立、CLEAR EVENTS 命令终止的交互式的运行时刻环境。当发出 READ EVENTS 命令时，系统启动事件处理；当发出 CLEAR EVENTS 命令时，停止事件处理。

在设计应用程序时，设置环境并显示初始用户界面之后就可以建立事件循环，以等待用户的操作并进行响应。READ EVENTS 命令通常出现在应用程序的主程序、主菜单的清理代码或主表单的某个事件处理程序中。为保证应用程序的正常结束，在启动事件循环之前，需要建立一种终止事件循环的方法，而且必须确保界面有这种发出 CLEAR EVENTS 命令的机制（如表单的"退出"按钮或菜单项），否则，应用程序会陷入死循环。

6.3.2　核心事件

VFP 系统中基类的事件集合是固定的，用户不能进行扩充，每个类都可以识别固定的默认事件集合。表 6-5 列出了 VFP 系统中的核心事件集，这些事件适用于大多数的对象。

表 6-5　　　　　　　　　　　　　　　VFP 系统的核心事件集

事　　件	事件被激发后的动作
Load	表单或表单集被加载到内存中
Unload	从内存中释放表单或表单集
Init	创建对象
Destroy	从内存中释放对象
Click	用户使用鼠标左键单击对象（即左击）
DblClick	用户使用鼠标左键双击对象

事　　件	事件被激发后的动作
RightClick	用户使用鼠标右键单击对象（即右击）
GotFocus	对象获得焦点，由用户动作（如按"Tab"键、单击）引起，或在代码中调用 SetFocus 方法
LostFocus	对象失去焦点，由用户动作（如按"Tab"键、单击）引起，或在代码中调用 SetFocus 方法
KeyPress	用户按下或释放键
MouseDown	当鼠标指针停留在一个对象上时，用户按下鼠标按钮
MouseMove	用户在对象上移动鼠标
MouseUp	当鼠标指针停留在一个对象上时，用户释放鼠标按钮
InteractiveChange	以交互方式改变对象值
ProgrammaticChange	以编程方式改变对象值

6.3.3　事件触发的顺序

在 VFP 系统中，有些事件以及事件触发的顺序是固定的，如表单在创建或删除时发生的事件序列，有些事件是独立发生的，如 Timer 事件等，但大多数事件是用户与应用程序的交互操作时伴随着其他一系列事件发生的。

表 6-6 列出了 VFP 中一些事件的一般触发顺序，其中假定数据环境的 AutoOpen Tables 属性设置为"真"（.T.）。其他未列出的事件的发生是基于用户的交互行为和系统响应。

表 6-6　　　　　　　　　　　　VFP 中事件的一般触发顺序

对　象	事　件	说　　明
数据环境	BeforeOpenTables	仅发生在与表单集、表单或报表的数据环境相关联的表或视图打开之前
表单集	Load	在创建表单集对象前发生
表单		在创建表单对象前发生
数据环境临时表	Init	在创建数据环境临时表对象时发生
数据环境		在创建数据环境对象时发生
对象		对于每个对象从最里层的对象到最外层的容器，在创建对象时发生
表单集	Activate	当激活表单集对象时发生
表单		当激活表单对象时发生
对象	When	对于每个对象从最里层的对象到最外层的容器，从"'Tab'键次序"中的第一个对象开始，在控件接收焦点之前发生
表单	GotFocus	当通过用户操作或执行程序代码使表单对象接收到焦点时发生
对象		对于每个对象从最里层的对象到最外层的容器，当通过用户操作或执行程序代码使对象接收到焦点时发生
对象	Message	对于每个对象从最里层的对象到最外层的容器，当对象得到焦点后发生
对象	Valid	对于每个对象从最里层的对象到最外层的容器，当对象失去焦点时发生
对象	LostFocus	当对象失去焦点时发生

续表

对　象	事　件	说　　明
对象	When	从"'Tab'键次序"中的第一个对象开始,在下一个获得焦点的对象接收焦点之前发生
对象	GotFocus	"'Tab'键次序"中的第一个对象接收到焦点时发生
对象	Message	"'Tab'键次序"中的第一个对象得到焦点后发生
对象	Valid	从"'Tab'键次序"中的第一个对象开始,当对象失去焦点时发生
对象	LostFocus	对象失去焦点时发生
表单	QueryUnload	在卸载一个表单之前发生
对象	Destroy	对于每个对象从最外层的容器到最里层的对象,当释放一个对象的实例时发生
表单	Unload	在释放表单对象时发生
表单集		在释放表单集对象时发生
数据环境	AfterCloseTables	在表单、表单集或报表的数据环境中,释放指定表或视图后发生
	Destroy	当释放一个数据环境对象的实例时发生
数据环境临时表	Destroy	当释放一个数据环境临时表对象的实例时发生

查看 VFP 事件的触发顺序可以利用调试器中的事件跟踪。当与表单和控件相关联的事件发生时,事件跟踪都将把发生的事件记录下来,以便当前或过后查看,帮助用户确定事件处理代码应加入到哪个事件中。

在确定事件处理代码应置于何处时,应注意以下几点:

(1)表单中所有控件的 Init 事件将在表单的 Init 事件之前执行,所以在表单显示以前,就可以在表单的 Init 事件处理代码中处理表单上的任意一个控件。

(2)若要在列表框、组合框或复选框的值改变时执行某段代码,可将它放在 Interactive Change 事件(而不是 Click 事件)中,因为有时控件的值的改变并不触发 Click 事件,而有时控件的值没有改变,Click 事件却会发生。

(3)Valid 和 When 事件有返回值,默认为"真"(.T.)。若从 When 事件返回"假"(.F.)或 0,控件将不能被激活;若从 Valid 事件返回"假"(.F.)或 0,则不能将焦点从控件上移走。

6.3.4　常用事件

在 VFP 系统中,按触发机制不同可以将事件分为鼠标事件、键盘事件、表单事件、改变控件内容事件、对象焦点事件、数据环境事件等类型。下面简单介绍 VFP 系统中一些常用的事件。

1. 鼠标事件

所谓鼠标事件,就是在 VFP 应用程序的界面中,利用鼠标对其中对象进行操作触发的事件。在 Windows 环境下,用户通常是利用鼠标进行界面操作,因而鼠标事件是最常见的事件。下面介绍几种常见的鼠标事件。

(1)Click 事件。

Click 事件既可以由用户操作触发,也可以由执行事件的过程代码触发。当用户进行如下操作时,会触发 Click 事件:

　　1）用鼠标左键单击复选框、列表框、命令按钮或选项按钮。

　　2）用箭头键或按鼠标键在组合框或列表框中选择一项时。

　　3）当命令按钮、选项按钮或复选框具有焦点时，按"SpaceBar"键。

　　4）表单中存在 Default 属性值为"真"（.T.）的命令按钮时，按"Enter"键。

　　5）按对象的访问键，如某命令按钮的标题为"\<E"，则按 Alt+E 组合键可触发该命令按钮的 Click 事件。

　　6）单击表单对象的空白区。

　　7）单击微调框对象的文本输入区。

　　8）单击废止的控件时，触发包含该控件的表单的 Click 事件。

　　Click 事件也可能由于包含下列内容的过程代码而触发：

　　1）设置命令按钮的 Value 属性值为"真"（.T.）。

　　2）设置选项按钮的 Value 属性值为"真"（.T.）。

　　3）更改复选框的 Value 属性值。

　　4）执行 MOUSE 命令。

　　（2）DblClick 事件。

　　当用户用鼠标左键连击两次（双击）对象时触发此事件。此外，当从组合框或列表框中选择一项并按"Enter"键时，也会触发 DblClick 事件。

　　如果在系统指定的双击时间间隔内不发生 DblClick 事件，那么系统认为这种操作是一个 Click 事件。另外，不响应 DblClick 事件的对象可能将一个 DblClick 事件确认为两个 Click 事件。

　　（3）RightClick 事件。

　　当用户在一个对象上按下并释放鼠标右键时触发此事件。

　　（4）MouseMove 事件。

　　当用户在一个对象上移动鼠标指针时触发此事件。当鼠标指针在对象之间移动时，连续触发 MouseMove 事件。在此事件过程中不能移动一个窗口，否则产生运行错误。

　　（5）MouseDown 和 MouseUp 事件。

　　在鼠标指针指向一个对象的情况下，当用户按下一个鼠标键时触发 MouseDown 事件，当用户释放一个鼠标键时触发 MouseUp 事件。

　　（6）DragDrop 事件。

　　当完成拖曳一个对象的操作时触发此事件。使用 DragDrop 事件可以控制拖曳操作完成后所发生的事情。例如，可以将源控件移动到一个新位置，或者把文件从一个位置复制到另一个位置。

　　DragDrop 事件涉及两个对象，即被拖曳的对象（源对象）和目标对象。DragDrop 事件是由目标对象触发的，而不是由源对象触发。

　　（7）DownClick 和 UpClick 事件。

　　当用户单击组合框、列表框或微调框的下箭头时，触发 DownClick 事件。当用户单击组合框、列表框或微调框的上箭头时，将触发 UpClick 事件。

　　2. 键盘事件

　　在 VFP 系统中，与键盘操作有关的事件主要是 KeyPress 事件。当用户按下并释放某个键时发生此事件。KeyPress 事件常用于截取输入到控件中的键击，使用户可以立即检验键击的有效性或对键入的字符进行格式编排。在其事件处理代码中用键值区分所按的键，并执行相应操作。

通常是具有焦点的对象接收 KeyPress 事件，在两种特殊情况下，表单也可以接收该事件：

（1）表单中不包含控件，或表单中的控件都不可见或未被激活。

（2）表单的 KeyPreview 属性设置为"真"（.T.）时，表单首先接收 KeyPress 事件，然后具有焦点的控件才接收该事件。

3．表单事件

表单事件是指操作表单对象时发生的事件。常用的表单事件主要有 Load 事件、Unload 事件、Activate 事件和 Deactivate 事件。

（1）Load 事件。

Load 事件在创建表单或表单集之前被触发，其事件处理代码常用来做些表单或表单集的初始化工作。

如果是创建表单集，则先触发表单集的 Load 事件，然后触发其包含表单的 Load 事件。Load 事件发生在 Activate 和 GotFocus 事件之前。此外，由于在 Load 事件发生时还没有创建任何表单中的控件对象，因此在 Load 事件的处理代码中不能对控件进行处理。

（2）Unload 事件。

Unload 事件是在释放表单或表单集之前被触发的最后一个事件。Unload 事件发生在 Destroy 事件和所有包含的对象被释放之后。例如，释放一个表单集时触发的 Destroy、Unload 事件顺序如下所示：

表单集 Destroy→表单 Destroy→表单中各对象 Destroy→表单 Unload→表单集 Unload。

（3）Activate 事件。

当激活表单、表单集、页对象或显示工具栏时触发 Activate 事件。通常在调用对象的 Show 方法时触发该事件，用来激活或显示对象。

使用表单集的 Show 方法时，将显示所有 Visible 属性值为"真"（.T.）的表单。Activate 事件被触发后，首先激活表单集，然后是表单，最后是页面。

（4）Deactivate 事件。

当一个容器对象（如表单）所包含的对象没有焦点而处于非活动状态时触发该事件。对于一个工具栏对象来说，当使用 Hide 方法隐藏工具栏时，该事件被触发。

在应用程序中只有移动焦点时，才发生 Activate 与 Deactivate 事件。将焦点移入或移出另一个应用程序的表单时，都不触发这两个事件。当卸载表单时，不发生 Deactivate 事件。

无论以编程方式或交互方式激活新对象时，都会触发原先活动对象的 Deactivate 事件，同时触发新对象的 Activate 事件。

4．改变控件内容事件

改变控件内容的事件有 InteractiveChange 事件和 ProgrammaticChange 事件。

（1）InteractiveChange 事件。

在使用键盘或鼠标更改一个对象的内容时触发此事件，如改变文本框中的内容将触发文本框的 InteractiveChange 事件。

（2）ProgrammaticChange 事件。

在程序代码中更改一个对象的内容时触发此事件。

5. 对象焦点事件

当对象取得焦点（Focus）时，该对象成为当前活动对象。焦点事件用以指出当前被操作的对象。焦点事件有 GotFocus 事件、LostFocus 事件、When 事件和 Valid 事件。

（1）GotFocus 事件。

当对象获取焦点时触发此事件。使对象获取焦点的方法可以通过按 Tab 键、鼠标单击对象或使用 SetFocus 方法。

对象获取焦点时，GotFocus 事件可以用来指定要执行的操作或显示提示信息。例如，通过为表单中的每个控件附加 GotFocus 事件，可以显示简单说明或状态栏信息以指导用户；也可以通过激活、废止或显示依赖于拥有焦点控件的其他控件，提供可视化的提示。

需要注意的是，只有当对象的 Enabled 和 Visible 属性均设置为"真"（.T.）时，此对象才能获取焦点。当表单没有控件，或者它包含的所有控件已经废止或不可见时，此表单才能获取焦点。

（2）LostFocus 事件。

当对象失去焦点时触发此事件。对象可能因为某种操作而失去焦点，如另选对象或单击另一对象；也可能因为在过程代码中对其他对象执行 SetFocus 方法。失去焦点事件处理代码常用于取消 GotFocus 事件处理代码所做的工作，如取消在执行 GotFocus 事件处理代码所提供的指导用户操作信息。

（3）When 事件。

在对象获取焦点之前被触发的一个事件，即该事件发生在 GotFocus 事件之前。如果 When 事件返回"真"（.T.），对象可获取焦点，否则对象不能获取焦点。

对于列表框控件，每当用户单击列表中的项或用箭头键移动，使焦点在项之间移动时，When 事件被触发。对于其他控件，当试图把焦点移动到控件上时，When 事件被触发。

（4）Valid 事件。

在对象失去焦点之前触发此事件，以控制对象是否真的失去焦点。如果 Valid 事件返回"真"（.T.），对象才将失去焦点，否则不会失去焦点。

6. 数据环境事件

数据环境包括与表单相关的表和视图，以及表单要求的表之间的关系。与数据环境有关的事件有 BeforeOpenTables 事件和 AfterCloseTables 事件。

（1）BeforeOpenTables 事件。

在与表单、表单集或报表的数据环境相关联的表和视图打开之前触发此事件。

对于表单或表单集，BeforeOpenTables 事件发生在表单或表单集的 Load 事件之前。

（2）AfterCloseTables 事件。

在表单、表单集或报表的数据环境中，释放指定的表或视图后触发此事件。

对于表单或表单集，AfterCloseTables 事件发生在表单或表单集的 Unload 事件及由数据环境打开的表或视图关闭之后。对于报表，AfterCloseTables 事件发生在由数据环境打开的表或视图关闭之后。

在任何时候调用 CloseTables 方法，都会触发 AfterCloseTables 事件。AfterCloseTables 事件发生后，将发生数据环境和其相关对象的 Destroy 事件。

7. 其他事件

除了上述的各种事件以外，常见的还有以下事件。

（1）Timer 事件。

在计时器每次计时时间到达时触发此事件。计时时间间隔由计时器对象的 Interval 属性设定。

（2）Init 事件。

在创建对象时触发此事件。通常在 Init 事件处理代码中完成有关对象的初始化工作，如加载图像对象中的图片等。

对于容器对象来说，首先触发的是容器中包含对象的 Init 事件，然后触发容器对象的 Init 事件。因此，在容器对象的 Init 事件处理代码中可以访问容器中的对象。例如，在表单的 Init 事件处理代码中可以处理表单上的任意一个控件对象。此外，容器中所包含对象的 Init 事件的触发顺序与它们被添加到容器中的顺序相同。

（3）Destroy 事件。

当释放一个对象时触发此事件，以使该对象无效。

一个容器对象的 Destroy 事件在它所包含的任何一个对象的 Destroy 事件之前被触发；容器对象的 Destroy 事件在它所包含的各对象释放之前可以引用它们。

（4）Error 事件。

在执行对象的方法程序代码出错时触发此事件。

可以利用 Error 事件的处理代码对所发生的错误进行处理。此事件忽略当前的 ON ERROR 例程，并允许对象在内部捕获并处理错误。

如果正在处理错误时，Error 事件处理过程中又发生了第二个错误，VFP 系统将调用 ON ERROR 例程。如果 ON ERROR 例程不存在，VFP 系统将挂起程序并报告错误。

6.4　VFP 中 的 方 法

方法（程序）是对象能够执行的操作，是和对象相联系的过程。为了满足数据处理需要，VFP 系统提供了一些方法，其程序是一些默认过程。表 6-7 列出了 VFP 系统提供的方法及其功能说明。用户可以调用这些方法程序，也可以为这些方法设计新的程序（即修改方法程序的默认过程）。此外，用户也可以根据需要创建新的方法程序。

表 6-7　　　　　　　　　　　　　　VFP 系统提供的方法

方　法	功　　能
ActivateCell	激活表格控件中的一个单元格
AddColumn	向表格控件中添加列对象
AddItem	向组合框或列表框中添加一个新的数据项
AddListItem	向组合框或列表框中添加新的数据项
AddObject	运行时向容器对象中添加新对象
Box	在表单对象上画矩形

续表

方　法	功　　能
Circle	在表单对象上画圆或椭圆
Clear	清除组合框或列表框中的数据项
CloneObject	复制对象，包括原对象所有的属性、事件和方法
CloseTables	关闭与数据环境相关的表和视图
Cls	清除表单对象中的图形和文本
DataToClip	将一组记录以文本形式复制到剪贴板中
DeleteColumn	删除表格控件中的一个列对象
Dock	沿着 VFP 主窗口的边界停放"工具栏"对象
DoCmd	执行一条指定的 VFP 命令
DoScroll	模拟用户单击滚动条操作滚动表格控件
DoVerb	在指定的对象上执行一个动作
Drag	启动、结束或取消"拖动"操作
Draw	重画表单对象
Eval	计算一个表达式并返回结果
Help	打开"帮助"窗口
Hide	隐藏表单（集）或工具栏（通过把 Visible 属性设置为.F.）
IndexToItemID	返回一个指定项的 ID 号
ItemIDToIndex	返回 nIndex 值，这个值指定数据项在控件列表中的位置
Line	在表单对象上画一条线
Move	移动一个对象
OpenTables	以编程方式打开与数据环境相关的表或视图
Point	返回一个表单对象上指定点的 RGB 颜色
Print	在表单对象上打印一个字符串
PSet	把一个表单对象或 VFP 主窗口中的一个点设置成前景色
Quit	结束（或退出）一个 VFP 实例
ReadExpression	返回属性窗口中某属性的表达式
ReadMethod	返回指定方法的文本内容
Refresh	重画表单或控件，并刷新所有值
Release	从内存中释放表单（集）
RemoveItem	从组合框或列表框中移去一项
RemoveListItem	从组合框或列表框中移去一项
RemoveObject	运行时从容器对象中删除一个指定的对象
Requery	重新查询组合框或列表框所基于的行源（RowSource）
RequestData	创建一个数组，其数据来源于打开的表
Reset	重置计时器控件，即从 0 开始

方　法	功　　能
ResetToDefault	将一个属性、事件或方法还原为 VFP 的默认值
SaveAs	把一个对象以.SCX 文件保存起来
SaveAsClass	把一个对象实例保存为类库中的类定义
SetAll	为容器对象中的所有控件或某类控件指定一个属性设置
SetFocus	为一个控件指定焦点
SetVar	创建一个变量，并存储一个值
Show	显示一个表单，并确定是模式表单还是无模式表单
ShowWhatsThis	显示为含有 WhatsThisHelpID 属性的对象指定的 WhatsThisHelpID 主题
TextHeight	返回以当前字体显示的文本字符串的高度
TextWidth	返回以当前字体显示的文本字符串的宽度
WriteExpression	把表达式写到指定的属性中
WriteMethod	把指定的文本写到指定的方法中
Zorder	将表单或控件放置在其图层的 z-次序的前端或后端。其中，z-次序是指在表单上沿表单 z 轴方向（深度方向）的层铺控件

下面简单介绍一些常用的方法：

1. AddColumn 方法

AddColumn 方法的功能是向指定的表格控件中添加列对象。

调用语法：

表格名.AddColumn(nIndex)

其中，参数 nIndex 指定一个表示位置的数，新添加的列将放置在表格中的该指定位置上，原有的列向右移动，但 Columncount 属性不改变。

2. AddItem 方法

AddItem 方法的功能是向组合框或列表框中添加一个新的数据项，并且可以指定数据项索引。

调用语法：

控件名.AddItem(cItem [, nIndex] [, nColumn])

其中，参数 cItem 指定添加到控件中的字符串表达式，nIndex 指定控件中放置该数据项的位置，nColumn 指定控件的列，新数据项加入到此列中。

3. AddObject 方法

AddObject 方法的功能是在运行时向容器对象中添加新对象。

调用语法：

容器对象名.AddObject(cName, cClass [, cOleClass] [, aInit1, aInit2,…])

其中，参数 cName 指定引用新对象的名称，cClass 指定添加对象所在的类，cOleClass 指定添加对象的 OLE 类，aInit1, aInit2,…指定传给新对象的 Init 事件的参数。

4. Box 方法

Box 方法的功能是在表单对象上画矩形。

调用语法：

表单名.Box([nX1, nY1,] nX2, nY2)

其中，参数 nX1，nY1 指定矩形起点的坐标（如果缺省这两个参数，则使用 CurrentX 和 CurrentY 值），度量单位由表单的 ScaleMode 方法确定；nX2, nY2 指定矩形的终点。

矩形的线宽由 DrawWidth 属性确定，如何在背景上画出一个矩形，则由 DrawMode 和 DrawStyle 属性决定。

5. Circle 方法

Circle 方法的功能是在表单对象上画一个圆或椭圆。

调用语法：

表单名.Circle(nRadius, nX, nY[, nAspect])

其中，参数 nRadius 指定圆或椭圆的半径；nX, nY 指定圆或椭圆的中心坐标，度量单位由表单的 ScaleMode 属性确定；nAspect 指定圆或椭圆的纵横比，当纵横比等于 1.0 时（默认值），生成一个正圆，大于 1.0 时，生成一个垂直方向的椭圆，小于 1.0 时，将生成一个水平方向的椭圆。

6. Clear 方法

Clear 方法的功能是清除组合框或列表框中的内容（数据项）。

调用语法：

控件名.Clear

为了使 Clear 方法有效，必须将 RowSourceType 属性设置为 0（无）。

7. Cls 方法

Cls 方法的功能是清除表单中的图形和文本。

调用语法：

表单名.Cls

Cls 方法清除运行期间图形和打印语句生成的文本和图形，但不影响设计期间用 Picture 属性和控件创建并放置在表单上的背景位图。另外，Cls 方法将 CurrentX 和 CurrentY 属性值重新设置为 0。

8. Hide 方法

Hide 方法的功能是通过把对象的 Visible 属性设置为"假"（.F.），隐藏表单、表单集或工具栏。

调用语法：

对象名.Hide

表单被隐藏后，它所包含的控件也一并被隐藏，但是这些控件仍然有效，并且可以在代码中访问它们。虽然这些控件是不可见的，但这些保存在不可见表单中的控件的 Visible 属性仍然保留原值。

同样的，当表单集被隐藏后，用户看不到它所包含的表单，但是这些表单仍然可用，并且可以在代码中访问它们。表单集的 Hide 方法并不改变它所包含的表单的 Visible 属性设置。隐藏表单集后，VFP 将激活前一个活动对象。如果在此之前没有活动对象，则激活 VFP 主窗口。

9.　Line 方法

Line 方法的功能是在表单对象中画一条线。

调用语法：

表单名.Line(nX1, nY1, nX2, nY2)

其中，参数 nX1, nY1 指定起点的坐标；nX2, nY2 指定终点的坐标。

10.　Quit 方法

Quit 方法的功能是结束一个 VFP 实例，返回到创建该实例的应用程序。

调用语法：

对象名.Quit

11.　Refresh 方法

Refresh 方法的功能是重画表单或控件，并刷新所有值。

调用语法：

对象名.Refresh

可使用 Refresh 方法强制性地完全重画表单或控件，并更新控件的值。如果要在加载另一个表单的同时显示某个表单，或者更新控件的内容，Refresh 方法很有效。刷新表单的同时，也刷新表单上所有的控件；刷新页框时，则只刷新当前活动的页。但是，要更新组合框或列表框的内容，则需使用 Requery 方法。

12.　Release 方法

Release 方法的功能是从内存中释放表单或表单集。

调用语法：

对象名.Release

当用 DO FORM 某类运行表单或表单集，并且不存在可引用该表单或表单集的变量时，该方法很有效。可以使用 Screen 对象的 Forms 集合找到相应的表单或表单集，然后调用其 Release 方法。

13.　RemoveItem 方法

RemoveItem 方法的功能是从组合框或列表框中移去一项。

调用语法：

控件名.RemoveItem(nIndex)

其中，参数 nIndex 指定一个对应于被移去项在控件中的显示顺序的整数。对于组合框或列表框中的第一项，nIndex =1。

14.　RemoveObject 方法

RemoveObject 方法的功能是运行时从容器对象中删除一个指定的对象。

调用语法：

容器对象名.RemoveObject(cObjectName)

其中，参数 cObjectName 指定要删除的对象名，如果指定的对象不存在，则会出错。对象被删除后，它便从屏幕上消失，并且不能再被引用。

15.　Reset 方法

Reset 方法的功能是重置计时器控件，让它从 0 开始。

调用语法：

计时器名.Reset

16.　SetAll 方法

SetAll 方法的功能是为容器对象中的所有控件或某类控件指定一个属性设置。

调用语法：

容器名.SetAll(cProperty, Value [, cClass])

其中，参数 cProperty 指定要设置的属性，Value 指定属性的新值，cClass 指定类名。

17.　SetFocus 方法

SetFocus 方法的功能是为一个控件指定焦点。

调用语法：

控件名.SetFocus

如果一个控件的 Enabled 或 Visible 属性值为"假"（.F.），或者控件的 When 事件返回"假"（.F.），则不能给该控件指定焦点。

18.　Show 方法

Show 方法的功能是显示一个表单，并确定是模式表单还是无模式表单。

调用语法：

表单名.Show([nStyle])

其中，参数 nStyle 确定如何显示表单。当 nStyle 为 1 时，表单为模式表单，只有隐藏或释放模式表单之后，用户的输入（键盘或鼠标）才能被其他表单或菜单接收；当 nStyle 为 2（默认值）时，表单为无模式表单，遇到 Show 方法之后出现的代码时就执行代码；如果 nStyle 省略，表单按 WindowType 属性指定的样式显示。

Show 方法把表单或表单集的 Visible 属性设置为"真"（.T.），并使表单成为活动的对象。如果表单的 Visible 属性已经设置为"真"（.T.），则 Show 方法使它成为活动对象。

如果激活的是表单集，则表单集中最近一个活动表单成为活动表单；如果表单集中没有活动表单，则第一个添加到表单集中的表单成为活动表单。表单集中包含的表单保留其 Visible 属性设置，即如果活动表单的 Visible 属性设置为"假"（.F.），表单集的 Show 方法不显示该活动表单。

此外，表单集中的所有表单都采取表单集的样式。如果表单集为模式表单集，则它所包含的所有的表单都为模式表单。

6.5　对象的引用与处理

在 VFP 系统中，用户可以基于类创建对象。一旦创建了对象，便可以通过对对象属性的修改、方法程序的调用来处理对象。

6.5.1　引用对象

容器作为父对象，允许包含子对象。如果子对象也是容器类对象，则还可以包含其子对象，从而形成对象嵌套的层次关系。如图 6-1 所示为一种对象嵌套的层次关系：表单集"表单集 1"（Name 属性为 FormSet1）中包含 2 个表单"Form1"和"Form2"；Form1 中包含 2 个文本框（Text1、Text2）、1 个选项按钮组（OptionGroup1）、1 个命令按钮组（CommandGroup1）；OptionGroup1 中包含 3 个选项按钮（Option1、Option2、Option3）；CommandGroup1 中包含

4 个命令按钮（Command1、Command2、Command3、Command4）。

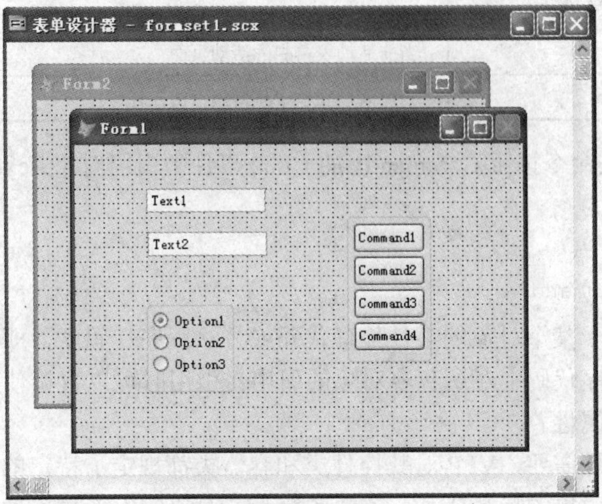

图 6-1　对象嵌套的层次关系

　　若要引用一个对象，首先需要明确该对象所处的层次，这个层次可以看作对象的地址。引用时容器中各个对象之间（以及对象与属性之间）用"."（点）进行分隔。引用对象的格式如下所示：

　　引用地址. 对象名称

　　其中，引用地址又可以分为绝对引用地址和相对引用地址，所以对象的引用也就可以分为绝对引用和相对引用。

　　1. 绝对引用

　　如果引用地址是从最外层容器开始直到目标对象，那就是绝对引用地址。用绝对引用地址引用对象称为绝对引用。例如，图 6-1 中对象 Text1 和 Command2 的绝对引用可以分别表示为

```
FormSet1.Form1.Text1
FormSet1.Form1.CommandGroup1.Command2
```

　　2. 相对引用

　　如果引用地址是从指定参照开始直到目标对象，那就是相对引用地址。用相对引用地址引用对象称为相对引用。表 6-8 列出了在相对引用对象时常用到的一些关键字，其中 This、ThisForm、ThisFormSet 只能用在事件处理代码或方法程序代码中。

表 6-8　　　　　　　　　VFP 中相对引用对象时常用关键字

关　键　字	含　　　义
This	该对象
ThisForm	包含该对象的表单
ThisFormSet	包含该对象的表单集
Parent	该对象的直接容器（父对象）
ActiveForm	当前活动表单

关　键　字	含　　义
ActivePage	当前活动表单中的活动页面
ActiveControl	当前活动表单中获得焦点的控件

如图 6-1 所示，在命令按钮 Command1 的 Click 事件中引用对象 Text1 和 Command2 的相对引用可以分别表示为

```
ThisForm.Text1
This.Parent.Command2
```

相对引用通常用于某个对象的事件处理代码或方法程序代码中，即在某个容器对象的事件处理代码或方法程序代码中对所包容对象的引用，引用时可以直接使用其对象名。

6.5.2　设置对象属性

为了满足数据处理需要，VFP 对其控件类和容器类都规定了特定的属性。通过对对象属性的设置，可以定义对象的特征或某一方面的行为。对象的大多数属性值既可以在设计阶段设置，也可以在运行阶段进行设置，但也有一些属性是不能被设置的，即是只读的。VFP 中只读属性的属性值在"属性"窗口中均以斜体显示。

在"表单设计器"中进行对象设计时，可以在"属性"窗口中对对象的属性进行设置。在程序代码中，可以使用如下的语法格式对对象的属性进行设置：

引用对象.属性=值

该语句的功能是对指定对象的属性赋值。

例如，下列语句分别设置图 6-1 中文本框"Text1"的一些属性值：

```
FormSet1.Form1.Text1.Enabled=.T.                    && 使文本框有效，即可使用
FormSet1.Form1.Text1.ForeColor=RGB(0,0,0)           && 设置前景色为黑色
FormSet1.Form1.Text1.BackColor=RGB(192,192,192)     && 设置背景色为浅灰色
FormSet1.Form1.Text1.Value=Date()                   && 设置文本框的内容为当前日期
```

此外，还可以利用 WITH…ENDWITH 语句简化对同一对象的多个属性值的设置。

```
WITH FormSet1.Form1.Text1
    .Enabled=.T.
    .ForeColor= RGB(0,0,0)
    .BackColor=RGB(192,192,192)
    .Value=Date()
ENDWITH
```

6.5.3　调用对象的方法程序

方法程序是对象能够执行的操作，是和对象相联系的过程。为了满足数据处理需要，VFP 对其控件类和容器类都规定了特定的方法程序，用户也可以根据需要创建新的方法程序。

对于已经创建的对象，用户可以根据需要在应用程序的任何地方调用这个对象的方法程序。调用方法程序的语法格式如下：

引用对象.方法程序

该语句的功能是：对指定对象调用指定的方法程序。例如，对于图 6-1，下列语句调用特定的方法程序来显示表单"Form1"，并将焦点设置在文本框"Text2"上：

```
FormSet1.Form1.Show              && 激活并显示表单对象"Form1"
FormSet1.Form1.Text2.SetFocus    && 设置焦点在文本框对象"Text2"上
```

对于有返回值的方法程序必须以圆括号结尾（类似于函数调用），如果有参数传递给方法程序，该参数也必须放在括号中。

VFP 中对象的常用方法程序及其说明请参见第 6.4 节。

6.5.4　响应事件

为了满足开发需要，VFP 系统对其控件类和容器类都规定了特定的事件。当某个对象的特定事件发生时，该事件的处理程序代码将被执行。例如，当用户单击图 6-1 中的命令按钮 Command1 时，该命令按钮的 Click 事件的程序代码将被执行。

大多数事件都是由用户的操作触发的，如用户在某个对象上单击、双击或移动鼠标，将会触发该对象的 Click、DblClick 或 MouseMove 事件。事件也能由系统事件触发，如计时器控件中的 Timer 事件。

如果事件没有与之相关联的处理程序，则当事件发生时不会发生任何操作。因此，在设计应用程序时，程序设计人员都对程序中的对象指派了相应的事件并编写相应的事件处理代码。如图 6-1 所示，要使得命令按钮 Command4 具有"退出系统"的功能，则必须为该按钮的"Click"事件添加如下的处理代码：

```
Formset1.Release
```

为对象编写事件的处理代码时，应注意以下两条一般性原则：

（1）容器对象一般不处理与所包含的对象相关联的事件。

（2）如果没有与对象相关联的事件代码，VFP 系统将在类等级的更高层次上检查是否有与此事件相关联的处理代码。

当用户以任意一种方式（如单击、双击或移动鼠标等）与对象交互时，每个对象独立地接收自己的事件。如图 6-2 所示，表单（Form1）设置了 Click 事件处理代码，而表单中的命令按钮（Command1）没有设置 Click 事件处理代码，那么在程序运行中，用户单击该命令按钮时，系统不进行任何处理操作，即不会触发表单的 Click 事件。

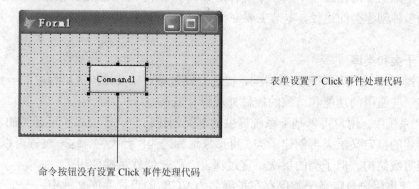

图 6-2　单击命令按钮不会触发表单的 Click 事件

表格控件比较复杂，表格包含列控件，列控件又包含标头和控件。当事件发生时，只有与事件相关联的最里层的对象识别该事件，更高层的容器则不识别该事件。

上述原则也有例外。对于选项按钮组和命令按钮组来说，组中个别按钮如果没有编写事件处理代码，则当事件发生时将执行组事件的处理代码。如图 6-3 所示，表单（Form1）中有一命令按钮组（CommandGroup1）设置了 Click 事件处理代码，该命令按钮组中包含有 2 个命令按钮（Command1 和 Command2），Command1 设置了相应的 Click 事件处理代码，而 Command2 没有设置 Click 事件处理代码。运行过程中，当用户单击 Command1 时，执行与之关联的 Click 事件处理代码，不会执行命令按钮组的 Click 事件处理代码；但当用户单击 Command2 时，则执行命令按钮组的 Click 事件处理代码。

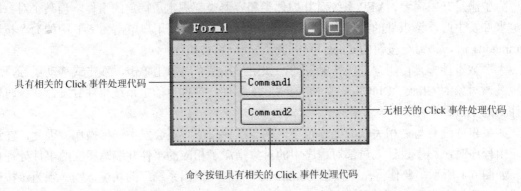

图 6-3　命令按钮组中的 Click 事件处理

还需注意的是，当连续发生一系列事件时，若起始事件与某个对象相关联，那么整个事件队列可以都属于该对象，这取决于起始事件。例如，在一个命令按钮上按下鼠标左键（一直不释放）并拖动鼠标离开该命令按钮，尽管鼠标指针可能已经在表单或其他控件上，但在这一过程中发生的事件均与该命令按钮相关联。

6.6　类的创建与应用

利用面向对象程序设计方法开发数据库应用程序时，通常把常用的对象封装成类。根据需要在类的基础上实例化成一个或多个具体对象，再利用这些对象设计数据库应用程序。VFP系统提供了多种创建类的途径。本节主要介绍如何在 VFP 系统中创建和管理类，并简单介绍类的应用。

6.6.1　子类和类库

为了缩短 VFP 应用程序的开发时间，提高开发效率，以及维护应用程序的一致性，应该尽可能地将一些通用的功能和一致的控件外观设计成类。

在 VFP 系统中，用户可以基于系统提供的基类创建自定义子类以扩展基类的功能，也可以基于已创建的自定义子类再创建子类（可形象地称之为"孙类"），这一过程可以继续下去，从而形成类等级结构。但子类的层次不宜过深，一般三层就足够使用了。

VFP 系统将用户自定义子类保存在扩展名为.VCX 的可视类库文件中。一个类库文件中可以保存多个自定义子类，自定义子类及其"孙类"可以存储在同一个类库文件中，也可以保存在不同的类库文件中，但 VFP 基类并不保存在.VCX 类库文件中。

6.6.2　类的设计和创建

在 VFP 系统中，创建类的方法主要有两种：使用"类设计器"和以编程方式创建类。无论使用哪一种方式，都要完成创建类、类属性的定义、类的事件和方法的定义等操作。此外，还可以在设计表单时将表单和控件保存为类。

1. 使用 "类设计器" 创建类

"类设计器" 是定义类的主要工具。首先通过 "新建类" 对话框创建子类和类库，接着在 "类设计器" 窗口中定义类的属性、事件和方法程序。

（1）创建类。

途径：VFP 提供了多种创建新类的途径，使用以下任何一种方法，都可以打开如图 6-4 所示的 "新建类" 对话框。

图 6-4　"新建类" 对话框

- 在 "项目管理器" 窗口中，选择 "类" 选项卡，然后单击 "新建" 按钮。
- 选择 VFP 主菜单的 "文件" 菜单中的 "新建" 选项或单击常用工具栏上的 "新建" 按钮，再选择 "类"，然后单击 "新建文件" 按钮。
- 在 "命令" 窗口中，使用 CREATE CLASS 命令。

> 🎤 说 明
>
> 在 "新建类" 对话框中，可以在 "类名" 文本框中指定新类的名称；在 "派生于" 下拉列表框中选择所需的 VFP 基类，或单击其后的 "…" 按钮，在弹出的 "打开" 对话框中选择某个 .VCX 类库文件中的自定义类，作为新类的父类；在 "存储于" 文本框中输入类库文件名，或单击其后的 "…" 按钮，在弹出的 "另存为" 对话框中选择一个已有的类库文件，作为保存新类的类库。如果所指定的类库文件不存在，则 VFP 系统会首先创建该类库文件。

完成以上操作，单击 "确定" 按钮，则打开 "类设计器" 窗口，如图 6-5 所示。"类设计器" 窗口与 "表单设计器" 相似，在 "属性" 窗口中可以查看和设置类的属性，在 "代码编

图 6-5　"类设计器" 窗口

辑"窗口中可以编写各种事件和方法程序的代码。

（2）定义类的属性。

当类创建完成后，新类就已继承了基类或父类的全部属性。同时，系统也允许用户根据需要修改这些继承来的属性，或添加新的属性。

步骤：在"类设计器"窗口中打开类，这时在"属性"窗口中可以修改该类继承来的属性，如把新类的"Caption"属性修改为"关闭（\<C）"。

如果已有的属性不能满足用户的需要，用户可以为类添加新的属性。添加新属性的操作步骤如下：

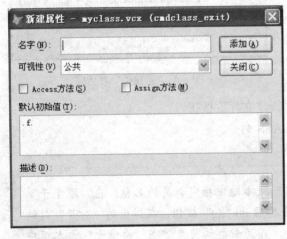

图 6-6 "新建属性"对话框

1）在"类设计器"中打开新类，选择"类"菜单中的"新建属性"菜单项，进入"新建属性"对话框，如图 6-6 所示。

2）在"新建属性"对话框中定义参数；在"名称"栏内，输入新建属性的名称；在"可视性"下拉列表框中，选择属性设置。

"可视性"列表框中有三个选项，即"公共"（表示可以在其他类或过程中引用）、"保护"（表示只可以在本类中的其他方法程序或其子类中引用，在由其产生的对象的属性中，该属性的值以斜体字显示，表示不可更改）、"隐藏"（表示只可以在本类中的其他方法程序中引用）。

在"描述"框中，输入对新建属性的说明，以提高其可读性。

3）单击"添加"按钮，则新建属性被添加到类中。这时，在"属性"窗口中，可以看到新建的属性。

此外，在"新建属性"对话框中，还有两个复选框：Access 方法程序和 Assign 方法程序。选择"Access 方法程序"复选框可以为该属性创建一个 Access 方法程序，选择"Assign 方法程序"复选框可以为该属性创建一个 Assign 方法程序。

Access 方法程序是指在查询属性值时执行的代码。查询的方式一般有：使用对象引用中的属性，将属性值保存到变量中，或用问号（?）命令显示属性值。

Assign 方法程序是指更改属性值时执行的代码。更改属性值一般是使用 STORE 或"="命令为属性赋值。

> 注 意
> 创建了新属性后，用户通常需要为该属性指定一个默认值。如果用户不指定默认值，VFP 系统默认其属性值为"假"（.F.）。在"属性"窗口中，可以将其设置为其他数据类型的值。若要设置的默认值为空字符串，可用鼠标单击属性名，在属性值接收框中删除原来的默认值即可。

（3）定义类的事件和方法程序。

　　当类创建完成后，虽然已继承了基类或父类的全部事件和方法，但大多数情况下需要对基类、父类原有的事件和方法进行修改，或添加新的方法程序。

　　在"类设计器"窗口中打开类，选择"显示"菜单中的"代码"命令，在弹出的"事件代码编辑"窗口中，可以在"对象"下拉框中选择对象，在"过程"窗口下拉框中确认继承下来的事件和方法，或修改这些事件和方法。

　　如果"过程"下拉框中列出的方法不能满足对类的定义，用户可以自己为类添加新的方法程序。

　　添加新方法程序与添加新属性的操作类似。首先，在"类设计器"窗口中打开类，选择"类"菜单中的"新建方法程序"命令，在弹出的"新建方法程序"对话框中进行如下操作：

　　1）在"名称"栏内，输入新方法程序的名称。

　　2）在"可视性"下拉列表框中，选择方法属性：公共、保护、隐藏。

　　3）在"说明"框中，输入有关方法程序的说明。

　　4）单击"添加"按钮，新的方法程序被添加到类中。

　　方法创建后，一般需要为该方法编写方法程序代码。

注 意

　　类的属性和方法不能赋予同一个名称，即已经使用过的属性名或方法名不能再作为新的属性名或方法名。

　　（4）查看和设置类信息。

　　在"类设计器"窗口打开时，选择"类"菜单中的"类信息"命令，则弹出如图 6-7 所示的"类信息"对话框。

图 6-7　"类信息"对话框

　　通过"类信息"对话框可以查看和设置类的有关信息，如"工具栏图标"、"容器图标"、类的所有属性和方法等。还可以在"类信息"对话框中添加、修改或删除属性和方法。

2. 以编程方式创建类

在 VFP 系统中，用户不仅可以在"类设计器"或"表单设计器"窗口中可视化地定义类，还可以在程序（.PRG）文件中以编程方式来定义类。

在程序文件中，程序代码可以出现在类定义之前而不是类定义之后，放在类定义之后的程序代码将不被执行。

DEFINE CLASS 命令用于创建一个用户自定义的类或子类，且指定类或子类的属性、事件和方法。

语法格式：

DEFINE CLASS 类名 1 AS 父类名

　　[[PROTECTED 属性名 1, 属性名 2…]

　　　　属性名=表达式…]

　　[ADD OBJECT [PROTECTED] 对象名 AS 类名 2 [NOINIT] [WITH 属性名表]]…

　　[[PROTECTED] FUNCTION | PROCEDURE 过程名

　　　[_ACCESS|_ASSIGN] | THIS_ACCESS [NODEFAULT]

　　　　过程或函数语句

　　[ENDFUNC | ENDPROC]]…

ENDDEFINE

其中：

"类名 1"指定用户要创建的类的名称。

"父类名"指出创建的类或子类的父类名。父类可以是 VFP 系统的基类，也可以是已被定义的另一个子类。

"PROTECTED 属性名 1, 属性名 2…"指定受保护的属性、方法和对象，它们只能被类定义中的其他方法访问，从而阻止从类定义的外部访问或改变对象的属性，而且在类之外是不可见的。

"属性名=表达式…"用于建立类属性，并指定默认值。

ADD OBJECT 子句用来向容器中添加对象，即将 VFP 的基类、用户自定义类、子类等以对象的形式添加到要定义的类中。当容器对象被建立之后，则需要调用 AddObject 方法来向容器中加入对象。

ADD OBJECT 子句中的 PROTECTED 表示禁止从类定义的外部访问或修改对象的属性，PROTECTED 关键字必须放在对象名之前。

"对象名"为在对象从类定义中被建立出来以后，指出对象名，并用来从类定义内部引用该对象。

"AS 类名 2"指出被添加的对象所基于的类的名称。

"NOINIT"指出在添加对象时，不执行被添加对象的 Init 方法。

"WITH 属性名表"为添加的对象指定一组属性和对应的属性值。

FUNCTION 或 PROCEDURE 子句用以为类创建时间和方法。其中的"NODEFAULT"用于在事件或方法中防止基类的默认行为发生。

例如，下面的代码基于 VFP 系统的表单基类（Form）创建了一个名为 myform 的子类：

```
DEFINE CLASS myform AS Form
   Caption="我的表单"                      && 基类属性
   Visible=.T.
   BackColor=RGB(128,128,0)
   ClickNum=0                             && 新定义的属性
   PROCEDURE InitClickNum                 && 新定义的方法
      ThisForm.ClickNum=0
   ENDPROC
   ADD OBJECT command1 AS CommandButton   && 添加对象 command1
      WITH Caption="退出"
      PROCEDURE command1.click            && 为 command1 定义事件代码
         ThisForm.Release
      ENDPROC
ENDDEFINE
```

3．将表单和控件保存为类

在设计表单时，如果表单或表单上的某些控件具有通用性，也可以将表单或表单上的选定控件保存为类。

将表单或选定的控件保存为类的步骤如下：

（1）在"表单设计器"中打开指定表单（如果要将选定控件保存为类，则需要预先选定需要的控件），选择"文件"菜单中的"另存为类"命令，这时系统会弹出"另存为类"对话框，如图 6-8 所示。

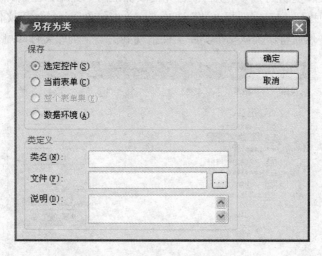

图 6-8　"另存为类"对话框

（2）在"另存为类"对话框的"保存"区域内指定要保存为类的范围。

范围有四种选择："选定控件"、"当前表单"、"整个表单集"或"数据环境"。

注意

如果在当前表单中没有预先选定控件，则"选定控件"选项不可选；如果当前表单不在一个表单集中，则"整个表单集"选项不可选。

（3）在"另存为类"对话框的"类定义"区域内指定类名、保存当前类的类库文件以及说明文本。

（4）单击"确定"按钮。

6.6.3　类和类库的管理

在 VFP 系统中，用户可以使用"项目管理器"或"类浏览器"来管理所创建的类和类库，如类库中类的修改、删除、复制或移动等。

1.　在"项目管理器"窗口中管理类和类库

（1）在项目中添加或移去类库。

要将一个类库添加到项目中，只要在"项目管理器"窗口中选择"类"选项卡，单击"添加"按钮，然后在弹出的"打开"文件对话框中选择一个已有的.VCX 类库文件，最后单击对话框中的"确定"按钮，所选的类库即被添加到当前项目中。

要从项目中移去某个类库，也只需在"项目管理器"窗口中选择"类"选项卡，选定要移去的类库，单击"移去"按钮。然后在弹出的对话框中，选择"移去"、"删除"或"取消"操作。其中，"移去"操作仅从当前项目中移去类库，而"删除"操作不仅将类库从当前项目中移去，而且将选定的类库文件从磁盘中删除。

（2）复制或删除类库中的类。

将类库添加到项目中以后，可以在"项目管理器"中将类从一个类库复制到另一个类库，或者将类从类库中删除。

要将类从一个类库复制到另一个类库，首先需要保证两个类库都在项目中（可以不是同一个项目）。在"项目管理器"窗口中选择"类"选项卡，单击包含该类的类库文件左边的加（+）号，将类库中的类展开，然后将该类从一个类库文件拖动到另一个类库文件即可，如图 6-9 所示。

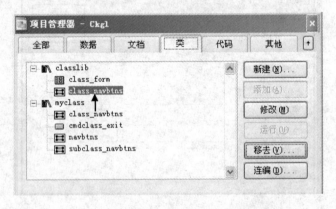

图 6-9　在"项目管理器"窗口中管理类和类库

要从类库中删除一个类，只需按上述方法在"项目管理器"中选定这个类，并单击"移去"按钮即可。

 注　意

应该尽可能地将所有子类都包含在同一个类库中。如果一个类包含多个不同类库中的元件，那么在设计或运行时刻，最初加载这个类将花费较长的时间，因为包含类元件的所有类库必须全部打开。

（3）重命名类库中的类。

要为类库中的一个类重新命名，可以在"项目管理器"窗口中选定需要重命名的类，单击鼠标右键，在弹出的快捷菜单中选择"重命名"命令，在"重命名"对话框中输入一个新的名称即可。

> **注意**
>
> 重命名一个类最好在创建其子类或应用该类之前进行，一旦该类被使用就不必再去重命名。如果已经基于某个类创建了子类，或在表单中进行了应用，由于子类或表单中相应的控件中都有一个 ParentClass 属性指向该类，改变了类的名称后，系统不会自动地更新子类或表单中相关对象的 ParentClass 属性，这样就会发生错误。

2．在"类浏览器"窗口中管理类和类库

VFP 系统中的"类浏览器"是专门用来显示类库或表单中的类的工具，它除了能浏览类库中的类外，还能显示.TLB、.OLB 或.EXE 文件中的类型库信息。用户可以使用"类浏览器"显示类库或表单中的表，以及查看、使用和管理类及其用户自定义成员，使得管理类和类库更加方便。

选择"工具"菜单中的"类浏览器"命令，或这在"命令"窗口中输入"DO（_BROWSER)"命令，都可以打开如图 6-10 所示的"类浏览器"窗口。

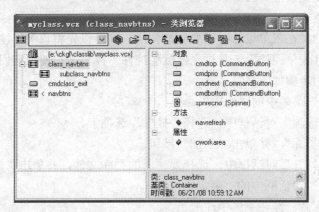

图 6-10　"类浏览器"窗口

"类浏览器"的常用工具栏上提供了常用的一些操作，如"打开"、"重命名"、"清除类库"等。此外，在"类浏览器"窗口上单击鼠标右键，可以打开"类浏览器"快捷菜单，该快捷菜单提供了一些附加的功能，用户可以根据需要选择相应的操作。

6.6.4　类的应用

用户创建了合适的类以后，就可以在这些类的基础上实例化成具体对象，通过对对象的引用来进行应用程序的开发。

1．添加类到表单

（1）从"项目管理器"窗口拖放到"表单设计器"。

如果需要的类库和类已经在一个项目中，则可以用鼠标将该类从"项目管理器"窗口中直接拖放到"表单设计器"中的表单上或表单上的其他容器控件中，这样就会在表单或表单的容器控件中创建该类所对应的可视控件。接着就可以像使用标准控件一样设置控件的属性值或编写事件处理代码。

如图 6-11 所示，要在表单上创建一个命令按钮类 closebutton 相应的命令按钮，可以直接用鼠标将该类从"项目管理器"窗口拖放到"表单设计器"的相应表单中。

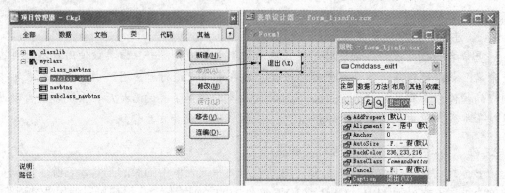

图 6-11 从"项目管理器"窗口拖放到"表单设计器"

如果拖放的是表单类或工具栏类，并且在"表单设计器"中设计的不是表单集，则系统会提示用户创建一个表单集。创建表单集后，该表单集中除了包含原来的表单外，还会包含拖放过来的表单类或工具栏类所对应的表单或工具栏控件。

（2）注册可视类库。

如果某类库中的类在表单设计时需要频繁使用，则可以先将该类库注册，以便在"表单设计器"窗口中的"表单控件"工具栏上像标准控件一样显示和使用它们。

注册一个类库的步骤如下：

1）选择"工具"菜单中的"选项"命令。

2）在弹出的"选项"对话框中，选择"控件"选项卡。

3）选中"可视类库"，并单击"添加"按钮。

4）在弹出的"打开"对话框中，选择要注册的类库文件，并单击"打开"按钮。

5）单击"选项"对话框中的"确定"按钮。

这样，所选类库就已经在系统中注册了。

（3）在"表单控件"工具栏中显示类控件。

根据所需类库是否已经注册，可以有不同的方法将类控件显示在"表单控件"工具栏上。

如果类库已经在系统中注册，则可以单击"表单控件"工具栏上的"查看类"工具按钮，这时弹出的下拉菜单中会显示所有已经注册的类库，如图 6-12 所示。选择一个已注册的类库，则工具栏中原来的标准控件将被所选类库中的类控件替换，类控件以图标显示。

图 6-12 "查看类"按钮的下拉菜单

如果需要使用的类库没有在系统中注册，则可以在单击"查看类"按钮出现的下拉菜单中选择"添加"，在弹出的"打开"对话框中选择需要的类库文件。完成后，所选类库中所有的可视类都将以图标的形式显示在"表单控件"工具栏中。同时，该类库也会自动地在系统中注册。

这时，在"表单控件"工具栏中就可以像使用标准控件一样地使用类库中的控件了。

如果要恢复"表单控件"工具栏中的标准控件，只需选择"查看类"下拉菜单中的"常用"即可。

2. 覆盖默认属性设置

基于用户自定义类创建的对象被添加到表单后，可以修改该对象中所有未被保护的属性值。表单运行时，表单中对象接受用户修改后的属性设置，即以用户定义的新属性值来覆盖类的默认属性值。这样，即使在"类设计器"中该属性的值被重新修改，表单中对象的属性值也不会改变。如果用户在设计表单时，对象的属性设置没有被修改，则在"类设计器"中修改某属性值时，由类创建的对象的相关属性值将会改变。

例如，将一个基于类 closebutton 的对象添加到表单中，并将该对象的 BackColor 属性从灰色改为黑色，再在"类设计器"中将 closebutton 的 BackColor 属性改为蓝色，这时表单上相应对象的 BackColor 属性仍然是黑色。如果在将对象添加到表单中时并没有修改 BackColor 属性，而在"类设计器"中将 closebutton 的 BackColor 属性改为蓝色，则表单上的相应对象将继承这一改变，即变为蓝色。

3. 调用父类的处理代码

在类的派生或对象的创建过程中，子类或对象自动继承父类的功能，同时，VFP 允许用户用新的功能来替代从父类继承来的功能。例如，用户把基于某个类的对象添加到表单中时，重新为这个对象的 Click 事件编写了处理代码，在运行时，父类的 Click 事件处理代码将不被执行，而是执行新的 Click 事件处理代码。但在有些情况下，用户希望在为新类或对象添加新功能的同时保留父类的功能。这时，用户可以在类或容器层次的各级程序代码中使用 DODEFAULT()函数或作用域操作符（::）来调用父类的相应处理代码。

（1）使用 DODEFAULT()函数调用处理代码。

例如，closebutton 是一个命令按钮类，该按钮的 Click 事件处理代码的作用是关闭按钮所在的表单。btn_close1 是 closebutton 类在表单中创建的一个对象。在 btn_close1 中增加了放弃当前所做修改的功能。这时可在 btn_close1 的 Click 事件中加入以下代码：

```
IF USED() AND CursorGetProp("Buffering")!=1
    TableRevert(.T.)
ENDIF
DODEFAULT()
```

该段代码的作用是首先放弃对当前表所做的修改，然后再利用 DODEFAULT()函数调用 closebutton 中的 Click()事件处理代码，关闭当前表单。

（2）使用作用域操作符"::"调用父类处理代码。

作用域操作符"::"的功能与 DODEFAULT()函数类似：在子类或对象中调用父类的事件或方法代码。它们的区别在于：DODEFAULT()函数只能调用当前对象父类中与当前事件或方法同名的事件或方法代码，而"::"操作符可以调用在当前作用域中任何一个对象（包括当前对象）父类中任何的事件或方法代码。

例如，在上例中的 btn_close1 的 Click 事件处理代码中要调用父类 closebutton 的 Click 事件处理代码，除了上述的使用 DODEFAULT()函数外，也可以使用 "::" 操作符，方法如下：

```
closebutton::Click
```

但是如果要在 btn_close1 的 Click 事件处理代码中要调用父类 closebutton 的 Init 事件，则不能使用 DODEFAULT()函数，而只能使用 "::" 操作符，方法如下：

```
closebutton::Init
```

此外，"::" 操作符还可以调用当前作用域中其他对象的父类的任何事件或方法代码。例如，在表单类 myform 中设置了 Click 事件处理代码如下：

```
ThisForm.BackColor=RGB(255,0,0)    && 设置表单背景为红色
```

在基于 myform 类创建的表单对象中，添加了两个命令按钮：btn_comm1 和 btn_comm2。btn_comm1 的 Click 事件处理代码为

```
ThisForm.Backcolor=RGB(0,0,255)    && 设置表单背景为蓝色
```

btn_comm2 的 Click 事件处理代码为

```
myform::Click                      && 调用表单类 myform 的 Click 事件处理代码
```

在表单运行过程中，单击 btn_comm1 时，表单背景为蓝色，单击 btn_comm2 时，调用了当前作用域中表单对象的父类 myform 的 Click 事件处理代码，将表单背景设置为红色。

6.7　工具栏的创建与应用

若要定制已有工具栏或创建一个包含已有工具栏按钮的工具栏，可直接基于现有工具栏进行定制或创建。如果要创建一个工具栏，要它包含已有工具栏所没有的按钮，则可通过定义一个自定义工具栏类完成此任务。VFP 提供了一个工具栏基类，在此基础上可以创建所需的类。创建新类的方法在类的操作方法中已作详细讲解。定义了工具栏类以后，可向工具栏类添加对象，并为自定义工具栏定义属性、事件和方法程序，最后可将工具栏添加到表单集中。

6.7.1　对系统已有的工具栏进行定制

如图 6-13 所示，首先在 "显示" 菜单中选择 "工具栏"，在 "工具栏" 对话框中选定要定制的工具栏，然后单击确定，使其显示在 VFP 主窗口中。再打开 "工具栏" 对话框，然后单击 "定制" 按钮。打开 "定制" 对话框。在 "定制工具栏" 对话框中，选中分类列表框中某个类别，然后在相应类的拖动一个工具按钮到要定制的工具栏，即可完成定制。

6.7.2　创建一个包含系统已有工具按钮的工具栏

在 "工具栏" 对话框中单击 "新建" 按钮，弹出 "新工具栏" 对话框，输入工具栏的名称，然后打开 "定制工具栏" 对话框，然后按照前述定制方法即可将一些工具按钮添加到新建的工具栏上，如图 6-14 所示。

6.7.3　创建自定义工具栏

使用类设计器创建一个工具栏，要遵循一定的步骤：

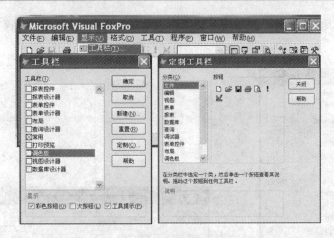

图 6-13　定制已有工具栏

图 6-14　包含系统已有工具按钮的工具栏

（1）基于 VFP 工具栏基类，创建一个新的工具栏类。

（2）向工具栏中添加对象，添加方法与表单中添加对象的方法相同。

（3）让工具栏按钮执行相应操作，选中工具栏中的对象，然后给对象添加事件代码即可。

工具栏创建之后，可以将工具栏添加到表单集。

1. 用类设计器定义工具栏类

用类设计器定义工具栏类的步骤如下：

（1）单击文件菜单中的新建菜单项。

（2）在新建对话框中选择类、新文件。

（3）给出自定义工具栏类名、选择基类为 toolbar 并指定用来保存该工具栏类的类库名。

（4）在类设计器中，将所需的命令按钮和分隔符依次添加到自定义工具栏上。

（5）在属性窗口中为每个按钮选择 Picture 和 ToolTipText。

（6）双击各按钮，在代码窗口为各按钮的 Click 事件添加实现各项功能所需的代码。

在定义一个工具栏类之后，便可以用这个类创建一个工具栏。可以用"表单设计器"或者用编写代码的方法，将工具栏与表单对应起来，如图 6-15 所示。

2. 使用表单设计器在表单集中使用工具栏

可以在表单集中添加工具栏，让工具栏与表单集中的各个表单一起打开。但不能直接在某个表单中添加工具栏。使用"表单设计器"在表单集中添加工具栏的步骤如下（见图 6-16～图 6-19）：

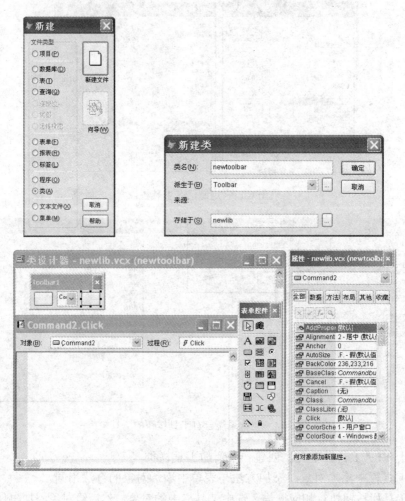

图 6-15　使用类设计器创建工具栏

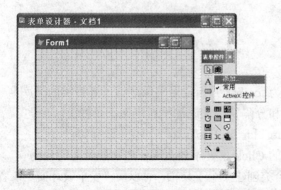

图 6-16　在表单控件工具栏中添加自定义工具栏

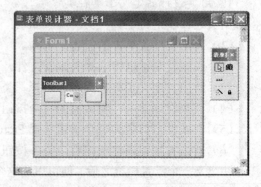

图 6-17　在表单集中添加自定义工具栏

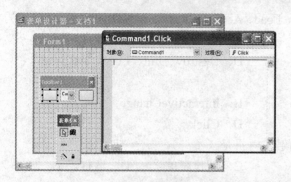

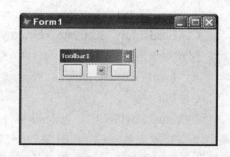

图 6-18　为工具栏按钮添加代码　　　　　　图 6-19　运行效果

（1）先注册并选定包含工具栏类的类库。

（2）打开要使用上述工具栏类的表单集，再从"表单控件"工具栏选择"查看类"，然后从显示的列表中选择该工具栏类。

（3）从"表单控件"工具栏中选择工具栏类。

（4）在"表单设计器"中单击，添加此工具栏，然后将工具栏拖动到适当的位置，VFP将在表单集上添加工具栏，如果表单集尚未打开，VFP 将提示用户打开一个。

（5）为工具栏及其按钮定义操作。

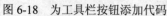 习　题

一、选择题

1．下列四组基类中，同一组中各个基类全是容器型的是（　　）。

    A．Grid, Column, TextBox

    B．CommandButton, OptionGroup, ListBox

    C．CommandGroup, DataEnvironment, Header

    D．Form, PageFrame, Column

2．容器型的对象（　　）。

    A．只能是表单或表单集

    B．必须由基类 Container 派生得到

    C．能包容其他对象，并且可以分别处理这些对象

    D．能包容其他对象，但不可以分别处理这些对象

3．类或对象具有沿用父类的属性、事件和方法的能力，称为类的（　　）。

    A．继承性　　　　　　B．抽象性　　　　　　C．封装性　　　　　　D．多态性

4．下列类的特性中，（　　）体现并扩充了面向对象程序设计方法的共享机制。

    A．抽象性　　　　　　B．多态性　　　　　　C．封装性　　　　　　D．继承性

5．在面向对象方法中，实现信息隐蔽式依靠（　　）。

    A．对象的继承　　　　B．对象的多态　　　　C．对象的封装　　　D．对象的分类

6．下面选项中不属于面向对象程序设计特征的是（　　）。

    A．继承性　　　　　　B．多态性　　　　　　C．类比性　　　　　　D．封闭性

7. 对于同一个对象，下列四个事件：Init、Load、Activate 和 Destroy 发生的顺序为（　　）。

    A. Init、Load、Activate、Destroy   B. Activate、Init、Load、Destroy

    C. Load、Init、Activate、Destroy   D. Destroy、Init、Load、Activate

8. 创建对象时发生（　　）事件。

    A. LostFocus   B. InteractiveChange

    C. Init   D. Click

9. 在 Visual FoxPro 中，Unload 事件的触发时机是（　　）。

    A. 释放表单   B. 打开表单   C. 创建表单   D. 运行表单

10. 对于创建新类，VFP 提供的可视化设计工具有（　　）。

    A. 类设计器和报表设计器   B. 类设计器和查询设计器

    C. 类设计器和表单设计器   D. 类设计器

11. 在 Visual FoxPro 系统中，用户不能自定义（　　）。

    A. 对象的属性   B. 对象的方法

    C. 对象的事件   D. 对象所基于的类

12. 下列对于事件的描述不正确的是（　　）。

    A. 事件是由对象识别的一个动作

    B. 事件可以由用户的操作产生，也可以由系统产生

    C. 如果事件没有与之相关联的处理程序代码，则对象的事件不会发生

    D. 有些事件只能被个别对象所识别，而有些事件可以被大多数对象所识别

13. 对于任何子类或对象，一定具有的属性是（　　）。

    A. Caption   B. BaseClass   C. FontSize   D. ForeColor

14. 设某子类 Q 具有 P 属性，则（　　）。

    A. Q 的父类也必定具有 P 属性，且 Q 的 P 属性值必定与其父类的 P 属性值相同

    B. Q 的父类也必定具有 P 属性，但 Q 的 P 属性值可以与其父类的 P 属性值不同

    C. Q 的父类要么不具有 P 属性，否则由于继承性，Q 与其父类的 P 属性值必相同

    D. Q 的父类未必具有 P 属性，即使有，Q 与其父类的 P 属性值也未必相同

15. 从 CommandButton 基类创建子类 cmdA 和 cmdB，再由 cmdA 类创建 cmdAA 子类，则 cmdA、cmdB 和 cmdAA 必具有相同的（　　）。

    A. Caption 属性   B. Name 属性

    C. BaseClass 属性   D. ParentClass 属性

16. 有关类、对象、事件，下列说法不正确的是（　　）。

    A. 对象用本身包含的代码来实现操作

    B. 对象是类的特例

    C. 类刻划了一组具有相同结构、操作并遵守相同规则的对象

    D. 事件是一种预先定义好的特定动作，由用户或系统激活

17. 下列属于方法名的是（　　）。

    A. GotFocus   B. SetFocus   C. LostFocus   D. Activate

18. 设置表单标题的属性是（　　）。

    A. Title   B. Text   C. Biaoti   D. Caption

19．释放和关闭表单的方法是（　　　）。

　　A．Release　　　　　B．Delete　　　　　C．LostFocus　　　　D．Destory

20．在面向对象方法中，不属于"对象"基本特点的是（　　　）。

　　A．一致性　　　　　B．分类性　　　　　C．多态性　　　　　D．标识唯一性

二、填空题

1．采用面向对象的程序设计方法设计的应用程序，其功能的实现是由_____驱动的。

2．类包含了对象的程序设计和数据抽象，是具有相同行为的_____的抽象。

3．对象是_____的实例。

4．基类的事件集合是固定的，不能进行扩充。基类的最小事件集包括_____事件、Destroy 事件和 Error 事件。

5．VFP 系统中，终止事件循环的命令是_____。

6．VFP 系统中，可以使用_____命令运行程序文件。开发应用程序，建立事件循环的命令是_____。

7．在 VFP 系统中，多个对象的同一个属性（如 width 属性）可以同时设定，设定前必须同时_____这些对象。

8．VFP 中的类可以分为两大类型：_____和_____。

9．对象引用分为_____和_____，引用时容器对象中各对象之间（以及对象与属性之间）用_____进行分隔。

10．表单集 FormSet1 中包含两个表单：Form1 和 Form2。现要调用 Form2 的 Refresh 方法，可以使用以下代码：_____。

三、简答题

1．简述类的概念和性质。

2．简述类和对象的联系与区别。

3．简述对象的属性、事件与方法。

4．常用的鼠标事件有哪些？

5．在 VFP 中创建子类有哪几种方法？

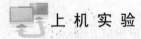 上 机 实 验

实验 1　类 的 创 建 和 管 理

实验名称

类的创建和管理。

实验目的

1．掌握类设计器的使用及创建新类的操作。

2．掌握将表单或表单中控件保存为类的方法。

3．理解对象的类层次和容器层次的概念。

4．掌握查看和管理类的方法。

实验内容

1．在项目中创建类和类库

（1）在项目中创建类库和命令按钮类。

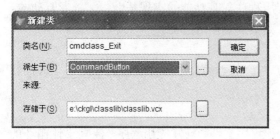

图 6-20 "新建类"对话框

在项目"ckgl"中新建一个名为 myclass 的类库，并在该类库中创建一个用于"退出"表单的命令按钮类 cmdclass_Exit。具体操作步骤如下：

1）打开项目"ckgl"，在"项目管理器"窗口中选择"类"选项卡，单击右边的"新建"按钮，弹出"新建类"对话框，如图 6-20 所示。

2）按图中所示进行相应设置。

3）单击"新建类"对话框中的"确定"按钮，打开"类设计器"窗口，如图 6-21 所示。

图 6-21 "类设计器"窗口

4）在"类设计器"窗口中设置该按钮的有关属性和事件的处理代码，其中：Caption 属性设置为"退出(\X)"。

Click 事件处理代码设置为"THISFORM.Release"。

5）保存并关闭"类设计器"窗口。此时在"项目管理器"窗口中可以看到新建的类库和类库中新建的命令按钮类，如图 6-22 所示。

（2）创建"记录导航"类。

在大多数的记录表单中，记录指针的移动是常用的操作，为此可以创建一个通用的记录导航类。其主要功能包括 5 种记录定位方式：第一条、上一条、下一条、最后一条以及指定记录号的记录。该记录导航类的外观样式如图 6-23 所示。

设计该记录导航类的基本思想是：前四个功能（第一条、上一条、下一条、最后一条记录）用命令按钮实现，"定位到指定记录号"功能用微调框控件实现。

具体操作步骤如下：

1）在 myclass 类库中新建一个容器类，类名为"class_NavBtns"。

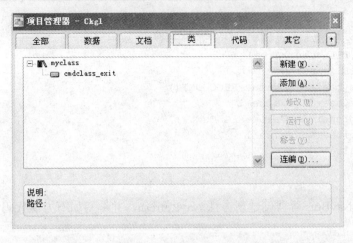

图 6-22　"项目管理器"窗口中的类库和类

2）在打开的"类设计器"中为 class_NavBtns 添加 4 个命令按钮和一个微调框控件，主要属性设置见表 6-9。

图 6-23　记录导航类的外观样式

表 6-9　　　　　　　　　　　class_NavBtns 中控件的主要属性设置

功能 属性	第一条	上一条	下一条	最后一条	定位到指定记录号
Class	CommandButton				Spinner
Name	cmdTop	cmdPrio	cmdNext	cmdBottom	spnRecNo
Caption	第一条	上一条	下一条	最后一条	
Enabled	.F.	.F.	.T.	.T.	

3）为 4 个命令按钮的 Click 事件和微调框控件 spnRecNo 的 InteractiveChange 事件设置相同的方法代码：

```
THIS.Parent.NavRefresh(THIS.Name)
```

4）为 class_NavBtns 容器创建新的属性 cWorkArea，并设置初值为空字符串（""）。

5）为 class_NavBtns 容器编写 Init 事件的方法代码：

```
** 如果未设定 cWorkArea 属性值，则将该属性值设置为当前工作区别名
** 如果当前工作区中没有打开的表，则禁用容器中所有的控件
IF EMPTY(THIS.cWorkArea)
   IF .NOT. EMPTY(ALIAS())
     THIS.cWorkArea=ALIAS()
   ELSE
       THIS.SETALL("Enabled", .F.)
   ENDIF
```

```
ELSE
** 根据工作区记录数情况设置微调框控件的有关属性
    SELECT(THIS.cWorkArea)
    WITH THIS.spnRecNo
        .KeyboardHighValue=RECCOUNT()
        .KeyboardLowValue=1
        .SpinnerHighValue=RECCOUNT()
        .SpinnerLowValue=1
        .Value=1
    ENDWITH
ENDIF
```

6）为 class_NavBtns 容器创建新方法 NavRefresh，并编写如下方法代码：

```
PARAMETER cNav
** 参数 cNav 来自于调用该方法的对象名，根据不同的对象选择相应的记录定位方式
SELECT(THIS.cWorkArea)
DO CASE
    CASE cNav="cmdTop"
        GO TOP
    CASE cNav="cmdPrio"
        SKIP -1
    CASE cNav="cmdNext"
        SKIP
    CASE cNav="cmdBottom"
        GO BOTTOM
    CASE cNav="spnRecNo"
        GO THIS.spnRecNo.Value
ENDCASE
** 记录指针移动后，修改各命令按钮的可用性
THIS.cmdTop.Enabled=!BOF()
THIS.cmdPrio.Enabled=!BOF()
THIS.cmdNext.Enabled=!EOF()
THIS.cmdBottom.Enabled=!EOF()
** 记录指针移动后，刷新表单以使表单中各数据控件显示当前记录数据
THISFORM.Refresh
```

7）保存并关闭"类设计器"窗口。

这时在"项目管理器"窗口中可以看到 myclass 类库中新建的记录导航类 class_NavBtns，其外观如图 6-16 所示。

 说　明

　　（1）由于使用了两种类型的对象，所以用容器类（Container）作为它们的父容器。如果只有 4 个命令按钮，则直接使用命令按钮组即可。

　　（2）为了避免为每个按钮编写复杂而又基本类似的方法代码，为容器类定义了一个新方法 NavRefresh，用来完成记录的定位、按钮的可操作性控制和表单的刷新功能。按钮控件的 Click 事件和微调框控件的 InteractiveChange 事件的方法程序中只要调用容器的 NavRefresh 方法，并传递一个不同的参数，就可以实现不同的功能。参数可以选用按钮的 Name 属性值（只要能区分即可）。

第 6 章　Visual FoxPro 程序设计的面向对象方法

基于上述的"记录导航类"class_NavBtns 创建子类 subclass_NavBtns，具体操作步骤
如下：

1）在"项目管理器"窗口中选择类库 myclass，单击右边的"新建"按钮。

2）在"新建类"对话框中，输入类名"subclass_NavBtns"，单击"派生于"标签后的"…"
按钮，弹出"打开"对话框，如图 6-24 所示。

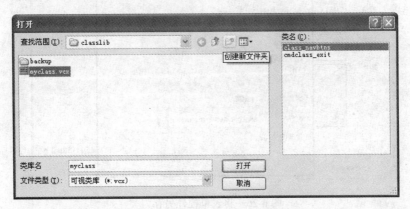

图 6-24　打开类库的"打开"对话框

3）在该对话框中选择 myclass.vcx 类库文件中的 class_NavBtns 类，单击"打开"按钮。

4）单击"新建类"对话框中的"确定"按钮，打开"类设计器"窗口，保存该类。

至此，就完成了一个基于 class_NavBtns 类的子类 subclass_NavBtns 的创建。

（2）将"退出"命令按钮类添加到 subclass_NavBtns 类。

1）在"类设计器"中打开 subclass_NavBtns 类，修改其 Width 属性，以便能容纳"退出"
命令按钮。

2）使"类设计器"窗口和"项目管理器"窗口都可见，将 myclass 类库中的 cmdclass_ exit
类直接拖放到"类设计器"窗口中的 subclass_NavBtns 中，如图 6-25 所示。

图 6-25　从"项目管理器"窗口中拖放类到"类设计器"窗口中

这时，"退出"命令按钮就添加到 subclass_NavBtns 中了。

3.　将表单中选定控件保存为类

在设计表单时，如果表单上的某些控件具有通用性，可以将这一部分控件保存为类。在
项目"ckgl"中有一 lj.scx 表单，将该表单中的导航按钮保存为 myclass 类库中的 NavBtns 类，
具体操作步骤如下：

（1）在"表单设计器"中打开项目中的 lj.scx 表单，选中表单底部的名为"BtnSet"的导

航按钮组控件，其中包含了若干命令按钮。

（2）选择"文件"菜单中的"另存为类"菜单项，弹出"另存为类"对话框，如图 6-26 所示。

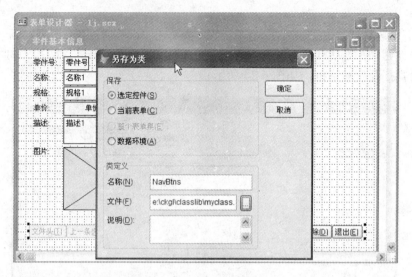

图 6-26　将表单控件另存为类

（3）在对话框的"保存"区域选中"选定控件"按钮，表示要将表单中选定的控件另存为类。在"类定义"区域中输入类名"NavBtns"，单击"文件"后的"…"按钮，选择类库文件为"myclass"。单击对话框中的"确定"按钮。

（4）返回到"项目管理器"窗口，展开 myclass 类库，发现类库中增加了一个新的类 NavBtns。

4. 查看和管理类

（1）利用"项目管理器"窗口管理类和类库。

1）添加类库到项目中。

将 classlib 类库文件添加到项目"ckgl"中。操作步骤如下：

在"项目管理器"窗口中，选择"类"选项卡，单击右边的"添加"按钮。在弹出的"打开"文件对话框中选择 classlib.vcx 类库文件，单击"确定"按钮，所选的类库即被添加到当前项目中。

此时，在"项目管理器"窗口中可以看到两个类库：classlib 和 myclass，如图 6-27 所示。

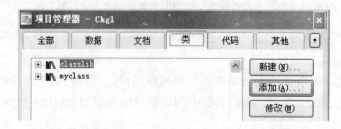

图 6-27　添加了 classlib 类库的"项目管理器"窗口

2）在两个类库之间复制类。

将 myclass 类库中的 NavBtns 类复制到 classlib 类库中。操作步骤如下：

在"项目管理器"窗口中选择"类"选项卡，展开 myclass 类库，用鼠标将其中的 NavBtns 类直接拖放到 classlib 类库中即可。

3）重命名类库中的类。

将 classlib 类库中的 NavBtns 类更名为"class_NavBtns"。操作步骤如下：

在"项目管理器"窗口中选择 classlib 类库中的 NavBtns 类，单击鼠标右键，在弹出的快捷菜单中选择"重命名"命令，在出现的"重命名"对话框中输入新名称"class_NavBtns"即可。

4）删除类库中的类。

将 NavBtns 类从 classlib 类库中删除。操作步骤如下：

在"项目管理器"窗口中选择"类"选项卡，展开 classlib 类库，选择其中的 NavBtns 类，单击"项目管理器"窗口右边的"移去"按钮即可。

（2）利用"类浏览器"管理类和类库。

1）在"类浏览器"窗口中打开类库。

在"类浏览器"窗口中打开 myclass 类库。操作步骤如下：

①选择"工具"菜单中的"类浏览器"命令，打开"类浏览器"窗口。

②在"类浏览器"窗口中，单击工具栏中的"打开"按钮，出现"打开"对话框，选择 myclass 类库文件，单击"确定"按钮。

这时，myclass 类库文件被打开在"类浏览器"窗口中，如图 6-28 所示。

2）在"类浏览器"窗口中创建新类。

在"类浏览器"窗口中，单击工具栏中的"新类"按钮，即可创建一个新类。

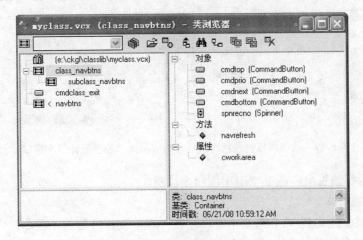

图 6-28　"类浏览器"窗口

实 验 2　可 视 类 的 应 用

实验名称

可视类的应用。

实验目的

1．掌握可视类在表单中的应用。
2．掌握数据库表字段默认显示类的设置方法及其应用。
3．掌握表单和表单集模板类的设置方法及其应用。
4．理解类和对象属性的默认值以及方法的默认过程。

实验内容

1．将自定义类应用到表单中

（1）从"项目管理器"窗口中拖放类到"表单设计器"窗口。

将 myclass 类库中的"退出"命令按钮类 cmdclass_Exit 应用到新建的表单中。具体操作步骤如下：

1）打开项目文件 ckgl，在"项目管理器"窗口中选择"文档"选项卡，新建一个表单，保存为表单名文件"Form_ljInfo"。

2）移动窗口，使得"表单设计器"和"项目管理器"窗口均可见。

3）选择"项目管理器"窗口真的"类"选项卡，展开其中的 myclass 类库。

4）直接用鼠标将 myclass 类库中的 cmdclass_Exit 命令按钮类拖放到表单 Form_ljInfo 中，这时在该表单中创建了一个标题为"退出(\X)"的命令按钮控件，如图 6-29 所示。

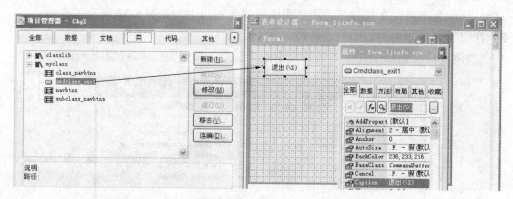

图 6-29　从"项目管理器"窗口中拖放类到"表单设计器"窗口

5）保存并运行该表单，测试"退出"命令按钮。

（2）注册可视类库。

将 myclass 类库注册到 VFP 系统中，以便在"表单设计器"的"表单控件"工具栏上显示和使用它们。具体操作步骤如下：

1）选择"工具"菜单中的"选项"命令，打开"选项"对话框。

2）在"选项"对话框中，选择"控件"选项卡，选择"可视类库"单选按钮，并单击"添加"按钮，弹出打开类库的"打开"对话框。

3）在"打开"对话框中，选择类库文件 myclass，并单击"打开"按钮，则 myclass 类库显示在左侧的"选定"类库列表中，如图 6-30 所示。

图 6-30　在"选项"对话框中注册类库

4）单击"选项"对话框中的"确定"按钮，并关闭对话框。

这时，就完成了 myclass 类库在 VFP 系统中的注册操作。

（3）将类控件显示在"表单控件"工具栏中。

将已注册的 myclass 类库中的类控件显示在"表单控件"工具栏中。具体操作步骤如下：

1）将上述已创建的表单 Form_ljInfo 在"表单设计器"中打开，并使得"表单控件"工具栏可见。

2）单击"表单控件"工具栏中的"查看类"按钮▓，出现下拉菜单，已注册的 myclass 类库显示在菜单项中，如图 6-31 所示。

3）在菜单项中选择 myclass 菜单项，则"表单控件"工具栏中的常用基类控件被替换为 myclass 类库中的类控件，类控件以其显示图标显示，如图 6-32 所示。

图 6-31　"查看类"下拉菜单

图 6-32　显示在"表单控件"工具栏中的 myclass 类控件

4）单击"表单控件"中的"查看类"按钮，并在下拉菜单中选择"常用"菜单项，即可恢复系统常用的基类控件。

2. 指定数据库表字段的默认显示类

（1）设置字段的默认显示类。

将"职工"表中"性别"字段的默认显示类设置为 myclass 类库中的选项按钮组类 opt_xb。具体操作步骤如下：

1）在"表设计器"中打开"职工"表，选择"性别"字段。

2）在"将字段类型映射到类"下的"显示库"框中输入或单击其后的"..."按钮，选择 myclass 类库文件。

3）在"显示类"框中选择"opt_xb"类，如图 6-33 所示。

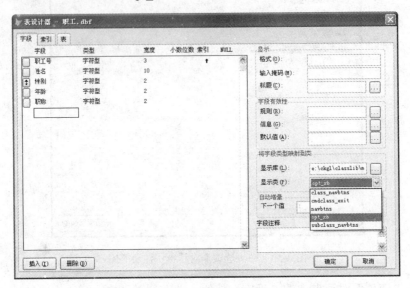

图 6-33　为"性别"字段指定默认显示类 opt_xb

（2）在"表单设计器"窗口中利用字段的默认显示类创建控件。

将"职工"表中"性别"字段的默认显示类应用到表单 Form_zgInfo.scx 中。具体操作步骤如下：

1）在"项目管理器"窗口中打开 Form_zgInfo.scx 表单。

2）在"表单设计器"窗口中打开"数据环境"窗口，用鼠标将"数据环境"窗口中"职工"表的"性别"字段拖放到表单中"性别"标签的后面。

这时在表单中创建的控件不再是文本框，而是指定的选项按钮组，如图 6-34 所示。

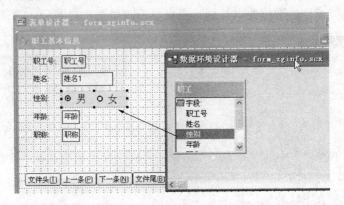

图 6-34　指定了默认显示类的字段添加到表单中

3. 设置和应用表单的模板类

将 myclass 类库中的表单类 class_Form 设置为表单的模板类，并应用到表单设计中。具体操作步骤如下：

1）选择"工具"菜单中的"选项"命令，打开"选项"对话框。

2）在"选项"对话框中选择"表单"选项卡，选择"模板类"区域中的"表单"标签前的复选框，系统弹出"表单模板"对话框，如图 6-35 所示。

图 6-35　"表单模板"对话框

3）在"表单模板"对话框中选择 myclass 类库文件中的 Class_Form 类，单击"确定"按钮。回到"选项"对话框中的"表单"选项卡，可以看到已设置的表单模板类"Class_Form"，如图 6-36 所示。

图 6-36　设置表单的模板类

4）单击"选项"对话框中的"确定"按钮，使设置生效并关闭该对话框。

此时已完成表单模板类的设置。在项目中新建表单，可以看到"表单设计器"窗口中新建的表单是以表单类 Class_Form 为模板创建的。

4. 类和对象属性的默认值以及方法的默认过程

（1）类和对象属性的默认值与自定义值。

1）记录上述新建表单的 Width 属性值，将表单保存为"myform.scx"，关闭"表单设计器"。

2）在"类设计器"窗口中打开 Class_Form 类，修改其 Width 属性，保存类并关闭"类设计器"窗口。

3）再次在"表单设计器"窗口中打开 myform.scx 表单，查看其 Width 属性值有没有发生变化。

4）在"表单设计器"窗口中更改 myform.scx 表单的 Width 属性值，注意观察属性值字体粗细的变化。保存表单并关闭"表单设计器"窗口。

5）再次在"类设计器"中打开 Class_Form 类，并修改其 Width 属性值。保存并关闭"类设计器"窗口。

6）再次在"表单设计器"窗口中打开 myform.scx 表单，查看表单的 Width 属性值有没有发生变化。

7）在"属性"窗口中选择表单的 Width 属性，单击鼠标右键，在弹出的快捷菜单中选择"重置默认值"命令。注意观察 Width 属性值和属性值字体粗细的变化。

（2）类和对象方法的默认过程与自定义过程。

1）在"表单设计器"窗口中打开 myform.scx 表单，将 myclass 类库中的命令按钮类 cmdclass_Exit 应用到该表单中。查看表单中的"退出"命令按钮 Cmdclass_Exit1 的 Click 事件的方法代码。

2）保存并运行该表单，单击表单中的"退出"按钮，发现表单窗口被关闭了。

3）再次在"表单设计器"窗口中打开 myform.scx 表单，设置表单中"退出"命令按钮 Cmdclass_Exit1 的 Click 事件的方法代码如下：

```
MESSAGEBOX("你选择了退出操作！")
```

4）保存并运行该表单，单击表单中的"退出"按钮。这时发现表单没有被关闭，而是弹出一个对话框"你选择了退出操作！"。单击该对话框的"确定"按钮，表单还是不能被关闭。

5）单击常用工具栏中的"修改表单"按钮，回到"表单设计器"窗口，在"退出"命令按钮的 Click 事件的方法代码中增加一行代码如下：

```
DODEFAULT()
```

6）保存并运行该表单，单击表单中的"退出"按钮，再单击弹出的对话框中的"确定"按钮，发现表单被关闭了。

💬 说 明

对象的自定义过程代码将覆盖其父类相应的默认代码，使用 DODEFAULT()函数可以从子类中调用其父类相应代码。

第7章　表单和控件

表单类似于 Windows 中的各种标准窗口与对话框，VFP 利用表单来进行系统界面设计，作为应用程序与用户间的各种界面。控件是放在表单上用以显示数据、执行操作的基本对象。可以在表单中添加各种控件，用于处理数据、管理信息。

本章讲述表单的基本知识，利用表单向导和表单设计器设计表单的方法。控件作为表单的主要构成元素，本章介绍了常用控件的属性设置及应用。

本章重点：表单的设计方法、表单的常用属性的设置，各类控件的常用属性及其设置。

7.1　表　　单

7.1.1　表单概述

表单通常用作用户与应用程序的接口，为用户提供数据输入、显示、修改等操作的图形界面，并能对用户或系统事件进行响应，从而方便用户完成信息处理。

1. 表单的设计步骤

表单的设计比较简单，一般有如下几个设计步骤：

（1）创建表单本身，设置表单的属性。

（2）设置数据环境。

（3）向表单中添加所需的控件对象，设置控件的属性。

（4）为表单及控件对象编写程序。

表单设计可以通过适当地设置属性、事件和方法程序来定制表单的外观和操作方式。VFP系统为表单提供了多个常用属性、事件和方法程序，见表 7-1～表 7-3。

2. 表单的设计方法

设计表单的方法有多种，VFP 提供了如下两种方法：

（1）表单向导法。

（2）表单设计器法。

表单向导是 VFP 提供的设计表单的一种快捷工具。它通过一系列对话框向用户提示每一步的操作，引导用户逐步完成所需要的设计任务。

在"表单设计器"中，借助"表单生成器"可以帮助用户快速创建表单。"表单设计器"也为用户自行设计提供了更为灵活的方式，可以完成更加复杂的设计任务。在实际应用中，用户可以先利用表单向导或"表单生成器"快速创建表单，然后再使用"表单设计器"作进一步地修改，来完善表单的设计。

设计好的表单文件以 .scx 为扩展名，同时会自动生成一个与此表单文件名同名的表单备注文件，以 .sct 为扩展名。

表 7-1   表单的常用属性说明

属　性	说　　　明
AlwaysOnTop	控制表单是否总是处于其他打开窗口之上
AutoCenter	控制表单初始化时是否让表单自动地在 VFP 主窗口居中
BackColor	决定表单窗口的背景色
BorderStyle	决定表单边框的样式
Caption	定义表单标题栏显示的文本
Closable	控制表单是否有关闭按钮
MaxButton	控制表单是否具有最大化按钮
MinButton	控制表单是否具有最小化按钮
Movable	控制表单能否移动到屏幕的其他位置
Name	指定表单对象的名称，便于在代码中引用该对象

表 7-2   表单的常用事件说明

事　件	说　　　明	事　件	说　　　明
Activate	当激活表单对象时发生	Init	当创建表单时发生
Click	当用户单击表单时发生	Load	在创建表单之前发生
DblClick	当用户双击表单时发生	Unload	释放表单时发生
Destroy	当释放表单时发生		

表 7-3   表单的常用方法程序说明

方法程序	功　能	方法程序	功　能
Hide	隐藏表单	Release	释放表单
Refresh	刷新表单，更新表单内所有的值	Show	显示表单

7.1.2　利用表单向导创建表单

利用表单向导可以快速创建：

（1）基于一张表的表单。

（2）基于一对多关系的两张表的表单。

下面通过两个实例来说明表单向导的使用。为了便于实例说明，先对与本书配套的实验素材做好如下准备（设实验素材 ckgl 在 E:\盘）：

（1）设置默认路径。

在 VFP 的命令窗口中，键入命令：set default to e:\ckgl

（2）打开已有的项目文件。

在菜单中选择"文件"/"打开"，在弹出的"打开"对话框中选择项目文件 ckgl.pjx，单击"确定"按钮。

此时项目管理器窗口出现在 VFP 主窗口中，准备工作完毕。

1．利用表单向导创建基于一张表的表单

【例 7.1】 创建基于"职工.dbf"的表单。

操作步骤如下：

（1）在"项目管理器"窗口中单击"文档"选项卡，单击"表单"，单击"新建"命令按钮，在弹出的"新建表单"对话框中，单击"表单向导"，在弹出的"向导选取"对话框中选择"表单向导"，如图 7-1 所示，单击"确定"按钮。

（2）在"表单向导"对话框中根据提示逐步操作：

1）步骤 1—字段选取（如图 7-2 所示）。

选择数据源及相应的字段。本例选取"职工.dbf"中的所有字段，单击"下一步"按钮。

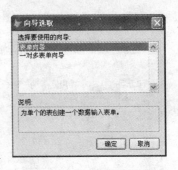

图 7-1　"向导选取"对话框

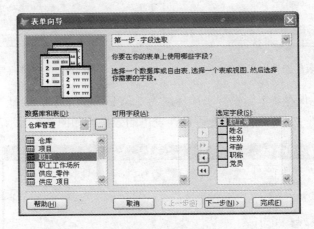

图 7-2　"表单向导"步骤 1

2）步骤 2—选择表单样式（如图 7-3 所示）。

设置表单的样式与按钮类型。选取"标准式"、"文本按钮"，单击"下一步"按钮。

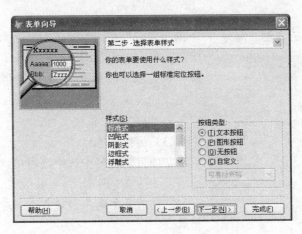

图 7-3　"表单向导"步骤 2

3）步骤 3—排序（如图 7-4 所示）。

设置记录的出现顺序。选择"职工号"字段，单击"添加"按钮，选中"升序"，单击"下一步"按钮。

4）步骤 4—完成（如图 7-5 所示）。

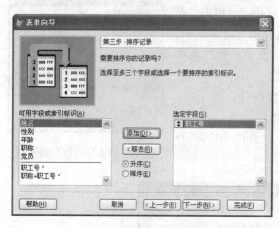
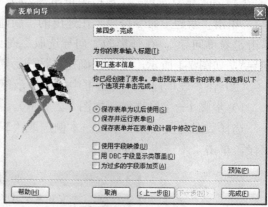

图 7-4 "表单向导"步骤 3　　　　　　　图 7-5 "表单向导"步骤 4

设置表单标题并保存。本例设置表单标题为"职工基本信息"，选择"保存表单已备将来使用"。单击"预览"按钮，可以查看所设计表单的效果，如图 7-6 所示。

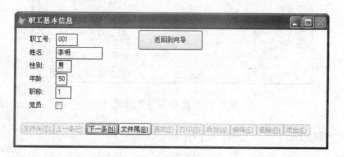

图 7-6 预览表单

单击预览窗口中的"返回向导"，单击"完成"按钮，弹出"另存为"对话框，用户可以指定表单文件保存的位置和名称。本例表单文件名设置为"职工基本信息"，点击"保存"按钮。此时，磁盘上生成的表单文件的扩展名为.scx，还有一个相关的扩展名为.sct 的表单备注文件。

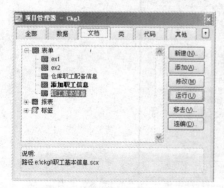

（3）运行表单。

在项目管理器中选中该表单，并单击右侧的"运行"按钮，如图 7-7 所示。

2. 利用表单向导创建基于一对多关系的两张表的表单

图 7-7 运行表单

【例 7.2】 创建基于"仓库.dbf"和"职工工作场所.dbf"的表单。其中，"仓库.dbf"和"职工工作场所.dbf"为一对多关系。

具体操作步骤如下：

（1）在"项目管理器"窗口中单击"文档"选项卡，单击"表单"按钮，单击"新建"

命令按钮，在弹出的"新建表单"对话框中，单击"表单向导"，在弹出的"向导选取"对话框中选择"一对多表单向导"（如图 7-1 所示），单击"确定"按钮。

（2）在"一对多表单向导"对话框中根据提示逐步操作：

1）步骤 1—从父表中选定字段（如图 7-8 所示）。

从父表中选择要显示的字段。本例从"仓库.dbf"的可用字段中选择所有字段添加到右侧的"选定字段"列表中，单击"下一步"按钮。

2）步骤 2—从子表中选定字段（如图 7-9 所示）。

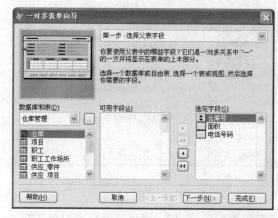 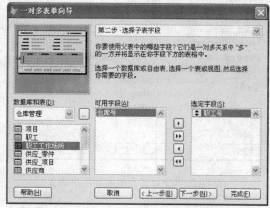

图 7-8 "一对多表单向导"步骤 1　　　　图 7-9 "一对多表单向导"步骤 2

从子表中选定要显示的字段，以表格的形式显示在父表字段的下方。选择"职工工作场所.dbf"中的"职工号"字段，单击"下一步"按钮。

3）步骤 3—建立表之间的关系（如图 7-10 所示）。

为父表与子表建立关联，通过在父表和子表中选择匹配字段完成。如果两张表已经建立了永久性关系，系统会自动为它们建立关联。本例中，系统已经根据"仓库号"自动为两张表建立了关系，直接单击"下一步"按钮。

4）步骤 4—选择表单样式（如图 7-11 所示）。

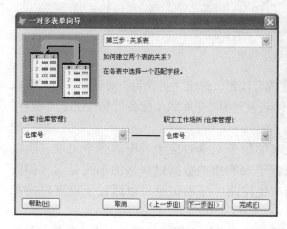 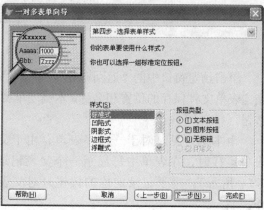

图 7-10 "一对多表单向导"步骤 3　　　　图 7-11 "一对多表单向导"步骤 4

设置表单的样式与按钮类型。选择“标准式”、“文本按钮”，单击“下一步”按钮。

5）步骤 5—排序（如图 7-12 所示）。

设置父表字段显示顺序。从左侧可用字段中选择“仓库号”，单击“添加”，单击“下一步”按钮。

6）步骤 6—完成（如图 7-13 所示）。

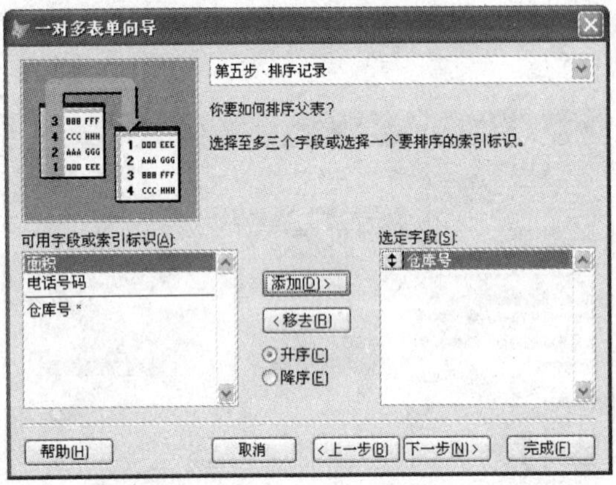

图 7-12 “一对多表单向导”步骤 5

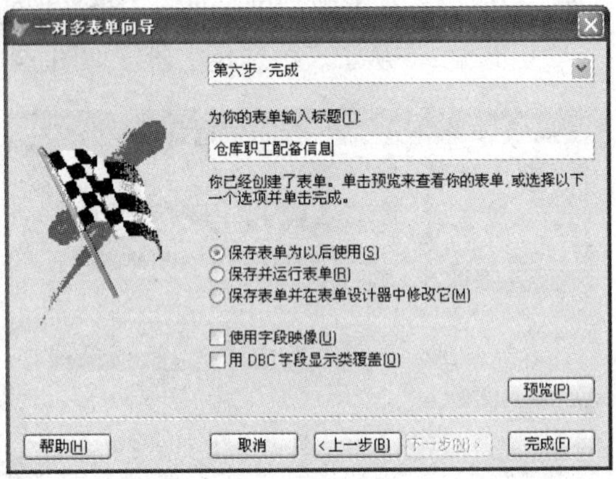

图 7-13 “一对多表单向导”步骤 6

设置表单标题并保存。设置表单标题为“仓库职工配备信息”，选择“保存表单已备将来使用”。单击“预览”按钮，可以查看所设计表单的效果，如图 7-14 所示。

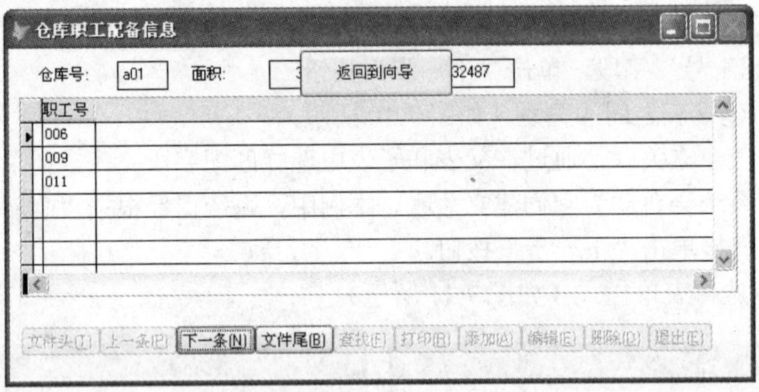

图 7-14 表单预览

单击预览窗口中的“返回向导”，单击“完成”按钮，弹出“另存为”对话框，用户可以指定表单文件保存的位置和名称。本例表单文件名设置为“仓库职工配备信息”，点击“保存”按钮。

由本例可见，对于一对多表单，由于父表的每个记录对应子表中的多个记录，所以表单运行时，在表单中每显示一个父表记录，子表的相关数据以表格的形式显示（如图 7-14 所示）。用于记录定位的按钮只对父表产生控制，子表记录可以通过子表窗口的操作控制。

综上所述，表单向导可以提示用户快速完成表单的设计，用户只需要完成一些简单的设置即可，对于表单设计一般步骤中的所列出的大部分工作都由系统完成。在以上表单向导的操作实例中，还有一些功能按钮没有使用，请读者自行尝试这些功能按钮的操作。

7.1.3　利用表单设计器创建、修改表单

利用表单向导只能创建表单，不能修改表单，而且形式、功能比较单一。

利用表单设计器不仅可以创建表单，还可以修改表单，可以为用户设计表单提供更大的灵活性。

打开表单设计器以创建或修改表单的方法有多种：

（1）单击"文件"菜单的"新建"命令或常用工具栏上的"新建"按钮，弹出"新建"对话框，在"文件类型"中选择"表单"，单击"新建文件"按钮。

（2）在"项目管理器"窗口中选择"文档"选项卡，选择"表单"图标后：

1）单击右侧的"新建"按钮，单击"新建表单"。

2）单击"表单"图标左侧的"＋"号，选择一个已有的表单，单击"修改"。

（3）使用命令。

1）**CREAT FORM** 表单文件名。

2）**MODIFY FORM** 已存在的表单文件名。

通过以上任意一种方式都可以打开表单设计器。

此外，新建或打开表单后，在 **VFP** 的主菜单中会新增菜单项"表单"，其下拉菜单中提供了与菜单相关的若干操作命令，如图 7-15 所示。

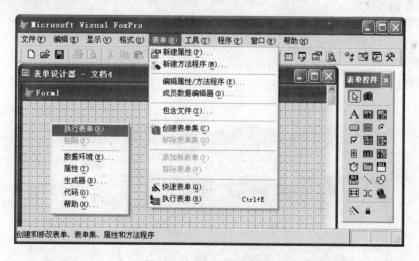

图 7-15　菜单项"表单"

在利用表单设计器设计表单时，可以借助"表单设计器"工具栏、"数据环境设计器"、"表单控件"工具栏、"属性"对话框、"布局"工具栏、"调色板"工具栏及"表单"菜单等对表单进行设计。

下面对这些工具栏、设计器、对话框等作简要介绍。

（1）"表单设计器"工具栏。

单击"显示"菜单，单击"工具栏…"，选中"表单设计器"，单击"确定"，显示"表单设计器"工具栏，如图 7-16 所示。

图 7-16　"表单设计器"工具栏

该工具栏提供了显示/关闭其他窗口或工具栏的快捷操作，此工具栏包括的各按钮的功能说明见表 7-4。

表 7-4 　　　　　　　　　　　　　　　　"表单设计器"工具栏

按　钮	说　　明
设置 Tab 键次序	在设计模式和设置 Tab 键次序之间切换 当表单含有一个以上对象时，可以设置对象的 Tab 键次序
数据环境	显示/隐藏"数据环境设计器"
属性窗口	显示/隐藏"属性"窗口
代码窗口	显示/隐藏"代码"窗口
表单控件工具栏	显示/隐藏"表单控件"工具栏
调色板工具栏	显示/隐藏"调色板"工具栏
布局工具栏	显示/隐藏"布局"工具栏
表单生成器	运行"表单生成器"，帮助用户快速添加合适控件对象，设计表单外观
自动格式	运行"自动格式生成器"，帮助用户快速对选定控件进行格式设计

（2）"数据环境设计器"。

单击"表单设计器"工具栏的"数据环境"按钮，可以打开"数据环境设计器"窗口。也可以在"表单设计器"窗口中，单击鼠标右键，从快捷菜单中选择"数据环境"选项（见图 7-15）。用户可根据表单设计需要向数据环境中添加数据源。

（3）"表单控件"工具栏、"布局"工具栏、"调色板"工具栏。

单击"显示"菜单，依次选中表单控件工具栏、布局工具栏、调色板工具栏选项，如图 7-17 所示。

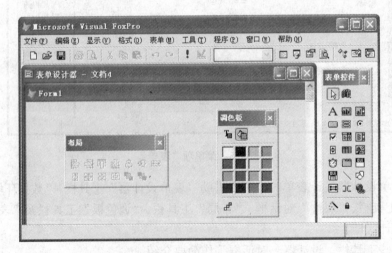

图 7-17 　"表单控件"工具栏、"布局"工具栏、"调色板"工具栏

利用"表单控件"工具栏中可以向表单中添加控件对象，"表单控件"工具栏中的按钮说明如图 7-18 所示。在这些按钮中，除首尾两行的选定对象、查看类、生成器锁定和按钮锁定

按钮是辅助按钮之外,其他按钮都是 VFP 提供的基本控件按钮。

使用"布局"工具栏,可以对表单上多个控件的大小、位置等进行调整。

使用"调色板"工具栏,可以为表单及控件定制颜色。

(4)"属性"窗口、"代码"窗口。

单击"表单设计器"工具栏的相应按钮,系统显示"属性"窗口、"代码"窗口。也可以在"表单设计器"窗口中,单击鼠标右键,从快捷菜单中选择"属性"、"代码…"选项,如图 7-15 所示。

表单对象及表单中添加的各种控件对象都有其属性、事件和方法。可以通过"属性"窗口和"代码"窗口完成对选定对象的属性及操作方式进行设置。

(5)"表单"菜单。

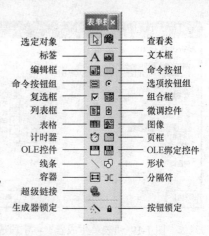

选定对象   查看类
标签   文本框
编辑框   命令按钮
命令按钮组   选项按钮组
复选框   组合框
列表框   微调控件
表格   图像
计时器   页框
OLE控件   OLE绑定控件
线条   形状
容器   分隔符
超级链接
生成器锁定   按钮锁定

图 7-18   "表单控件"工具栏

"表单"菜单提供了一组与表单设计相关的操作命令供用户使用。

下面先通过两个实例来说明表单设计器的使用。为了便于实例说明,先对与本书配套的实验素材做好如下准备(设实验素材 ckgl 在 E:\盘):

(1)设置默认路径。

在 VFP 的命令窗口中,键入命令: set default to e:\ckgl。

(2)打开已有的项目文件。

在菜单中选择"文件" | "打开",在弹出的"打开"对话框中选择项目文件 ckgl.pjx,单击"确定"。

此时项目管理器窗口出现在 VFP 主窗口中,准备工作完毕。

1. 利用"表单生成器"快速创建简单的表单

【例 7.3】 创建基于"职工.dbf"的简单表单。

具体操作步骤如下:

(1)在"项目管理器"窗口中单击"文档"选项卡,单击"表单",单击"新建"命令按钮,在弹出的"新建表单"对话框中,单击"新建表单",显示"表单设计器"窗口。

(2)打开"表单生成器"对话框。可以选用以下任意一种方法:

1)单击"表单"菜单,从下拉菜单中选择"快速表单…"命令。

2)单击"表单设计器工具栏"中的"表单生成器"按钮。

3)在"表单设计器"窗口中,单击鼠标右键,从快捷菜单中选择"生成器"。

(3)利用"表单生成器"快速创建表单。具体操作如下:

1)在"字段选取"选项卡中(如图 7-19 所示),选定表单中要显示的字段。

在左侧的列表框中选择"职工.dbf",从该表的可用字段中选择所有字段,添加到右侧的选定字段列表中。

2)在"样式"选项卡中(如图 7-20 所示),选择表单样式为"标准式"。

以上设置完成后,单击"确定"。此时,可以观察到"表单设计器"窗口的表单对象中自动新增若干不同类型的控件对象,如图 7-21 所示。

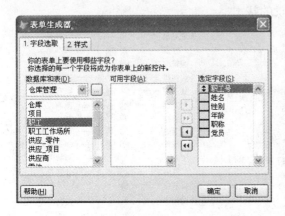

图 7-19 "表单生成器"—字段选择   图 7-20 "表单生成器"—样式

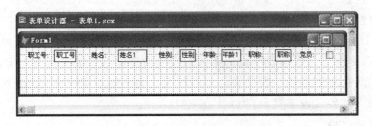

图 7-21 利用"表单生成器"创建的表单

（4）保存表单。单击"文件"菜单的"保存"命令，打开"另存为"对话框，输入表单文件名 ex1，单击"保存"按钮。

（5）运行表单。可以选用以下任意一种方法：

1）单击常用工具栏的"预览"按钮。

2）单击"表单"菜单下的"执行表单"命令。

3）在"项目管理器"窗口中，选中表单文件，单击右侧的"运行"按钮。

运行结果如图 7-22 所示。

图 7-22 表单的运行结果

 注 意

由［例 7.3］可见，在"表单设计器"中利用"表单生成器"，可以快捷地生成基于表或视图字段的控件，但表单中不产生用于记录定位等操作的控件按钮，这与表单向导不同。

2. 利用表单设计器自行设计表单

【例 7.4】 创建基于"职工.dbf"的表单。通过该例，初步了解与表单设计器相关的各种工具栏、窗口等的使用。

具体操作步骤如下：

（1）在"项目管理器"窗口中单击"文档"选项卡，单击"表单"，单击"新建"命令按钮，在弹出的"新建表单"对话框中，单击"新建表单"，出现"表单设计器"窗口。

单击常用工具栏中的"保存"按钮，在弹出的"另存为"对话框中输入表单文件名 ex2，单击"保存"按钮。

单击常用工具栏上的"运行"按钮，此时表单运行结果如图 7-23 所示，且表单在 VFP 主窗口左侧位置。

（2）打开"属性"窗口，为表单设置相关属性。操作步骤如下：

1）右键单击"表单设计器"窗口中的表单对象，从快捷菜单中选择"属性"，打开"属性"窗口，如图 7-24 所示。

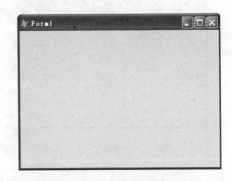

图 7-23　表单运行结果 1

图 7-24　"属性"窗口

2）在属性列表中单击 Caption 属性，在文本框中输入标题"职工基本信息"，然后单击确认按钮"√"；单击 Backcolor 属性，单击右侧的按钮，从"颜色"对话框中选择白色，单击确定；单击 Autocenter 属性，从下拉列表中选择".T."（各属性的含义参见表 7-1）。

单击常用工具栏上的"运行"按钮，此时表单运行结果如图 7-25 所示，且表单在 VFP 主窗口居中位置。

（3）打开"数据环境设计器"，为表单添加数据源。操作步骤如下：

1）右键单击"表单设计器"窗口中的表单对象，从快捷菜单中选择"数据环境…"，打开"数据环境设计器"窗口。初次打开时，系统会随之自动打开"添加表或视图"对话框（如图 7-26 所示）。本例选择数据库表"职工.dbf"，依次单击"添加"、"关闭"。此时，"职工.dbf"添加到"数据环境设计器"窗口中，如图 7-27 所示。

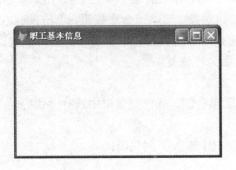

图 7-25　表单运行结果 2

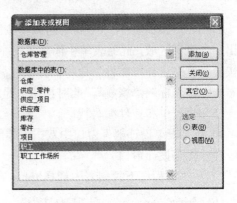

图 7-26　"添加表或视图"对话框

2）若用户要继续添加其他数据源，可以在"数据环境设计器"中单击鼠标右键，从快捷菜单中选择"添加"命令，从"添加表或视图"对话框中选择"职工工作场所.dbf"，依次单击"添加"、"关闭"。此时，"职工工作场所.dbf"也添加到"数据环境设计器"窗口中，并且系统自动为其建立了关系（如图 7-28 所示）。选中表"职工工作场所"，单击鼠标右键，从快捷菜单中选择"移去"命令，此时表又会从"数据环境设计器"窗口移去。

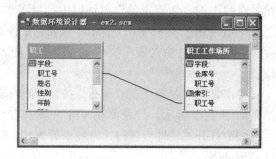

图 7-27　"数据环境设计器"（1）　　　　　　图 7-28　"数据环境设计器"（2）

（4）为表单添加控件。操作步骤如下：

1）在"数据环境设计器"窗口中，选中"职工.dbf"中的"姓名"字段，按住鼠标左键不动，拖放到"表单设计器"窗口的表单对象中，系统自动生成两个控件对象，如图 7-29（a）所示。保存该表单并运行，运行结果如图 7-29（b）所示。

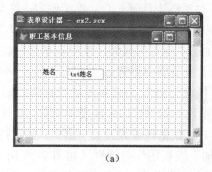
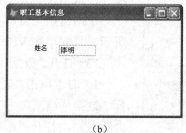

（a）　　　　　　　　　　　　　　（b）

图 7-29　表单设计及运行结果

（a）从"数据环境设计器"为表单添加控件；（b）表单运行结果

2）单击"表单控件"工具栏的命令按钮控件，在"表单设计器"窗口中按住鼠标左键拖拽出一个矩形区域，此时表单中添加了一个命令按钮对象。选中该命令按钮，单击鼠标右键，从快捷菜单中选择"属性"命令，弹出"属性"窗口。在属性列表中单击 Caption 属性，在文本框中输入标题"恢复"，此时按钮上显示的文字为"恢复"。

（5）为表单和控件编写代码。

1）在"表单设计器"窗口中双击表单或单击鼠标右键，从快捷菜单中选择"代码…"命令，打开代码设计窗口。

2）从"过程"下拉列表中选择 Init，在代码窗口中输入下列代码：

```
thisform.caption="职工信息显示中..."
```

如图 7-30 所示。

保存该表单并运行，结果如图 7-31 所示。此时单击按钮"恢复"，表单没有任何响应。关闭运行的表单，回到表单设计窗口。

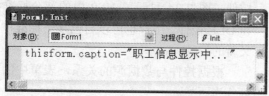
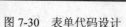

图 7-30　表单代码设计

图 7-31　表单运行结果

3）在"表单设计器"窗口中双击命令按钮，从"过程"下拉列表中选择 Click。在代码窗口中输入下列代码：

```
thisform.caption="职工基本信息"
```

保存该表单并运行，单击按钮"恢复"，表单标题恢复为"职工基本信息"。关闭运行的表单，回到表单设计窗口。

（6）修改表单控件布局及显示颜色。操作步骤如下：

1）选中如图 7-32 所示的两个控件对象，方法是：单击其中一个后，按住 Shift 键不放，再单击另一个；或者框选这两个控件对象所在的区域。单击"布局"工具栏上的"顶端对齐"按钮。

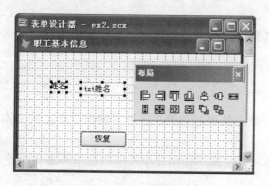

图 7-32　表单布局调整图

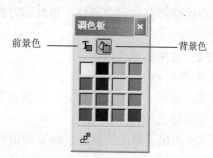

7-33　"调色板"工具栏

2）选中控件对象"txt 姓名"，单击"调色板"工具栏（如图 7-33 所示）"前景色"按钮，单击红色，设置好后，再次单击"前景色"按钮，使该按钮处于未按下状态。单击"背景色"按钮，单击黄色。

保存并运行表单，此时可以观察到表单中姓名字体呈红色，背景色为黄色。

例 7.4 说明了使用表单设计器自行设计表单的一般步骤，借助"表单设计器"工具栏、"数据环境设计器"、"表单控件"工具栏、"属性"对话框、"布局"工具栏、"调色板"工具栏及"表单"菜单等完成对表单的设计。

7.2　控　　　件

7.2.1　控件概述

控件是放在表单上用以显示数据、执行操作的基本对象。在 7.1 节已经接触了一些基本

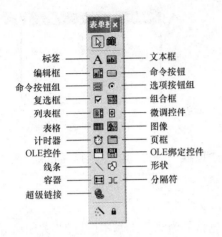

图 7-34　VFP 中的部分基本控件和 ActiveX 控件

控件。图 7-34 显示了 VFP 中的部分标准控件和 OLE 控件。用户也可以自己基于标准控件定义新的控件。

根据控件与数据源的关系，表单中的控件可分为两类：

（1）数据绑定型控件。

该类控件可以与来自表或视图的数据绑定，通过设置 ControlSource 属性来完成绑定。属于该类控件的如文本框、编辑框、列表框、组合框、选项按钮组、复选框、微调框、表格等。

（2）非数据绑定型控件。

该类控件不与数据绑定，属于该类控件的

如标签、命令按钮、线条、形状等。

设计控件的一般步骤是：

1）创建一个控件对象。

2）设置该控件对象的属性。

3）为该控件对象编写事件处理代码。

每类控件都有自己的属性、事件和方法程序。在介绍控件时，本书仅列出常用的部分以供参考。

7.2.2　常用基本控件简介

1．标签控件

标签一般用于显示文本信息，本身没有数据处理的功能。在屏幕输出界面上的文本一般都可以使用标签控件来设定。

表 7-5 列出了常用的属性。标签的事件和方法程序使用较少，所以这里不多作讨论。

表 7-5　　　　　　　　　　　　　标 签 的 常 用 属 性

属　性	说　　　明
Autosize	决定是否可以自动地调整标签的大小
BackColor	决定标签的背景色
BackStyle	决定标签的背景是否透明
BorderStyle	决定标签是否带有边框
Caption	指定标签的显示内容
FontName	决定标签的显示内容的字体
ForeColor	决定标签的显示内容的颜色
Name	指定标签对象的名称，便于在代码中引用该对象
WordWrap	决定标签上显示的文本能否换行

【例 7.5】　标签设计实例

（1）启动 VFP，选择"文件|新建"菜单项，在打开的"新建"对话框中选定"项目"文

件类型，然后单击"新建文件"按钮，在弹出的"创建"对话框中，将项目文件命名为"控件设计实例.pjx"，单击"保存"按钮，打开"项目管理器"窗口。

单击"数据"选项卡中的"数据库"，单击"添加"按钮，将数据库"仓库管理.dbc"添加到"控件设计实例"项目中。

（2）单击"文档"选项卡中的"表单"，单击"新建"按钮，在打开的"新建表单"对话框中选择"新建表单"，打开"表单设计器"窗口。打开"属性"窗口，将表单对象 Caption 属性设置为"标签设计实例"，BackColor 属性设置为白色。单击常用工具栏上的"保存"按钮，将当前表单保存为"标签设计实例.scx"。

（3）单击"表单控件"工具栏中的标签控件，为表单对象添加四个标签对象。打开"属性"窗口，为标签对象设置表 7-6 中的属性，并调整标签对象位置。

（4）保存并运行表单。运行结果如图 7-35 所示。

表 7-6 标 签 属 性 设 置

属性	值			
	标签 1	标签 2	标签 3	标签 4
Caption	工号	姓名	年龄	职工基本信息
FontName	宋体	宋体	宋体	黑体
FontSize	12	12	12	18
ForeColor	0,0,0	0,0,0	0,0,0	0,0,255

2．文本框控件

文本框一般用于显示或编辑数据。它属于数据绑定型控件，可以与来自表或视图中的非备注型字段绑定。利用文本框编辑字符型数据时，字符个数最多只能是 255 个。

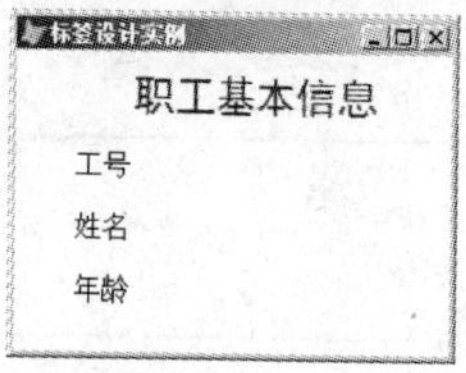

表 7-7、表 7-8 分别列出了文本框常用的属性和事件。

图 7-35 运行结果

表 7-7 文 本 框 的 常 用 属 性

属性	说 明	属性	说 明
Alignment	指定文本框内容对齐方式	InputMask	指定文本框数据的输入格式和显示格式
BorderStyle	指定文本框是否带有边框	Name	指定文本框对象名，便于在代码中引用
BackStyle	指定文本框背景是否透明	PasswordChar	指定文本框中显示的字符
ControlSource	指定与文本框绑定的数据源	SpecialEffect	指定文本框的格式是平面的还是立体的
Format	指定文本框内容输入和输出格式	Value	文本框的当前值

表 7-8 文 本 框 的 常 用 事 件

事 件	说 明
GotFocus	当文本框对象接收焦点时发生该事件
InteractiveChange	当更改文本框对象的值时发生该事件
LostFocus	当文本框对象失去焦点时发生该事件
Valid	当文本框对象失去焦点之前发生该事件

表 7-9 列出了对 InputMask 属性的可用设置，表 7-10 列出了对 Format 属性的可用设置。

表 7-9   **InputMask 属 性 设 置 说 明**

属　性	说　　明
X	可输入任何字符
9	可输入数字和正负符号
#	可输入数字、空格和正负符号
$	在某一固定位置显示（由 SET CURRENCY 命令指定的）当前货币符号
$$	在微调框控件或文本框中，货币符号显示时不与数字分开
*	在值的左侧显示星号
.	句点分隔符，指定小数点的位置
,	逗号，用来分隔小数点左侧的整数部分

表 7-10   **Format 属 性 设 置 说 明**

属　性	说　　明
A	只允许字母字符（不允许空格或标点符号）
D	使用当前的 SET DATE 格式
E	以英国日期格式编辑日期型数据
K	当光标移动到文本框上时，选定整个文本框
L	在文本框中显示前导零，而不是空格。只对数值型数据使用
M	允许多个预设置的选择项。选项列表存储在 InputMask 属性中，列表中各项用逗号分隔。列表中独立的各项不能再包含嵌入的逗号。如果文本框的 Value 属性并不包含次列表中的任何一项，则它被设置为列表中的第一项。此设置只用于字符型数据，且只用于文本框
R	显示文本框的格式掩码，掩码字符并不存储在控件源中。此设置只用于字符型或数值型数据，且只用于文本框
T	删除输入字段前导空格和结尾空格
!	把字母字符转换为大写字母。只用于字符型数据，且只用于文本框
^	使用科学记数法显示数值型数据，只用于数值型数据
$	显示货币符号，只用于数值型数据或货币性数据

文本框的方法程序使用较少，所以这里不多作讨论。

【例 7.6】 文本框设计实例

（1）打开项目文件"控件实例.pjx"，在"项目管理器"窗口中，单击"文档"选项卡中的"表单"，选择表单文件"标签设计实例.scx"，单击"修改"，打开"表单设计器"窗口。将表单 Caption 属性改为"标签和文本框设计实例"，然后将当前表单另存为"标签和文本框设计实例.scx"。

（2）在"表单设计器"窗口中，单击右键，从快捷菜单中选择"数据环境…"命令，打开"数据环境设计器"窗口。单击右键，从快捷菜单中选择"添加…"命令，将"职工.dbf"添加到数据环境中。

（3）单击"表单控件"工具栏中的文本框控件，为表单对象添加一个文本框对象。单击右键，从快捷菜单中选择"生成器"命令，打开"文本框生成器"对话框，如图 7-36 所示。

1）单击"值"选项卡，单击"…"按钮，选择"职工.dbf"，然后在下拉列表中选择字段"职工.工号"。

2）单击"格式"选项卡，将数据类型设为"字符型"，并且选中"运行时允许"，"使其只读"选项。

3）单击"样式"选项卡，将"字符对齐模式"设置为"居中对齐"，特殊效果设置为"平面"，单击"确定"。

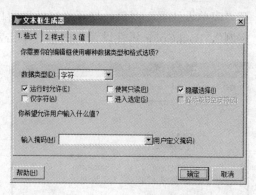

图 7-36 文本框生成器图

继续为表单添加第二个文本框，做类似设置。不同的是，在"值"选项卡，选择字段"职工.姓名"。

（4）为表单添加第三个文本框，打开"属性"窗口，为该文本框设置见表 7-11 中的属性。

（5）保存并运行表单，如图 7-37 所示。

表 7-11 　　　　　　　　　　　**文 本 框 属 性 设 置**

属 性	值	属 性	值
Alignment	0-左	PasswordChar	*
ControlSouce	职工.年龄	ReadOnly	.F.-假
Enabled	.T.	SpecialEffect	1-平面
Format	K		

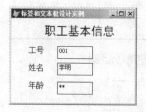

图 7-37 运行结果

若输入年龄为 52，浏览"职工.dbf"，可以看到该表中对应该条记录的年龄字段的值也变为 52。由此可见，当通过设置 ControlSource 属性将文本框与某个字段绑定后，若对文本框中的内容进行输入或修改，文本框中的内容将同时保存到 Value 和该字段中。

3. 编辑框

编辑框用途与文本框类似，一般用于显示或编辑数据。二者的主要区别如下：

（1）编辑字符型数据时，可以接受的字符个数远大于文本框。

（2）编辑框可以与备注型字段绑定。

（3）编辑框可以有滚动条。

编辑框的常用的属性、事件与文本框基本相同，参照表 7-7 和表 7-8。此外，编辑框还有一个常用的属性 ScrollBars，该属性决定是否使用垂直滚动条。

文本框的属性既可以直接在属性窗口设置，也可以使用快捷菜单命令"生成器"。

【例 7.7】 编辑框设计实例

（1）打开项目文件"控件设计实例.pjx"，在"项目管理器"窗口中，单击"文档"选项卡中的"表单"，单击"新建"按钮，在打开的"新建表单"对话框中选择"新建表单"，打开"表单设计器"窗口。打开"属性"窗口，将表单对象 Caption 属性设置为"编辑框设计实例"，BackColor 属性设置为白色。单击常用工具栏上的"保存"按钮，将当前表单保存为"编辑框设计实例.scx"。

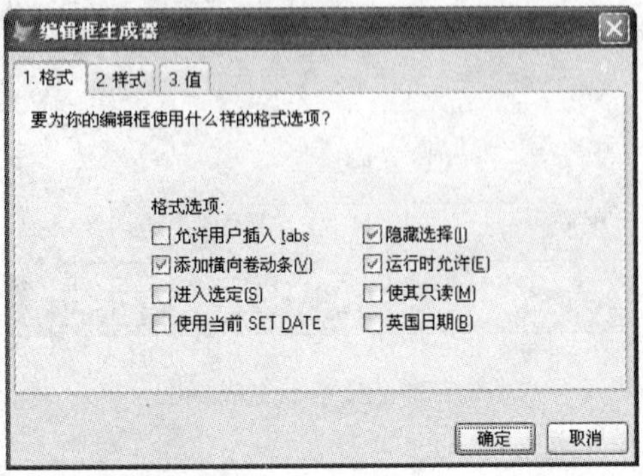

（2）单击"表单控件"工具栏中的编辑框控件，为表单对象添加一个编辑框对象。单击右键，从快捷菜单中选择"生成器"命令，打开"编辑框生成器"对话框，如图 7-38 所示。

1）单击"值"选项卡，单击"…"按钮，选择"零件.dbf"，然后在下拉列表中选择字段"零件.规格"。

2）单击"格式"选项卡，选中"格式选项"中的"添加垂直滚动条"、"运行时允许"。

3）单击"样式"选项卡，将"字符对齐模式"设置为"左对齐"，特殊效果设置为"三维"，边框设置为"单线"，单击"确定"。

图 7-38 "编辑框生成器"对话框

（3）保存并运行表单，如图 7-39 所示。

（4）为表单对象添加第二个编辑框对象。打开"属性"窗口，为该编辑框设置表 7-12 中的属性。

（5）保存并运行表单。运行结果如图 7-40 所示。若修改零件的描述信息，浏览"零件.dbf"，可以看到该表中对应该条记录的描述信息也随之发生改变。

表 7-12　　　　　　　　　　　　编 辑 框 属 性 设 置

属性	值	属性	值
Alignment	0-左	ScrollBars	2-垂直
ControlSouce	零件.描述	SpecialEffect	1-平面
Enabled	.T.		

图 7-39　运行结果

图 7-40　运行结果

由此例可见，无论是使用编辑框生成器还是直接在属性窗口中设置，都可以实现相同的功能。

4. 列表框

列表框主要用于显示一组预定的值并可以通过滚动条操作浏览列表信息，用户从列表中可以选择需要的数据。它属于数据绑定型控件。

表 7-13～表 7-15 分别列出了列表框的常用属性、事件和方法程序。

表 7-13　　　　　　　　　　　列表框的常用属性

属　　性	说　　　　明
BoundColumn	确定多列列表中哪一列与 Value 属性和数据源绑定
BoundTo	确定是否与数值数据绑定
ColumnCount	指定列表框中的列数目
ColumnWidths	指定列框
ControlSource	指定用户从列表框中选择的值保存在何处
IncrementalSearch	指定是否提供递增搜索功能
ListCount	统计列表框中所有数据项个数
ListIndex	确定被选中的数据项的索引
MultiSelect	确定是否能在列表框中进行多项选择
RowSource	确定列表框中数据值的来源
RowSourceType	确定列表框中数据值的类型
Sorted	确定列表框中的数据是否有序排列
Value	列表框当前被选中数据项的值

表 7-14　　　　　　　　　　　列表框的常用事件

事　　件	说　　　　明
Click	当单击列表框时发生该事件
DblClick	当双击列表框时发生该事件
InteractiveChange	当使用键盘或鼠标更改列表框的值时发生该事件
KeyPress	当按下并释放某个键时发生该事件
MouseDown	当按下鼠标中间某个键时发生该事件
MouseMove	当鼠标在一个对象上移动时发生该事件
MouseUp	当释放一个鼠标键时发生该事件
RightClick	当右击列表框时发生该事件

表 7-15　　　　　　　　　　　列表框的常用方法程序

方法程序	说　　　　明
AddItem	添加一个数据项，允许用户指定数据项的索引位置，但这时的 RowSource 属性必须为 0 或 1
AddListItem	添加一个数据项，允许用户指定数据项的选项编号，但这时的 RowSource 属性必须为 0 或 1
RemoveItem	移去一个数据项，允许用户指定数据项的索引位置，但这时的 RowSource 属性必须为 0 或 1
RemoveListItem	移去一个数据项，允许用户指定数据项的选项编号，但这时的 RowSource 属性必须为 0 或 1
Selected	指定某个数据项是否处于选定状态

【例 7.8】 列表框设计实例

（1）打开项目文件"控件设计实例.pjx"，在"项目管理器"窗口中，单击"文档"选项卡中的"表单"，单击"新建"按钮，在打开的"新建表单"对话框中选择"新建表单"，打开"表单设计器"窗口。打开"属性"窗口，将表单对象 Caption 属性设置为"列表框设计实例"，BackColor属性设置为白色。单击常用工具栏上的"保存"按钮，将当前表单保存为"列表框设计实例.scx"。

（2）单击"表单控件"工具栏中的列表框控件，为表单对象添加一个列表框对象。单击

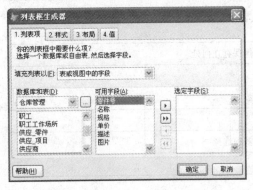

图 7-41 "列表框生成器"对话框

右键，从快捷菜单中选择"生成器"命令，打开"列表框生成器"对话框，如图 7-41 所示。

1）单击"列表项"选项卡，"填充列表以"设置为"表或视图中的字段"，在"数据库和表"项中选择"零件.dbf"，从"可用字段"中选择"名称"、"规格"字段，添加到"选定字段"中。

2）单击"样式"选项卡，采用默认设置，即"三维"、"允许递增搜索"、"7 行"。

3）单击"布局"选项卡，调整列表的宽度，单击"确定"。

（3）保存并运行表单。运行结果如图 7-42 所示。

（4）为表单对象添加第二个列表框对象。打开"属性"窗口，为该列表框设置表 7-16 中的属性。

（5）保存并运行表单。运行结果如图 7-43 所示。

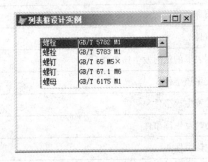

图 7-42 运行结果 1

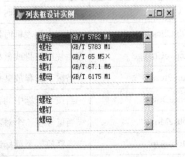

图 7-43 运行结果 2

表 7-16   列 表 框 属 性 设 置

属 性	值	属 性	值
Name	List2	RowSourceType	1—值
RowSource	螺栓，螺钉，螺母		

5. 组合框

组合框类似列表框和文本框的组合，可以从中选择条目，也可以输入值。根据是否可以输入值，组合框可以分为：

1）下拉组合框：用户既可以从列表中选择条目，也可以输入。

2）下拉列表框：用户只能从列表中选择条目，不能输入。

组合框常用的属性、事件、方法程序与列表框基本相同，参照表 7-13～表 7-15。

对于组合框而言，它还有一个常用的属性 Style，该属性决定组合框的类型。当 Style 设置为 0 时，该组合框为下拉组合框；当 Style 设置为 2 时，该组合框为下拉列表框。

【例 7.9】 组合框设计实例

（1）打开项目文件"控件设计实例.pjx"，在"项目管理器"窗口中，单击"文档"选项卡中的"表单"，单击"新建"按钮，在打开的"新建表单"对话框中选择"新建表单"，打开"表单设计器"窗口。打开"属性"窗口，将表单对象 Caption 属性设置为"组合框设计实例"，BackColor 属性设置为白色。单击常用工具栏上的"保存"按钮，将当前表单保存为"组合框设计实例.scx"。

（2）单击"表单控件"工具栏中的组合框控件，为表单对象添加一个组合框对象。单击右键，从快捷菜单中选择"生成器"命令，打开"组合框生成器"对话框，如图 7-44 所示。

1）单击"列表项"选项卡，"填充列表以"设置为"表或视图中的字段"，在"数据库和表"项中选择"零件.dbf"，"可用字段"中选择"名称"字段，添加到"选定字段"中。

2）单击"值"选项卡，将保存该值的位置设置为"零件.名称"。

图 7-44 "组合框生成器"对话框

3）单击"样式"选项卡，采用默认设置，即"三维"、"允许递增搜索"、"下拉列表"。

4）单击"布局"选项卡，调整列表的宽度，单击"确定"。

（3）保存并运行表单。运行结果如图 7-45 所示。由运行结果可见，使用"组合框生成器"时，下拉列表中的列表项只能选取，不能输入。除此之外，本例中下拉列表项中还有重复项。

（4）为表单对象添加第二个组合框对象。打开"属性"窗口，为该组合框设置表 7-17 中的属性。

表 7-17　　　　　　　　　　组 合 框 属 性 设 置

属 性	值	属 性	值
ControlSource	零件.名称	RowSource	select distinct 零件.名称 from 零件
Style	0-下拉组合框	RowSourceType	3-SQL 语句

（5）保存并运行表单。运行结果如图 7-46 所示。此时，用户既可以从下拉组合列表中选择列表项，也可以输入列表项。而且，通过自己写 SQL 命令，使得列表项中不存在重复项。

图 7-45 运行结果

图 7-46 运行结果

6. 选项组

选项组是包含选项按钮的容器类控件。它允许用户从中选择一个按钮。选项按钮不能单独存在于表单中。

选项组和选项按钮有各自的属性、事件、方法程序。

表 7-18 和表 7-19 分别列出了选项组的常用属性和事件。选项组的方法程序使用较少，所以这里不多作讨论。表 7-20 列出了选项按钮的常用属性。

关于选项组的 Value 属性与选项按钮的 Value 属性的区别将在实例中说明。

表 7-18　　　　　　　　　　　选 项 组 的 常 用 属 性

属　　性	说　　　　　明
BorderSyle	指定选项组是否有边框
ButtonCount	设置选项组中选项按钮的个数
ControlSource	设置选项组的数据源
Value	指定选项组的当前状态

表 7-19　　　　　　　　　　　选 项 组 的 常 用 事 件

事　　件	说　　　　　明
Click	单击选项组时发生该事件
RightClick	右击选项组时发生该事件

表 7-20　　　　　　　　　　　选 项 的 常 用 属 性

属　　性	说　　　　　明
Alignment	指定选项按钮相对于容器选项组的对齐方式
Caption	指定选项按钮显示的文本
ControlSource	设置选项的数据源
Value	指定该选项是否被选中，若被选中，值为 1；否则，值为 0

【例 7.10】 选项组设计实例

（1）打开项目文件"控件设计实例.pjx"，在"项目管理器"窗口中，单击"文档"选项卡中的"表单"，单击"新建"按钮，在打开的"新建表单"对话框中选择"新建表单"，打开"表单设计器"窗口。打开"属性"窗口，将表单对象 Caption 属性设置为"选项组设计实例"，BackColor 属性设置为白色。单击常用工具栏上的"保存"按钮，将当前表单保存为"选项组设计实例.scx"。

（2）单击"表单控件"工具栏中的选项组控件，为表单对象添加一个选项组对象。单击右键，从快捷菜单中选择"生成器"命令，打开"选项组生成器"对话框，如图 7-47 所示。

1）单击"按钮"选项卡，将"按钮数目"设置为 2，"标题"分别为设置为"男"、"女"。

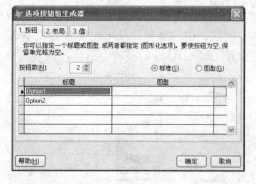

图 7-47　"选项组生成器"对话框

2）单击"布局"选项卡，将"按钮布局"设置为"横向"，"按钮间的空隔"设置为 7，"边界样式"设置为"单线"。

3）单击"值"选项卡，将字段名设置为"职工.性别"，单击"确定"按钮。

（3）保存并运行表单。运行结果如图 7-48 所示。

（4）为表单对象添加第二个选项组对象。打开"属性"窗口，为该选项组设置表 7-21 中的属性。

图 7-48　运行结果

表 7-21　　　　　　　　　　选项组属性设置

属　　性	值	属　　性	值
AutoSize	.F.	ButtonCount	2
BorderStyle	1-单线	Value	2

（5）右键单击选项组对象，从快捷菜单中选择"编辑"命令，单击第一个选项按钮，将 Caption 属性设置为"男"；类似地，将第二个选项按钮的 Caption 设置为"女"。两个选项按钮的 Name 属性分别设置为 option1、option2。

（6）保存并运行表单。运行结果如图 7-49 所示。

选项按钮组和选项按钮都有 Value 属性。选项按钮组的 Value 属性表明用户选择了哪一个按钮。在图 7-49 中，Optiongroup1 的 Value 属性就是 1，Optiongroup2 的 Value 属性就是 2。选项按钮的 Value 属性表明该选项是否被用户选中，若被选中，则 Value 属性就是 1，否则为 0。在图 7-49 中，Optiongroup2 中的 option1 的 Value 属性就是 0，而 option2 的 Value 属性就是 1。

图 7-49　运行结果

7．复选框

复选框一般用于指定或显示一种逻辑状态。复选框有三种可能的状态：未选中、选中、不可选（呈灰色），相应地，复选框的 Value 属性值分别为：0、1、2。

表 7-22 和表 7-23 分别列出了复选框的常用属性和事件。

复选框的方法程序使用较少，所以这里不多作讨论。

表 7-22　　　　　　　　　　复选框的常用属性

属　　性	说　　明	属　　性	说　　明
ControlSource	设置复选框的数据源	Value	指定复选框的当前状态

表 7-23　　　　　　　　　　复选框的常用事件

事　　件	说　　明	事　　件	说　　明
Click	单击复选框时发生该事件	RightClick	右击复选框时发生该事件

【例 7.11】　复选框设计实例

（1）打开项目文件"控件设计实例.pjx"，在"项目管理器"窗口中，单击"文档"选项卡中的"表单"，单击"新建"按钮，在打开的"新建表单"对话框中选择"新建表单"，打开"表单设计器"窗口。打开"属性"窗口，将表单对象 Caption 属性设置为"复选框设计实例"，BackColor 属性设置为白色。单击常用工具栏上的"保存"按钮，将当前表单保存为

"复选框设计实例.scx"。

（2）单击"表单控件"工具栏中的复选框控件，为表单对象添加三个复选框对象。将三个复选框的 Caption 属性分别设置为"螺母"、"螺钉"、"螺栓"，Value 属性分别设置为 0、1、2，BackColor 属性均设置为白色。

（3）保存并运行表单。运行结果如图 7-50 所示。

可以通过设置 ControlSource 属性将复选框与数据表的字段绑定，对复选框的操作将同时影响复选框的 Value 属性值和数据表的

图 7-50　运行结果

相应字段。复选框未选中、选中、不可选对应的数据表的相应字段值分别为: .T.、.F.、.NULL.。

8．微调框

微调框控件一般用于在给定的数值范围内输入或选择数据。

表 7-24 和表 7-25 分别列出了微调框的常用属性和事件。微调框的方法程序使用较少，所以这里不多作讨论。

表 7-24　　　　　　　　　　　微调框的常用属性

属　性	说　明
ControlSource	设置微调框的数据源
Increment	指定单击微调框向上、向下箭头的微调量，默认值为 1.00
KeyboardHighValue	指定在微调框中从键盘输入的最大值
KeyboardLowValue	指定在微调框中从键盘输入的最小值
SpinnerHighValue	指定在微调框中通过单击微调按钮输入的最大值
SpinnerLowvalue	指定在微调框中通过单击微调按钮输入的最小值
Value	指定微调框的当前状态

表 7-25　　　　　　　　　　　微调框的常用事件

事　件	说　明
DownClick	单击向下箭头时发生该事件
InteractiveChange	使用键盘或鼠标更改微调框的值时发生该事件
UpClick	单击向上箭头时发生该事件

【例 7.12】　微调框设计实例

（1）打开项目文件"控件设计实例.pjx"，在"项目管理器"窗口中，单击"文档"选项卡中的"表单"，单击"新建"按钮，在打开的"新建表单"对话框中选择"新建表单"，打开"表单设计器"窗口。打开"属性"窗口，将表单对象 Caption 属性设置为"微调框设计实例"，BackColor 属性设置为白色。单击常用工具栏上的"保存"按钮，将当前表单保存为"微调框设计实例.scx"。

（2）在"表单设计器"窗口中，单击右键，从快捷菜单中选择"数据环境…"命令，打开"数据环境设计器"窗口，单击右键，从快捷菜单中选择"添加…"命令，将"职工.dbf"添加到数据环境中。

（3）单击"表单控件"工具栏中的微调框控件，为表单对象添加一个微调框对象。为微

调框设置表 7-26 中的属性。

表 7-26　　　　　　微 调 框 属 性 设 置

属　性	值	属　性	值
ControlSource	职工.年龄	KeyboardLowValue	18
Increment	1	SpinnerHighValue	60
KeyboardHighValue	80	SpinnerLowvalue	18

（4）保存并运行表单。运行结果如图 7-51 所示。可以从键盘输入数值，也可以单击微调框的上下箭头。输入的数值不仅保存在 Value 属性中，也会保存到通过 ControlSource 所绑定的字段中。

图 7-51　运行结果

9．表格

表格（grid）控件一般用于显示和操作多行数据，属于容器类控件。表格包含列，这些列中除了包含标头（header）和控件外，每一列还拥有自己的一组属性、事件和方法程序。用户可以为整个表格设置数据源。

表 7-27～表 7-29 分别列出了表格的常用属性、事件、方法程序。

表格列中的列标头（header）控件，可以通过 Caption 属性设置标题。

表格控件对象的属性既可以直接在属性窗口设置，也可以使用快捷菜单命令"生成器"。

表 7-27　　　　　　　　表 格 的 常 用 属 性

属　性	说　明
ChildOrder	指定子表中与父表关键字相连的外部关键字
ColumnCount	指定表格包含的列数，当取–1 时表示列数与数据源表的列数相同
Columns	数组，用于存取表格中的每一列，Columns(1)代表第一列，依此类推
DeleteMark	指定在表格中是否出现删除标记列
LinkMaster	显示在表格中子记录的父表
RecodMark	指定在表格控件中是否显示记录选择器列
RecordSource	指定表格的记录源
RecordSourcetype	指定表格记录源的类型
RelationalExpr	指定基于父表中的字段而又与子表中的索引相关的表达式

表 7-28　　　　　　　　表 格 的 常 用 事 件

事　件	说　明
AfterRowColChange	当用户移动到另一行或另一列时发生该事件
BeforeRowColChange	当用户更改活动的行或列之前发生该事件
Deleted	当用户在记录上作添加或清除删除标记时发生该事件

表 7-29　　　　　　　　表 格 的 常 用 方 法 程 序

事　件	说　明
Refresh	刷新表格中显示的记录

【例 7.13】　使用表格生成器快速设计表格实例

（1）打开项目文件"控件设计实例.pjx"，在"项目管理器"窗口中，单击"文档"选项卡中的"表单"，单击"新建"按钮，在打开的"新建表单"对话框中选择"新建表单"，打开"表单设计器"窗口。打开"属性"窗口，将表单对象 Caption 属性设置为"表格设计实例"，BackColor 属性设置为白色。单击常用工具栏上的"保存"按钮，将当前表单保存为"表格设计实例 1.scx"。

（2）在"表单设计器"窗口中单击右键，从快捷菜单中选择"数据环境…"命令，打开"数据环境设计器"窗口。单击右键，从快捷菜单中选择"添加…"命令，依次添加"仓库.dbf"、"职工工作场所.dbf"。此时两张表被添加到数据环境中，并且自动建立了关系，如图 7-52 所示。

（3）从"数据环境设计器"窗口中将"仓库.dbf"的所有字段拖放到表单中，在表单上生成三个标签控件和三个文本框控件，利用"布局"工具栏调整这 6 个对象的大小及对齐方式，如图 7-53 所示。

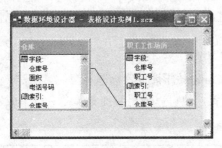

图 7-52　表间关系

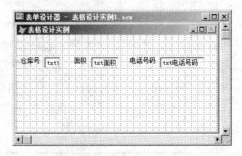

图 7-53　布局调整

（4）单击"表单控件"工具栏中的表格控件，为表单对象添加一个表格对象。选中表格对象，单击右键，从快捷菜单中选择"生成器"命令，打开"表格生成器"对话框，如图 7-54 所示。

1）单击"表格项"选项卡，从"数据库和表"中选择数据库"仓库管理"中的"职工工作场所"，从"可用字段"中选择字段"职工号"添加到"选定字段"中。

2）单击"样式"选项卡，选择"<保留当前样式>"。

3）单击"布局"选项卡，调整各列的宽度。

4）单击"关系"选项卡，为一对多关系的表单设置关系，本例父表中的关键字段选择"仓库.仓库号"，子表中的相关索引选择"仓库号"，单击"确定"。

（5）在"表单设计器"窗口中，调整表单大小，保存并运行表单。运行结果如图 7-55 所示。

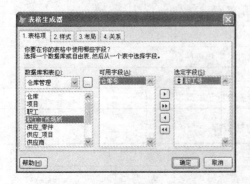

图 7-54　"表格生成器"对话框

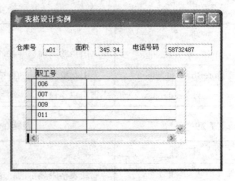

图 7-55　运行结果

说 明

> 子表的索引必须提前设置好；若数据库中已经为父表与子表建立了永久性关系，系统会自动为它们建立关系。

【例 7.14】 用户自行设计表格控件实例

（1）打开项目文件"控件设计实例.pjx"，在"项目管理器"窗口中，单击"文档"选项卡中的"表单"，单击"新建"按钮，在打开的"新建表单"对话框中选择"新建表单"，打开"表单设计器"窗口。打开"属性"窗口，将表单对象 Caption 属性设置为"表格设计实例 2"，BackColor 属性设置为白色。单击常用工具栏上的"保存"按钮，将当前表单保存为"表格设计实例 2.scx"。

（2）在"表单设计器"窗口中单击右键，从快捷菜单中选择"数据环境…"命令，打开"数据环境设计器"窗口。单击右键，从快捷菜单中选择"添加…"命令，依次添加"仓库.dbf"和"职工工作场所.dbf"。

（3）从"数据环境设计器"窗口中将"仓库.dbf"的所有字段拖放到表单中，在表单上生成三个标签控件和三个文本框控件，利用"布局"工具栏调整这六个对象的大小及对齐方式。

（4）单击"表单控件"工具栏中的表格控件，为表单对象添加一个表格对象。打开"属性"窗口，为该表格对象设置表 7-30 中的属性。

表 7-30   表 格 属 性 设 置

属 性	值	属 性	值
ChildOrder	仓库号	RecordSourceType	1—别名
ColumnCount	1	RelationalExpr	仓库号
LinkMaster	仓库	ScrollBars	2—垂直
RecordSource	职工工作场所		

（5）右键单击表格对象，从快捷菜单中选择"编辑"命令，为表格对象的每一列设置属性（本例中只有一列，故只需设置一列属性）：设置列控件 Column1 的 ControlSource 属性为"职工工作场所.职工号"，设置列控件 Column1 包含的 Header1 控件的 Caption 属性为"职工号"。

（6）保存并运行表单。运行结果如图 7-56 所示。

由以上两个实例可见，采用表格生成器或由用户自行设计均可实现相同的功能。

10. 命令按钮和命令按钮组

命令按钮控件一般用来启动一个事件以完成某种功能。

命令按钮组控件一般用于创建一组命令按钮，它属

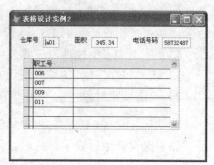

图 7-56 运行结果

于容器类控件。此时，可以对一组按钮整体进行操作，也可以对其中的单个按钮进行操作。

表 7-31 和表 7-32 分别列出了命令按钮的常用属性、事件。表 7-33 和表 7-34 列出了命令按钮组的常用属性、事件。命令按钮及命令按钮组的方法程序使用较少，所以这里不多

作讨论。

表 7-31   命令按钮的常用属性

属 性	说 明	属 性	说 明
Caption	设置按钮上显示的标题	ForeColor	设定按钮上标题的显示颜色
Enabled	指定按钮是否可用	Picture	指定按钮上显示的图像文件
Default	指定按下回车键时按钮是否响应	ToolTipText	指定按钮的文本提示信息

表 7-32   命令按钮的常用事件

事 件	说 明
Click	当用户单击命令按钮时发生该事件

表 7-33   命令按钮组的常用属性

属 性	说 明
AutoSize	指定命令按钮组是否可以根据其内容自动调整大小
ButtonCount	指定命令按钮组中按钮的个数
Buttons	数组，用于存取命令组中每个按钮，Buttons(1)代表第一个按钮，依此类推

表 7-34   命令按钮组的常用事件

事 件	说 明
Click	当单击命令按钮组时发生该事件
RightClick	当右击命令按钮组时发生该事件

【例 7.15】 命令按钮设计实例 1

（1）打开项目文件"控件设计实例.pjx"，在"项目管理器"窗口中，单击"文档"选项卡中的"表单"，单击"新建"按钮，在打开的"新建表单"对话框中选择"新建表单"，打开"表单设计器"窗口。打开"属性"窗口，将表单对象 Caption 属性设置为"命令按钮设计实例 1"，BackColor 属性设置为白色。单击常用工具栏上的"保存"按钮，将当前表单保存为"命令按钮设计实例 1-1.scx"。

（2）单击"表单控件"工具栏中的命令按钮控件，为表单对象添加一个命令按钮对象。

1）在"属性"窗口中将按钮的 Caption 属性设置为"退出"，Name 属性设置为 Cmd1。

2）双击按钮对象，在"代码"窗口中为 Cmd1 的 click 事件设置如下代码：

```
Thisform.Release 或 Release thisform
```

（3）保存并运行表单。此时，单击"退出"按钮，可以看到表单被关闭。

（4）修改按钮的 Caption 属性，改为"退出(\<X)"。

（5）保存并运行表单，此时按钮如图 7-57 所示。同时按下键盘上的"Alt"键和"X"键，可以看到表单被关闭。

图 7-57   运行结果

这里的"X"键称为访问键。访问键可以在 Caption 属性中设置，将某个字母设置访问键的方法是：在 Caption 属性值中作为访问键的字母前加上一个反斜杠和一个小于符号，即"\<"。

【例 7.16】 命令按钮设计实例 2

（1）打开项目文件"控件设计实例.pjx"，在"项目管理器"窗口中，单击"文档"选项卡中的"表单"左侧的"+"号，选择表单"表格设计实例 2"，单击"修改"按钮，打开"表单设计器"窗口。单击"文件"菜单下的"另存为"命令，将该表单另存为"命令按钮设计实例 1-2.scx"。修改表单的 Caption 属性值，改为"命令按钮设计实例 1-2"。

（2）单击"表单控件"工具栏中的命令按钮控件，为表单添加五个命令按钮，分别为其设置属性，见表 7-35。利用"布局"工具栏调整按钮的布局，如图 7-58 所示。

表 7-35   命令按钮属性设置

属 性	第一个按钮	第二个按钮	第三个按钮	第四个按钮	第五个按钮
AutoSize	.T.	.T.	.T.	.T.	.T.
Name 属性	Cmd1	Cmd2	Cmd3	Cmd4	Cmd5
Caption 属性	第一个	前一个	后一个	最后一个	退出

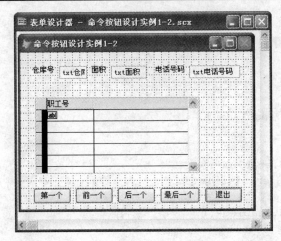

图 7-58 按钮布局调整

（3）依次双击每个按钮，在"代码"窗口为 Click 事件设置代码。

1）Cmd1 的 Click 事件代码设置如下：

```
Go top
Thisform.refresh
```

2）Cmd2 的 Click 事件代码设置如下：

```
Skip -1
Thisform.refresh
```

3）Cmd3 的 Click 事件代码设置如下：

```
Skip
Thisform.refresh
```

4）Cmd4 的 Click 事件代码设置如下：

```
Go bottom
Thisform.refresh
```

5）Cmd5 的 Click 事件代码设置如下：

```
Thisform.release
```

（4）保存并运行表单，查看各个按钮的功能。

（5）修改 Cmd1、Cmd2、Cmd3、Cmd4 的 Click 事件代码，完善按钮功能：

1）Cmd1 的 Click 事件代码设置如下：

```
Go top
this.enabled=.f.
thisform.Cmd2.enabled=.f.
if thisform.cmd3.enabled=.f.
    thisform.cmd3.enabled=.t.
endif
if thisform.cmd4.enabled=.f.
    thisform.cmd4.enabled=.t.
endif
thisform.refresh
```

2）Cmd2 的 Click 事件代码设置如下：

```
if !bof()
  skip -1
else
    thisform.cmd1.enabled=.f.
    this.enabled=.f.
endif
if thisform.cmd3.enabled=.f.
    thisform.cmd3.enabled=.t.
endif
if thisform.cmd4.enabled=.f.
    thisform.cmd4.enabled=.t.
endif
thisform.refresh
```

3）Cmd3 的 Click 事件代码设置如下：

```
if !eof()
  skip
else
  this.enabled=.f.
  thisform.cmd4.enabled=.f.
endif
if thisform.cmd1.enabled=.f.
    thisform.cmd1.enabled=.t.
endif
if thisform.cmd2.enabled=.f.
    thisform.cmd2.enabled=.t.
endif
thisform.refresh
```

4）Cmd4 的 Click 事件代码设置如下：

```
go bottom
this.enabled=.f.
thisform.cmd3.enabled=.f.
if thisform.cmd1.enabled=.f.
    thisform.cmd1.enabled=.t.
endif
if thisform.cmd2.enabled=.f.
    thisform.cmd2.enabled=.t.
endif
thisform.refresh
```

（6）保存并运行表单。

（7）修改 Cmd5 的 Default 属性，设置为 ".T."。保存并运行表单，此时当按下 "Enter" 键时，系统自动执行 Cmd5 的操作。

【例 7.17】 使用命令按钮组生成器快速设计命令按钮组实例

（1）打开项目文件 "控件设计实例.pjx"，在 "项目管理器" 窗口中，单击 "文档" 选项卡中的 "表单" 左侧的 "＋" 号，选择表单 "表格设计实例 2"，单击 "修改" 按钮，打开 "表单设计器" 窗口。单击 "文件" 菜单下的 "另存为" 命令，将该表单另存为 "命令按钮组设计实例 2-1.scx"。修改表单的 Caption 属性值，改为 "命令按钮组设计实例 2-1"。

（2）单击 "表单控件" 工具栏中的命令按钮组控件，为表单添加一个命令按钮组对象，设置 Name 属性为 Commandgroup1。单击右键，从快捷菜单中选择 "生成器..." 命令，打开 "命令组生成器" 对话框，如图 7-59 所示。

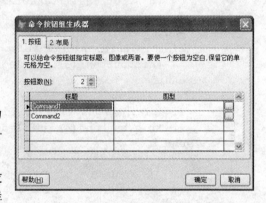

1）单击 "按钮" 选项卡，设置按钮的数目为 5，各个按钮的标题依次设置为 "第一个"、"前一个"、"后一个"、"最后一个"、"退出"。

2）单击 "布局" 选项卡，将 "按钮布局" 设置为 "水平"，"按钮间隔" 设置为 10，"边框样式" 设置为 "单线"，单击 "确定" 按钮。

图 7-59 "命令组生成器" 对话框

（3）双击命令按钮组为命令按钮组 Commandgroup1 的 Click 事件编写代码。

```
do case
    case this.value=1
        go top
    case this.value=2
        skip -1
    case this.value=3
        skip
    case this.value=4
        go bottom
    case this.value=5
        thisform.release
endcase
```

```
thisform.refresh
```

（4）保存并运行表单。

（5）修改 Commandgroup1 的 Click 事件代码，完善按钮功能。

```
do case
   case this.value=1
      go top
      this.buttons(1).enabled=.f.
      this.buttons(2).enabled=.f.

      if this.buttons(3).enabled=.f.
         this.buttons(3).enabled=.t.
      endif

      if this.buttons(4).enabled=.f.
         this.buttons(4).enabled=.t.
      endif

   case this.value=2
      if !bof()
         skip -1
      else
         this.buttons(1).enabled=.f.
         this.buttons(2).enabled=.f.
      endif
      if this.buttons(3).enabled=.f.
         this.buttons(3).enabled=.t.
      endif

      if this.buttons(4).enabled=.f.
         this.buttons(4).enabled=.t.
      endif

   case this.value=3
      if !eof()
         skip
      else
         this.buttons(3).enabled=.f.
         this.buttons(4).enabled=.f.
      endif
      if this.buttons(1).enabled=.f.
         this.buttons(1).enabled=.t.
      endif

      if this.buttons(2).enabled=.f.
         this.buttons(2).enabled=.t.
      endif
   case this.value=4
      go bottom
      this.buttons(3).enabled=.f.
      this.buttons(4).enabled=.f.
```

```
    if this.buttons(1).enabled=.f.
        this.buttons(1).enabled=.t.
    endif
    if this.buttons(2).enabled=.f.
        this.buttons(2).enabled=.t.
    endif
  case this.value=5
    thisform.release
endcase
thisform.refresh
```

（6）保存并运行表单。

【例 7.18】 用户自行设计命令按钮组实例

（1）打开项目文件"控件实例.pjx"，在"项目管理器"窗口中，单击"文档"选项卡中的"表单"左侧的"＋"号，选择表单"表格设计实例 2"，单击"修改"按钮，打开"表单设计器"窗口。单击"文件"菜单下的"另存为"命令，将该表单另存为"命令按钮组设计实例 2-2.scx"。修改表单的 Caption 属性值，该为"命令按钮组设计实例 2-2"。

（2）单击"表单控件"工具栏中的命令按钮组控件，为表单添加一个命令按钮组对象。在"属性"窗口中依次为命令按钮组设置如下属性：

1）将 Name 属性值设为 Commandgroup1。

2）将 ButtonCount 属性值设为 5。默认情况下，命令按钮组是垂直排列的，可以通过下述操作将按钮组中的五个按钮水平排列：水平拉伸命令按钮组的外层边框，然后单击右键，选择"编辑"，将第二个按钮到第五个按钮依次拖放到水平位置，借助"布局"工具栏对五个按钮进行对齐设置，设置好后，将鼠标移到页框外任意空白处单击，即可取消对命令按钮组内按钮的编辑状态。

3）将 AutoSize 属性值设置为".T."。

（3）在"属性"窗口中为命令按钮组中的每个按钮设置 Caption 属性和 Name 属性。操作方法如下：右键单击命令按钮组 Commandgroup1，选择"编辑"，分别设置 Caption 属性和 Name 属性，见表 7-36。

表 7-36 命 令 按 钮 属 性 设 置

属 性	第一个按钮	第二个按钮	第三个按钮	第四个按钮	第五个按钮
Name 属性	Cmd1	Cmd2	Cmd3	Cmd4	Cmd5
Caption 属性	第一个	前一个	后一个	最后一个	退出

（4）双击命令按钮组为命令按钮组 Commandgroup1 的 Click 事件编写代码（参照［例7.17]）。

（5）保存并运行表单。

11. 页框

页框（PageFrame）是包含页面的容器类控件，页面又可以包含控件。通过页框，可以快速地在多个页面之间切换。

表 7-37 和表 7-38 分别列出了页框控件的常用属性、方法程序。页框控件的事件使用较少，所以这里不多作讨论。

对于页框中的每一个页面，可以通过 Caption 属性设置页面的标题。

表 7-37　　　　　　　　　　　　页框控件的常用属性

属　性	说　　明
ActivePage	返回多页页框中的当前活动页面
PageCount	指定页框控件所包含的页面数，默认值为 2
Pages	数组，用于存取页框控件中每页，Pages(1)代表第一页，依此类推
Tabs	指定页框控件有无选项卡
TabStretch	指定页框控件不能容纳选项卡时的行为
TabStyle	指定页框的选项卡是两端对齐显示还是非两端对齐显示

表 7-38　　　　　　　　　　　　页框控件的常用方法程序

事　件	说　　明
Refresh	刷新当前活动的页面

【例 7.19】 页框控件设计实例

（1）打开项目文件"控件设计实例.pjx"，在"项目管理器"窗口中，单击"文档"选项卡中的"表单"，单击"新建"按钮，在打开的"新建表单"对话框中选择"新建表单"，打开"表单设计器"窗口。打开"属性"窗口，将表单对象 Caption 属性设置为"页框设计实例"，BackColor 属性设置为白色。单击常用工具栏上的"保存"按钮，将当前表单保存为"页框设计实例.scx"。

（2）在"表单设计器"窗口中，单击右键，从快捷菜单中选择"数据环境…"命令，打开"数据环境设计器"窗口，单击右键，从快捷菜单中选择"添加…"命令，将"仓库.dbf"和"职工.dbf"添加到数据环境中。

（3）单击"表单控件"工具栏中的页框控件，为表单对象添加一个页框对象，将 PageCount 属性设置为 2。

（4）右键单击页框，选择"编辑"，然后依次单击页框中的每一页，为其设置 Caption 属性和 Name 属性，见表 7-39。

表 7-39　　　　　　　　　　　　页　框　属　性　设　置

属　性	第一页	第二页
Name	Page1	Page2
Caption	仓库信息	职工信息

选中 Page1 页面，单击"表单设计器"工具栏中的"数据环境"按钮，打开"数据环境设计器"窗口，拖放"仓库.dbf"到 Page1 页面中，此时该页面出现表格对象。类似地，拖放"职工.dbf"到 Page2 页面中，此时该页面出现表格对象。

为页框内每一页设置完成后，将鼠标移至页框外任意空白处单击，即可取消对每页的编辑状态。

（5）选中页框，将属性 ActivePage 设置为 2。

（6）保存并运行表单。运行结果如图 7-60 所示。

（7）关闭运行界面，返回"表单设计器"窗口，选中页框，将属性 TabStyle 设置为 1。保存并运行表单，运行结果如图 7-61 所示。

图 7-60　运行结果 1　　　　　　　　　图 7-61　运行结果 2

12. 图像

图像控件一般用于在表单上显示图像文件。表 7-40 列出了图像控件的常用属性。图像控件的事件和方法程序使用较少，所以这里不多作讨论。

表 7-40　　　　　　　　　　　　　　图像控件的常用属性

属 性	说 明
BorderColor	确定图像边框的颜色
BorderStyle	设置图像是否有边框
Picture	指定在图像控件中显示的图像文件
Stretch	指定如何对图像尺寸进行调整以放入图像控件

【例 7.20】　图像添加练习

（1）打开项目文件"控件设计实例.pjx"，在"项目管理器"窗口中，单击"文档"选项卡中的"表单"，单击"新建"按钮，在打开的"新建表单"对话框中选择"新建表单"，打开"表单设计器"窗口。打开"属性"窗口，将表单对象 Caption 属性设置为"图像设计实例"，BackColor 属性设置为白色。单击常用工具栏上的"保存"按钮，将当前表单保存为"图像设计实例.scx"。

（2）单击"表单控件"工具栏中的图像控件，为表单对象添加一个图像对象。在"属性"窗口为图像设置属性，见表 7-41（假设图片保存在 e:\kj\picture\）。

（3）保存并运行表单，运行结果如图 7-62 所示。

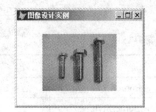

图 7-62　运行结果

表 7-41　　　　图 像 属 性 设 置

属 性	说 明
BorderColor	0,0,0
BorderStyle	1
Picture	e:\kj\picture\luoshuan.jpg

13. 线条和形状

线条控件用于创建水平线条、竖直线条或对角线条。

形状控件用于创建各种形状图形，如各种矩形、椭圆或圆。

表 7-42 列出了线条的常用属性。表 7-43 和表 7-44 分别列出了形状的常用属性、方法程序。线条的事件、方法程序和形状的事件使用较少，所以这里不多作讨论。

表 7-42　　　　　　　　　　　　线 条 的 常 用 属 性

属　　性	说　　明	属　　性	说　　明
BackColor	指定线条的颜色	BorderWith	指定线条的线宽
BorderStyle	指定线条的线型	LineSlant	指定线条倾斜方向

表 7-43　　　　　　　　　　　　形 状 的 常 用 属 性

属　　性	说　　明
BackStyle	指定形状背景是否透明
Curvature	指定形状曲率，取值范围为 0～99，数值越大，曲率越大
FillColor	指定形状填充色
FillStyle	指定形状填充图案
SpecialEffect	指定形状样式是平面的还是三维的，该属性要和 Height 属性结合使用

表 7-44　　　　　　　　　　　　形 状 的 常 用 方 法

事　　件	说　　明
Move	移动一个形状控件对象

【例 7.21】　图形属性设置练习

（1）打开项目文件"控件设计实例.pjx"，在"项目管理器"窗口中，单击"文档"选项卡中的"表单"，单击"新建"按钮，在打开的"新建表单"对话框中选择"新建表单"，打开"表单设计器"窗口。打开"属性"窗口，将表单对象 Caption 属性设置为"线条和形状设计实例"，BackColor 属性设置为白色。单击常用工具栏上的"保存"按钮，将当前表单保存为"线条和形状设计实例.scx"。

（2）单击"表单控件"工具栏中的线条控件，为表单对象添加一个线条对象。在"属性"窗口为线条设置表 7-45 中的属性。

（3）单击"表单控件"工具栏中的形状控件，为表单对象添加一个形状对象。在"属性"窗口为形状设置表 7-46 中的属性。

（4）保存并运行表单。运行结果如图 7-63 所示。

表 7-45　　　　　　　　　　　　线 条 属 性 设 表

属　　性	值	属　　性	值
BorderColor	192,192,192	Height	20
BorderStyle	1	LineSlant	/
BorderWith	7	Width	250

表 7-46　　　　　　　　　　　　形 状 属 性 设 置

属　性	值	属　性	值
BackColor	192,192,192	FillColor	255,255,128
BorderColor	255,128,128	FillStyle	4
BorderStyle	1	Height	120
BorderWith	2	Width	120
Curvature	99		

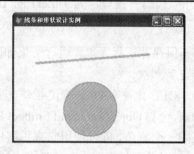

图 7-63　运行结果

14. 计时器

计时器控件一般用于控制定时执行某些重复的操作。该控件在运行时不可见，用于后台处理。

表 7-47 和表 7-48 分别列出了计时器的常用属性和事件。计时器的方法程序使用较少，所以这里不多作讨论。

表 7-47　　　　　　　　　　　计 时 器 的 常 用 属 性

属　性	说　明
Enabled	指定计时器是否可用
Interval	指定计时器的时间间隔，以毫秒为单位

表 7-48　　　　　　　　　　　计 时 器 的 常 用 事 件

事　件	说　明
Timer	当经过 Interval 属性指定的时间间隔后发生该事件

【例 7.22】 计时器属性设置实例

（1）打开项目文件"控件设计实例.pjx"，在"项目管理器"窗口中，单击"文档"选项卡中的"表单"，单击"新建"按钮，在打开的"新建表单"对话框中选择"新建表单"，打开"表单设计器"窗口。打开"属性"窗口，将表单对象 Caption 属性设置为"计时器设计实例"，BackColor 属性设置为白色。单击常用工具栏上的"保存"按钮，将当前表单保存为"计时器设计实例.scx"。

（2）单击"表单控件"工具栏中的文本框控件，为表单对象添加一个文本框对象，设置 Name 属性为 Text1。

（3）单击"表单控件"工具栏中的计时器控件，为表单对象添加一个计时器对象。在"属性"窗口为其设置表 7-49 中的属性。

表 7-49 计 时 器 属 性 设 置

属 性	值	属 性	值
Name	Timer1	Interval	1000
Enabled	.T.		

（4）双击计时器对象，打开"代码"窗口，为 Timer1 的 Timer 事件设置如下代码：

```
Thisform.text1.value=time()
```

图 7-64　运行结果

（5）保存并运行表单，运行结果如图 7-64 所示，且每过一秒时间即会更新一次。

15. OLE 控件和 OLE 绑定控件

OLE，全称 Object Link and Embed（对象链接与嵌入），是 Microsoft 所定义的一个规范，可以使用它来扩展应用系统的功能。根据该规范，一个 OLE 对象（如 Excel 电子表格或 Word 文档或图片等）可以链接或嵌入到表单中或表的通用字段中。

OLE 对象可分为两类：一类是 OLE 容器；另一类是 OLE 绑定型对象。前者不依附于数据表的通用字段中的 OLE 对象添加到表单中；后者仅用于将依附于数据表的通用字段中的 OLE 对象添加到表单中，它也是将通用字段中的 OLE 对象添加到表单中的唯一方法。

【例 7.23】　OLE 控件设计实例

（1）打开项目文件"控件设计实例.pjx"，在"项目管理器"窗口中，单击"文档"选项卡中的"表单"，单击"新建"按钮，在打开的"新建表单"对话框中选择"新建表单"，打开"表单设计器"窗口。在"属性"窗口中，设置表单的 Caption 属性为"OLE 控件设计实例"。单击常用工具栏上的"保存"按钮，将当前表单保存为"OLE 控件设计实例.scx"。

（2）单击"表单控件"工具栏中的 OLE 控件，为表单对象添加一个 OLE 对象，显示"插入对象"对话框，如图 7-65 所示。本例中选择"插入控件"，从"控件类型"中选择"日历控件 11.0"，单击"确定"。此时，表单中显示日历，调整日历到合适大小。

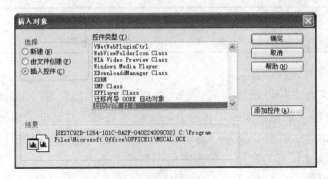

图 7-65　插入"日历控件"

（3）保存并运行表单，运行结果如图 7-66 所示。

【例 7.24】 OLE 绑定控件设计实例

（1）打开项目文件"控件实例.pjx"，在"项目管理
器"窗口中，单击"文档"选项卡中的"表单"，单击
"新建"按钮，在打开的"新建表单"对话框中选择"新
建表单"，打开"表单设计器"窗口。打开"属性"窗
口，将表单对象 Caption 属性设置为"OLE 绑定控件设
计实例"，BackColor 属性设置为白色。单击常用工具栏
上的"保存"按钮，将当前表单保存为"OLE 绑定控件
设计实例.scx"。

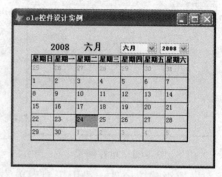

图 7-66 运行结果

（2）在"表单设计器"窗口中，单击右键，从快捷
菜单中选择"数据环境…"命令，打开"数据环境设计
器"窗口，单击右键，从快捷菜单中选择"添加…"命令，将"零件.dbf"添加到数据环境中。

图 7-67 运行结果

（3）单击"表单控件"工具栏中的 OLE 绑定控件，为表单添加
一个 OLE 绑定对象，调整其大小到合适的尺寸。在"属性"窗口中
设置 ControlSource 属性为"零件.图片"。

（4）保存并运行表单。若"零件.dbf"的"图片"字段存有内
容，则可观察到图片，如图 7-67 所示。

16. 容器

容器一般用于把多个 VFP 对象组合在一起，便于统一操作和处
理。在容器中可以包含多个其他对象，并且允许编辑和访问所包含的对象。

表 7-50 列出了容器控件的常用属性。容器控件的事件和方法程序使用较少，所以这里不
多作讨论。

表 7-50 容器控件的常用属性

属 性	说 明	属 性	说 明
BackStyle	设置容器是否透明	SpecialEffect	设置容器的样式
Name	指定容器名称，便于在代码中访问		

【例 7.25】 在表单上使用容器美化屏幕界面

（1）打开项目文件"控件设计实例.pjx"，在"项目管理器"窗口中，单击"文档"选项
卡中的"表单"，单击"新建"按钮，在打开的"新建表单"对话框中选择"新建表单"，打
开"表单设计器"窗口。在"属性"窗口中，设置表单的 Caption 属性为"容器设计实例"。
单击常用工具栏上的"保存"按钮，将当前表单保存为"容器设计实例.scx"。

（2）单击"表单控件"工具栏中的容器控件，为表单添加一个容器对象 Container1。在
"属性"窗口设置属性 SpecialEffect 为"1-凹下"。

（3）单击选择该容器，单击右键，从快捷菜单中选择"编辑"，此时进入该容器的下一层
进行操作。单击"表单控件"工具栏中的容器控件，在 Container1 中添加一个容器对象
Container2。在"属性"窗口设置 SpecialEffect 为"0-凸起"。

（4）单击选择 Container2，单击右键，从快捷菜单中选择"编辑"，此时进入该容器的下

图 7-68　运行结果

层进行操作。单击"表单控件"工具栏中的标签控件，在 Container2 中添加一个标签对象。在"属性"窗口中将标签的属性 Caption 设置为"仓库管理系统"，属性 FontName 设置为黑体，属性 FontSize 设置为 20。

（5）保存并运行表单。运行结果如图 7-68 所示。

17. 分隔符

分隔符一般用于工具栏制作，为工具栏中的两个按钮之间设置间隔。关于分隔符用法，请查阅 VFP 帮助系统。

18. 超级链接

超级链接控件一般用于为表单添加一个超级链接以链接到 Internet 或 Intranet 的目标地址上，通过使用方法程序 NavigateTo 来实现。该控件运行时不可见。

【例 7.26】 超级链接设计练习

（1）打开项目文件"控件设计实例.pjx"，在"项目管理器"窗口中，单击"文档"选项卡中的"表单"，单击"新建"按钮，在打开的"新建表单"对话框中选择"新建表单"，打开"表单设计器"窗口。打开"属性"窗口，将表单对象 Caption 属性设置为"超级链接设计实例"，BackColor 属性设置为白色。单击常用工具栏上的"保存"按钮，将当前表单保存为"超级链接设计实例.scx"。

（2）单击"表单控件"工具栏中的标签控件，为表单对象添加标签对象。在"属性"窗口为其设置表 7-51 中的属性。

（3）单击"表单控件"工具栏中的超级链接控件，为表单对象添加超级链接对象，设置其 Name 属性为 Hyperlink1。

表 7-51　　　　　　　　　　超 级 链 接 属 性 设 置

属　性	值	属　性	值
Autosize	.T.	FontSize	18
BackStyle	0	FontUnderline	.T.
Caption	南京信息工程大学	ForeColor	0,128,255
FontName	黑体	Name	Label1

（4）双击标签 Label1，打开"代码"窗口，为 Label1 的 Click 事件添加代码。

```
thisform.hyperlink1.navigateto('www.nuist.edu.cn')
```

（5）保存并运行表单。运行结果如图 7-69 所示。

图 7-69　运行结果

7.3 表单与控件设计综合实例

7.1 节和 7.2 节分别介绍了表单和控件的基础知识，本节通过一个完整的实例来演示表单和控件的设计。

【例 7.27】 设计一表单，该表单可以逐条记录的显示仓库基本信息和职工基本信息。

具体操作步骤如下：

（1）打开项目文件"控件设计实例.pjx"，在"项目管理器"窗口中，单击"文档"选项卡中的"表单"，单击"新建"按钮，在打开的"新建表单"对话框中选择"新建表单"，打开"表单设计器"窗口。将表单的 Caption 属性设置为"基本信息"。单击常用工具栏上的"保存"按钮，将当前表单保存为"基本信息.scx"。

（2）在"表单设计器"窗口中，单击右键，从快捷菜单中选择"数据环境…"命令，打开"数据环境设计器"窗口，单击右键，从快捷菜单中选择"添加…"命令，将"仓库.dbf"和"职工.dbf"添加到数据环境中。

（3）为表单添加控件并编写相关代码。具体操作步骤如下：

1）单击"表单控件"工具栏中的页框控件，为表单对象添加一个页框对象，将 PageCount 属性设置为 2。右键单击页框，选择"编辑"，然后依次单击页框中的每一页，为其设置 Caption 属性和 Name 属性，见表 7-52。

表 7-52   页 面 属 性 设 置

属　　性	第一页	第二页
Name	Page1	Page2
Caption	仓库基本信息	职工基本信息

选中 Page1 页面，单击"表单设计器"工具栏中的"数据环境"按钮，打开"数据环境设计器"窗口，依次拖放字段"仓库号"、"面积"、"电话号码"到 Page1 页面中，此时该页面中自动生成对应的对象。使用"布局"工具栏调整这些对象，如图 7-70 所示。

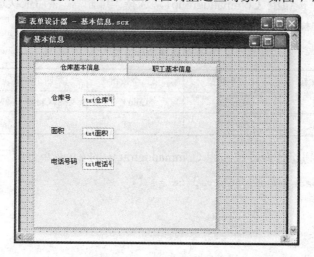

图 7-70 Page1 页面

选中 Page2 页面，单击"表单设计器"工具栏中的"数据环境"按钮，打开"数据环境设计器"窗口，依次拖放字段"职工号"、"姓名"、"性别"、"年龄"、"职称"、"党员"到 Page1 页面中，此时该页面中自动生成对应的对象。使用"布局"工具栏调整这些对象，如图 7-71 所示。

为页框内每一页设置完成后，将鼠标移至页框外任意空白处单击，即可取消对每页的编辑状态。

2）单击"表单控件"工具栏中的命令按钮组控件，为表单添加一个命令按钮组对象，如图 7-72 所示。

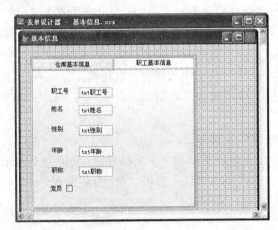

图 7-71　Page2 页面

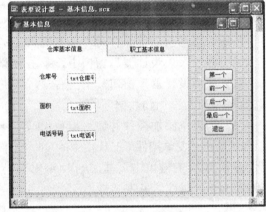

图 7-72　添加命令按钮

在"属性"窗口中依次为命令按钮组设置如下属性：

①将 Name 属性值设为 Commandgroup1。

②将 ButtonCount 属性值设为 5。

③将 AutoSize 属性值设置为".T."。

在"属性"窗口中为命令按钮组中的每个按钮设置 Caption 属性和 Name 属性。操作方法如下：右键单击命令按钮组 Commandgroup1，选择"编辑"，然后依次选中每个按钮，分别设置 Caption 属性和 Name 属性，见表 7-53。

表 7-53   命令按钮属性设置

属性	第一个按钮	第二个按钮	第三个按钮	第四个按钮	第五个按钮
Name	Cmd1	Cmd2	Cmd3	Cmd4	Cmd5
Caption	第一个	前一个	后一个	最后一个	退出

3）双击命令按钮组为命令按钮组 Commandgroup1 的 Click 事件编写代码。

```
if thisform.pageframe1.activepage =1
    select 仓库
else
    select 职工
endif
```

```
do case
   case this.value=1
      go top
      this.buttons(1).enabled=.f.
      this.buttons(2).enabled=.f.

      if this.buttons(3).enabled=.f.
         this.buttons(3).enabled=.t.
      endif

      if this.buttons(4).enabled=.f.
         this.buttons(4).enabled=.t.
      endif
   case this.value=2
      if !bof()
        skip -1
      else
         this.buttons(1).enabled=.f.
         this.buttons(2).enabled=.f.
     endif
     if this.buttons(3).enabled=.f.
         this.buttons(3).enabled=.t.
      endif

      if this.buttons(4).enabled=.f.
         this.buttons(4).enabled=.t.
      endif
   case this.value=3
      if !eof()
         skip
      else
         this.buttons(3).enabled=.f.
         this.buttons(4).enabled=.f.
      endif
      if this.buttons(1).enabled=.f.
         this.buttons(1).enabled=.t.
      endif

      if this.buttons(2).enabled=.f.
         this.buttons(2).enabled=.t.
      endif
   case this.value=4
      go bottom
      this.buttons(3).enabled=.f.
      this.buttons(4).enabled=.f.
      if this.buttons(1).enabled=.f.
         this.buttons(1).enabled=.t.
      endif
      if this.buttons(2).enabled=.f.
         this.buttons(2).enabled=.t.
      endif
```

```
    case this.value=5
        thisform.release
endcase

thisform.refresh
```

（4）保存并运行表单。运行结果表明，当选中不同页面时，命令按钮组所控制的对象不同，这正是通过如下代码段实现的。

```
if thisform.pageframe1.activepage =1
    select 仓库
 else
    select 职工
endif
```

【例 7.28】设计一个如图 7-73 所示的数学运算系统。要求，创建一个标题为"数学运算"的表单为系统界面，然后添加 3 个文本框作为数据的输入输出，再添加 2 个标签，分别显示系统大标题"数学运算"和等号"="，接着添加一个包括 6 个单选按钮的选项按钮组和两个命令按钮。

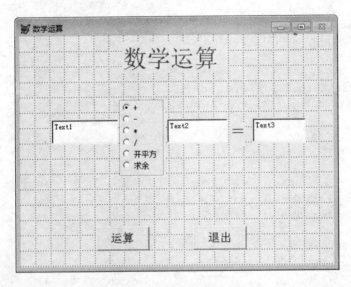

图 7-73　表单控件综合应用

设计过程如下：

（1）创建主界面表单。

将表单的 Caption 属性修改为"数学运算"。

（2）创建文本框。

添加三个文本框控件 text1、text2 和 text3 用以输入数据和输出计算结果。

（3）添加标签。

添加标签 Label1 用以显示"数学运算"，将其字体大小属性设置为"FontSize=28"，将其颜色属性设为红色即"Forecolor=255,0,0";添加标签 Label2 用以显示"=",将其字体大小属性设置为"FontSize=18"。

（4）创建选项按钮组。

创建一个含有 6 个单选按钮的选项按钮组 OptionGroup1。分别为 6 个单选按钮进行 Click 事件响应，用以控制文本框 2 的隐藏或显示，响应命令语句分别为表 7-54 所示：

表 7-54 单 选 按 钮 Click

按　钮	Click 事件	按　钮	Click 事件
Option1	thisform.text2.visible=.t.	Option4	thisform.text2.visible=.t.
Option2	thisform.text2.visible=.t.	Option5	thisform.text2.visible=.f.
Option3	thisform.text2.visible=.t.	Option6	thisform.text2.visible=.t.

（5）创建命令按钮。

向表单内添加"Command1"按钮和"Command2"按钮。将 Command1 的 Caption 属性设置为"运算"，Command2 的 Caption 属性设置为"退出"。

Command1 的 Click 事件程序如下：

```
do case
    case thisform.optiongroup1.option1.value==1
        thisform.text3.value=val(thisform.text1.value)+val(thisform.text2.value)
    case thisform.optiongroup1.option2.value==1
        thisform.text3.value=val(thisform.text1.value)-val(thisform.text2.value)
    case thisform.optiongroup1.option3.value==1
        thisform.text3.value=val(thisform.text1.value)*val(thisform.text2.value)
    case thisform.optiongroup1.option4.value==1
        if(val(thisform.text2.value)=0)
          thisform.text3.value="被零除"
        else

          thisform.text3.value=val(thisform.text1.value)/val(thisform.text2.value)
        endif
    case thisform.optiongroup1.option5.value==1
        if(val(thisform.text1.value)<0)
          thisform.text3.value="负数不能开方"
        else
          thisform.text3.value=sqrt(val(thisform.text1.value))
        endif
    case thisform.optiongroup1.option6.value==1
        if(val(thisform.text2.value)=0)
          thisform.text3.value="被零除"
        else
          thisform.text3.value=int(mod(val(thisform.text1.value), val(thisform.
          text2.value)))
        endif
endcase
```

Command2 的作用是关闭表单，退出系统。其 Click 事件程序如下：

```
thisform.release
```

运行结果如图 7-74 所示。

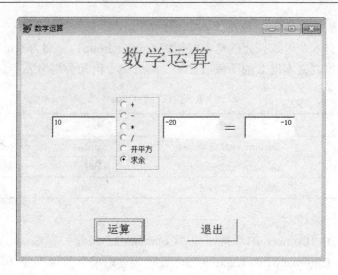

图 7-74　系统运行结果

一、选择题

1. VFP 中可执行的表单文件的扩展名是（　　）。

　　A．.sct　　　　　　　B．.scx　　　　　　　C．.spr　　　　　　　D．.spt

2. 命令按钮中显示的文字内容，是在（　　）属性中设置的。

　　A．Name　　　　　B．Caption　　　　　C．FontName　　　　D．ControlSource

3. 设某子类 Q 具有 P 属性，则（　　）。

　　A．Q 的父类也必定具有 P 属性，且 Q 的 P 属性值必定与其父类的 P 属性值相同

　　B．Q 的父类也必定具有 P 属性，但 Q 的 P 属性值可以与其父类的 P 属性值不同

　　C．Q 的父类要么不具有 P 属性，否则由于继承性，Q 与其父类的 P 属性值必相同

　　D．Q 的父类不一定具有 P 属性，即使有 P 属性，Q 与其父类的 P 属性也未必相同

4. 下列控件均为容器类的是（　　）。

　　A．表单、命令按钮组、命令按钮　　　　　B．表单集、列、组合框

　　C．表格、列、文本框　　　　　　　　　　D．页框、列、表格

5. 页框（pageframe）能包容的对象是（　　）。

　　A．页面（page）　　　　　　　　　　　　B．列（column）

　　C．标头（Header）　　　　　　　　　　　D．表单集（FormSet）

6. 列表框是（　　）控件。

　　A．数据绑定型　　　B．非数据绑定型　　　C．数值型　　　　D．逻辑型

7. 若要建立一个含有 5 个按钮的选项按钮组，应将属性（　　）的值改为 5。

　　A．OptionGroup　　　B．ButtonCount　　　C．BoundColumn　　D．ControlSource

8. 关于表格控件，下列说法中不正确的是（　　）。

　　A．表格的数据源可以是表、视图、查询

B. 表格中的列控件不包含其他控件

C. 表格能显示一对多关系中的子表

D. 表格是一个容器对象

9. 下列几组控件中，均可直接添加到表单中的是（　　　）。

A. 命令按钮组、选项按钮、文本框　　　B. 页面、页框、表格

C. 命令按钮、页框、编辑框　　　　　　D. 文本框、列、标签

10. 释放和关闭表单的方法是（　　　）。

A. Release　　　　B. Delete　　　　C. LostFocus　　D. Destory

11. 释放和关闭表单，在表单"关闭"按钮设置命令的语句可以是（　　　）。

A. Thisform.Release　　　　　　　　B. Thisform.Close

C. Thisform.Hide　　　　　　　　　　D. Thisform.Delete

12. 设置表单标题的属性是（　　　）。

A. Title　　　　　　B. Text　　　　　C. Biaoti　　　D. Caption

13. 页框控件也称作选项卡控件，在一个页框中可以有多个页面，页面个数的属性是
（　　　）。

A. Count　　　　　B. Page　　　　　C. Num　　　　D. PageCount

14. 打开已经存在的表单文件的命令是（　　　）。

A. MODIFY FORM　　　　　　　　　B. EDIT FORM

C. OPEN FORM　　　　　　　　　　D. READ FORM

15. 假定一个表单里有一个文本框 Text1 和一个命令按钮组 CommandGroup1。命令按钮组是一个容器对象，其中包含 Command1 和 Command2 两个命令按钮。如果要在 Command1 命令按钮的某个方法中访问文本框的 Value 属性值，正确的表达式是（　　　）。

A. This.ThisForm.Text1.Value　　　　B. This.Parent.Parent.Text1.Value

C. Parent.Parent.Text1.Value　　　　D. This.Parent.Text1.Value

16. 在 Visual Foxpro 中，Unload 事件的出发时机是（　　　）。

A. 释放表单　　　B. 打开表单　　　C. 创建表单　　D. 运行表单

17. 假设在表单设计器环境下，表单中有一个文本框且已经被选定为当前对象。现在从属性窗口中选择 Value 属性，然后在设置框中输入：={^2001-9-10}-{^2001-8-10}。请问以上操作后，文本框 Value 属性值的数据类型为（　　　）。

A. 日期型　　　　　B. 数值型　　　　C. 字符型　　　D. 以上操作出错

18. 在表单设计中，经常会用到一些特定的关键字、属性和时间。下列各项中属于属性的是（　　　）。

A. This　　　　　　B. ThisForm　　　C. Caption　　　D. Click

19. 文本框绑定到一个字段后，对文本框中的内容进行输入和修改时，文本框中的数据将同时保存到（　　　）中。

A. Value 和 Name　　　　　　　　　B. Value 和该字段

C. Value 和 Caption　　　　　　　　D. Name 和该字段

20. 页框对象的集合属性和计数属性的属性名分别为（　　　）。

A. Pages、PageCoutn　　　　　　　　B. Forms、FormCount

　　C．Buttons、ButtonCount　　　　　　　　D．Controls、ControlCount

二、填空题

1．根据控件与数据源的关系，表单中的控件可以分为两类：与表或视图等数据源中的数据绑定的控件和不与数据绑定的控件。前者称为_____型控件。

2．VFP 中表单文件以_____扩展名存储，通过_____属性来引用表单对象。而 Caption 属性是设置表单标题栏中的信息。

3．将控件绑定到一个字段，移动记录后字段的值发生变化，这时对象的_____属性的值也随之变化。

4．如果要把一个文本框对象的初值设置为当前日期，则在该文本框的 Init 事件中设置代码为_____。

5．对于数据绑定型控件，通过对_____属性的值来绑定控件和数据源。

6．复选框控件可以分为三种状态，其 Value 属性值分别为.F.、.T.或_____。

7．编辑框（EditBox）的用途与文本框（TextBox）相似，但编辑框除了可以编辑文本框能编辑的字段类型外，还可以编辑_____型字段。

8．用于指定计时器控件的 Timer 事件的时间间隔的属性为_____。

9．一个文本框 TextBox 对象，属性_____设置为"*"时，用户键入的字符在文本框内显示为"*"，但属性 Value 中仍保留键入的字符串。

10．在表单中设计一组复选框（CheckBox）控件是为了可以选择_____个或_____个选项。

11．在 Visual FoxPro 中，假设表单上有一选项组：〇男 〇女，初始时该选项组的 Value 属性值为 0。当其中的第一个选项按钮"男"被选中，该选项组的 Value 属性值为_____。

12．设计如图 7-75 所示表单。

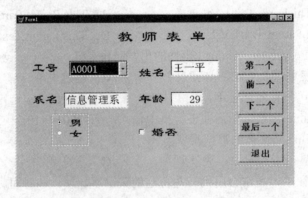

图 7-75　表单设计

设 js.dbf 的表结构见表 7-55。

表 7-55　　　　　　　　　　　　js.dbf 的表结构

字 段 名	类 型	宽 度	小数位数	字段含义
gh	C	5		工号
xm	C	8		姓名

续表

字　段　名	类　　　型	宽　　度	小数位数	字段含义
ximing	C	16		系名
nl	N	2		年龄
xb	C	2		性别
hf	L	1		婚否

表单用于浏览表 js.dbf 的信息，将工号框设计成只提供选择，不提供输入，则对应"工号"框的属性设置如下：

style=_____①_____(0——下拉组合框，2——下拉列表框)
ControlSource=_____②_____
RowSource=_____③_____
RowSourceType=6-字段

对应"姓名"框的属性：

ControlSource=_____④_____

对应选项按钮组（OptionGroup）的各属性设置如下：

ButtonCount=_____⑤_____
ControlSource=_____⑥_____

其中 Option1 的属性：

Caption=_____⑦_____

其中 Option2 的属性：

Caption=_____⑧_____

对应复选框（CheckBox）的属性设置为：

ControlSource=_____⑨_____

对应命令按钮组（CommandGroup）的属性设置如下：

ButtonCount=_____⑩_____

上 机 实 验

实验 1　表单与控件应用验证实验

实验目的

1. 验证并熟悉 VFP 表单创建和设计的基本方法。
2. 验证并熟悉 VFP 各类控件的常用属性、相关事件代码的编写。

实验内容

1. 表单创建、修改、预览（验证例 7.1～例 7.4）。

2. 控件属性设置、代码编写（验证例 7.5～例 7.26）。

3. 表单与控件设计综合应用（验证例 7.27）。

实验步骤

（略）

实验2　表单与控件综合设计实验

实验目的

1. 掌握利用表单设计器和控件灵活设计应用表单的方法。

2. 理解并掌握表单及控件相关事件代码的编写。

实验内容

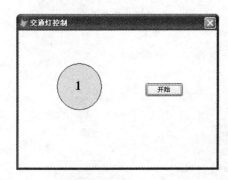

图 7-76　表单设计

1．设计一个表单 Form1，模拟交通控制信号灯的执行，运行后的表单界面如图 7-76 所示。当单击"开始"按钮后，交通灯实现模拟控制。交通灯的控制规则为：红、黄、绿灯交替，红灯、绿灯各亮 15s，在红灯、绿灯交替之间黄灯亮 2s。

2．设计一个表单 Form2，该表单用来循环滚动显示一个标签，标签内容如图 7-77 所示。显示规则为：标签每 60ms 左移 1 个像素，当标签全部移出表单区域时，标签又从表单右侧开始显示，显示过程如图 7-77 所示。

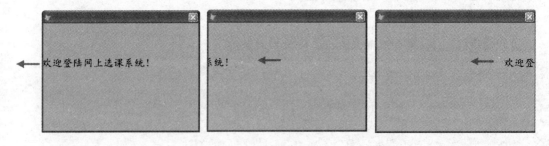

图 7-77　运动标签设计

实验步骤

实验内容 1

（1）启动 VFP，选择"文件|新建"菜单项，在打开的"新建"对话框中选定"表单"文件类型，然后单击"新建文件"按钮，弹出"表单设计器"窗口，单击"常用"工具栏上的"保存"按钮，在弹出的"另存为"对话框中，设置保存表单为 form1.scx，单击"保存"按钮。打开"属性"窗口，为表单 Form1 设置表 7-56 所示属性，然后单击"保存"按钮。

表 7-56   表 单 属 性 设 置

属　　性	值	说　　明
BackColor	255,255,255	设置表单背景色为白色
Caption	交通灯控制	设置表单标题
MaxButton	.F.—假	取消"最大化"按钮的显示
MinButton	.F.—假	取消"最小化"按钮的显示

（2）单击"表单控件"工具栏中的形状控件，为表单对象添加一个形状对象 Shape1。在"属性"窗口中为形状 Shape1 设置表 7-57 所示属性，然后单击"保存"按钮。

表 7-57   形 状 属 性 设 置

属　　性	值	说　　明
BackColor	0,255,0	设置背景色为绿色
Curvature	99	将形状设置为圆形
Height	85	
Width	85	

（3）单击"表单控件"工具栏中的文本框控件，为表单对象添加一个文本框控件对象 Text1，并调整期位置至形状控件 Shape1 的中间，如图 7-76 所示。打开"属性"窗口，为文本框 Text1 设置表 7-58 所示属性，然后单击"保存"按钮。

表 7-58   文 本 框 属 性 设 置

属　　性	值	说　　明
Alignment	2—中间	设置文本框内的文字居中对齐
BackStyle	0—透明	设置文本框的背景风格为透明
BorderStyle	0—无	设置文本框的边框为无
Enabled	.F. —假	设置文本框不能用于输入
FontBold	.T. —真	设置文本框内文字为粗体
FontName	Times New Roman	设置文本框内文字为罗马字体
FontSize	18	设置文本框内文字大小为 18
Value	15	设置文本框的初始值为 15

（4）单击"表单控件"工具栏中的按钮控件，为表单对象添加一个按钮对象 Command1。打开"属性"窗口，为按钮对象 Command1 设置表 7-59 所示属性。

表 7-59   按 钮 属 性 设 置

属　　性	值	说　　明
Caption	开始	设置按钮上显示的文字

（5）单击"表单控件"工具栏中的计时器控件，为表单对象添加一个计时器对象 Timer1。打开"属性"窗口，为计时器对象 Timer1 设置表 7-60 所示属性。

表 7-60   计 时 器 属 性 设 置

属　　性	值	说　　明
Enabled	.F.—假	设置定时器初始时不工作
Interval	1000	设置定时器触发时间间隔为 1s

（6）选择"表单|新建方法程序"菜单项，在"新建方法程序"对话框中，如图 7-78 所示，添加名为 jtkzd 的方法程序，然后关闭该对话框。

图 7-78 　表单方法添加

打开"属性"窗口，选择表单对象 Form1，找到方法程序 jtkzd，双击，出现代码编辑窗口。在该窗口内输入以下代码：

```
PUBLIC precolor
Thisform.Text1.Value=Thisform.Text1.Value-1

currentcolor = Thisform.Shape1.BackColor

IF Thisform.Text1.Value = 0
    IF currentcolor = RGB(0,255,0) OR currentcolor = RGB(255,0,0)
        precolor = currentcolor
        Thisform.Shape1.BackColor = RGB(255,255,0)
        Thisform.Text1.Value = 2
    ELSE
        Thisform.Text1.Value = 15
        IF precolor = RGB(0,255,0)
            Thisform.Shape1.BackColor = RGB(255,0,0)
        ELSE
            Thisform.Shape1.BackColor = RGB(0,255,0)
        ENDIF
    ENDIF
ENDIF
```

（7）选中计时器控件 Timer1，右键单击"代码"，在代码编辑窗口中输入以下代码，然后关闭代码编辑窗口。

Thisform.jtkzd

选中按钮控件 Command1，右键单击"代码"，在代码编辑窗口中输入以下代码，然后关闭代码编辑窗口。

```
Thisform.Text1.Enabled =.T.
precolor = Thisform.Shape1.BackColor
Thisform.Timer1.Enabled=.T.
```

（8）单击工具栏上的"保存"按钮，然后单击"运行"按钮，运行该表单。单击表单中的"开始"按钮，即可实现交通灯模拟控制。

实验内容 2

（1）启动 VFP，选择"文件|新建"菜单项，在打开的"新建"对话框中选定"表单"文件类型，然后单击"新建文件"按钮，弹出"表单设计器"窗口，单击"常用"工具栏上的"保存"按钮，在弹出的"另存为"对话框中，设置保存表单为 form2.scx，单击"保存"按钮。打开"属性"窗口，为表单对象设置表 7-61 所示属性，然后单击"保存"按钮。

表 7-61　　　　　　　　　　　表 单 属 性 设 置

属　　性	值	说　　明
BackColor	255,255,255	设置表单背景色为白色
Caption		设置表单标题为空
MaxButton	.F.—假	取消"最大化"按钮的显示
MinButton	.F.—假	取消"最小化"按钮的显示
Picture	d:\back.jpg	设置表单的背景图片
WindowState	2—最大化	设置表单运行时最大化

 说 明

实际操作时，属性 Picture 的值会因为所选用的背景图片的名称、位置不同而不同。

（2）单击"表单控件"工具栏中的形状控件，为表单对象添加一个标签对象 Label1。打开"属性"窗口，为标签 Label1 设置表 7-62 所示属性，然后单击"保存"按钮。

表 7-62　　　　　　　　　　　标 签 属 性 设 置

属　　性	值	说　　明
Autosize	.T.—真	设置标签大小根据文本自动调整
BackStyle	0—透明	设置标签背景为透明
Caption	欢迎登录网上选课系统！	设置标签文本
FontBold	.T.—真	设置文本框内文字为粗体
FontName	楷体	设置文本框内文字为楷体
FontSize	18	设置文本框内文字大小为 18
Left	60	指定标签距表单左边距为 60 像素
Top	80	指定标签距表单上边距为 80 像素

（3）单击"表单控件"工具栏中的计时器控件，为表单对象添加一个计时器对象 Timer1。打开"属性"窗口，为计时器对象 Timer1 设置表 7-63 所示属性。

表 7-63   计 时 器 属 性 设 置

属　　　性	值	说　　　明
Interval	60	设置定时器触发时间间隔为 60ms

（4）选择"表单|新建方法程序"菜单项，在"新建方法程序"对话框中，如图 7-79 所示，添加名为 showlab 的方法程序，然后关闭该对话框。

图 7-79　表单方法添加

打开"属性"窗口，选择表单对象，找到方法程序 showlab，双击，出现代码编辑窗口。在该窗口内输入以下代码：

```
Thisform.Label1.Left = Thisform.Label1.Left -1
   IF Thisform.label1.Left = -Thisform.Label1.Width
    Thisform.Label1.Left = Thisform.Width
ENDIF
```

（5）选中计时器控件 Timer1，右键单击"代码"，在代码编辑窗口中输入以下代码，然后关闭代码编辑窗口。

```
Thisform.showlab
```

（6）单击工具栏上的"保存"按钮，然后单击"运行"按钮，运行该表单。单击表单中的"开始"按钮，即可实现图 7-77 中要求的滚动效果。

第 8 章 报 表 和 标 签

报表是数据库应用系统中常用的一种数据输出形式,用于在打印文档中显示或总结数据。标签属于一种特殊类型的报表。

本章主要介绍报表和标签的设计、预览与打印。

本章重点:报表布局的设计、报表控件的使用。

8.1 报 表

8.1.1 报表概述

设计报表,主要任务可以归纳为 2 个部分:

(1)设计报表布局。

(2)确定数据源并处理数据。

报表布局确定了定义了报表的打印格式,VFP 提供的报表布局的常规类型说明见表 8-1。数据源为布局中的控件提供数据,可以是表、视图或查询的结果,也可以是计算结果等。

表 8-1 报表的常规布局类型

布局类型	说 明	实 例
列报表	每个字段一列,字段名在页面上方,字段与其数据在同一列,每行对应一条记录	如图 8-1 所示
行报表	每个字段一行,字段名在数据左侧,字段与其数据在同一行,多行对应一条记录	如图 8-2 所示
一对多报表	按一对多关系显示数据,报表中每打印一条主表记录,打印多条子表记录	如图 8-3 所示
多栏报表	每个字段一列,字段名在页面上方,字段与其数据在同一列,每行对应多条记录	如图 8-4 所示

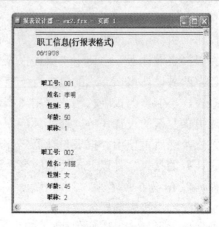

图 8-1 列报表格式预览   图 8-2 行报表格式预览

图 8-3　一对多报表格式预览

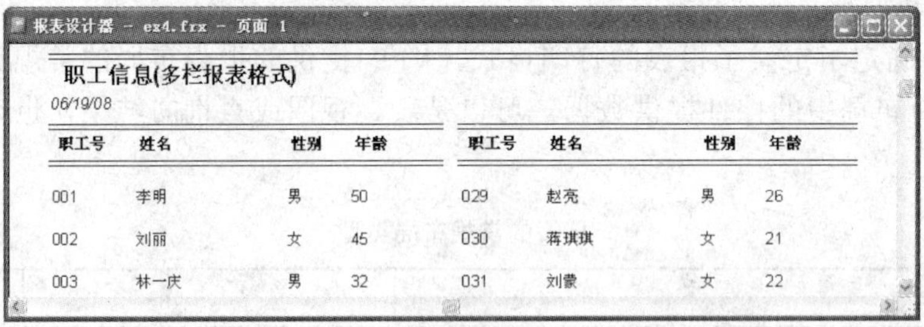

图 8-4　多栏报表格式预览

VFP 提供了 2 种设计报表的方法：

（1）使用报表向导。

（2）使用"报表设计器"，具体又可分为两种情形：使用"快速报表"命令和用户自行设计。

报表向导是 VFP 提供的设计报表的一种快捷工具。它通过一系列对话框向用户提示每一步的操作，引导用户逐步完成所需要的设计任务。

在"报表设计器"中使用"快速报表"命令可以帮助用户快速创建格式简单的报表。

以上两种设计报表方式的最大特点就是"快"，但它们所能完成的任务比较简单，且只能创建报表，不能修改报表。用户使用"报表设计器"自行设计则提供了更为灵活的方式，可以完成更加复杂的设计任务。在实际应用中，用户可以先利用报表向导或"快速报表"命令创建报表，然后再使用"报表设计器"作进一步地修改，来完善报表的设计。

设计好的报表文件以.frx 为扩展名，同时会自动生成一个与此报表文件名同名的报表备注文件，以.frt 为扩展名。

8.1.2　利用报表向导创建报表

使用报表向导可以快速创建：

（1）基于一张表的简单报表。

（2）基于一对多关系的两张表的报表。

下面通过三个实例来说明报表向导的使用。为了便于实例说明，先对与本书配套的实验素材做好如下准备（设实验素材 ckgl 在 E:\盘）：

（1）设置默认路径。

在 VFP 的命令窗口中，键入命令：set default to e:\ckgl。

（2）打开已有的项目文件。

在菜单中选择"文件"|"打开"，在弹出的"打开"对话框中选择项目文件 ckgl.pjx，单击"确定"。

此时项目管理器窗口出现在 VFP 主窗口中，准备工作完毕。

1. 利用报表向导创建基于一张表的简单报表

【**例 8.1**】 创建基于"职工.dbf"的报表。

具体操作步骤如下：

（1）在"项目管理器"窗口中单击"文档"选项卡，单击"报表"，单击"新建"命令按钮，在弹出的"新建报表"对话框中，单击"报表向导"，在弹出的"向导选取"对话框中选择"报表向导"（如图 8-5 所示），单击"确定"。

图 8-5 "向导选取"对话框

（2）在"报表向导"对话框中根据提示逐步操作：

1）步骤 1—字段选取（如图 8-6 所示）。

选择数据源及相应的字段。本例选取"职工.dbf"中的所有字段，单击"下一步"按钮。

2）步骤 2—分组记录（如图 8-7 所示）。

设定数据分组方式。本例不需要分组，单击"下一步"按钮。

3）步骤 3—选择报表样式（如图 8-8 所示）。

设定报表样式。选择"经营式"，单击"下一步"按钮。

图 8-6 "报表向导"步骤 1

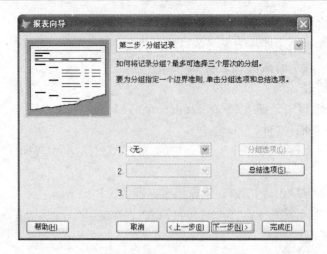

图 8-7 "报表向导"步骤 2

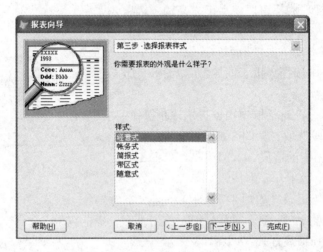

图 8-8 "报表向导"步骤 3

4）步骤 4—选择报表样式（如图 8-9 所示）。

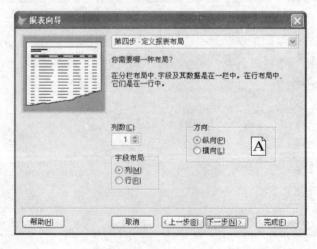

图 8-9 "报表向导"步骤 4

设定报表的布局方式。本例采用默认设置，即：1列、纵向的报表布局，单击"下一步"按钮。

5）步骤5—排序记录（如图8-10所示）。

设定记录在报表中出现的顺序，排序字段必须已经建立索引。本例选择"职工号"，"升序"，点击"添加"按钮，单击"下一步"按钮。

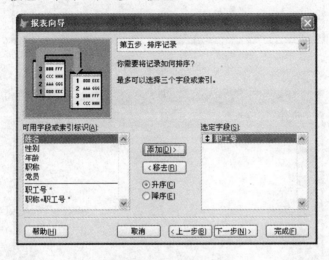

图8-10 "报表向导"步骤5

6）步骤6—完成（如图8-11所示）。

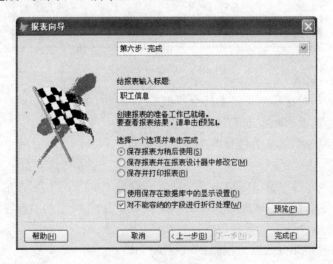

图8-11 "报表向导"步骤6

设定报表的标题以及结束向导的方式，并提供预览报表等功能。设置报表标题为"职工信息"，其他采用默认设置。单击"预览"，可以查看所生成报表的效果，如图8-12所示。

关闭预览窗口，单击报表向导上的"完成"按钮，弹出"另存为"对话框，如图8-13所示。用户可以指定报表文件保存的位置和名称。表单文件名设置为"职工信息"，点击"保存"按钮。此时，磁盘上生成的报表文件的扩展名为.frx，还有一个相关的扩展名为.frt 的报表备注文件。

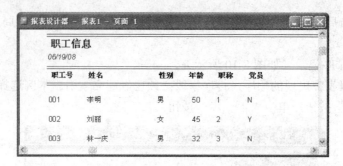

图 8-12   预览报表

图 8-13   保存报表文件

2. 利用报表向导创建基于一张表的分组报表

【例 8.2】 创建基于"职工.dbf"的分组报表。

要求：根据职称分组，并且统计各类职称的人数。

具体操作步骤如下：

（1）在"项目管理器"窗口中单击"文档"选项卡，单击"报表"，单击"新建"命令按钮，在弹出的"新建报表"对话框中，单击"报表向导"，在弹出的"向导选取"对话框中选择"报表向导"，单击"确定"按钮。

（2）在"报表向导"对话框中根据提示逐步操作：

1）步骤 1—字段选取。

选取"职工.dbf"中的"职工号"、"姓名"、"职称"字段，单击"下一步"按钮。

2）步骤 2—分组记录（见图 8-14）。

在第一层分组中选择"职称"，点击"总结选项"按钮，弹出"总结选项"对话框，进行如图 8-15 所示设置，单击"确定"，单击"下一步"按钮。

3）步骤 3—选择报表样式。

选择"经营式"，单击"下一步"按钮。

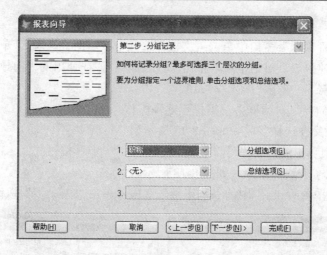

图 8-14 "报表向导"步骤 2—分组记录

4）步骤 4—选择报表样式。

采用默认设置，即：1 列、纵向的报表布局，单击"下一步"按钮。

5）步骤 5—排序记录。

选择"职工号"，"升序"，点击"添加"，单击"下一步"按钮。

6）步骤 6—完成。

设置报表标题为"职工职称统计信息"，其他采用默

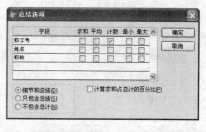

图 8-15 "总结选项"对话框

认设置。单击"预览"，可以查看所生成报表的效果，如图 8-16 所示。关闭预览窗口，单击报表向导上的"完成"按钮，弹出"另存为"对话框，报表文件名设置为"职工职称统计信息"，点击"保存"按钮。

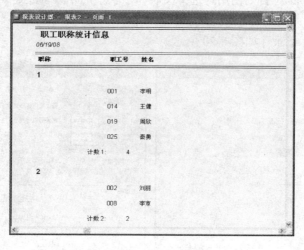

图 8-16 预览报表

3．利用报表向导创建基于一对多关系的两张表的报表

【例 8.3】 创建基于"仓库.dbf"和"职工工作场所.dbf"的报表，其中，"仓库.dbf"和

"职工工作场所.dbf"为一对多关系。具体操作步骤如下：

（1）在"项目管理器"窗口中单击"文档"选项卡，单击"报表"，单击"新建"命令按钮，在弹出的"新建报表"对话框中，单击"报表向导"，在弹出的"向导选取"对话框中选择"一对多报表向导"，单击"确定"按钮。

（2）在"报表向导"对话框中根据提示逐步操作：

1）步骤 1—从父表选择字段（如图 8-17 所示）。

选取"仓库.dbf"中的"仓库号"字段，单击"下一步"按钮。

2）步骤 2—从子表选择记录（如图 8-18 所示）。

选取"职工工作场所.dbf"中的"职工号"字段，单击"下一步"按钮。

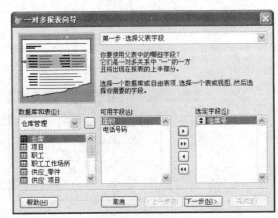 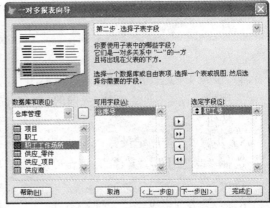

图 8-17 "报表向导"步骤 1   图 8-18 "报表向导"步骤 2

3）步骤 3—为表建立关系（如图 8-19 所示）。

为一对多关系的两张表建立关联。若在数据库中已经创建了永久性关系，向导会自动设置（本例属于这种情形），否则由用户选择父表和子表中的相关字段建立关联，然后单击"下一步"按钮。

4）步骤 4—排序记录（如图 8-20 所示）。

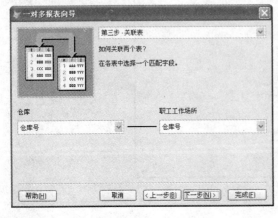 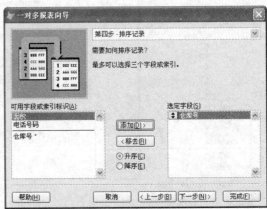

图 8-19 "报表向导"步骤 3   图 8-20 "报表向导"步骤 4

确定父表的排序方式。本例选择"仓库号","升序",点击"添加",单击"下一步"按钮。

5）步骤 5—选择报表样式。

选择"经营式",单击"下一步"按钮。

6）步骤 6—完成。

设置报表标题为"仓库职工配备信息",其他采用默认设置。单击"预览",可以查看所生成报表的效果,如图 8-21 所示。关闭预览窗口,单击报表向导上的"完成"按钮,弹出"另存为"对话框,报表文件名设置为"仓库职工配备信息",点击"保存"按钮。

由以上 3 个实例可以看出,利用报表向导,用户可以便捷地创建报表。在以上报表向导的操作实例中,还有一些功能按钮没有使用,请读者自行尝试这些功能按钮的操作。

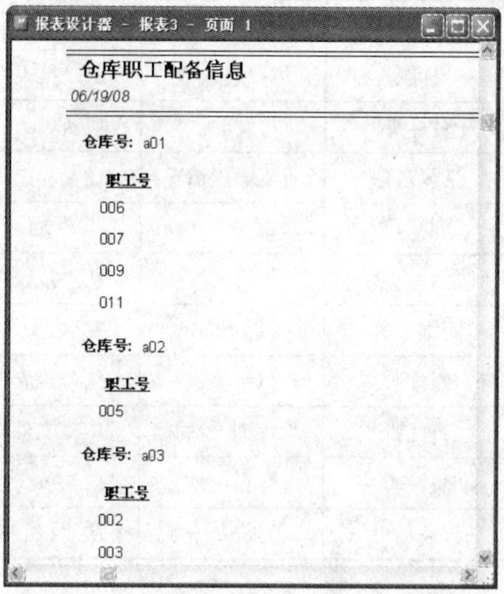

8.1.3 利用报表设计器创建/修改报表

利用报表设计器可以创建新的报表,也可以修改已有的报表。

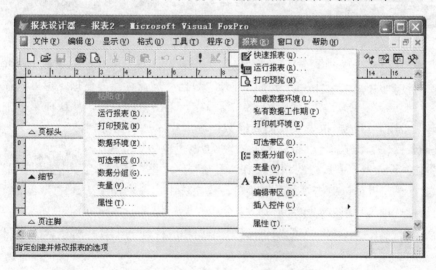

图 8-21 预览报表

初次打开"报表设计器"时,VFP 窗口如图 8-22 所示。由该图可见,"报表设计器"设计区被划分成三部分,下方分别标注"页标头"、"细节"、"页注脚"。同时,在 VFP 的主菜单中新增菜单项"报表",其下拉菜单中提供了与报表相关的若干操作命令。

图 8-22 报表设计器窗口及报表菜单

VFP"报表设计器"将报表设计区划分成若干区域,称之为带区,可以包含文本、来自表字段中的数据、计算值、用户自定义函数、图片、线条等。每个带区有一个名称,显示于该带区下方。不同的带区决定了该带区内容的输出位置及重复输出情况。默认情况下,"报表设计器"中显示三个带区:页标头、细节、页注脚。可以根据报表设计需要,为其添加其他带区。VFP"报表设计器"中各种带区的说明见表 8-2。

表 8-2　　　　　　　　　　　　报 表 的 带 区 说 明

带区名称	重复输出情况	设置和选中带区操作
标题	每报表一次	从"报表"菜单中选择"标题/总结"命令，选中"标题"带区
页标头	每页一次	默认
带区名称	重复输出情况	设置和选中带区操作
列标头	每列一次	从"文件"菜单中选择"页面设置"，设置"列数">1
组标头	每组一次	从"报表"菜单中选择"数据分组"命令
细节	每记录一次	默认
组注脚	每组一次	从"报表"菜单中选择"数据分组"命令
列注脚	每列一次	从"文件"菜单中选择"页面设置"，设置"列数">1
页注脚	每页一次	默认
总结	每报表一次	从"报表"菜单中选择"标题/总结"命令，选中"总结"带区

　　利用报表设计器设计报表时，可以借助"报表设计器"工具栏、"数据环境设计器"、"报表控件"工具栏、"布局"工具栏、"调色板"工具栏及"显示"菜单、"格式"菜单、"报表"菜单等对报表进行设计。

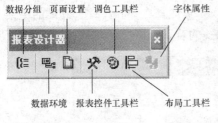

图 8-23　"报表设计器"工具栏

（1）"报表设计器"工具栏。

　　单击"显示"菜单，单击"工具栏…"，选中"报表设计器"，单击"确定"，显示"报表设计器"工具栏，如图 8-23 所示。

（2）"数据环境设计器"。

　　单击"报表设计器"工具栏的"数据环境"按钮，可以打开"数据环境设计器"窗口。也可以在"报表设计器"窗口中，单击鼠标右键，从快捷菜单中选择"数据环境"选项。用户可根据报表设计需要向数据环境中添加数据源。

　　（3）"报表控件"工具栏、"布局"工具栏、"调色板"工具栏。

　　单击"报表设计器"工具栏的相应按钮，系统显示"报表控件"工具栏、"布局"工具栏、"调色板"工具栏。也可以单击"显示"菜单，依次选中"报表控件工具栏"、"布局工具栏"、"调色板工具栏选项"，如图 8-24 所示。

　　利用"报表控件"工具栏中可以向报表中添加相应控件，工具栏所包含的按钮及其说明见表 8-3。

表 8-3　　　　　　　　　　　"报表控件"工具栏的按钮说明

按　钮	功　能	说　明
▶ 选定对象	选定控件	选定后，可移动或更改控件的大小
A 标签	添加一个标签控件，用于显示文本	添加该控件后，双击文本，系统会打开"文本"对话框
abl 域控件	添加一个域控件，用于显示字段、变量或表达式的内容	添加该控件时，系统会自动打开"报表表达式"对话框

按　钮	功　能	说　明
🕂 线条	添加线条，用于绘制水平或垂直直线	双击线条或矩形，系统会打开"矩形/线条"对话框
▢ 矩形	添加矩形	
🔘 圆角矩形	添加圆角矩形、椭圆或圆形	双击圆角矩形等，系统会打开"圆角矩形"对话框
🖼 图片/OLE 绑定型控件	添加图片或包含 OLE 对象的通用型字段的内容	添加该控件时，系统会自动打开"图片"对话框
🔒 按钮锁定	添加多个同类型的控件	添加某控件后，按下该按钮，即可锁定该控件

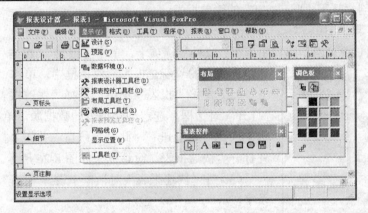

图 8-24 "报表控件"工具栏、"布局"工具栏、"调色板"工具栏

（4）"显示"菜单、"格式"菜单、"报表"菜单。

选中特定的控件后，单击"显示"菜单（见图 8-24）中的命令项"网格线"、"显示位置"可以帮助报表控件定位。

"格式"菜单可以设置文本、线条等显示格式。方法是选定控件对象，单击"格式"菜单中相应的命令项即可，如图 8-25 所示。

"报表"菜单提供了一组对报表进行操作的命令项，如图 8-25 所示。

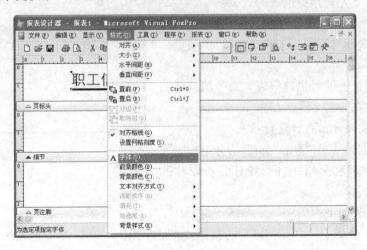

图 8-25 "格式"菜单

下面先通过两个实例来说明报表设计器的使用。为了便于实例说明，先对与本书配套的实验素材做好如下准备（设实验素材 ckgl 在 E:\盘）：

（1）设置默认路径。

在 VFP 的命令窗口中，键入命令：set default to e:\ckgl

（2）打开已有的项目文件。

在菜单中选择"文件"|"打开"，在弹出的"打开"对话框中选择项目文件 ckgl.pjx，单击"确定"。

此时项目管理器窗口出现在 VFP 主窗口中，准备工作完毕。

1. 利用报表设计器的"快速报表"命令快速创建简单报表

【例 8.4】 创建基于"职工.dbf"的简单报表。

具体操作步骤如下：

（1）在"项目管理器"窗口中单击"文档"选项卡，单击"报表"，单击"新建"命令按钮，在弹出的"新建报表"对话框中，单击"新建报表"。

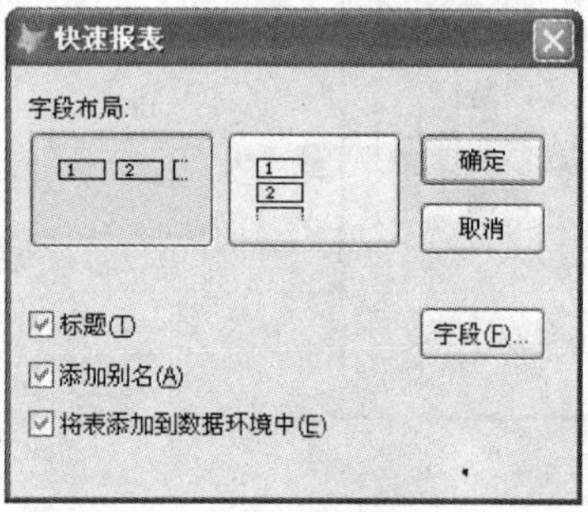

（2）单击"报表"菜单，选择"快速报表"选项，显示"打开"对话框，选定创建报表的数据源，单击"确定"。本例中选择"职工.dbf"。此时系统自动关闭"打开"对话框，并打开"快速报表"对话框，如图 8-26 所示。

（3）在"快速报表"对话框中设置"字段布局"、"标题"及字段等。

本例作如下设置："字段布局"选择左侧按钮，产生行报表；单击"字段"按钮，在弹出的"字段选择器"窗口中，单击"全部"按钮，选择所有字段，单击"确定"，关闭"字段选择器"窗口，单击"确定"，关闭"快速报表"对话框。此时，注意到"报表设计器"窗口中自动增加了若干新内容。

图 8-26 "快速报表"对话框

（4）保存报表。单击"文件"菜单的"保存"命令，打开"另存为"对话框，输入报表名 ex2_1，单击"保存"按钮。

可以通过以下方式预览报表的效果：

1）单击常用工具栏的"预览"按钮。

2）单击"显示"菜单下拉菜单中的"预览"选项。

利用报表设计器的"快速报表"命令所创建的实例预览效果如图 8-27 所示。

2. 利用报表设计器自行设计报表

【例 8.5】 创建基于"职工.dbf"的分组报表。

要求：根据职称分组，并且统计各种职称的人数。

图 8-27 预览报表

具体操作步骤如下：

（1）创建一个基于"职工.dbf"的视图"职工视图"，该视图中记录按"职称"字段排序。

利用报表设计器设计分组报表时，要求数据源必须是根据分组字段排好序的，创建方法参照前序章节视图。

（2）在"项目管理器"窗口中单击"文档"选项卡，单击"报表"，单击"新建"命令按钮，在弹出的"新建报表"对话框中，单击"新建报表"，出现"报表设计器"窗口。

（3）在"报表设计器"窗口中，单击鼠标右键，从快捷菜单中选择"数据环境"选项，出现"数据环境设计器"窗口。单击鼠标右键，从快捷菜单中选择"添加"命令，出现"添加表或视图"对话框，选择单选按钮"视图"，然后选择 "职工视图"，单击"添加"按钮，然后单击"关闭"按钮，此时本例报表设计需要的数据表已被添加到"数据环境中设计器"窗口。

（4）利用"数据环境设计器"、"报表控件"工具栏、"布局"工具栏、"调色板"工具栏及"格式"菜单、"报表"菜单对报表进行设计。

1）向报表的"细节"带区添加域控件。具体操作方法如下：

从"数据环境设计器"窗口中将"职工视图"的"职工号"、"姓名"字段拖放到报表设计区的"细节"带区中，此时可以观察到系统会自动生成相应的域控件。

若要调整两个域控件水平对齐，可以这样操作：先选中一个域控件，按住 shift 键，再选中另一个域控件，单击"布局工具栏"的"顶端对齐"按钮。

2）向报表的"页标头"带区添加标签控件和线条控件。具体操作方法如下：

单击"报表控件"工具栏上的标签控件，将光标移至"页标头"带区中合适的位置单击，然后依次输入标签的文本"职称"、"职工号"、"姓名"。

单击"报表控件"工具栏上的线条控件，在"页标头"带区中按住鼠标左键拖放。

若要对文本、线条进行格式设置，可以先选中文本或线条，然后通过"格式"菜单下的"字体"命令、"绘图笔"命令等进行设置。（这部分操作请读者自行尝试）

3）向报表的"页注脚"带区添加域控件，用来显示页码。具体操作如下：

单击"报表控件"工具栏上的域控件，在"页注脚"带区中合适的位置单击，出现"字段属性"对话框，在"常规"选项卡的"表达式"编辑框中输入表达式："页码"+alltrim(str(_pageno))（见图 8-28），单击"确定"按钮。

4）为报表添加"组标头"和"组注脚"带区，设计根据"职称"分组。

具体操作方法如下：

单击"报表"菜单的"数据分组"命令，出现"报表属性"对话框（如图 8-29 所示）。在"数据分组"选项卡的"分组在"编辑框中输入"职工视图.职称"，也可以点击右侧的浏

图 8-28 "字段属性"对话框

览按钮，在弹出的"表达式生成器"对话框中进行设置（如图 8-30 所示），然后单击"确定"。此时可以观察到报表设计区域中新增了两个带区，分别是"组标头"带区、"组注脚"带区。

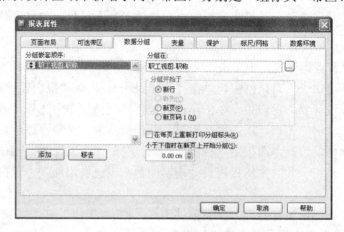

图 8-29　"报表属性"对话框

　　单击"报表控件"工具栏的域控件，在"组标题"带区中合适的位置单击，出现"字段属性"对话框，在"常规"选项卡的"表达式"编辑框中输入表达式：allt(职工视图.职称)，单击"确定"。

　　单击"报表控件"工具栏的域控件，在"组注脚"带区中合适的位置单击，出现"字段属性"对话框，在"常规"选项卡的"表达式"编辑框中输入表达式：'计数'+allt(职工视图.职称)+':'，单击"确定"。

　　单击"报表控件"工具栏的域控件，在"组注脚"带区中合适的位置单击，出现"字段属性"对话框，在"常规"选项卡的"表达式"编辑框中输入表达式："职工视图.职工号"，单击"计算"选项卡，设置"计算类型"为"计数"，重置基于"分组：职工视图.职称"（如图 8-31 所示），单击"确定"关闭"字段属性"对话框。

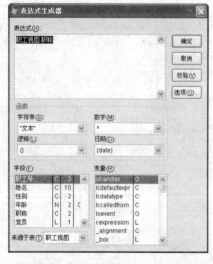

图 8-30　"表达式生成器"对话框　　　　　　　图 8-31　"字段属性"对话框

5）为报表添加"标题"和"总结"带区。具体操作方法如下：

　　单击"报表"菜单的"可选带区"命令，弹出"报表属性"对话框，在"可选带区"选项卡中选中"报表有标题带区"和"报表有总结带区"选项卡（如图 8-32 所示），单击"确定"。此时可以观察到报表设计区域中新增了两个带区，分别是"标题"带区、"总结"带区。

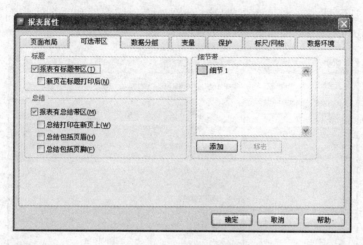

图 8-32　"报表属性"对话框

　　单击"报表控件"工具栏上的标签控件，将光标移至"标题"带区中合适的位置单击，然后输入标签的文本"职工职称统计信息"。

　　单击"报表控件"工具栏上的线条控件，在"标题"带区中按住鼠标左键拖放。

　　单击"报表控件"工具栏的域控件，在"标题"带区中合适的位置单击，出现"字段属性"对话框，在"常规"选项卡的"表达式"编辑框中输入表达式：date()，单击"确定"。

　　单击"报表控件"工具栏的域控件，在"总结"带区中合适的位置单击，出现"字段属性"对话框，在"常规"选项卡的"表达式"编辑框中输入表达式：'汇总计数:'，单击"确定"按钮。

　　单击"报表控件"工具栏的域控件，在"总结"带区中合适的位置单击，出现"字段属性"对话框，在"常规"选项卡的"表达式"编辑框中输入表达式：职工视图.职工号，单击"计算"选项卡，设置"计算类型"为"计数"，重置基于"报表"，单击"确定"关闭"字段属性"对话框。

　　至此，报表设计完毕，报表布局如图 8-33 所示。

　　（5）保存报表。单击"文件"菜单的"保存"命令，打开"另存为"对话框，输入报表名 ex2_2，单击"保存"按钮。单击"显示"菜单下拉菜单中的"预览"命令预览报表。

　　由例 8.5 可见，此例中包含以下报表带区：

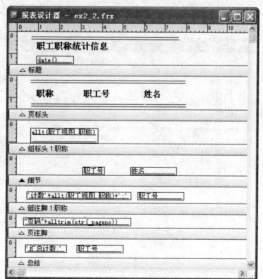

图 8-33　报表布局

标题、页标头、组标头、细节、组注脚、页注脚、总结（如图 8-34 所示）。继续执行下述操作，进一步观察报表的带区组成。

　　单击"文件"菜单的"页面设置"命令，打开"报表属性"对话框，在"页面布局"选项卡中设置列数为 2 列，列打印顺序"从上到下"（如图 8-34 所示），单击"确定"。此时可以观察到报表设计区域中新增了两个带区，分别是"列标题"和"列注脚"带区。可以根据需要，分别添加内容。

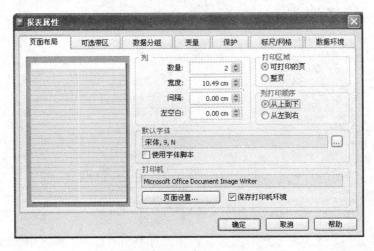

图 8-34　"页面设置"对话框

　　单击"显示"菜单下拉菜单中的"预览"命令预览报表效果，观察报表格式上的变化。

　　例 8.4 和例 8.5 讲述了使用报表设计器创建报表的过程。若要修改已有的报表文件，只要选中相应的报表文件，单击"修改"按钮即可打开报表设计器窗口对其进行修改（如图 8-35 所示）。

8.1.4　报表预览与打印

1. 报表预览

图 8-35　修改报表

用户预览报表提供翻页、缩放等功能。

　　VFP 提供了报表预览功能，使用户可在屏幕上观察报表的设计效果。预览的屏幕显示与打印结果完全一致，具有所见即所得的特点。

　　预览报表有多种方法。

　　（1）在"项目管理器"的"文档"选项卡中选择要预览的报表文件，单击右侧的"预览"按钮，如图 8-35 所示。

　　（2）当"报表设计器"窗口打开时，可以通过"显示"菜单下的"预览"命令或工具栏中的"打印预览"按钮预览报表，如图 8-36 所示。

　　无论是通过哪一种方法预览报表，屏幕上都会显示"打印预览"工具栏（如图 8-37 所示），为

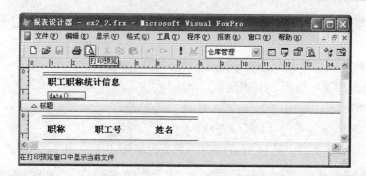

图 8-36 报表预览

2. 报表打印

设计报表的最终目的是用于在打印文档中显示或总结数据。打印报表有以下几种界面操作方式：

图 8-37 "打印预览"工具栏

（1）单击"文件"菜单下的"打印…"命令。

（2）单击"打印预览"工具栏上的"打印报表"按钮。

（3）单击常用工具栏上的"打印"按钮。

此外，VFP 还提供了 REPORT 命令用于打印/预览报表，该命令的详细格式请参考其他书籍或 VFP 的帮助系统。

8.2 标 签

标签是一种特殊类型的报表，即为了满足专用纸张要求而设计的一种多列报表布局。

标签的创建、修改方法与报表基本相同。可以使用标签向导或标签设计器来创建标签。无论使用哪种方法，都必须指明使用的标签类型。不同类型的标签，其标签的高度、宽度、列数有所不同。

标签文件的扩展名为.lbx，同时会自动生成一个与此标签文件名同名的标签备注文件，以.lbt 为扩展名。

下面先通过两个实例来简单说明标签的设计方法。为了便于实例说明，先对与本书配套的实验素材做好如下准备（设实验素材 ckgl 在 E:\盘）：

（1）设置默认路径。

在 VFP 的命令窗口中，键入命令：set default to e:\ckgl

（2）打开已有的项目文件。

在菜单中选择"文件"|"打开"，在弹出的"打开"对话框中选择项目文件 ckgl.pjx，单击"确定"。

此时项目管理器窗口出现在 VFP 主窗口中，准备工作完毕。

1. 利用标签向导快速设计简单标签

【例 8.6】 建基于"职工.dbf"的简单标签。

具体操作步骤如下：

（1）在"项目管理器"窗口中单击"文档"选项卡，单击"标签"，单击"新建"命令按钮，在弹出的"新建标签"对话框中，单击"标签向导"，单击"确定"，显示"标签向导"对话框。

（2）根据"标签向导"对话框提示逐步操作，完成标签设计。

1）步骤 1—选择表（如图 8-38 所示）。

选择所需使用的表，单击"下一步"，选择"职工.dbf"。

2）步骤 2—选择标签类型（如图 8-39 所示）。

从列出的标准标签类型中选择所需标签的类型，单击"下一步"，本例选择第一种。

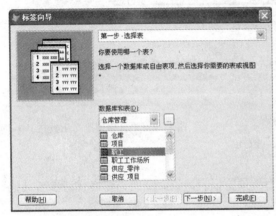
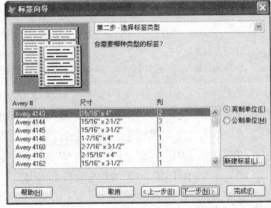

图 8-38　"标签向导"步骤 1　　　　　　　　图 8-39　"标签向导"步骤 2

3）步骤 3—定义布局（如图 8-40 所示）。

确定所需要的标签的样式，包括字段选择、字段显示格式、分隔符等，设置好后单击"下一步"。选择"职工号"、"姓名"、"职称"字段，字体设置为"宋体"、10 号。

4）步骤 4—排序记录（如图 8-41 所示）。

确定记录的排序方式，然后单击"下一步"，设置按"职工号"升序排列。

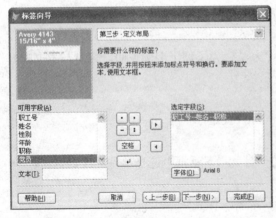
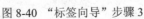
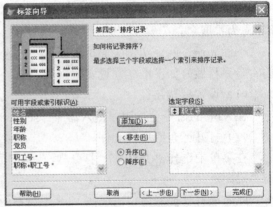

图 8-40　"标签向导"步骤 3　　　　　　　　图 8-41　"标签向导"步骤 4

5）步骤 5—完成。

该步骤提供标签预览功能，确认后即可保存标签文件，单击"完成"，此时弹出"另存为"对话框要求保存标签文件。

2. 利用标签设计器设计标签

标签设计器是报表设计器的一部分，它与报表设计器使用相同的菜单栏和工具栏，二者之间唯一的区别是使用的默认页面和纸张不同。所以，使用标签设计器创建标签时，除了要选择标签的型号外，其他步骤与使用报表设计器完全相同。

【例 8.7】　创建基于"职工.dbf"的标签。

具体操作步骤如下：

（1）在"项目管理器"窗口中单击"文档"选项卡，单击"标签"，单击"新建"命令按钮，在弹出的"新建标签"对话框中，单击"新建标签"，弹出"新建标签"对话框（见图8-42），选择一种标签布局后单击"确定"，启动"标签设计器"（如图 8-43 所示）。

（2）在"标签设计器"窗口中，根据设计需要给标签制定数据源，添加控件等。由于这些操作与报表的设计相同，所以这里不再重复介绍。

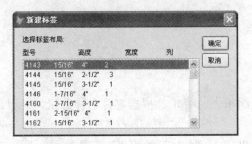

图 8-42　"新建标签"对话框

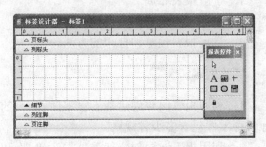

图 8-43　"标签设计器"

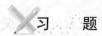　习　　题

一、选择题

1. 在 VFP 中报表文件的文件扩展名为（　　）。

　　A．.frx 和.frt　　　　　B．.frx 和.fpt　　　　C．.fxp 和.fpt　　　D．.fxp 和.frt

2. 在 VFP 中创建报表时，可以创建分组报表。系统规定，最多可以选择（　　）层分组层次。

　　A．1　　　　　　　　B．2　　　　　　　　C．3　　　　　　　　D．4

3. 在 VFP 的报表设计器中，报表的带区最多可以分为（　　）个。

　　A．3　　　　　　　　B．5　　　　　　　　C．7　　　　　　　　D．9

4. 在利用报表设计器创建报表时，默认情况下显示的三个带区为（　　）。

　　A．标题、细节和总结　　　　　　　　　B．页标头、细节和页脚注

　　C．组标头、细节和组注脚　　　　　　　D．报表标题、细节和页脚注

5. 预览报表文件 studentinfo 的命令是（　　）。

　　A．REPORT FROM studentinfo PREVIEW　　B．DO FROM studentinfo PREVIEW

　　C．REPORT FORM studentinfo PREVIEW　　D．DO FORM Pstudentinfo PREVIEW

二、判断题

1. 设计报表就是根据报表的应用需要来确定数据源并设计报表布局。（　　）

2．在 VFP 中标签是一种多列布局的报表。（　　　）

3．如果已对报表进行了数据分组，报表会自动包含组标头带区和组注脚带区。（　　　）

4．在 VFP 中位于标题带区和总结带区的信息在整个报表的输出中可以输出多次。（　　　）

5．利用报表设计器可以创建新的报表，也可以修改已有的报表。（　　　）

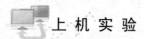

上 机 实 验

实验 1　利用报表向导设计报表

实验目的

1．了解报表布局。

2．掌握利用报表向导设计报表的方法。

3．掌握报表预览和打印的方法。

实验内容

1．利用报表向导创建基于"零件.dbf"的分组报表。要求：根据零件名称分组，并且统计每种零件包含多少种规格。

2．利用报表向导创建基于"零件.dbf"和"供应-零件.dbf"的报表，其中，"零件.dbf"和"供应-零件.dbf"为一对多关系。

实验 2　利用报表设计器设计报表

实验目的

1．掌握报表控件的使用。

2．掌握利用报表设计器设计报表的方法。

实验内容

1．利用报表设计器创建基于"零件.dbf"的分组报表。要求报表预览效果、功能同实验 1 中的实验内容 1。

2．利用报表设计器创建基于"零件.dbf"和"供应-零件.dbf"的报表。要求报表预览效果、功能同实验 1 中的实验内容 2。

第9章 菜单程序设计

在计算机系统中运行的各种软件,其功能主要以菜单(Menu)的形式提供给用户。所以在用表单等方式实现了软件各模块的功能后,还应设计一个能够调用这些模块的菜单,将各功能模块挂接到菜单上,才能将软件交付给用户使用。一个好的菜单系统应该很好地反映应用程序的功能,便于用户理解和使用应用程序。

Visual FoxPro 支持两种类型的菜单:普通菜单和快捷菜单。普通菜单通常显示在界面上,用来完成常规的系统操作。而快捷菜单通常在单击鼠标右键时弹出,用来完成一些特殊的操作。

VFP 提供了"菜单设计器"用于创建和维护菜单,从生成菜单的质量和效率考虑,菜单主要由菜单设计器来生成和修改。

本章主要介绍菜单的设计和制作,包括不同类型菜单的创建方法和使用方法。

本章重点:菜单的类型、菜单设计器的使用。

9.1 概　　述

菜单系统由一个菜单栏、菜单标题、菜单及菜单项所组成。菜单是包含命令、过程和子菜单的选项列表。因此菜单按等级可分为父菜单和子菜单,子菜单作为父菜单的一个菜单项。

9.1.1 建立菜单系统的步骤

不管应用程序的规模多大,创建菜单系统都需要以下步骤:

(1)规划与设计菜单系统。确定需要哪些菜单项、菜单项出现在界面的什么位置、哪些菜单要有子菜单、哪些菜单要执行相应的操作等。

(2)建立菜单项和子菜单。使用菜单设计器可以定义菜单标题、菜单项和子菜单。

(3)按实际要求为菜单系统指定任务。指定菜单所要执行的任务,例如显示表单或对话框等。菜单建立好之后将生成一个以.mnx 为扩展名的菜单文件和以.mnt 为扩展名的菜单备注文件。

(4)利用已建立的菜单文件,生成扩展名为.mpr 的菜单程序文件。

(5)运行生成的菜单程序文件。

9.1.2 菜单系统的规划

菜单设计准则主要有:

(1)按照用户执行的任务组织菜单系统。

(2)给每个菜单一个有意义的菜单标题。

(3)按照估计的菜单项使用频率、逻辑顺序或字母顺序组织菜单项。

(4)在菜单项的逻辑组之间放置分隔线。

(5)将菜单上菜单项的数目限制在一个屏幕之内,当菜单项的数目超过了一屏,则应为其中的一些菜单项创建子菜单。

（6）为菜单和菜单项设置访问键或键盘快捷键。

（7）使用能够准确描述菜单项的文字。

（8）在菜单项中混合使用大小写字母。

菜单与表单不同，它不能直接在设计器中生成程序代码。而必须专门生成菜单程序代码。在设计器中所做的一切将被保存在一个带.MNX 扩展名的文件中，在这个文件中保存了有关菜单系统的所有信息，它实际上就是一个表文件。从"菜单"菜单上选择"生成"命令，生成的菜单程序，扩展名为.MPR。

在 Visual FoxPro 中，可以利用"菜单设计器"来设计并生成一般菜单与快捷菜单。若想从已有的 Visual FoxPro 菜单系统开始创建菜单，则可以使用"快速菜单"功能。

各个应用程序的菜单系统内容可能是不同的，但其基本结构是相同的。菜单系统均由四大部分组成：菜单栏（MenuBar）、菜单标题（MenuTitle）、菜单（Menu）、菜单项（MenuItem）。

9.2　普通菜单的创建

9.2.1　"菜单设计器"的使用

在 Visual FoxPro 中，通过菜单设计器既可以创建普通菜单，也可以创建快捷菜单。可采用以下三种方式打开菜单设计器：

（1）使用"项目管理器"。即从项目管理器中选择"其他"选项卡，然后选择"菜单"，并单击"新建"按钮。

（2）使用"文件"菜单中的"新建"命令，选择"菜单"，然后再选择"新建文件"。

（3）在命令窗口输入 CREATE　MENU　<菜单文件名>或 MODIFY　MENU　<菜单文件名>。

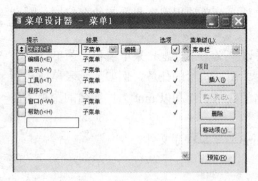

图 9-1　菜单设计器

打开菜单设计器时系统会弹出"新建菜单"对话框，该对话框中有两项选择：菜单（即普通菜单）、快捷菜单，这里选择"菜单"，屏幕即进入"菜单设计器"的界面，如图 9-1 所示。

"菜单设计器"的界面由菜单编辑区、菜单级下拉式列表、菜单项、预览按钮和分组菜单项 5 部分组成。

1. 菜单编辑区

在菜单设计器中，左边白色的区域为菜单编辑区，用于编辑各级菜单。实际上是一个具有多个菜单行的列表，当菜单行较多时右侧会出现滚动条。每行开头部有一个带双向箭头的按钮，它用来调整各个菜单项的次序。使用方法是按住此按钮上下拖动（如图 9-1 所示）。编辑区内各项的含义如下：

（1）"提示"框。

在此栏里输入显示在菜单系统中的菜单的标题或菜单项的名称。

如果用户想为菜单项加入快速访问键，可以在欲设定为访问键的字母前面加上一反斜杠和小于号(\<)。例如，在"文件"菜单中设计访问键为"F"，只要在菜单名称"文件"的后面加上"(\<F)"即可。使用键盘快捷键，用户可以通过键盘操作直接访问菜单项。

VFP 菜单的键盘快捷键一般使用 Ctrl 键或 Alt 键与其他字母键的组合。例如，可以使用 Ctrl+N 键打开一个"新建"对话框，使用 Alt+F 键打开"文件"菜单。要建立菜单项的键盘快捷键，可以按照以下步骤进行操作：

1）在"菜单设计器"中选中一个菜单项。

2）单击其右侧的"选项"按钮，弹出如图 9-2 所示的"提示选项"对话框。

3）将光标移到"快捷方式"选项组中的"键标签"文本框中，按下所需的组合键，所按组合键将自动显示在"键标签"框中。

4）在"键说明"文本框中也自动显示"键标签"中的内容，用户可以将其改写为任意说明文字。

制作成的系统的状态条信息用于表达相关菜单或菜单项所执行的任务，并将其显示在用户菜单界面的左下方。其操作步骤如下：

1）"菜单生成器"的"提示"栏指定用户菜单。

2）单击"选项"按钮，弹出"提示选项"对话框（如图 9-2 所示）。

图 9-2 "提示选项"对话框

3）在"信息"文本框中输入相应的状态信息，也可单击其右侧的按钮，在弹出的"表达式生成器"中生成逻辑表达式。对于添加在"信息"文本框中的信息必须用引号括起来，因为该说明是一个字符串表达式。

（2）"结果"栏。

此栏选定菜单项的功能类别。单击该栏将出现一个下拉框，有命令、子菜单、过程和填充名称四种选择，各选项的含义如下：

1）命令。当选择此项时，可以在其后的文本框中为这个菜单指定一个 Visual FoxPro 系统命令。当选择这个菜单标题时即执行这个命令。

2）子菜单。选择此选项，表示该菜单项包含一个子菜单，当菜单运行时，若用户选取该菜单项将弹出它的子菜单。选择此项后，结果列右侧将出现一个创建按钮，单击此按钮将进入下一级菜单设计窗口。

3）过程。用于定义一个与菜单项相关联的过程，当用户激活该菜单项时将执行此过程代码。选择此项时，其右侧将出现一个创建按钮，单击此按钮将启动过程编辑窗口，用于输入和编辑过程代码。若过程代码已经存在，则列表框右侧出现的将是编辑按钮，而不是创建按钮。

4）填充名称。当选择此项时，可以在其后的文本框中为菜单标题指定一个在菜单系统中引用该菜单时的菜单名称。仅在"菜单级"为"菜单栏"时有此项。

如果当前编辑的是子菜单，结果列表中有 4 个选项：命令、菜单项#、子菜单和过程。当选择"菜单项#"时，可以在后面的文本框中输入相应的菜单名。

（3）选项。

单击该按钮将打开一个"提示选项"对话框，如图 9-2 所示，可在其中为各菜单项设置各种属性。开始时，按钮上为空白，当对选项进行了设置后，将出现一个"√"号。

1）快捷方式。指定菜单项的快捷键。

2）键说明。文本框中的内容将显示在菜单项标题的右侧，一般会自动出现与快捷方式中相同的内容。

3）跳过。用于设置一个废止菜单项的逻辑表达式。当表达式的值为"真"时，该菜单项为废止状态。例如："not.file(\mydir\stu1.daf)"，表示\mydir\stu1.daf 不存在时废止该菜单项。

4）信息。可以输入用于说明当前选择菜单或菜单项的信息，当把鼠标指向它时，将在Visual FoxPro 状态中显示这个信息。

5）主菜单名或菜单项＃。可以指定一个菜单名称。这个名称是在菜单源代码中引用这个菜单时用的，如不指定，菜单设计器将自动分配菜单名称。

> **说 明**
>
> "主菜单名"文本框仅在"菜单设计器"窗口的"菜单栏"级且"结果"为"命令"、"子菜单"或"过程"时可用。

6）备注。可以填入有关此菜单或菜单项的备注文字。它只在这个对话框中可见，不对生成的菜单代码和运行菜单发生作用。

在菜单编辑框中，逐行地定义菜单项的各个项目，从而完成菜单的创建。

2. 菜单级下拉式列表

菜单系统是分级的，最高一级是菜单栏里的菜单，称为主菜单，其次是每个菜单下的子菜单。从该下拉列表框中选择适当菜单级可以进行相应菜单的设计。

3. "菜单项"命令按钮

提供设计菜单时的操作功能。在菜单项选项组中有"插入"按钮、"删除"按钮、"插入栏"按钮。

其中"插入"按钮完成菜单项的增加，具体步骤为：

（1）单击"菜单名称"列中的任意一菜单项，在其之前插入一个菜单项。

（2）单击右侧"菜单项"中的"插入"按钮，就可以插入一个菜单项。

（3）把插入的菜单项保存到菜单中，选择"文件"菜单中的"保存"选项就可以了。

"删除"按钮完成菜单项的删除，具体步骤为：

（1）在"菜单设计器"的菜单列表中，单击要删除的菜单项。

（2）单击"删除"按钮，或选择"菜单"的下拉菜单的"删除菜单项"命令。

（3）在"系统提示"对话框中，单击"是（Y）"按钮，则选中的菜单项被删除。

（4）选择"文件"菜单中的"保存"选项，可以把改过的菜单项保存到菜单中了。

"插入栏"按钮完成在当前菜单项行之前插入一个 Visual FoxPro 系统菜单命令。

4. 预览

显示所创建的菜单。一旦启动了菜单设计器，Visual FoxPro 的系统菜单会多出一项"菜单"，该菜单中集成了与菜单设计相关的菜单项。

5. 分组菜单项

将下拉菜单中具有相关功能的菜单项分成一组，可以方便用户的操作，例如，常将"剪切"、"复制"、"粘贴"等相关命令放在一组,以便于文本编辑操作。在需要添加分组符位置的"菜单名称"栏输入"\-",则创建一个分隔符。

9.2.2 保存菜单文件

在菜单设计器窗口设计好菜单后,要将该菜单保存起来。方法是单击 VFP 标准菜单"文件"菜单的"保存"或"另存为"命令(如图 9-3 所示)。保存的菜单文件有两个,即.mnx 的菜单文件和.mnt 的菜单备注文件。

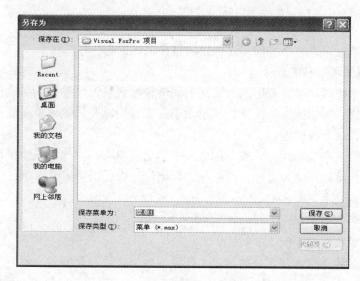

图 9-3 "另存为"对话框

9.2.3 生成程序菜单文件

将设计好的菜单保存为.mnx 格式后,还要生成 mpr 文件,才能被 VFP 执行。换言之,.mnx 文件是菜单的源文件,mpr 才是 VFP 中可执行的菜单文件,如果修改了菜单源文件,要及时生成相应的 mpr 文件,才能看到修改后的菜单效果。单击系统菜单中的"菜单"菜单,执行其中的"生成"命令,即可产生 mpr 文件,如图9-4 所示。

图 9-4 生成菜单

9.2.4 运行菜单文件

菜单作为 VFP 应用程序的组成部分,其生成、修改、运行应纳入应用程序的项目管理器之下。其运行有以下两种方式。

1. 菜单作为项目主文件

主文件是项目中所有文件最先被执行的文件。如果菜单被设为主文件,则菜单自动被执行,无须其他设置。

2. 菜单被命令程序(prg)或表单(frm)调用

如果在运行菜单之前先运行应用环境设置程序,或者操作员登录表单,然后再运行菜单,即由这些程序或表单调用菜单,应在程序或表单的相应位置输入以下命令。

```
Do<菜单文件名.mpr>
```

注意，不能省略扩展名 mpr。

例如：do main. mpr　＆＆执行菜单文件"main"

该命令也可在 VFP 命令窗口中执行以调试菜单。

此外，由应用程序环境返回到 VFP 环境，应在菜单的退出菜单项中添加以下代码：

```
Clear event                           &&结束以 Read event 开始的代码
Modify window screen title Microsoft Visual Foxpro      &&恢复 VFP 标题
Set sysmenu to default        &&恢复 VFP 系统菜单
activate window command       &&恢复命令窗口
```

所以退出菜单项设为一个过程，过程代码包含上述语句。

3. 为菜单或菜单项指定任务

在创建菜单系统时，需要考虑系统访问的简便性，必须为菜单和菜单项指定所执行的任务，如指定访问键、添加键盘快捷键、显示表单、工具栏以及其他菜单系统。菜单选项的任务可以是子菜单、命令或过程。

例如，为了结束系统运行，一般要创建一个退出菜单项。因此，需给"退出"菜单指定相应任务，该任务可以定义为过程。菜单项"退出"过程代码可定义如下：

```
CLOSE DATABASE ALL
SET SYSMENU TO DEFAULT      &&恢复系统菜单
```

9.2.5　普通菜单创建实例

现以一个简单的仓库管理系统的菜单为例说明使用菜单设计器的一般方法。

【例 9.1】　建立一个菜单文件，名称为"ckgl_menu"，其主菜单包含"系统管理"、"数据维护"、"信息查询"、"数据报表" 4 个菜单项，各菜单项的快捷键分别为：Ctrl+M、Ctrl+G、Ctrl+S 和 Ctrl+C。接着，为"系统管理"创建子菜单："工装具管理"、"标准件管理"、"常用件管理"、"冷却液管理"、"润滑液管理"和"工作服管理"，并设置相应的逻辑组划分线和快捷键，菜单文件的运行效果如图 9-5 所示。

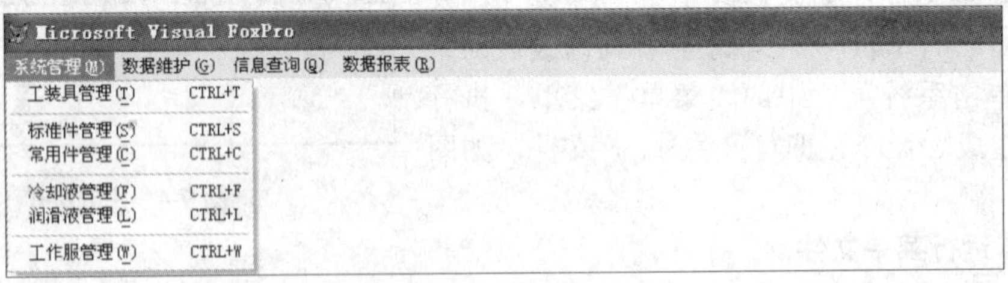

图 9-5　仓库管理系统菜单

操作步骤如下：

（1）创建主菜单及其快捷键。

1）打开项目 ckgl.pjx，单击"其他"选项卡，单击"菜单"选项，单击右侧的"新建"按钮，打开"新建菜单"对话框，单击"菜单"选项，进入"菜单设计器"窗口。

2）在"菜单设计器"窗口，定义主菜单中各菜单项名："系统管理"、"数据维护"、"信息查询"、"数据报表"。将各主菜单的"结果"选项选取为"子菜单"，如图 9-6 所示。同时，点取菜单设计器中"选项"右侧的按钮，创建快捷键。

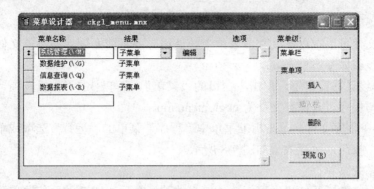

图 9-6　仓库管理主菜单创建

3）保存菜单文件，文件名为"ckgl_menu"。

（2）创建子菜单。

1）在菜单编辑器中点击"系统管理"主菜单右侧的"编辑"按钮，进入子菜单编辑窗口，进行相应子菜单项的创建及逻辑分组，操作内容如图 9-6 和图 9-7 所示。

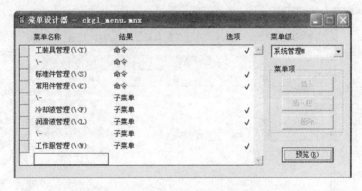

图 9-7　创建系统管理子菜单和逻辑组划分

2）菜单效果预览。在菜单设计器中单击预览按钮，可预览创建菜单的效果。本菜单的创建的效果如图 9-8 所示。

3）保存该菜单文件。

图 9-8　设计仓库管理系统菜单

（3）创建菜单程序文件。

菜单程序文件可以在程序文件或表单中被调用。要将前面创建的菜单文件生成为菜单程序文件，操作步骤如下：

1）在菜单设计器窗口下，单击主窗口的"菜单"菜单中的"生成"项，完成该菜单程序文件的生成与保存，其保存文件为 ckgl_menu.mpr。

2）运行菜单程序文件。单击标准菜单中"程序"菜单的"运行"选项或单击项目管理器右侧的"运行"按钮，运行效果如图9-8所示。

（4）恢复系统菜单。

由菜单程序文件运行结果发现，在菜单文件被运行后，VFP 的系统菜单无法恢复。要保证在运行菜单文件后能恢复系统菜单，需创建一临时的"退出"菜单，以确保恢复系统菜单。操作过程如下：

在菜单栏中添加"退出"菜单，选择"结果"栏的"过程"，单击"编辑"（如图 9-9 所示），打开过程编辑器输入如下代码：

```
CLOSE DATABASE ALL
SET SYSMENU TO DEFAULT      &&恢复系统菜单
```

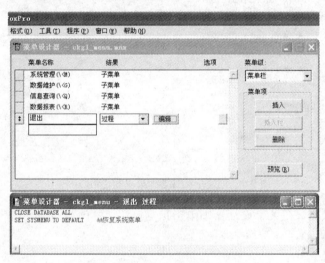

图9-9　添加"退出"菜单

输入完毕保存后，重新生成菜单并运行，此时单击"退出"菜单，可以发现系统结束了菜单文件的运行，并恢复了 VFP 的系统菜单。

9.2.6　用快速菜单创建菜单

创建菜单可以通过定制已有的 VFP 菜单系统，或者开发自己的菜单系统来实现。要从已有的 VFP 菜单系统开始创建菜单，必须使用"快速菜单"功能。

VFP 的"快速菜单"是在"菜单"的下拉菜单中的一个选项。它以系统菜单为模板，使用它可以把 VFP 加载到空的"菜单设计器"中。在"菜单设计器"中，在系统菜单基础上进行修改设计，可以方便快速地完成菜单设计。使用"快速菜单"命令，创建菜单的操作步骤如下：

（1）在"项目管理器"中，选择"其他"选项卡。

（2）选定"菜单"选项。

（3）单击"新建"按钮，屏幕显示"新建菜单"对话框，单击"菜单"按钮，默认的菜单名是：菜单加上建立的顺编号，如菜单 1、菜单 2、菜单 3 等。

（4）单击 VFP 的标准菜单的"菜单"|"快速菜单"命令，即把 VFP 系统菜单加到"菜单设计器"中。"菜单名称"列是菜单栏的菜单项，菜单项中括号里放的是热键字母，其先导字符是"\<"。"结果"列都是"子菜单"，表明这些菜单项下挂的都是子菜单。按"编辑"按钮，可编辑修改子菜单。"菜单设计器"当前行的"结果"是一个下拉列表框，有 4 种可选项：

如果选择"命令"或"主菜单名"，则在"结果"列之后出现文本框，可在其中输入命令或填写菜单名称。

如果选择"子菜单"或"过程"，则在"结果"列之后出现"创建"按钮，如果已经创建，则出现"编辑"按钮。

如果要改变菜单上各菜单的位置，则拖动移动按钮。

（5）将"菜单设计器"的第一行设为当前行。

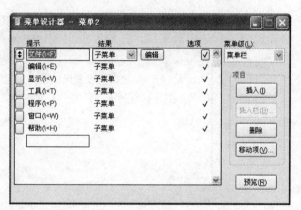

（6）单击"编辑"按钮，可使"菜单设计器"进入子菜单进行编辑。

例如，"文件"子菜单的各菜单项的内容如图 9-10 所示。

图 9-10 使用快速菜单创建菜单

9.3 快捷菜单的创建

快捷菜单是一种单击右键才出现的弹出式菜单，利用"快捷菜单设计器"仅能生成快捷菜单的菜单本身，实现单击右键来弹出一个菜单的动作还需要编写相关程序。

例如，建立一个具有"撤消"和"剪贴板"等菜单项的快捷菜单，供浏览表时使用。当用户在浏览窗口单击鼠标右键时，即出现此快捷菜单。

操作步骤如下：

（1）打开快捷菜单设计器窗口。

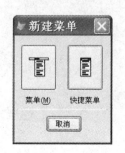

图 9-11 菜单类型选择对话框

在 Visual FoxPro 系统主菜单下，从"文件"菜单中选择"打开"选项，打开 ckgl.pjx 的"项目管理器"对话框后，选择"其他"选项卡，单击"菜单"选项，然后单击"新建"按钮，屏幕上出现"新建菜单"对话框（如图 9-11 所示）。在"新建菜单"对话框中，选择"快捷菜单"按钮，进入"快捷菜单设计器"窗口。

（2）插入系统菜单栏。

在快捷菜单设计器窗口中，选择"插入栏"按钮，进入"插入系统菜单栏"对话框，在"插入系统菜单栏"对话框中选择"粘贴"选项，并单击"插入"按钮，类似地插入"复制"、"剪切"、"撤消"等选项，最后单击"关闭"按钮返回到快捷菜单设计器窗口。

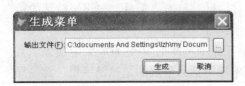

图 9-12　"生成菜单"程序对话框

（3）生成菜单程序。

单击 VFP 标准菜单的"菜单"|"生成"，此时会弹出如图 9-12 所示的"生成菜单"窗口，在保存文件时，将菜单文件主名取为 ckgl_menu_kj，于是菜单保存在菜单文件 ckgl_menu_kj.mnx 和菜单备注文件 ckgl_menu_kj.mnt 中。在"生成菜单"对话框中选择"生成"按钮，就会生成菜单程序 ckgl_menu_kj.mpr。

（4）编写调用程序。

在命令窗口中输入：MODI COMM dyckgl_ menu_kj 命令，按"Enter"执行命令，此时会弹出一个程序编辑窗口，在程序编辑窗口中输入如下代码（见图 9-13）：

```
CLEAR ALL
PUSH KEY CLEAR       &&清除以前设置过的功能键
ON KEY LABEL RIGHTMOUSE DO ckgl_menu_kj.mpr &&设置鼠标右键为功能键，预置弹
                                              出式菜单

USE   零件
BROWSE
USE
PUSH KEY CLEAR
```

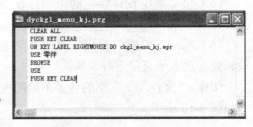

图 9-13　程序编辑窗口

（5）执行调用程序及快捷菜单程序。

输入代码完毕后关闭程序设计窗口，在 VFP 的命令窗口输入命令：DO dyckgl_ menu_kj，并按"Enter"键执行，此时屏幕上就会出现零件表的浏览窗口。选择任何数据后，单击右键随即弹出快捷菜单，便可进行选择，如图 9-14 所示。

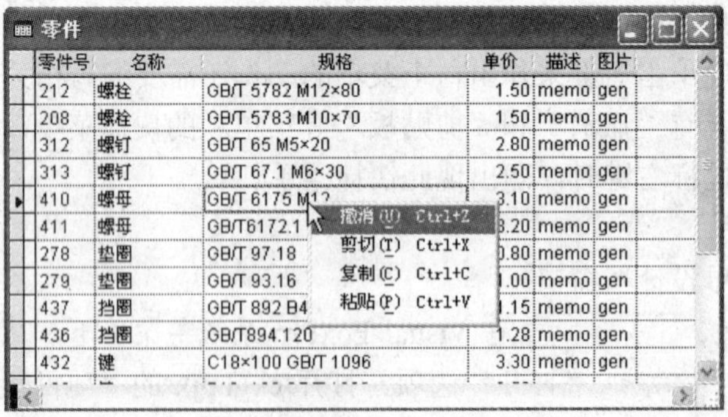

图 9-14　浏览窗口中的快捷菜单

9.4　设置常规选项与菜单选项

在菜单设计器环境下，系统的"显示"菜单中有两个命令："常规选项"和"菜单选项"。

1. "常规选项"对话框

选择"显示"菜单中的"常规选项"命令，屏幕会出现的"常规选项"对话框（如图 9-15

所示)。"常规选项"是针对整个菜单的,它的主要作用:为整个菜单指定一个过程;可以确定用户菜单与系统菜单之间的位置关系;为菜单增加一个初始化过程和清理过程。对话框中主要包括以下选项:

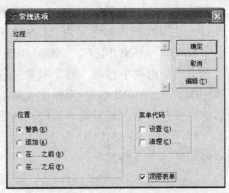

过程:创建菜单过程代码。如果代码超出显示的编辑区,激活滚动条。

编辑:打开一个编辑窗口,从而可以代替"常规选项"对话框在其中创建代码。要激活编辑窗口,在"常规选项"对话框中单击"编辑"然后选择"确定"按钮。

替换:使用新的菜单系统替换已有的菜单系统。

追加:将新菜单系统添加在活动菜单系统的右侧。

在…之前:将新菜单插入指定菜单的前面。这个

图 9-15　"常规选项"设置

选项显示一个包含活动菜单系统名称的下拉列表。要插入新菜单,选择您希望新菜单在其前面的菜单名。

在…之后:将新菜单插入指定菜单的后面。这个选项显示一个包含活动菜单系统名称的下拉列表。要插入新菜单,选择您希望新菜单紧跟其后的菜单名。

设置:打开一个编辑窗口,从中可以向菜单系统添加初始化代码。要激活编辑窗口,在"常规选项"对话框中选择"确定"按钮。

清理:选项对话框打开一个编辑窗口,从中可以向菜单系统添加清理代码。要激活编辑窗口,在"常规选项"对话框中选择"确定"按钮。

顶层表单:如果选定,允许该菜单在顶层表单(SDI)中使用。如果未选定,只允许在 Visual FoxPro 页框中使用该菜单。

2. "菜单选项"对话框

选择"查看"菜单中的"菜单选项",显示"菜单选项"对话框(如图 9-16 所示)。

该对话框中主要有两个功能:为指定的菜单编写一个过程;修改菜单项的名称。对话框中主要包括以下选项:

名称:包含菜单名。默认情况下,这与"菜单设计器"的"菜单级"提示列中的文本相同。可在"菜单级"提示列中键入一个新名称来更改它。

图 9-16　"菜单选项"对话框

过程:提供创建菜单过程代码或显示已存在代码的空间。如果代码超出显示的编辑区,将激活滚动条。

编辑:打开一个编辑窗口,从而能够代替"菜单选项"对话框在其中创建代码。要激活编辑窗口,在"菜单选项"对话框中选择"确定"按钮。

9.5　系统菜单的控制及主窗口标题的设置

Visual FoxPro 系统菜单是一个典型的菜单系统,其主菜单是一个条形菜单。选择条形菜

单中的每一个菜单项都会激活一个弹出式菜单。在 Visual FoxPro 中，每一个条形菜单都有一个内部名字和一组菜单选项，每个菜单选项都有一个名称（标题）和内部名字。例如，Visual FoxPro 主菜单的内部名字为_MSYSMENU，条形菜单项"文件"、"编辑"和"窗口"的内部名字分别为_MSM_FILE, _MSM_EDIT, _MSM_WINDOW。每一个弹出式菜单也有一个内部名字和一组菜单选项，每个菜单选项则有一个名称（标题）和选项序号。例如，_MFILE, _MEDIT, _MWINDOW 为弹出式菜单项"文件"、"编辑"和"窗口"的内部名。菜单项的名称用于在屏幕上显示菜单系统，而内部名字或选项序号则用于在程序代码中引用。

通过 SET SYSMENU 命令可以允许或禁止在程序执行时访问系统菜单，也可以重新设置系统菜单。命令格式是：

```
SET SYSMENU ON|OFF|AUTOMATIC |TO [<快捷菜单名表>]|TO [<一般菜单项名表>]|TO
[DEFAULT]|SAVE|NOSAVE
```

其中，ON 允许程序执行时访问系统菜单，OFF 禁止程序执行时访问系统菜单，AUTOMATIC 可使系统菜单显示出来，可以访问系统菜单。TO 子句用于重新设置系统菜单。"TO[<弹出式菜单名表>]"以菜单项内部名字列出可用的弹出式菜单。例如，命令 SET SYSMENU TO _MFILE,_MEDIT 将使系统菜单只保留"文件"和"编辑"两个子菜单。"TO[<条形菜单项名表>]"以条形菜单项内部名字列出可用的子菜单。例如，上面的系统菜单设置命令也可以写成 SET SYSMENU TO _MSM_FILE, _MSM_EDIT。"TO[DEFAULT]"将系统菜单恢复为缺省配置。SAVE 将当前系统菜单配置指定为缺省配置，NOSAVE 将缺省设置恢复成 Visual FoxPro 系统的标准配置。要将系统菜单恢复成标准设置，可先执行 SET SYSMENU NOSAVE 命令，然后执行 SET SYSMENU TO DEFAULT 命令。不带参数的 SET SYSMENU TO 命令将屏蔽系统菜单，使系统菜单不可用。一般情况下，使用"菜单设计器"设计的菜单，是在 Visual FoxPro 的窗口中运行的，也就是说，用户菜单不是在窗口的顶层，而是在第二层，因为"Microsoft Visual FoxPro"标题一直都被显示。

要去掉"Microsoft Visual FoxPro"标题并换成用户指定的标题，可以通过顶层表单的设计来实现，基本思路是：

（1）首先建立一个下拉式菜单文件。设计菜单时，在"常规选项"中，选中"顶层表单"复选框，然后生成菜单程序文件。

（2）创建一个表单，将表单的 ShowWindow 属性值设为 2，使该表单成为顶层表单。然后在表单的 Init 事件代码中添加如下代码：

```
DO <菜单程序名> WITH THIS [,"<菜单名>"]
```

其中，<菜单程序名>指定被调用的菜单程序文件，其扩展名.mpr 不能省略。This 表示当前表单对象的引用。通过可以为被添加的下拉式菜单的条形菜单指定一个内部名字。

9.6 顶层表单菜单设计（SDI 菜单）

运用菜单设计器设计完菜单后，窗口的标题是"Microsoft Visual FoxPro"，这是系统窗口的默认标题，运用顶层表单的设计方法，可以将此标题改为其他的标题。方法是：

（1）生成顶层表单中的菜单程序文件。

在 Visual FoxPro 系统主菜单下，从"文件"菜单中选择"打开"选项，打开 ckgl.pjx 的"项目管理器"对话框后，选择"其他"选项卡，单击"菜单"选项，然后单击"新建"按钮，建立一个下拉式菜单文件 ckgl_sdi。在设计菜单时，单击 VFP"显示"菜单下的"常规选项"，打开"常规选项"对话框（见图 9-15），选中"顶层表单"复选框，然后生成菜单程序文件 ckgl_sdi.mpr。

（2）创建顶层表单，设置相关属性。

在 ckgl.pjx 的"项目管理器"对话框中创建一个表单 ckgl_bd1，将"零件.dbf"作为该表单的数据环境，并将其从数据环境设计器拖入到该表单。然后将表单的 ShowWindows 属性值设为 2，将表单的 caption 属性设为"仓库管理"，使该表单成为顶层表单，然后在表单的 Init 事件代码中添加代码：DO ckgl_sdi.mpr WITH THIS。

（3）运行顶层表单。

运行顶层表单"ckgl_bd1"，生成 SDI 菜单的结果如图 9-17 所示。

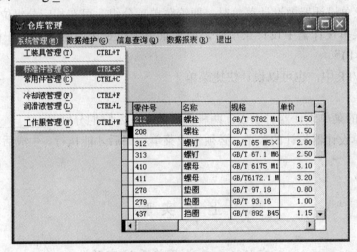

图 9-17　顶层表单菜单

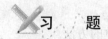 习　题

一、选择题

1．假设有菜单文件 mainmu.mnx，下列说法正确的是（　　）。

　　A．在命令窗口利用 DO mainmu 命令，可运行该菜单文件

　　B．首先在菜单生成器中，将该文件生成可执行的菜单文件 mainmu.mpr，然后在命令窗口执行命令：DO mainmu 可运行该菜单文件

　　C．首先在菜单生成器中，将该文件生成可执行的菜单文件 mainmu.mpr，然后在命令窗口执行命令：DO mainmu.mpr 可运行该菜单文件

　　D．首先在菜单生成器中，将该文件生成可执行的菜单文件 mainmu.mpr，然后在命令窗口执行命令：DO MEMU mainmu 可运行该菜单文件

2．执行 SET　SYSMENU　TO 命令后，（　　）。

　　A．将当前菜单设置为默认菜单

　　B．将屏蔽系统菜单，使菜单不可用

　　C．将系统菜单恢复为缺省的配置

　　D．将缺省配置恢复成 Visual FoxPro 系统菜单的标准配置

3．假设已经生成了名为 mymenu 的菜单文件，执行该菜单文件的命令是（　　　　）。

　　A．DO mymenu　　　　　　　　　　B．DO mymenu.mpr

　　C．DO mymenu.pjx　　　　　　　　D．DO mymenu.mnx

4．设计菜单要完成的最终操作是（　　　　）。

　　A．创建主菜单及子菜单　　　　　　B．指定各菜单任务

　　C．浏览菜单　　　　　　　　　　　D．生成菜单程序

5．在 VFP 中，有关菜单的下列说法不正确的是（　　　　）。

　　A．执行菜单源程序文件的命令为"DO MENU 菜单文件名"

　　B．在菜单设计器中设计菜单时，要给菜单项分组，可在相应分组位置加入"\--"

　　C．在菜单设计器中设计菜单时，要给菜单项设置访问键 F，可在该菜单项后加入
　　　"(\<F)"

　　D．在 VFP 中，也可以设计快捷菜单

二、填空题

1．用 VFP 的菜单设计器可以设计两种类型的菜单，它们分别是_____和_____。

2．VFP 菜单设计器设计的菜单，必须生成菜单程序后才能执行，生成后的菜单程序其扩展名是_____。

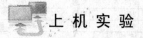

上 机 实 验

实验 1　普通菜单系统实验

实验目的

1．掌握用菜单设计器创建普通菜单的方法。

2．理解菜单在数据库应用系统中的作用及设计方法。

实验内容

创建如下菜单：

主菜单："文件（F）"、"编辑（E）"。

子菜单："文件"菜单包含的子菜单为，"新建(N)" Ctrl+N、"打开(O)" Ctrl+O 和"退出(X)" Ctrl+X；"编辑"菜单包含的子菜单为，"剪切(T)" Ctrl+T、"复制(C)" Ctrl+C 和"粘贴(P)" Ctrl+P。

步骤：

创建普通菜单。

（1）打开项目 ckgl.pjx。

（2）在"项目管理器"窗口中选择"其他"选项卡，选择"菜单"项，单击"新建"按钮，打开"菜单设计器对话框"。

（3）对"文件"菜单设置访问键"alt+F"。具体方法是在"提示"下的文本框中输入"文件(\<F)"，如图 9-18 所示。

（4）对"编辑"菜单设置访问键"alt+E"。具体方法是在"提示"下的文本框中输入"编辑(\<E)"，如图 9-18 所示。

（5）创建"文件"菜单的子菜单。在"菜单设计器"窗口中选定"文件"菜单行，在"结果"栏中选择"子菜单"，单击其后的"创建"按钮，进入"文件"菜单的子菜单设计。用同样的方法可以进入"编辑"菜单的子菜单设计。

（6）在菜单项之间插入分组线。具体方法是在"文件"菜单下的子菜单"打开"和"退出"间插入分组线。在"打开"和"退出"间新增一行"新菜单项"，再在"菜单名称"编辑框中输入"\-"即可。"文件"菜单的子菜单设计效果如图 9-19 所示。

（7）为菜单项指定命令。为"文件"菜单下的"退出"子菜单设置命令，要求：运行该菜单时选择该菜单项，将退出该菜单，返回系统菜单。只需将"退出"菜单行中"结果"栏选择为"命令"，然后在其右侧的命令接收框中输入"set sysmenu to defa"即可。"文件"菜单的子菜单设计效果如图 9-19 所示。

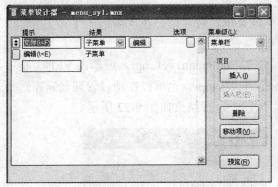

图 9-18　主菜单设计

图 9-19　"文件"菜单的子菜单

（8）为"文件"菜单下的"新建"菜单项设置快捷键 Ctrl+N。选择"新建"菜单项，然后单击该行的"选项"按钮，出现"提示选项"对话框，再在"提示选项"对话框的"键标签"文本框中，按提示输入 Ctrl+N 即可。用同样的方法可以设置"打开"菜单项的快捷键为 Ctrl+O，设置"退出"菜单项的快捷键为 Ctrl+X。

（9）在"编辑"菜单下插入系统菜单项——"剪切"、"复制"、"粘贴"。选择菜单级为"菜单栏"；选择"编辑"菜单项，并创建其子菜单。在子菜单中单击"插入栏"按钮，出现"插入系统菜单栏"对话框（如图 9-20 所示），在该对话框的列表中分别选择"剪切"、"复制"、"粘贴"，

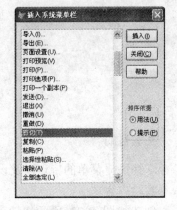

图 9-20　"插入系统菜单栏"对话框

再按"插入"按钮。"编辑"菜单的子菜单设计效果如图 9-21 所示。

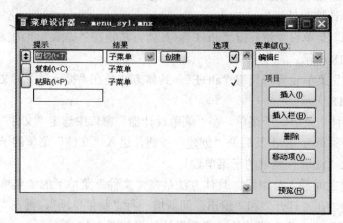

图 9-21 "编辑"菜单的子菜单

（10）为"编辑"菜单下"剪切"菜单项设置快捷键，单击该行的"选项"按钮，出现"提示选项"对话框，再在"提示选项"对话框的"键标签"文本框中，输入 Ctrl+T 即可。用同样的方法可以设置"复制"菜单项的快捷键为 Ctrl+C，设置"粘贴"菜单项的快捷键为 Ctrl+P。

（11）生成并运行普通菜单。选择菜单级下的"菜单栏"选项，返回主菜单设计窗口。单击 VFP 主窗口中的"菜单"|"生成"，出现"生成菜单"对话框。在"输出文件"文本框中输入要生成的文件名 menu_sy1 即可。

（12）要运行菜单，只需在命令窗口中输入命令：do menu_sy1.mpr。或单击 VFP 主窗口中的"程序"|"运行"，选择需要运行的文件 menua_sy1.mpr。也可以在项目管理器窗口选择文件 menua_sy1.mpr，然后单击右侧的"运行"按钮。运行结果如图 9-22 所示。

图 9-22 运行结果

实 验 2 快 捷 菜 单 实 验

实验目的

掌握快捷菜单的特点以及设计方法。

实验内容

创建如图 9-23 所示快捷菜单，要求单击表单中的任意文本框可以弹出菜单程序名为 ckgl_menu_kj.mpr 的快捷菜单。

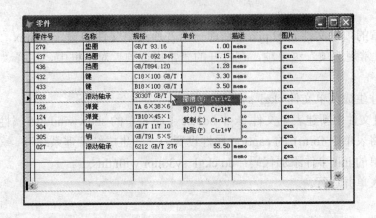

图 9-23　快捷菜单

步骤：

（1）在名为 ckgl.pjx 的项目管理器中创建表单文件 ckgl_bd2，并将表单中 form1 的 caption 属性设置为"零件"。

（2）要将该快捷菜单加载到表单中，要求当右键单击表单中任意文本框时出现该快捷菜单。需要将表单中所有 column1、column2、column3、……的 TEXT1 的 Rightclick 事件代码设置为 do ckgl_menu_kj.mpr 代码。

（3）保存并运行表单，可以得到如图 9-23 所示的结果。

实验 3　SDI 菜 单 实 验

实验目的

1. 熟悉系统菜单等其他菜单的设计方法。
2. 了解 SDI 菜单的创建和使用方法。

实验内容

利用菜单设计器创建如图 9-24 所示的顶层表单菜单系统。

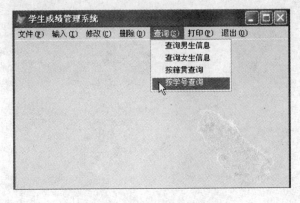

图 9-24　顶层表单菜单系统

步骤：

（1）在本章的项目文件 ckgl.pjx 中新建一个普通菜单文件 ckgl_sy3.mnx，选择系统菜单"菜单"中的"常规选项"菜单项，在打开的"常规选项"对话框中，选择"顶层表单"复选框。

（2）保存并生成菜单文件 ckgl_sy3.mpr。

（3）在项目文件中新建表单文件 ckgl_bd3.scx，将表单的 showwindows 属性设置为"2（顶层表单）"；并将表单中 form1 的 caption 属性设置为"学生成绩管理系统"。

（4）为表单的 init 事件添加代码：do ckgl_sy3.mpr with this,.t.。

（5）保存表单并运行。

第10章 应用程序开发

VFP 应用程序开发就是在数据库管理系统 Visual FoxPro 支持下运行的管理信息系统（MIS）。开发一个数据库应用系统，主要包含数据库设计和应用程序设计两个方面。根据数据库相关理论和软件工程基本思想，开发 VFP 应用程序，必须按照软件工程项目开发规程进行合理的应用程序规划，以保证数据库应用系统的顺利开发。

教学内容：主要介绍利用 VFP 开发应用程序的一般步骤，建立应用程序主程序的方法，应用程序的调试与优化技术以及应用程序的连编等。

教学重点：学习开发应用程序的一般步骤、建立应用程序的主程序。

10.1 开发应用程序的一般步骤

通常情况下，一个数据库应用系统的开发需要经过需求分析、数据库设计、系统设计、系统测试与维护等阶段，完整的数据库应用系统的开发步骤如图 10-1 所示。

10.1.1 需求分析

需求分析是整个应用系统设计中最重要的环节，是其他各个步骤的基础，包括对用户和原有系统的需求调查和需求分析两个过程。

1. 需求调查

需求调查的重点是"数据"和"处理"，为了提高效率达到事半功倍的效果，调查前需要拟定调查提纲，调查时要紧紧抓住两个"流"，即"信息流"和"处理流"，要时刻跟踪这两个流，而且要不断地将两者有机结合起来。

通常需求调查主要调查用户的业务现状、信息源流及外部数据要求。

（1）业务现状包括以下内容：

- 用户单位的经营策略。
- 经营内容及机构设置。
- 各种业务全过程。
- 业务约束条件。

（2）信息源流包括以下内容：

- 各种数据的种类、类型和数据处理量。
- 各种数据的源、流向和终点。
- 各种数据的产生、修改、删除和查询及更新过程和频率。
- 各种数据与业务处理的关系。

（3）外部数据要求：

图 10-1 数据库应用系统的开发步骤

- 对数据保密性的要求。
- 对数据完整性的要求。
- 对数据处理结果响应时间的要求。
- 对系统使用方式的要求。
- 对数据输入方式的要求。
- 对数据输出及数据报表的要求。
- 对各种数据精度的要求。
- 对系统数据吞吐量的要求。
- 用户对系统总体目标的要求。
- 用户对系统未来功能、性能及应用范围扩展的要求。

2. 需求分析

需求分析是在需求调查的基础上对用户和系统的数据存储、处理和运行要求进行综合分析，分析用户的环境和要求，在此基础上，分析系统运行所需的数据，包括所有的数据流及相应的组成项目。最后要分析用户的功能需求，了解系统最终需要实现的功能。在确定系统功能时，开发人员和用户必须全面考虑并进行多次分析和讨论，系统功能确定之后，一般不能改动，否则将影响后面的整个开发工作。

10.1.2　数据库设计

数据库设计就是设计系统所需数据的类型、格式、宽度和输入输出形式。数据库设计是整个数据库应用系统中最关键的问题，数据库设计性能的好坏，将直接影响数据库应用系统的性能和运行效率。

1. 数据库概念设计

根据需求分析所获得的信息，进行数据分类和组织，利用 E-R 图，形成实体及其属性，确定实体间的联系，设计出反应系统信息需求的统一的数据库概念模型。

2. 数据库逻辑设计

将概念设计得到的概念模型转换为 VFP 所支持的关系模型，设计出所需的关系模式、属性及关键字。

3. 数据库物理设计

数据库的物理设计就是利用具体的 DBMS 来创建具体的数据库，定义数据库表，以及表与表之间的关系。在 VFP 中主要利用数据库设计器创建数据库、添加数据库表、建立表之间的永久关系，利用表设计器创建数据库表或自由表。

10.1.3　功能设计

功能设计就是利用自顶向下的策略设计出系统的总体功能框架及各个功能子系统框架，列出子系统的功能模块及详细的功能说明。功能设计要考虑系统的总体设计目标和分步设计实现的过程，也要考虑业务处理流程和操作的方便性等因素。系统功能框架图如图10-2 所示。

10.1.4　应用程序设计

在功能分析的基础上，就可以进行具体的应用程序设计了。应用程序设计一般需要以下四个方面的设计：

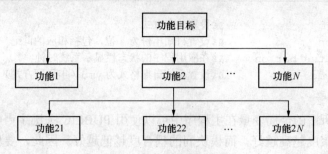

图 10-2 系统功能框架图

- 设计应用程序的用户界面，包括开始与结束界面，输入输出表单、菜单和工具栏等。
- 设计事务处理程序，如查询、统计、计算和数据处理等。
- 设计输出方式和界面，包括浏览、排序、报表、图形等。
- 设计应用程序的主程序，主程序是应用程序的入口，必须进行完整的设计。

10.1.5 系统测试与发布

系统测试需要测试应用程序在不同的条件下能否得到正确的运行结果，测试应用系统能否满足用户最终的需求。需要对应用程序反复地进行整体测试、调试、编译。测试的目的是验证编写的程序是否满足系统的要求，同时发现程序中存在的各种错误和隐患，测试通常分为模块测试和集成测试。

经过系统大量的测试之后，如果系统功能实现正常，能够满足用户的要求，就可以进行应用程序的发布了。发布应用程序，也就是制作一套完成的安装程序盘提供给用户，以便于在一般的计算机上安装使用。

10.1.6 系统运行与维护

应用程序的发布并不是应用系统开发过程的结束，而是第一步，后面需要大量的人力和物力，在相当长的时间内进行系统运行与维护。在系统维护阶段需要检验和修正应用程序的缺陷，调整和增加新的功能。

系统维护是应用程序生命周期的最后阶段，是需要时间最长的阶段，系统维护工作的好坏将直接决定应用系统真正的生命周期和使用效益。

10.2 建 立 主 程 序

主程序是应用程序的入口程序，利用主程序可以将整个项目编译为可执行文件时调用的第一个程序。

10.2.1 概述

在 VFP 中，主程序可以是.prg 的程序文件，也可以是表单、菜单文件等。一般情况下，经常使用.prg 的程序文件。

在主程序中，一般需要为应用程序设置运行环境所需的环境配置参数，声明整个应用系统所需的全局变量，调用系统启动时的欢迎界面和登录界面，控制事件循环，以及退出应用程序时需要关闭的文件和恢复系统环境的参数设置等。

1. 配置环境参数

VFP 中应用程序运行的环境参数配置主要通过 SET 命令完成，例如：

```
set exclu  off              &&设置共享方式
set century on              &&设置日期年份为 4 位，包括相应的世纪
set clock status bar on     &&在应用程序的状态栏显示系统时钟
set date to ymd            &&设置系统日期格式为 ymd（年月日方式）
```

2. 声明全局变量

应用程序运行所需的全局变量在主程序中可以使用 PUBLIC 关键字声明，根据软件工程理论，程序模块内聚度越高越好，而模块间的耦合度越低越好。因此，要尽量减少全局变量的使用而推荐使用局部变量，但少量的全局变量也是必须的。

3. 欢迎用户登录界面

主程序的执行表明整个应用系统的程序已正式启动，此时需要显示用户界面以方便用户操作和使用，一般通过表单来完成，包括一个欢迎界面（主要有应用程序的版本、版权、开发时间和开发单位等信息）和用户登录界面。

在定义了应用系统所需的全局变量之后，可以使用如下命令显示应用程序的欢迎和用户登录界面：

```
DO FORM welcome.scx         &&显示欢迎界面
DO FORM logon.scx           &&显示用户登录界面
DO xtmenu.mpr              &&运行系统主菜单
```

4. 控制事件循环

应用程序的初始用户界面显示之后，需要建立事件循环。面向对象程序设计要求建立一个事件循环来等待用户交互式的操作和使用应用程序。

控制事件循环的方法是使用 READ EVENTS 命令，执行该命令后系统开始时间循环，等待用户的鼠标和键盘操作。事件循环仅仅需要在独立运行的应用程序中建立，VFP 集成开发环境中运行应用程序不需要使用该命令。

如果在主程序中没有包含 READ EVENTS 命令，那么在执行.EXE 应用程序时将直接返回操作系统，无法交互式的使用应用程序。

在启动了事件循环之后，应用程序将处在最后显示的用户界面控制之下，例如：

```
DO xtmenu.mpr              &&运行系统主菜单
READ EVENTS
```

应用程序将显示系统主菜单供用户操作使用。

5. 结束事件循环

与 READ EVENTS 命令相对应，在应用程序中也需要一个结束事件循环的命令。否则，应用程序将陷入死循环，不能正常退出。

结束事件循环的命令是：

```
CLEAR EVENTS
```

该命令可以写在"退出"按钮或"退出"菜单项中，执行该命令后，系统将控制权返回给主程序，开始执行 READ EVENTS 之后的命令。

READ EVENTS 之后的命令可以用来恢复系统环境的参数设置，通常通过一个过程来专门恢复原来的初始环境。

10.2.2　主程序的建立

1. 主程序的设置方法

将一个程序或表单设置为主程序文件的方法有两种：

（1）在项目管理器中选中要设置的主程序文件，从"项目"菜单或快捷菜单中选择"设置主文件"选项。项目管理器将应用程序的主文件自动设置为"包含"，在编译完应用程序之后，该文件作为只读文件处理。

（2）从"项目"菜单的"项目信息"选项的"文件"选项卡中选中要设置的主程序文件单击右键，从弹出的快捷菜单中选择"设置主文件"。在这种情况下，只有将文件设置为"包含"之后，才激活"设置主文件"选项。

2. 主程序设置举例

（1）程序代码编制录入。

在项目管理器的"代码"选项卡中点取"程序"选项，单击"新建"按钮，录入如下代码，并存储为 main.prg。

程序代码：

```
*这是主程序 main.prg
*设计者:
*设计日期:
*********************
*声明全局变量
PUBlIC  cUserName
DO setup    &&调用环境设置过程

DO FORM welcome.scx        &&显示欢迎界面
DO FORM logon.scx          &&显示用户登录界面
DO ckmenu.mpr              &&运行系统主菜单（包含退出菜单项）
READ EVENTS                &&建立事件循环

DO clearup                 &&恢复环境设置过程

PROCEDURE  setup
  Clear
  CLEAR ALL
  SET TALK OFF
  SET EXCLUSIVE OFF
  SET CENTURY ON
  SET CLOCK STATUS bar ON
  SET DATE TO YMD
  SET DEFAULT TO d:\ckgl
  SET PATH TO d:\ckgl\data
  OPEN DATABASE 仓库管理

  ON ERROR DO ERR.PRG;      &&指定错误处理程序
    WITH ERROR(),;
    MESSAGE(),;
    MESSAGE(1),;
    PROGRAM(),;
```

```
    LINENO(1)
ENDPROC
PROCEDURE clearup
 CLOSE ALL
 SET SYSMENU  TO DEFAULT
 SET TALK on
 SET EXCLUSIVE on
 SET CENTURY off
 SET CLOCK STATUS bar Off
 SET DATE TO ANSI
ENDPROC
```

（2）主程序文件的设置。

在项目管理器"代码"选项卡的"程序"类别中选定需要设定为主程序的程序文件 main.prg，单击鼠标右键，在弹出的快捷菜单中选择 "设置主文件"菜单项，如图 10-3 所示。

选择设置主文件后，主程序文件在项目管理器窗口中将以加粗字体显示，如图 10-4 所示。

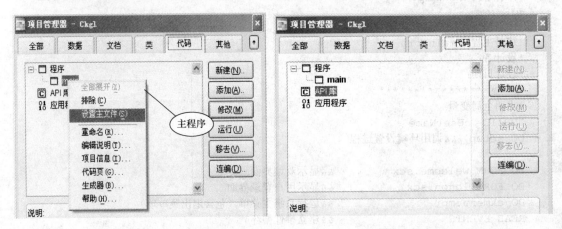

图 10-3　设定主程序　　　　　　　图 10-4　设定主程序的文件将加粗显示

10.3　连 编 应 用 程 序

创建应用程序的最后一步就是将程序编译连接生成一个单一的应用程序或可执行文件，再将其发布。在完成应用程序的调试之后，需要添加项目文件、设置项目信息，就可以开始将程序编译为可执行文件了。

10.3.1　管理项目管理器中的文件

1．设置主文件

要编译应用程序，就必须在项目中包含一个主程序（主文件），有关主程序的编写和设置信息可以参考 10.2 节内容。设置了主文件后，在连编项目时，可以将整个项目相关的程序编译为一个以主文件命名，扩展名为.APP 或.EXE 的应用程序文件，作为应用程序启动调用的第一个文件，由主程序再去调用其他相关的程序。

2．添加文件到项目管理器

在项目管理器中指定主程序后，可以通过单击项目管理器的"连编…"按钮，在打开的对话框中选择"重新连编项目"选项，然后单击"确定"按钮，就可以将主程序代码框架中所涉及到的文件自动添加到项目管理器中，如图 10-5 和图 10-6 所示。

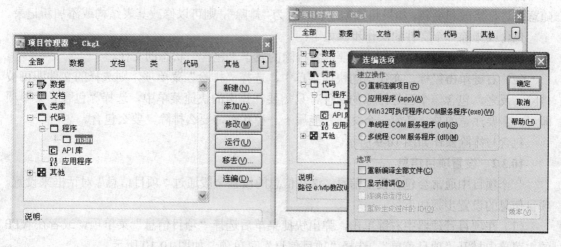

图 10-5　项目管理器窗口　　　　　　　　图 10-6　重新连编项目

但是，不是所有的文件都可以自动添加到项目管理器中，凡是主程序框架中没有涉及到的文件，必须手工添加到项目中，如 VFP 的配置文件 Config.fpw 文件通常不会在应用程序代码中被调用，所以在重新连编项目时不会被添加到项目中，只能通过手工添加。

手工添加文件到项目管理器中的步骤如下：

（1）在项目管理器窗口中选择要添加文件的项目分类，可以通过"全部"选项卡选择确定，并单击"添加"按钮，如图 10-7 所示。

（2）在弹出的打开对话框中选择要添加的文件。

3. 文件的包含与排除

项目在连编时往往涉及到"包含"与"排除"这两个概念。在项目管理器中，凡是左侧带有"⊘"标记的文件都属于"排除"状态，而无此标记的属于"包含"状态，如图 10-8 所示。

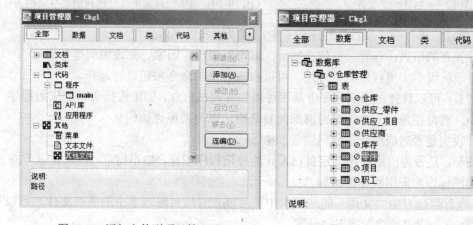

图 10-7　添加文件到项目管理器　　　　　图 10-8　文件的包含与排除状态

包含是指在连编项目时将文件包含进生成的应用程序中，从而这些文件会变成"只读"文件，不能再进行修改。通常将程序文件、表单、菜单、报表、查询等设置为"包含"，VFP

默认程序文件为"包含"，而数据文件默认为"排除"。

排除是指在连编项目时将某些数据文件排除在外，这些文件可以在应用程序运行过程中随意地进行修改和更新，如果将数据库表设置为"排除"，则可以修改其表结构或添加新记录。

包含或排除一个文件的操作步骤如下：

（1）在项目管理器中选择一个要准备排除的属于"包含"状态的文件。

（2）右键单击鼠标，在弹出的快捷菜单中，选择"排除"菜单项，则选择的文件即可被排除。反之，包含一个已经排除的文件，只需要在弹出的快捷菜单中，选择"包含"菜单项即可。需要注意的是，任何一个文件只能属于一种状态，要么排除，要么包含。

包含与排除操作如图 10-9 所示。

10.3.2　设置项目信息

一个项目中通常会包含很多信息，这些信息的设置一般通过"项目信息"对话框来设置。项目信息的设置步骤如下：

（1）在项目管理器中右键单击，弹出快捷菜单后选择"项目信息"菜单项，或者在 VFP 的主菜单中打开"项目菜单"，选择"项目信息"菜单项，如图 10-10 所示。

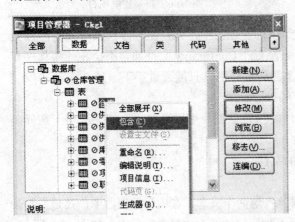

图 10-9　包含一个文件

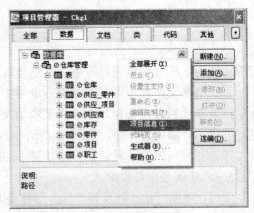

图 10-10　通过快捷菜单打开项目信息对话框

（2）在"项目信息"的"项目"的选项卡中，可以输入以下信息：

- 项目开发者的信息：作者、单位、地址、城市、省份、国家、邮政编码等信息。
- 本地目录：设定应用程序的主目录，可以点击右侧的命令按钮进行选择。
- 调试信息：可以选择在应用程序中是否可以包含调试信息，如果选择会增加应用程序的大小，通常在最后一次连编时清除此复选框，以便去掉调试信息。
- 加密：决定是否对应用程序代码进行加密。
- 附加图标：是否为应用程序指定自己设计的应用程序图标，如不指定，则默认以 VFP 系统的图标作为应用程序的图标。

（3）在"项目信息"的"文件"的选项卡中，可以查看项目管理器中的所有文件，可以对文件进行"包含"或"排除"状态的设置。

10.3.3　设置在启动时隐藏 VFP 主窗口

默认情况下，VFP 编译后的应用程序在运行时，将首先打开 VFP 的主窗口，然后再执行用户的主程序。但是，大多数的应用程序都会创建一个非常漂亮而且人性化的表单作为自己的应用程序主窗口，并且利用这个窗口来加载用户的自定义菜单和工具栏，这样就会在屏幕上出现两个主窗口，从而影响美观和使用。

要在启动时隐藏 VFP 的主窗口，可以修改 VFP 的配置文件 Config.fpw，步骤如下：

（1）修改 VFP 的配置文件 Config.fpw，在其中加入一行命令：

```
SCREEN=OFF
```

（2）将修改后的配置文件 Config.fpw 添加到项目管理器的"其他"选项卡的"其他文件"类别中，如图 10-11 所示。

使用 Config.fpw 设置在启动时隐藏主窗口后，有两个问题需要注意：

（1）如果使用 VFP 主窗口作为应用程序的主窗口，应在主程序的配置参数中恢复主窗口的可见性，设置 VFP 主窗口的 Visuale 属性为.T.，即可恢复可见状态。

（2）如果使用用户自定义的表单作为应用程序主窗口。需要将自定义表单的 ShowWindow 属性设置为 2（作为顶层表单），否则如果表单的 ShowWindow 属性为"0－在屏幕中"或"1－在顶层表单中"，这样当 VFP 主窗口被隐藏时，用户自定义表单由于被包含在 VFP 主窗口中而同样是不可见的。

10.3.4 编译应用程序

1. 连编项目

连编项目，就是让 VFP 系统对整个项目进行整体性的测试，测试的最终结果是将所有在项目中引用的文件，除了标记为排除状态的文件外，合并成一个单一的应用程序文件。对项目进行测试是为了对引用的程序代码进行校验，检查所有的程序代码和组件是否可用。

通过重新连编项目，VFP 会分析文件的每个引用，然后重新编译过期的文件。最后可将编译后的应用程序文件和数据文件等一起打包发布。

项目连编的步骤如下：

（1）选中项目中的主文件，如 main.prg，单击"连编"按钮，弹出"连编选项"对话框，如图 10-12 所示。

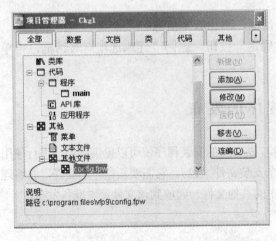

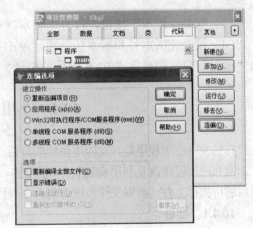

图 10-11　将 VFP 配置文件添加到项目管理器中　　　图 10-12　连编项目和连编选项对话框

（2）连编选项对话框有多种编译操作类型和编译选项。

编译操作类型有以下 4 种可供选择：

- 重新连编项目：此操作将重新连编项目文件。
- 应用程序（app）：此操作将重新连编项目文件，同时将应用程序连编成一个扩展名为.app 的应用程序文件，该文件需要在 VFP 环境中才能运行。
- Win32 可执行程序/COM 服务程序（exe）：此操作分两种情况：一个是独立的 Win32可执行程序，可在 Windows 环境下独立运行；另一种是 COM 服务程序，它像 word软件一样，虽然是.EXE 文件，但实际上是一种 COM 服务程序，属于进程外 COM 组件技术，编译完成后，允许其他软件通过接口调用应用程序的功能。
- 单线程 COM 服务程序（dll）/多线程 COM 服务程序（dll）：此操作生成的 COM 服务程序进程内 COM 组件，编译完成后，将生成一个扩展名为.dll 的文件，可以被其他软件通过接口调用。
  同时，还有 4 种编译选项可供选择：
- 重新编译全部文件：选择该选项将重新编译项目中的所有文件。
- 显示错误：该选项将显示编译过程中出现的所有错误。如果不选择该选项，VFP 将生成一个扩展名为.err 的文本文件，包含了所有的错误信息。
- 连编后运行：选择该选项将在编译结束后直接允许应用程序。
- 重新生成组件的 ID：该选项将在应用程序编译为 COM 服务程序时有效，选择该选项将为 COM 服务程序重新创建 GUID（全局唯一标识符）。

2．连编应用程序

在连编项目成功后、建立应用程序之前应运行一次项目主文件，若程序运行正确则可以连编成一个应用程序文件，否则要对出错的文件进行调试和修改后重新编译。

通常会将应用程序编译为.EXE 的可执行文件，它可以脱离 VFP 环境而直接在 Windows环境中独立运行。把应用程序编译为.EXE 文件的操作步骤如下：

（1）选中应用程序的主文件，单击项目管理器的"连编"按钮，弹出"连编选项"对话框。

（2）在"连编选项"对话框建立操作选项组中选择 Win32 可执行程序/COM 服务程序（exe）选项。

（3）单击"版本"按钮，打开"版本"对话框，添加版本信息。

（4）设置完版本号和版本信息后，单击"确定"按钮，返回"连编选项"对话框，再单击"确定"按钮即可完成.EXE 文件的编译。

10.4　应用程序的发布

打包发布应用程序是开发应用系统的最后一步，发布后的安装程序就可以提供给用户进行使用了。发布应用程序就是利用安装制作程序制作一个安装文件（包），它需要新建一个文件，并将连编后的可执行文件、数据文件和没有包含在项目中的其他文件一起放到该文件夹中准备发布。

10.4.1　准备

1．选择连编类型

在发布应用程序前，必须连编一个带有.dll 或.exe 扩展名的应用程序文件（.app）、可执行文件（.exe）或带有.dll 或.exe 扩展名的 COM 组件（自动服务程序）。当选择要连编的类型时，应考虑最终的应用程序文件大小和用户计算机上是否装有 Visual FoxPro。表 10-1 列出了各连编类型之间的差别。

表 10-1 各连编类型之间的差别

连编类型	说 明
应用程序文件（.app）	该文件需要用户装有 Visual FoxPro 的副本。一个 .app 文件通常小于一个 .exe 文件
可执行文件（.exe）	该文件包括了 Visual FoxPro 载入程序，因此不需要用户安装 Visual FoxPro。但必须提供 VFP9CHS.dll 和 VFP9ENU.dll 两个支持文件，这两个文件必须放在 .exe 文件同一个目录或在 DOS 的搜索路径中
COM 服务程序文件（.dll 或 .exe）	该文件用于建立一个能被其他应用程序调用的文件。在 Visual FoxPro 中，可以建立两种类型的 COM 服务程序文件（.dll, 以前的 OLE）。必须提供运行时刻支持文件，包括 VFP9CHS.dll, VFP9CHT.dll 和 VFP9ENU.dll 文件

2. 硬件、内存、和网络问题

必须考虑并测试应用程序能运行的最小环境，包括磁盘空间和内存的大小。测试结果将帮助我们选择连编的类型和应用程序所应包含的文件。

创建的应用程序在硬件、内存和网络方面与 Visual FoxPro 有同样的要求，关于这些要求的更多信息，可参考 Visual FoxPro 帮助信息。

3. 确保正确的运行时刻方式

当发布一个可执行应用程序文件（.exe）时，必须包含下列文件：

- VFPVersionNumberR.dll，其中 VersionNumber 表示 Visual FoxPro 发布的版本号。
- VFPVersionNumberRENU.dll。
- GDIPlus.dll。
- MSVCR71.dll。

在某些情况中，如 Visual FoxPro 服务程序或 .dll 文件中，可用较小的 VFP VersionNumber T.dll 运行时刻替代。

10.4.2 发布应用程序的步骤

发布 Visual FoxPro 应用程序进行下列工作：

（1）用 Visual FoxPro 开发环境创建并调试应用程序。

（2）准备并定制应用程序的运行时刻环境。

（3）确保项目包含了应用程序所有的必需文件，包括资源文件、图形文件或模板。

Visual FoxPro 提供了几个用以扩展应用程序基本功能的资源文件，包括 FoxUser 资源文件、API 库和 ActiveX 控件。如果使用这些文件，就必须将其包含到项目或发布树中。

Visual FoxPro 资源文件存储了应用程序的一些有用信息，包括窗口位置、浏览窗口配置和标签定义等。如果应用程序使用了资源项的特定设置，在创建应用程序时也必须发布 FoxUser 数据库和备注文件。这些资源文件由 Visual FoxPro 表和相关的备注文件构成，通常以 FoxUser.dbf 和 FoxUser.fpt 命名。

如果应用程序包含了外部库文件，如 ActiveX 控件（.ocx 文件）或 Visual FoxPro API 库（.fll 文件），并确信它们已放在安装包的适当目录，可以将 Visual FoxPro 文件 FoxTools.fll 和应用程序一起发布。

如果将 ActiveX 控件或已创建的一个自动服务程序（COM 组件）作为应用程序的一部分，就应将包括在项目中的任何 .ocx 和 .dll 文件以及必需的支持文件安装到正确位置。

可以使用配置文件 Config.fpw 去建立 Visual FoxPro 的默认设置。若要使配置文件只读，把它放在项目中并设置为"包含"。若要使配置文件可修改，把它放在项目中并设置为"排除"。然后作为一个独立文件随应用程序或可执行文件一起发布。默认情况下，Visual FoxPro 寻找名为 Config.fpw 的文件作为配置文件。

注意：Visual FoxPro 需要包含必需的运行时刻文件来使运行时的应用程序能完全发挥作用。包含这些文件的简便方法是通过使用一个 Windows Installer 创建定制安装的基本工具（如 InstallShield Express）。通过选择 Microsoft Visual FoxPro 9.0 Runtime Libraries（运行时刻库）合并模块，来使安装程序包含运行定制的 Visual FoxPro 9.0 应用程序所必需的合适文件。通过适当的处理来安装注册下列 Visual FoxPro 9.0 合并模块的核心文件：

- vfp9r.dll。
- vfp9t.dll。
- vfp9renu.dll。
- msvcr71.dll。
- gdiplus.dll。

Msvcr71.dll 和 gdiplus.dll 文件是独立的合并模块的部分，虽然被自动包含进，但它们依赖于 Visual FoxPro 9.0 Runtime libraries（运行时刻库）。

（4）从应用程序中删除任何受限制的 Visual FoxPro 功能或文件。

某些开发环境的功能在运行时刻环境中不能使用，必须从应用程序中删除。确信计划发布的任何文件，符合再发布文件的指导原则。

不能够将下面受限制的 Visual FoxPro 菜单及菜单命令包括进一个发布的可执行文件（.exe）中："数据库"、"表单"、"菜单"、"程序"、"项目"、"查询"、"表"。

如应用程序包含了表 7-2 中列出的命令，将返回"Feature not available（此功能不可用）"的信息。

虽然在应用程序中不能包括这些创建或编辑菜单、表单或查询的命令，但可以运行编译的菜单、表单或查询。

（5）建立一个应用程序文件（.app），可执行文件（.exe），或带有.dll 或.exe 扩展名的 COM 组件（自动服务程序）。

（6）使用 Windows Installer 开发程序创建一个安装包。使用的创建安装程序必须使用 Windows Installer 技术，创建一个和 Microsoft Windows Installer 兼容的安装程序（.msi）或合并模块（.msm）。

（7）包装和发布应用程序磁盘及印刷文件。

表 10-2　　　　　　　　　不 可 用 的 命 令

不可用的命令	?	不可用的命令	?
APPEND PROCEDURES	MODIFY DATABASE	CREATE MENU	MODIFY QUERY
BUILD APP	MODIFY FORM	CREATE QUERY	MODIFY SCREEN
BUILD EXE	MODIFY MENU	CREATE SCREEN	MODIFY VIEW
BUILD PROJECT	MODIFY PROCEDURE	CREATE VIEW	MODIFY CONNECTION
CREATE FORM	MODIFY PROJECT	SET STEP	

10.4.3 用 InstallShield 创建应用软件安装程序

Visual FoxPro 9.0 安装光盘中包含了 InstallShield Express 5 的限制版，可以使用它来制作安装程序。除了使用该软件外，也可以使用任何基于 Microsoft Windows Installer 技术的安装程序制作工具来建立一个安装程序（.msi）或与 Microsoft Windows Installer 兼容的合并模块（.msm），除了 Visual FoxPro 运行时刻库文件外，一些发布方案需要合并模块，详细信息请参考 Visual FoxPro 帮助中对发布方案的介绍。

准备发布一个应用程序时，首先应该考虑几个问题。除了在下面介绍的应用程序发布过程中的过程大纲外，还应当确认应用程序结构，解决如何交付应用程序给客户，以及如何更好地组织自己的安装程序，当回答了所有这些问题时，发布 Visual FoxPro 应用程序就准备好了。

1．建立安装工程

建立安装工程是建立安装程序的第一步。使用 InstallShield Express 建立的工程文件（.ism）是基于 Windows Installer 工程文件的，该文件存储所有的逻辑和必要的信息来建立一个与 Windows Installer 兼容的安装程序。

建立安装工程的步骤如下：

（1）启动 InstallShield Express。

（2）单击"文件"菜单的"新建…"菜单项，或者单击工具栏的"新建工程"按钮，打开"新建工程"对话框。

（3）在"工程名称"文本框中输入安装项目的名称，在"位置"文本框输入或选择保存工程的位置。

（4）选择工程语言为 Chinese(Simplified)，选择后将不能再进行修改。

2．安装程序设计器

当完成以上操作后，单击"确定"按钮后，将会打开"工程助手"页面。将当前页面转至"安装程序设计器"页面，进行相关信息的输入和设置，如图 10-13 所示。

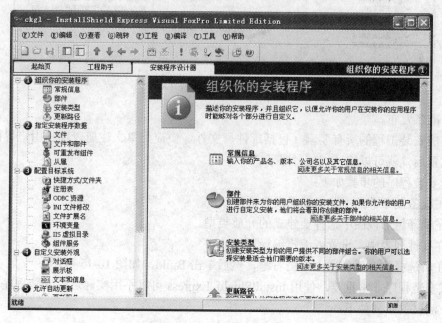

图 10-13　安装程序设计器

（1）组织你的安装程序。

这一步将对安装项目进行详细的设置，包括常规信息、部件、安装类型和更新路径。常规信息输入项目的产品名称、产品版本、产品图标、应用程序默认安装目录等。

（2）指定安装程序数据。

这一步需要添加文件到安装程序中，并且要选择对象和合并组件。

（3）配置目标系统。

这一步中可以建立快捷方式和文件夹、注册表项和 ODBC 数据源名称。

（4）自定义安装外观。

InstallShield Express 可以选择并更改在安装应用程序时用户所能见到的对话框界面，可以为每个对话框指定位图（.BMP）及添加附属对话框，指定许可协议和使用安装序列号验证等，还可以允许用户指定一个安装目标文件夹，如图 10-14 所示。

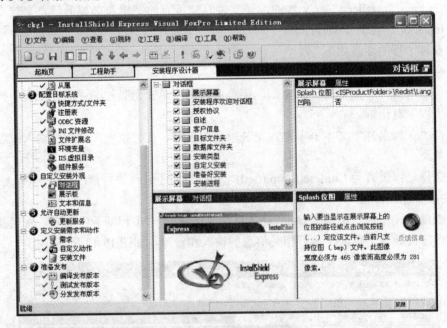

图 10-14　自定义安装外观

（5）准备发布。

在完成安装工程的所有要素（包括部件、文件、快捷菜单、注册表项和用户界面）的设计属性设置后，就可以编译安装程序了。

编译安装程序的步骤如下：

- 在准备发布节点下单击编译发布版本。
- 在编译树形视图中选择要建立的介质类型。
- 在属性列表中，设置或编辑编译属性。
- 在所选择的介质类型上单击右键，然后单击 Build，如图 10-15 所示。

测试安装程序非常重要，使用 InstallShield Express 可以不用实际运行安装程序而测试安装程序。测试的步骤如下：

- 在准备发布节点下单击测试发布版本。

- 在编译树形视图中选择要测试的介质类型。
- 如果希望运行安装程序并安装文件到开发计算机中,单击运行安装;如果只是想测试安装程序对话框和一些我们所选择的自定义行为,单击 Test Your Setup (测试运行),该选项不安装任何文件或改变操作系统。如图 10-16 所示为测试安装程序时的界面。

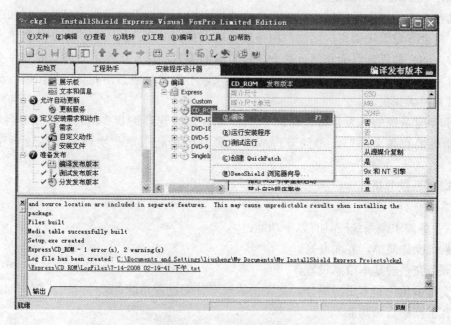

图 10-15　编译发布版本

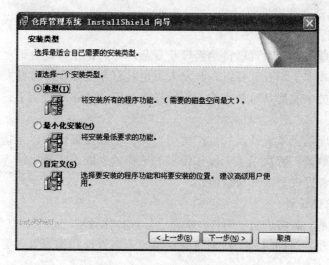

图 10-16　测试安装程序的运行界面

在编译和测试完毕后,就可以准备发布应用程序了。发布的步骤如下:

- 在准备发布节点下单击发布安装程序。
- 在编译树形视图中选择要测试的介质类型。
- 直接输入或单击浏览并选择安装程序要复制到的位置。
- 单击分发按钮,就可以分发安装程序了。

10.5 应用程序开发综合案例

10.5.1 仓库管理系统概述

仓储在企业的整个供应链中起着至关重要的作用，如果不能保证正确的进货和库存控制及发货，将会导致管理费用的增加，服务质量难以得到保证，从而影响企业的竞争力。传统简单、静态的仓储管理已无法保证企业各种资源的高效利用。如今的仓库作业和库存控制作业已十分复杂、多样，仅靠人工记忆和手工录入，不但费时费力，而且容易出错，就难免会给企业带来巨大损失。

仓库管理系统的开发，可以帮助企业快速有效地管理进货、销售、库存等各项业务，合理控制进销存各个环节，节约管理成本，提高资金利用率，实现管理高效率和数据实时性。

10.5.2 系统分析

1. 需求分析

根据业务需求，系统应具有以下功能：

- 系统操作简单，界面友好。
- 规范完善的基本信息设置。
- 支持多角色和多用户操作，有完善的权限分配设置功能。
- 有丰富的查询功能。
- 支持报表打印功能。
- 具有数据备份和数据恢复功能。

2. 可行性分析

在企业日常管理中，仓库管理日趋繁琐及复杂，每天花在数据处理上的时间和精力也越来越多。每个企业基本上都有计算机，开发人员也具有专业知识，在开发技术上没有太大的难题。仓库管理人员一般都具有基本的计算机操作知识，能够对日常工作业务进行简单操作和管理。

企业的仓库管理信息系统开发和维护费用不高，企业投资较少，系统投入运行后会给企业带来可观的经济效益：解决了手工操作带来的工作效率低、容易出错等问题，使得信息流动更快，能为管理者提供更多高质量信息。

10.5.3 系统总体设计

仓库管理系统是一款将进货、销售、库存进行一体化管理的系统。整个系统有系统管理、销售管理、库存管理、基础信息、往来账目管理、查询管理和报表管理等模块组成，具体功能如下：

- 系统管理。包括系统设置、权限设置、操作员管理、更改密码、数据备份、数据恢复、退出等。
- 销售管理。包括订货管理、销售管理、退货管理等。
- 库存管理。包括入库管理、入库退货、库存查询、库存限额管理等。
- 基础信息。包括商品信息管理、供应商管理、项目信息管理、员工信息管理等。
- 往来账目管理。包括供应商账目管理、项目账目管理、超期账款管理等。

- 查询管理。包括商品销售查询、入库查询、退货查询等。
- 报表管理。包括日销售报表、周销售报表、月销售报表、单商品销售报表。

10.5.4 系统功能结构

系统结构图如图 10-17 所示。

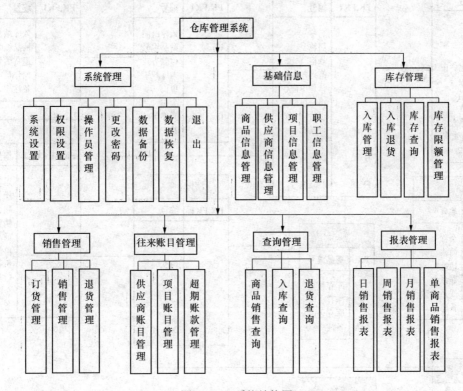

图 10-17 系统结构图

10.5.5 系统设计

1. 设计目标

仓库管理系统根据仓库管理的实际需求而开发，通过本系统将实现以下目标：

- 系统具有易安装性、易操作性和易维护性。
- 系统运行稳定，安全可靠。
- 系统界面友好，操作灵活，简单易用。
- 灵活的权限控制功能。
- 强大的查询分析功能。
- 强大、全面的报表功能。

2. 开发运行环境

系统开发平台：Microsoft Visual FoxPro 9.0

运行平台：Windows XP/2003

3. 数据库设计

（1）数据库概念结构及逻辑结构设计。

　　打开 Microsoft Visio 2003，从文件→新建→选择绘图类型→数据库→数据库模型图，创建实体 E－R 图如图 10-18 所示。

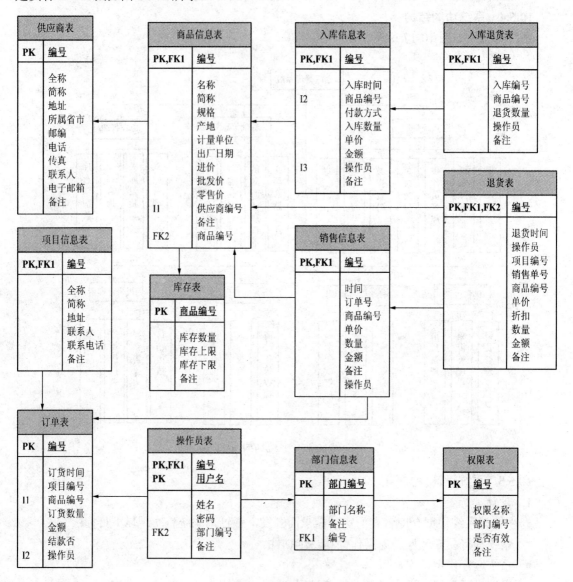

图 10-18　仓库管理系统 E-R 图

（2）数据库物理结构设计。

　　系统所有数据库表结构如表 10-3～表 10-13 所示，数据库名为 ckgldata。

表 10-3　　　　　　　　　　　　　　　操 作 员 表

字段名	数据类型	长度	索引
编号	字符型	7	升序
用户名	字符型	20	
姓名	字符型	8	

字段名	数据类型	长度	索引
密码	字符型	8	
部门编号	字符型	7	
备注	备注型		

表 10-4　　　　　项 目 信 息 表

字段名	数据类型	长度	索引
编号	字符型	7	升序
全称	字符型	30	
简称	字符型	15	
地址	字符型	40	
联系电话	字符型	13	
联系人	字符型	8	
备注	备注型		

表 10-5　　　　　供 应 商 表

字段名	数据类型	长度	索引
编号	字符型	7	升序
全称	字符型	30	
简称	字符型	15	
地址	字符型	40	
所属省市	字符型	20	
邮编	字符型	6	
电话	字符型	13	
传真	字符型	13	
联系人	字符型	8	
电子邮箱	字符型	30	
备注	备注型		

表 10-6　　　　　订 单 表

字段名	数据类型	长度	索引
编号	字符型	7	升序
订货时间	日期时间型		
项目编号	字符型	8	
商品编号	字符型	7	
订货数量	数值型	4	
单价	数值型	8，2	

字段名	数据类型	长度	索引
金额	数值型	10，2	
结款否	逻辑型		
操作员	字符型	7	
备注	备注型		

表 10-7　　　　　　　　　　　入 库 退 货 表

字段名	数据类型	长度	索引
编号	字符型	7	升序
入库编号	日期时间型		
商品编号	字符型	7	
退货数量	数值型	4	
操作员	字符型	7	
备注	备注型		

表 10-8　　　　　　　　　　　库 　存 　表

字段名	数据类型	长度	索引
商品编号	字符型	7	升序
库存数量	数值型	12	
库存上限	数值型	12	
库存下限	数值型	12	
备注	备注型		

表 10-9　　　　　　　　　　　商 品 信 息 表

字段名	数据类型	长度	索引
编号	字符型	7	升序
全称	字符型	30	
简称	字符型	15	
规格	字符型	7	
产地	字符型	20	
计量单位	字符型	6	
出厂日期	日期型		
进价	数值型	8，2	
批发价	数值型	8，2	
零售价	数值型	8，2	
供应商编号	字符型	7	
操作员	字符型	7	
备注	备注型		

表 10-10 　　　　　　　　　　　　　　退　货　表

字段名	数据类型	长度	索引
编号	字符型	7	升序
退货时间	日期时间型		
项目编号	字符型	7	
订单号	字符型	7	
商品编号	字符型	7	
单价	数值型	8, 2	
折扣	数值型	2	
数量	数值型	6	
金额	数值型	8, 2	
操作员	字符型	7	
备注	备注型		

表 10-11 　　　　　　　　　　　　　　部 门 信 息 表

字段名	数据类型	长度	索引
部门编号	字符型	7	升序
部门名称	字符型	20	
备注	备注型		

表 10-12 　　　　　　　　　　　　　　入 库 信 息 表

字段名	数据类型	长度	索引
编号	字符型	7	升序
入库时间	日期时间型		
商品编号	字符型	7	
付款方式	字符型	10	
入库数量	数值型	4	
单价	数值型	8, 2	
金额	数值型	10, 2	
操作员	字符型	7	
备注	备注型		

表 10-13 　　　　　　　　　　　　　　权 限 表

字段名	数据类型	长度	索引
编号	字符型	7	升序
权限名称	字符型	20	
部门编号	字符型	7	
是否有效	逻辑型		
备注	备注型		

10.5.6　主要功能模块设计

1. 系统架构设计

文件及文件夹结构如图 10-19 所示。

2. 程序主界面设计

程序主界面是整个程序控制的核心，操作权限、程序功能调用都通过主程序实现。程序主界面运行结果如图 10-20 所示。

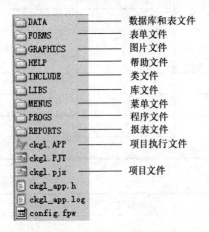

图 10-19　文件及文件夹结构图　　　　图 10-20　程序主界面运行结果

（1）创建程序主界面。

创建一个项目，命名为"仓库管理系统"，在项目中创建一个表单，命名为"frmMain.scx"，并设置相关属性。

表 10-14　　　　　　　　　　　　frmMain 相关属性设置

对象	属性名称	属性值
Form1	Caption	仓库管理系统 V1.0
Form1	KeyPreview	.t.
Form1	showwindows	2-作为顶层表单使用
Form1	WindowState	2-最大化

表单的 Unload 事件代码如下：

```
_screen.Visible =.t.
_screen.WindowState = 2
SET SYSMENU TO DEFAULT
```

表单的 Init 事件代码如下：

```
DO menus\ckglmenu.mpr  WITH THIS,.T.
```

（2）创建程序菜单。

在项目中创建一个普通菜单，命名为"ckglMenu.mnx"，设计界面如图 10-21 所示。相关子菜单如图 10-17 所示。

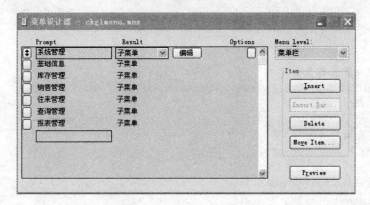

图 10-21 菜单设计器界面

点击 VFP 窗口的"显示"菜单"常规选项"子菜单,在打开的对话框中选中"顶层表单"复选框。

3. 登录表单设计

为了保证应用系统的使用安全,通常要设计系统登录表单验证登录用户是否合法。只有合法用户才可以进入系统。系统登录表单运行界面如图 10-22 所示。

图 10-22 系统登录界面

(1)表单界面设计。

新建一个表单,命名为"frm.scx"。向表单内添加 3 个标签控件、2 个文本框、2 个命令按钮。相关属性的设置如表 10-15 所示。

表 10-15 系统登录表单属性设置

对象	属性名称	属性值
Form1	Caption	请登录…
Form1	Autocenter	.t.
Form1	showwindows	2 作为顶层表单使用
Label1	Caption	仓库管理系统
Label2	Caption	用户名:
Label3	Caption	密 码:
Text2	Passwordchar	*
Command1	Caption	登录 (\<L)
Command2	Caption	退出 (\<E)

(2)表单代码设计。

表单 form1 的 Init 事件代码:

```
PUBLIC    login
login=0   &&统计登录次数
```

表单 form1 的 Unload 事件代码:

```
*quit    &&在系统正式发布前使用该命令
```

"登录"命令按钮的 Click 事件代码:

```
SELECT * FROM 操作员表 ;
  WHERE 用户名=ALLTRIM(thisform.text1.Value);
  INTO CURSOR czy
IF ALLTRIM(czy.密码)=ALLTRIM(thisform.text2.Value)
  gly=czy.用户名
  DO FORM forms\frmmain
ELSE
  login=login+1
  IF login>=3
    MESSAGEBOX("感谢您的光临",16,"系统提示")
    thisform.Release
  ELSE
    MESSAGEBOX("输入的用户名或密码不正确,请注意大小写! ",16,"系统提示")
    thisform.text1.Value=""
    thisform.text2.Value=""
    thisform.text1.SetFocus
  ENDIF
ENDIF
```

"退出"命令按钮的 Click 事件代码:

```
_screen.Visible =.t.
_screen.Top =0
thisform.Release
```

"密码文本框 text2"的 KeyPress 事件代码:

```
LPARAMETERS nKeyCode, nShiftAltCtrl
IF nKeyCode=13
  thisform.command1.Click
ENDIF
```

4. 商品信息管理模块设计

商品信息管理模块主要对商品基础信息进行管理,实现商品信息的增加、修改、删除等功能,其运行结果如图 10-23 所示。

(1) 表单界面设计。

新建一个表单,命名为"frm 商品信息.scx"。在表单数据环境中添加"商品信息表"、"供应商表"和"操作员表",再选择"表单"菜单中的"快速菜单"在表单中创建快速表单,并调整布局。相关属性的设置如表 10-16 所示。

表 10-16   商品信息管理表单属性设置

对象	属性名称	属性值
Form1	Caption	商品信息管理
Form1	Autocenter	.t.
Form1	showwindows	2 作为顶层表单使用
Grid1	ReadOnly	.t.

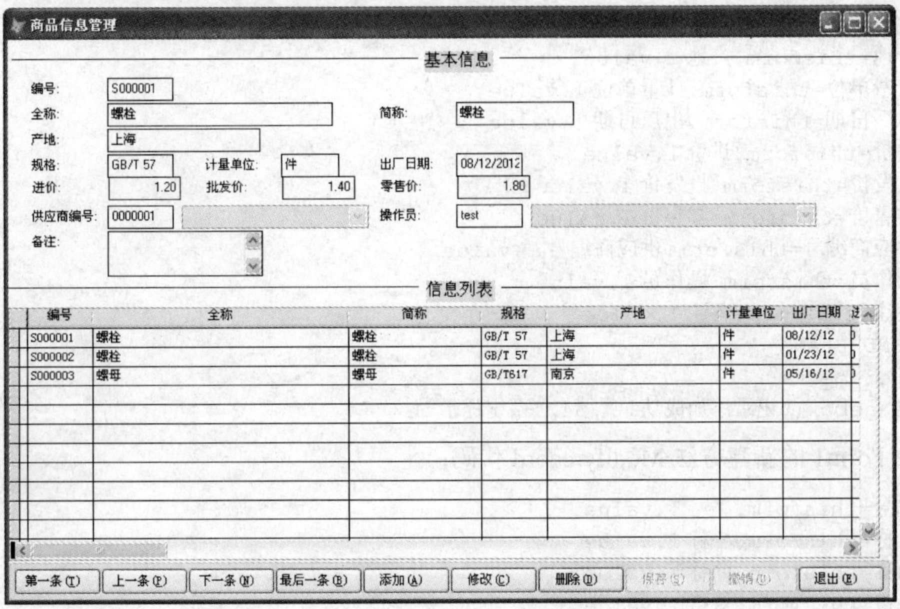

图 10-23　商品信息管理界面

（2）表单代码设计。

表单 Form1 的 Load 事件代码：

```
public operaction
```

表单 Form1 的 Init 事件代码：

```
SCATTER MEMVAR
thisform.编号1.value=m.编号
thisform.全称1.value=m.全称
thisform.简称1.value=m.简称
thisform.规格1.value=m.规格
thisform.产地1.value=m.产地
thisform.计量单位1.value=m.计量单位
thisform.出厂日期1.value=m.出厂日期
thisform.进价1.value=m.进价
thisform.批发价1.value=m.批发价
thisform.零售价1.value=m.零售价
thisform.供应商编号1.value=m.供应商编号
thisform.操作员1.value=m.操作员
thisform.备注1.value=m.备注
thisform.commandgroup1.command8.enabled=.f.
thisform.commandgroup1.command9.enabled=.f.
thisform.combo1.Enabled =.f.
thisform.combo2.Enabled =.f.
```

表单 Form1 的新建方法 Addnewrecord 代码：

```
m.编号=thisform.编号1.value
m.全称=thisform.全称1.value
m.简称=thisform.简称1.value
```

```
m.规格=thisform.规格 1.value
m.产地=thisform.产地 1.value
m.计量单位=thisform.计量单位 1.value
m.出厂日期=thisform.出厂日期 1.value
m.进价=thisform.进价 1.value
m.批发价=thisform.批发价 1.value
m.零售价=thisform.零售价 1.value
m.供应商编号=thisform.供应商编号 1.value
m.操作员=thisform.操作员 1.value
m.备注=thisform.备注 1.value
APPEND BLANK
gather memvar
messagebox("记录添加成功！",64,"系统提示")
```

表单 Form1 的新建方法 Modifyrecord 代码：

```
m.编号=thisform.编号 1.value
m.全称=thisform.全称 1.value
m.简称=thisform.简称 1.value
m.规格=thisform.规格 1.value
m.产地=thisform.产地 1.value
m.计量单位=thisform.计量单位 1.value
m.出厂日期=thisform.出厂日期 1.value
m.进价=thisform.进价 1.value
m.批发价=thisform.批发价 1.value
m.零售价=thisform.零售价 1.value
m.供应商编号=thisform.供应商编号 1.value
m.操作员=thisform.操作员 1.value
m.备注=thisform.备注 1.value
gather memvar
messagebox("记录修改成功！",64,"系统提示")
```

下拉列表框 Combo1 的 InteractiveChange 事件代码：

```
thisform.供应商编号 1.value=this.Value
```

命令按钮组 Commandgroup1 的 Click 事件代码：

```
do case
  case this.value=1
    go top
    this.command1.enabled=.f.
    this.command2.enabled=.f.
    this.command3.enabled=.t.
    this.command4.enabled=.t.
    thisform.Init
  case this.value=2
    skip -1
    if not bof()
       if this.command3.enabled=.f.
         this.command3.enabled=.t.
         this.command4.enabled=.t.
      endif
    else
```

```
         =messagebox("已经到达文件头! ",64,"注意")
         go top
         this.command2.enabled=.f.
         this.command1.enabled=.f.
     ENDIF
     thisform.Init
case this.value=3
     if not eof()
          skip
        if this.command2.enabled=.f.
            this.command1.enabled=.t.
            this.command2.enabled=.t.
       endif
     else
       =messagebox("已经到达文件尾! ",64,"注意")
       go bottom
       this.command3.enabled=.f.
       this.command4.enabled=.f.
     ENDIF
     thisform.Init
   case this.value=4
     go bottom
     this.command4.enabled=.f.
     this.command3.enabled=.f.
     this.command1.enabled=.t.
     this.command2.enabled=.t.
     thisform.Init
   case this.value=5
     operaction="添加"
     this.command5.Enabled =.f.
     this.command6.Enabled =.f.
     this.command7.Enabled =.f.
     this.command8.Enabled =.t.
     this.command9.Enabled =.t.
     thisform.combo1.Enabled =.t.
     thisform.combo2.Enabled =.t.
     SCATTER MEMVAR Blank
     thisform.编号1.value=m.编号
     thisform.全称1.value=m.全称
     thisform.简称1.value=m.简称
     thisform.规格1.value=m.规格
     thisform.产地1.value=m.产地
     thisform.计量单位1.value=m.计量单位
     thisform.出厂日期1.value=m.出厂日期
     thisform.进价1.value=m.进价
     thisform.批发价1.value=m.批发价
     thisform.零售价1.value=m.零售价
     thisform.供应商编号1.value=m.供应商编号
     thisform.操作员1.value=m.操作员
     thisform.备注1.value=m.备注
   case this.value=6
```

```
   operaction="修改"
   this.command5.Enabled =.f.
   this.command6.Enabled =.f.
   this.command7.Enabled =.f.
   this.command8.Enabled =.t.
   this.command9.Enabled =.t.
   thisform.combo1.Enabled =.t.
   thisform.combo2.Enabled =.t.
   SCATTER MEMVAR
   thisform.编号 1.value=m.编号
   thisform.全称 1.value=m.全称
   thisform.简称 1.value=m.简称
   thisform.规格 1.value=m.规格
   thisform.产地 1.value=m.产地
   thisform.计量单位 1.value=m.计量单位
   thisform.出厂日期 1.value=m.出厂日期
   thisform.进价 1.value=m.进价
   thisform.批发价 1.value=m.批发价
   thisform.零售价 1.value=m.零售价
   thisform.供应商编号 1.value=m.供应商编号
   thisform.操作员 1.value=m.操作员
   thisform.备注 1.value=m.备注
case this.value=7
   a=messagebox("确定要删除该记录吗？",32+4,"系统提示")
   IF a=6
     DELETE
     PACK
     messagebox("记录删除成功！",64,"系统提示")
     IF NOT BOF()
       SKIP -1
     endif
     thisform.Init
     thisform.grid1.RecordSource="商品信息表"
   endif
   this.command5.Enabled =.t.
   this.command6.Enabled =.t.
   this.command7.Enabled =.t.
   this.command8.Enabled =.f.
   this.command9.Enabled =.f.
case this.value=8
   thisform.combo1.Enabled =.f.
   thisform.combo2.Enabled =.f.
   IF operaction="添加"
   thisform.addnewrecord
   this.command5.Enabled =.t.
   this.command6.Enabled =.t.
   this.command7.Enabled =.t.
   this.command8.Enabled =.f.
   this.command9.Enabled =.f.
ENDIF
IF operaction="修改"
```

```
    thisform.modifyrecord
    this.command5.Enabled =.t.
    this.command6.Enabled =.t.
    this.command7.Enabled =.t.
    this.command8.Enabled =.f.
    this.command9.Enabled =.f.
  ENDIF
case this.value=9
     thisform.combo1.Enabled =.f.
     thisform.combo2.Enabled =.f.
     this.command5.Enabled =.t.
     this.command6.Enabled =.t.
     this.command7.Enabled =.t.
     this.command8.Enabled =.f.
     this.command9.Enabled =.f.
     IF NOT BOF()
       SKIP -1
     endif
     thisform.Init
  case this.value=10
    thisform.Release
ENDCASE
thisform.refresh
```

5. 日销售报表模块设计

日销售报表主要对单日销售信息进行报表打印，其运行界面如图 10-24 所示。日销售报表打印结果如图 10-25 所示。

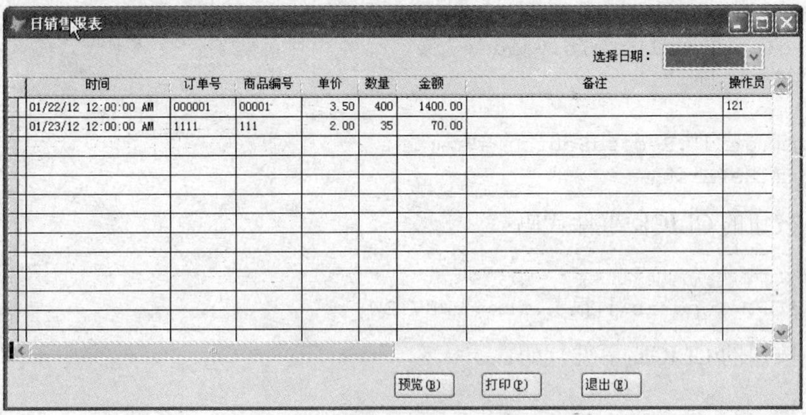

图 10-24　日销售报表运行界面

销售日报表

打印日期: 20120122

订单号	商品编号	单价	数量	金额	备注	操作员
000001	00001	3.50	400	1,400.00		121
1111	111	2.00	35	70.00		121

图 10-25　日销售报表打印结果

（1）表单界面设计。

创建一个新表单，命名为"frm 日报表.frx"，添加一个标签控件、一个下拉列表框控件、一个表格控件和三个命令按钮控件。相关属性设置如表 10-17 所示。

表 10-17　　　　　　　　　　系统登录表单属性设置

对象	属性名称	属性值
Form1	Caption	日销售报表
Form1	Autocenter	.t.
Form1	showwindows	2 作为顶层表单使用
ComBo1	Style	2-下拉列表框
ComBo1	RowSourceType	3-SQL 语句
ComBo1	RowSource	select distinct dtoc（时间,1） as 日期 from 商品销售表 into cursor tmp
Command1	Caption	预览（\<B）
Command2	Caption	打印（\<P）
Command3	Caption	退出（\<E）

（2）表单代码设计。

下拉列表框 Combo1 的 InteractiveChange 事件代码：

```
SELECT 订单号,商品编号,;
  单价, 数量, 备注,;
  操作员;
FROM ckgldata!商品销售表;
WHERE  dtoc(时间,1)=this.Value;
INTO CURSOR tmp1

thisform.grid1.RecordSource ="tmp1"
thisform.Refresh
```

"预览"按钮的 CLICK 事件代码：

```
select tmp1
REPORT FORM reports\日报表.frx  PREVIEW
```

"打印"按钮的 CLICK 事件代码：

```
select tmp1
REPORT FORM reports\日报表.frx TO  PRINTER
```

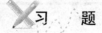

习　题

一、选择题

1. 连编应用程序不能生成的文件是（　　）。

　　A. APP 文件　　　　B. EXE 文件　　　　C. DLL 文件　　　D. PRG 文件

2. 如果将项目中的一个数据库表设置为"包含"状态，则在项目连编后，该数据库表将（　　）。

　　　A．不能编辑修改　　　　　　　　　B．随时可以编辑修改

　　　C．消失　　　　　　　　　　　　　D．移出项目

3．在 VFP 中，控制事件循环的语句经常用（　　　）。

　　　A．READ EVENTS　　　　　　　　B．CLEAR EVENTS

　　　C．RETURN　　　　　　　　　　　D．QUIT

4．下列文件中类型，不能作为项目主文件的是（　　　）。

　　　A．PRG 文件　　　　B．表单　　　　　　C．报表　　　　　D．菜单

5．在 Visual FoxPro 项目中，作为应用程序入口点的主程序至少应具有（　　　）。

　　　A．初始化环境

　　　B．初始化环境、显示用户初始界面

　　　C．初始化环境、显示用户初始界面、控制事件循环

　　　D．初始化环境、显示用户初始界面、控制事件循环、退出时恢复环境

6．VFP 程序连编后可以生成.APP 文件和.EXE 文件，以下说法正确的是（　　　）。

　　　A．APP 文件只能在 Windows 环境下运行

　　　B．APP 文件既可以在 VFP 环境下运行，也可以在 Windows 环境下运行

　　　C．EXE 文件只能在 Windows 环境下运行

　　　D．EXE 文件既可以在 VFP 环境下运行，也可以在 Windows 环境下运行

7．在一个项目中可以设置主文件的个数是（　　　）。

　　　A．1 个　　　　　　　B．2 个　　　　　　C．3 个　　　　　　D．4 个

8．在应用系统的设计中，常用（　　　）来提供用户的交互界面。

　　　A．项目、数据库和表　　　　　　　B．表单、菜单和工具栏

　　　C．表单和报表　　　　　　　　　　D．表单、报表和标签

9．下列（　　　）不能用项目管理器来创建。

　　　A．.mnx 文件　　　　B．.frm 文件　　　　C．.scx 文件　　　D．.bmp 文件

10．图 10-26 中的数据库表处于（　　　）状态。

　　　A．包含　　　　　　　B．排除　　　　　　C．包含或排除　　D．不能确定

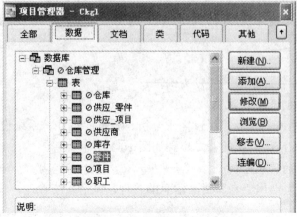

图 10-26　项目管理器中的数据库表

11．数据库应用系统中的核心问题是（　　　）。

　　A．数据库设计　　　　　　　　　　B．数据库系统设计

　　C．数据库维护　　　　　　　　　　D．数据库管理员培训

二、填空题

　　1．经过连编，VFP 系统将所有在项目中的文件，除了＿＿＿＿＿＿外，全部合成为一个文件。

　　2．建立事件循环是为了等待用户操作并进行响应，使用命令＿＿＿＿＿＿将建立 VFP 事件循环，使用命令＿＿＿＿＿＿将使程序退出事件循环。

　　3．一个 VFP 应用程序只有一个主文件，当重新设置主文件时，原来设置的主文件将＿＿＿＿＿＿。

　　4．数据库设计包括概念设计、＿＿＿＿＿＿和物理设计。

　　5．将一个项目编译成一个应用程序时，如果应用程序中包含需要用户修改的文件，必须将该文件标为＿＿＿＿＿＿。

三、简答题

　　1．简述应用程序开发的一般步骤。

　　2．如何在项目中设置主文件？

　　3．在连编应用程序时，设置文件的"排除"与"包含"有何意义？

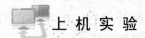

上 机 实 验

实验　VFP 数据库应用系统开发

实验名称

VFP 数据库应用系统开发。

实验目的

　　1．掌握 VFP 应用程序开发的步骤。

　　2．掌握建立主程序的方法。

　　3．以实际的应用系统开发为例，掌握 VFP 应用程序开发的整个过程。

实验内容

　　本实验以一个仓库管理系统的开发为例。

　　1．VFP 应用程序的开发步骤

　　一个数据库应用系统的开发需经过需求分析、数据库设计、系统设计、系统测试与维护等阶段，完整的数据库应用系统的开发步骤如图 10-1 所示。

　　2．仓库管理系统的需求分析

　　"仓库管理系统"主要用于仓库货品信息的管理，包括系统管理、入库、出库、查询和报表等几部分组成。

　　仓库管理系统需满足仓库管理员及工作人员的需求。对于一个仓库来说，最大的功能就是存储货品，所以仓库管理就是对货品信息、仓库信息、短线货品及超储货品的管理，用户

可以根据实际情况对各种货品信息进行分类管理，包括添加、删除更新数据库等。

　　仓库货品的信息量大，数据安全性和保密性要求高。本系统实现对货品信息的管理和总体的统计等，仓库信息，供货单位和经办人员信息的查看及维护。仓库管理人员可以浏览、查询、添加、删除等货品的基本信息以及统计等，并可以对一些基本的信息生成报表形式，并打印输出的功能。

　　3. 仓库管理系统的数据库设计

　　（1）数据库的概念及逻辑设计。

　　在 Microsoft Visio 2003 设计 E-R 图，打开 Microsoft Visio 2003，从文件→新建→选择绘图类型→数据库→数据库模型图，如图 10-27 所示。

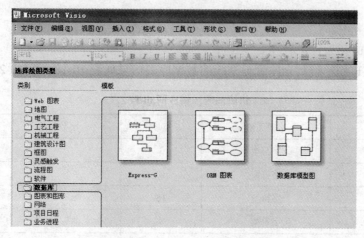

图 10-27　在 Visio 中创建 E-R 图

　　在左侧的实体关系栏中选择实体拖入右侧窗口中依次创建各个实体，可以在下方的数据库属性栏输入各个实体的属性，如图 10-28 所示，最后根据实体间的关系类型创建类与子表的连线类型代表实体间的关系，最后的实体 E-R 图如图 10-29 所示。

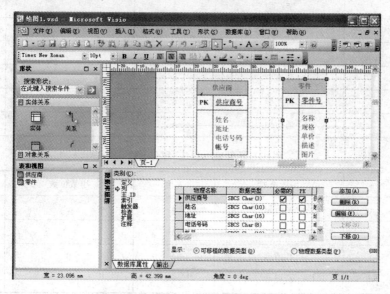

图 10-28　在 Visio 中创建 E-R 图实体

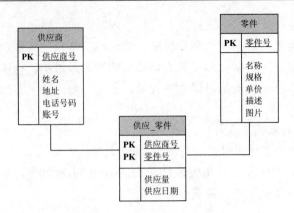

图 10-29　仓库管理系统的 E-R 图

（2）数据库的物理设计。

根据实体 E-R 图，得到仓库管理系统的数据库表信息如表 10-18～表 10-20 所示。

表 10-18　　　　　　　　　　　供应商表（供应商.dbf）

字段名	字段类型	宽度	小数位数	备注
供应商号	字符型	3		
供应商姓名	字符型	10		
地址	字符型	16		
电话号码	字符型	8		
账号	字符型	12		

表 10-19　　　　　　　　　　　零件表（零件.dbf）

字段名	字段类型	宽度	小数位数	备注
零件号	字符型	3		
零件名称	字符型	10		
规格	字符型	25		
单价	数值型	8	2	
描述	备注型	4		
图片	通用型	4		

表 10-20　　　　　　　　　　供应－零件表（供应_零件.dbf）

字段名	字段类型	宽度	小数位数	备注
供应商号	字符型	3		
零件号	字符型	3		
供应量	数值型	4	0	
供应日期	日期型	8		

在 D 盘下新建一个文件夹命名为 ckgl，接着打开 vfp9.0，新建一个项目 ckg.Pjx 保存到 D:\ckgl 中，在数据选项卡创建数据库"仓库管理"，并依次创建供应商.dbf、零件.dbf、供应_零件.dbf 等数据库，如图 10-30 所示。

4. 仓库管理系统的功能设计

根据要求仓库管理系统需要实现对用户的管理、资料管理和仓库进库管理等功能。系统总的功能模块如图 10-31 所示。

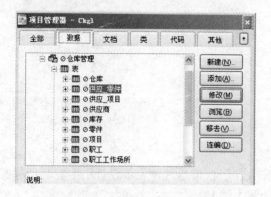

图 10-30　仓库管理系统的数据库

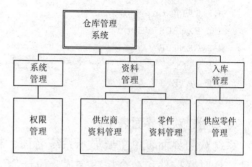

图 10-31　仓库管理系统的功能模块

5. 仓库管理系统的应用程序设计

（1）仓库管理系统的主程序设计。

在 ckgl 项目代码选项卡中创建的 ckglmain.prg 程序文件，并输入代码：

```
*这是主程序 ckglmain.prg
*设计者：
*设计日期：
********************

*声明全局变量
PUBlIC  cUserName

DO setup                  &&调用环境设置过程

DO FORM welcome.scx       &&显示欢迎界面
DO FORM logon.scx         &&显示用户登录界面
DO ckmenu.mpr             &&运行系统主菜单

READ EVENTS               &&建立事件循环

DO clearup                &&恢复环境设置过程

PROCEDURE  setup
  CLEAR ALL
  SET TALK OFF
  SET EXCLUSIVE OFF
  SET CENTURY ON
  SET CLOCK STATUS bar ON
```

```
    SET DATE TO YMD
    SET DEFAULT TO d:\ckgl
    SET PATH TO d:\ckgl\data
    OPEN DATABASE 仓库管理
ENDPROC

PROCEDURE clearup
    CLOSE ALL
    SET SYSMENU  TO DEFAULT
    SET TALK on
    SET EXCLUSIVE on
    SET CENTURY off
    SET CLOCK STATUS bar Off
    SET DATE TO ANSI
ENDPROC
```

（2）创建欢迎界面表单。

系统欢迎界面表单主要显示系统名称、制作人、版权信息等，表单设计中主要利用标签控件、计时器控件和命令按钮完成，设计界面如图 10-32 所示。

计时器控件 timer1 的 timer 时间代码如下：

```
i=INT(Rand())*255
j=INT(Rand())*255
k=INT(Rand())*255
thisform.label1.ForeColor =RGB(i,j,k)
thisform.Refresh
```

表单的"进入"命令按钮的 click 事件代码如下：

```
DO FORM logo.scx
thisform.Release
```

系统欢迎界面表单运行效果如图 10-33 所示。

（3）仓库管理系统的主界面。

1）创建主菜单。

主界面设计成菜单系统界面，主菜单的菜单项如图 10-34 和图 10-35 所示。

图 10-32　仓库管理系统的欢迎表单设计界面

图 10-33　仓库管理系统的欢迎表单运行效果

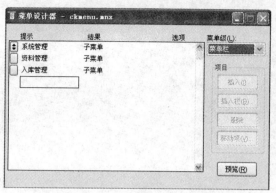
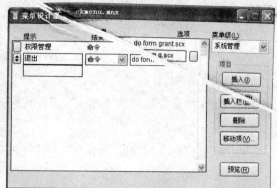

图 10-34　仓库管理系统的主菜单设计　　　图 10-35　仓库管理系统的系统管理菜单设计

菜单设计完毕，点击生成菜单项，即可生成菜单程序，如图 10-36 所示。

菜单生成后，即可在项目管理器中的其他选项卡点击相应的菜单文件 ckmenu，再点击右侧的运行按钮，菜单运行界面如图 10-37 所示。

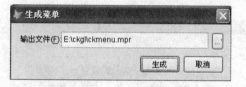

图 10-36　仓库管理系统的菜单系统生成　　　图 10-37　仓库管理系统的菜单系统运行界面

2）创建工具栏。

为了方便操作，可以将一些常用的菜单命令设置为工具栏。可以按照以下步骤创建自定义工具栏。

打开"ckgl"项目管理器，在左侧列表中选择"类"，点击"新建"按钮，在"新建类"对话框中输入类的名称，父类以及存储路径。点击"确定"按钮，如图 10-38 所示。

在弹出的"类设计器"窗口中，给类设计器添加 6 个命令按钮，并将每个命令按钮的"Caption"属性

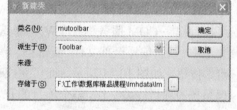

图 10-38　"新建类"对话框

分别设置为"项目信息"、"零件信息"、"仓库信息"、"职工信息"、"供应商信息"和"退出系统"，如图 10-39 所示。

图 10-39　"类设计器"窗口

分别为这 6 个命令按钮添加事件代码：

- "项目信息"按钮的"click"事件代码：

```
Do Form 项目信息
```

- "零件信息"按钮的"click"事件代码：

```
Do Form 零件信息
```

- "仓库信息"按钮的"click"事件代码：

```
Do Form 仓库信息
```

- "职工信息"按钮的"click"事件代码：

```
Do Form 职工信息
```

- "供应商信息"按钮的"click"事件代码：

```
Do Form 供应商信息
```

- "退出信息"按钮的"click"事件代码：

```
Yn=messagebox("确定退出本系统？",4+32,"仓库管理系统")
If yn=6
Clear
Thisform.release
Quit
endif
```

（4）仓库管理系统项目文件的连编。

项目文件连编前首先将 ckmian.prg 文件设置为项目主文件，选中程序文件 ckmian.prg 后右键单击，在快捷菜单中选择"设置主文件"菜单项，如图 10-40 所示。

接着，单击"连编"按钮，选择"WIN32 可执行程序/COM 服务程序（W）"单选按钮，并选中"重新编译全部文件"复选框，单击"确定"按钮，如图 10-41 所示，即可完成仓库管理系统的项目连编工作，整个项目的开发工作也就结束了。

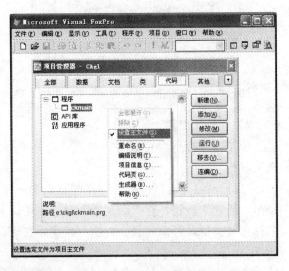

图 10-40　设置仓库管理系统的主文件

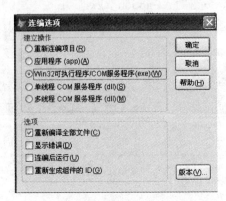

图 10-41　仓库管理系统项目的连编

习 题 答 案

第1章 习 题 答 案

一、选择题

1. A 2. C 3. B 4. A 5. B 6. D 7. C 8. C 9. D 10. A 11. C 12. B 13. B 14. B 15. B 16. B 17. A 18. D 19. D 20. B

二、填空题

1. 数据库系统
2. 联系
3. 共享性
4. 完整性
5. 投影
6. 数据库管理系统（DBMS）
7. 属性数，对应的属性域
8. 项目
9. 数据
10. 右键，清除

第2章 习 题 答 案

一、选择题

1. D 2. B 3. B 4. C 5. A 6. D 7. A 8. C 9. A 10. B 11. D 12. A 13. C 14. A 15. D 16. D 17. D 18. D 19. D 20. B 21. B 22. A 23. A 24. A 25. D 26. D 27. B 28. D 29. D 30. B

二、填空题

1. 日期时间型　逻辑型
2. 方括号
3. 货币
4. List memo all like ?c*
5. store
6. 表达式
7. 逻辑
8. 10，8
9. ndow
10. 7.75

第3章 习 题 答 案

一、选择题

1. D 2. B 3. B 4. B 5. A 6. D 7. B 8. D 9. D 10. D 11. D 12. B
13. A 14. D 15. C 16. A 17. C 18. D 19. C 20. C 21. B 22. D 23. A
24. C 25. A 26. B 27. C 28. B 29. A 30. D

二、填空题

1. 字段

2. 实体

3. 链接

4. 数据、文档、类、代码、其他

5. field

6. DBSETPROP ("xs.xm", "field", "caption", "姓名")

7. 插入、更新、删除

8. 默认值

9. 1

10. 4、4

11. SELECT 0

12. 绝对定位、相对定位和条件定位

13. 字段，记录，字段名

14. INDEX ON SRT（班级）+DTOC（出生日期）+性别 DESCENDING TAG 班级生日性别

15. ? used("零件")

16. 子表进行排序索引、主索引或候选索引

17. XLS

18. SET、小于100、增加 1

19. SET CHECK

20. WHERE 性别＝"女" AND 年龄>=45

第4章 习 题 答 案

一、选择题

1. A 2. D 3. C 4. B 5. D 6. C 7. B 8. B 9. D 10. C 11. D 12. C
13. B 14. D 15. D

二、按要求写出相应的 SQL 语句

1.（1）select * from xscj where 成绩<60

（2）select * from xsda where xsda.班级="99 计算机 1"or xsda.班级= "99 外语 1"

（3）select xsda.班级, xsda.学号, xsda.姓名, xscj.成绩 from xsda, xscj ;

where xsda.学号=xscj.学号 and xsda.班级="99 计算机 1" and xscj.课程名="操作系统"

（4）select 课程名, sum(成绩) as 总成绩 from xscj group by 课程名

2.（1）INSERT INTO STUD.DBF（学号，姓名，性别，年龄）VALUES（'200112028', '王刚', '男', 21）

（2）SELECT AVG（年龄） FROM STUD WHERE 性别="男"

（3）SELECT MIN（年龄） FROM STUD WHERE 性别="女"

（4）SELECT 姓名，性别，年龄 FROM STUD WHERE 姓名="李"

（5）UPDATE STUD SET 成绩=成绩+10 WHERE 民族<>"汉"

（6）DELETE FROM STUD WHERE 成绩 IS NULL

3. 先创建一名为"ckgl"的数据库，而后按给定数据分别创建"仓库表"ck（ckh，cs，mj）、"职工表"zg（ckh，zgh，gz）和"订购单表"dgd（zgh，gysh，dgdh，dgrq）三张数据库表。

（1）SELECT zgh, cs FROM ck, zg WHERE ck.ckh=zg.ckh AND gz>1230

（2）SELECT ck.cs FROM ck, zg WHERE ck.ckh=zg.ckh AND gz=1250

（3）SELECT DISTINCT ck.*FROM ck, zg WHERE ck.ckh=zg.ckh AND gz>1210

（4）SELECT ckh AS 仓库号, zgh AS 职工号, gz AS 工资 FROM zg ORDER BY ckh, gz

（5）SELECT SUM(gz)AS 总工资 FROM zg

（6）SELECT AVG(mj)AS 平均面积 FROM ck, zg WHERE gz>1210 AND zg.ckh=ck.ckh

（7）SELECT AVG(gz)AS 平均工资 FROM zg GROUP BY ckh

（8）SELECT AVG(gz)AS 平均工资 FROM zg GROUP BY ckh HAVING COUNT(*)>=2

（9）SELECT gysh AS 供应商号, dgdh AS 订购单号, dgrq AS 订购日期 FROM dgd WHERE EMPTY(gysh)=.t.

（10）SELECT gysh AS 供应商号, dgdh AS 订购单号, dgrq AS 订购日期 FROM dgd WHERE EMPTY(gysh)=.f.

4.（1）
```
create view s_c_sc;
as select s.sno,sname,cname,score;
from s,c,sc;
where s.sno=sc.sno and c.cno=sc.cno
```

（2）
```
create view s_avg as select sno,avg(score)as pjcj;
from sc;
group by sno
```

（3）
```
create view ma_s as select *;
from s;
where dept='数学'
```

（4）
```
create view ma_c1 as select *;
from s,sc;
where dept=' 数学 'and s.sno=sc.sno and cno='C 1'
```

5.（1）
```
create view sub_t as select tno,tname,prof
from t;
where dept=' 计算机 '
```

（2）
```
select tno,tname;
```

```
    from sub_t;
    where prof=' 教授'
```
（3）insert into sub_t (tno,tname,prof)
```
    values('T6' ,' 李力',' 副教授')
```
（4）Drop view sub_t

三、综合题

1.
```
SELECT SUBSTR(x1.学号,5,2) as 专业代号,x2.课程号,AVG(x2.成绩);
FROM x1,x2 INTO dbf d:\x3 WHERE x1.学号= x2.学号 AND x1.民族="汉族";
grouP BY 1, x2.课程号;
order by 1
```

2.
```
SET TALK off
Select 1
USE 员工档案表
Select 2
USE 收入表
Select 3
USE 支出表
UPDATE 收入表 SET 收入表.岗位工资= iif(员工档案表.职称="教授",收入表.岗位工资
+300,iif(员工档案表.职称="副教授",收入表.岗位工资+250,iif(员工档案表.职称=
"讲师",收入表.岗位工资+150, 收入表.岗位工资+100)))
UPDATE 收入表 SET 收入表.实发工资=收入表.基本工资+收入表.岗位工资–支出表.个人所
得税–支出表.住房基金–支出表.水费–支出表.电费,
SELECT 员工档案表.编号, 员工档案表.姓名, 收入表.基本工资, 收入表.岗位工资, 支出表.个
人所得税, 支出表.住房基金, 支出表.水费, 支出表.电费, 收入表.实发工资 FROM 收入表,员工
档案表,支出表 where 员工档案表.编号=收入表.编号 and 员工档案表.编号=支出表.编号
Close all
SET talk on
```

3.
```
crea database jsgl
crea table js(gh c(6),xm c(12),xb c(2),mzdm c(2),zc c(10))
dbsetprop('js.gh',"field",'caption',"教师工号")
dbsetprop('js.xm',"field",'caption',"姓名")
dbsetprop('js.xb',"field",'caption',"性别")
dbsetprop('js.mzdm',"field",'caption',"民族代码")
dbsetprop('js.zc',"field",'caption',"职称")
Insert into js values("001","马力","男","教授","01")
......
Insert into js values("010","安妮","女","讲师","05")
sele "其他民族" as 民族, count(mzdm) as 人数 from js where mzdm !="01" union ;
sele "汉族" as 民族, count(mzdm) as 人数 from js where mzdm="01" ;
order by 民族 desc to file wj
```

第5章 习 题 答 案

一、选择题

1. B 2. A 3. B 4. B 5. B 6. C 7. C 8. D 9. A 10. A 11. A 12.
（1）B （2）C 13. C 14.（1）C　（2）A

二、填空题

1. 数据库系统

2. 13

3. KROW

4. "5" $ ch

5. 11*11=121

6. 全局

7. ①奖学金=.T.

②EXIT

8. ①2

②X, 3

③Y

9. ① S>10 and S<=100

② S>10and S<=10

③ S<=1

三、程序阅读题

1. A----->一

B----->三

C----->五

D----->七

2. 字符串反序

3. 3

5

7

4. 12 的质数因子有 2   2   3

5. 形成一个主对角线上元素为–1，其他元素为 0 的 6×6 方阵。

6. Y1=60,Y2=4

7.

```
      A
     ABC
    ABCDE
   ABCDEFG
    ABCDE
     ABC
      A
```

四、程序改错题

1.（1）i=2   改为 i=i+1

（2）other 改为 else

2.（1）将 else 分支中嵌套的 if 中的 endif(y=0 下方)改为 else

（2）将最后的 RETURN x 改为 RETURN y

3.（1）将 FOR n2=INT(n1/n2)TO 1 STEP-1 改为 FOR n2=n1-1 to 1 STEP -1

（2）将 IF n1/n2=INT(n1,n2)改为 IF n1/n2=INT(n1/n2)

4.（1）将倒数第 6 行的 endif 改为 else

　　（2）将 wait window 中的 val(n)改为 str(n)

5.（1）将 FOR n=2 TO cString 改为 FOR n=2 TO len(cString)

　　（2）将 cResult=cResult+n 改为 cResult=cResult+c

6.（1）将 DO WHILE LEN(cString)=0 改为 DO WHILE LEN(cString)>0

　　（2）将 CString=SUBSTR(cString,1)改为 CString=SUBSTR(cString,2)

7.（1）将 FOR n=LEN(cNumber) TO 1　改为 FOR n=LEN(cNumber) TO 1 step -1

　　（2）将 IF c='0'　改为 IF c='1'

8.（1）将 loop 改为 exit

　　（2）将 nSum=nSum+n 改为 nSum=nSum+1/n

9.（1）将 nCount=1 改为 nCount=0

　　（2）将 WAIT WINDOWS'"水仙花数"的个数为'+nCount 改为 WAIT WINDOWS'"水仙花数"的个数为'+str(nCount)

第6章 习 题 答 案

一、选择题

1．D　2．C　3．A　4．D　5．C　6．C　7．C　8．C　9．A　10．C　11．C　12．C 13．B　14．D　15．C　16．A　17．B　18．D　19．A　20．A

二、填空题

1．事件

2．对象

3．类

4．Init

5．CLEAR EVENTS

6．DO；READ EVENTS

7．选定

8．容器类　非容器类/控件类

9．绝对引用　相对引用　"．"（点）

10．FormSet1.Form2.Refresh

三、简答题

略

第7章 习 题 答 案

一、选择题

1．B　2．B　3．D　4．D　5．A　6．A　7．B　8．B　9．C　10．A　11．A　12．D 13．D　14．A　15．B　16．A　17．B　18．C　19．B　20．A

二、填空题

1．数据绑定

2. .scx   THISFORM

3. Value

4. this.value=date()

5. ControlSource

6. .NULL.

7. 备注

8. Interval

9. PasswordChar

10. 零 多

11. 1

12. ① 2　② js.gh　③ js.gh　④ js.xm　⑤ 2　⑥ js.xb　⑦男　⑧女　⑨ js.hf　⑩ 5

第8章 习 题 答 案

一、选择题

1. A　2. C　3. D　4. B　5. C

二、判断题

1. √　2. √　3. √　4. ×　5. √

第9章 习 题 答 案

一、选择题

1. C　2. B　3. B　4. D　5. A

二、填空题

1. 普通菜单快捷菜单

2. mpr

第10章 习 题 答 案

一、选择题

1. D　2. A　3. A　4. C　5. D　6. C　7. A　8. B　9. D　10. B　11. A

二、填空题

1. 数据库和表

2. read events，clear events

3. 成为普通文件

4. 逻辑设计

5. 排除

三、简答题

略

参 考 文 献

1. 王珊，萨师煊. 数据库系统概论. 4 版. 北京：高等教育出版社，2009.
2. Abraham Silberschatz, Henry F. Korth，S.Sudarshan.Database system concepts(fifth edition).北京：高等教育出版社，2006.
3. 单启成. 新编 Visual FoxPro 教程. 苏州：苏州大学出版社，2003.